V. BARILLOT

COURS ÉLÉMENTAIRE

D'AGRICULTURE

A L'USAGE

de l'enseignement primaire supérieur
et de l'enseignement secondaire

DIX-SEPTIÈME ÉDITION
ENTIÈREMENT REFONDUE ET MISE A JOUR

PAR

P. SAGOURIN

INGÉNIEUR-AGRONOME
PROFESSEUR DÉPARTEMENTAL D'AGRICULTURE DE L'AUBE

PARIS

LIBRAIRIE CLASSIQUE EUGÈNE BELIN
BELIN FRÈRES
RUE DE VAUGIRARD, 52

1909

Tout exemplaire de cet ouvrage non revêtu de notre griffe sera réputé contrefait.

PRÉFACE

DE LA NOUVELLE ÉDITION

Par sa précision scientifique, sa méthode et sa clarté d'exposition, le *Cours élémentaire d'Agriculture* de *V. Barillot* est devenu un guide sûr et apprécié par tous les maîtres qui le connaissent, un livre utile pour tous les jeunes agriculteurs. Grâce à sa valeur initiale, il a atteint la quinzième édition.

Si notre collègue et ami Barillot avait vécu, il n'aurait certes pas manqué de tenir son ouvrage au courant des progrès nombreux qu'accomplit, de nos jours, la science agricole. La mort est venue, trop tôt hélas! l'interrompre dans son œuvre.

Appelé à vulgariser l'enseignement de l'agriculture, nous avons toujours utilisé avec grand profit cet ouvrage. C'est sans doute ce qui nous a incité à tenter le modeste travail complémentaire d'une mise à jour; celle-ci de plus en plus s'imposait.

Notre attention s'est portée d'abord sur les chapitres relatifs à l'*analyse des terres* et à l'étude des *engrais;* nous y avons ajouté les connaissances nouvellement acquises. Les *machines agricoles* prennent aujourd'hui une telle importance, qu'il nous a semblé utile de réunir leur étude en une partie spéciale.

Les problèmes complexes de l'*alimentation rationnelle du bétail* sont de mieux en mieux connus, à mesure que les savants y apportent le tribut de leurs travaux contrôlés par les patientes recherches des agronomes. Il en est de même des questions de *vinification*, de *laiterie*, etc.

Enfin l'application à l'agriculture des principes de *mutualité* a été la source de nombreux bienfaits. Il est indispensable de faire connaître aux jeunes gens le rouage et les multiples avantages des Associations agricoles.

Toutes ces additions nous ont obligé à résumer les autres parties de l'ouvrage et à supprimer tout ce qui ne nous apparaissait pas comme indispensable. Si nous sommes resté incomplet sur bien des points, nous répéterons avec notre ami Barillot : « Il faut avant tout enseigner aux élèves les notions scientifiques qui sont, en quelque sorte, les lois de l'agriculture. Ecartant toute notion inutile ou toute théorie douteuse, nous nous sommes appliqué à réunir méthodiquement et à développer les principes qui forment aujourd'hui la base de l'agriculture rationnelle. »

Notre désir sera pleinement satisfait si la nouvelle édition continue, comme ses devancières, à bénéficier de la faveur du public.

P. Sagourin.

COURS ÉLÉMENTAIRE
D'AGRICULTURE

PRÉLIMINAIRES

1. Définition de l'Agriculture. — L'agriculture est une industrie qui recherche les moyens d'obtenir les produits des végétaux et des animaux de la manière la plus parfaite et la plus avantageuse.

La plupart des phénomènes de l'agriculture sont des applications de la *Chimie*, science qui étudie la composition des divers corps et leurs transformations, ou de la *Botanique*, science qui a pour objet l'étude des végétaux. L'agriculture s'appuie encore sur la *Géologie*, ou étude des terrains, sur la *Zoologie* et la *Zootechnie*, ou étude des animaux; sur la *Mécanique*, en vue de l'étude des machines et des constructions rurales; sur la *Physique* et la *Météorologie*, pour connaître l'influence de la chaleur, de l'air, de l'eau, de l'électricité, etc., sur les êtres vivants.

L'agriculteur doit chercher à comprendre et à raisonner tout ce qu'il fait, à découvrir la cause de toutes les observations relevées dans la pratique. Il arrive ainsi à trouver les perfectionnements utiles dans l'exercice de sa profession; il devient un bon *praticien*; au contraire, l'ignorant qui travaille sans observer, qui ne cherche pas à s'instruire, reste toute sa vie un *routinier*.

2. L'agriculture est une industrie. — Le travail d'une *industrie* consiste à transformer une *matière première* ou denrée de peu de valeur, en *produit*, d'une utilité et d'une valeur plus grandes; cette transformation se fait dans un *atelier*. Ainsi, l'industrie du tissage transforme la laine en drap dans une fabrique, qui est l'atelier de cette industrie.

De même, l'agriculteur met en œuvre des *matières premières* : engrais, fumier, air, eau; il transforme ces matières dans un vaste *atelier* : l'atmosphère et le sol; et il obtient des *produits* variés : grains, fruits, fleurs, tiges, racines, tubercules, etc.

Ces produits sont utilisés directement par l'homme (blé, légumes), ou seulement, après transformation opérée par les animaux domestiques (lait, viande, laine), ou par les industries spéciales (sucre, alcool, huile, fécule).

Mais l'agriculture est une industrie complexe, difficile à bien connaître. L'atelier du cultivateur est bien différent de celui des autres industriels : il est exposé, comme tous les produits de nos champs, à l'irrégularité des saisons et aux accidents de température.

La production agricole ne dépend pas seulement de la volonté de l'homme qui la dirige; elle varie aussi avec les conditions atmosphériques particulières à chaque année ou à chaque région.

3. Nécessité des progrès en agriculture. — L'agriculture est la plus importante des industries; elle occupe, en France, près de la moitié de la population; en outre, ses produits alimentent un grand nombre d'autres industries. Elle met en œuvre des capitaux très importants (propriété foncière et capital d'exploitation), et la production brute, en végétaux et animaux, atteint, pour la France, près de 20 milliards de francs par an.

Par suite des immenses progrès réalisés, dans le monde entier, depuis cinquante ans par l'agriculture, il en est résulté une augmentation considérable de la production. D'autre part, l'amélioration des moyens de communication a eu pour effet de provoquer une concurrence de plus en plus grande dans la vente des produits.

Pour lutter utilement contre cette concurrence, l'agriculteur doit chercher sans cesse à accroître les rendements tout en diminuant les frais de production. Le moindre progrès se traduit par une augmentation énorme de la richesse du pays. Si le rendement des terres cultivées en blé s'élevait, pour la moyenne de la France, de 1 hectolitre par hectare, il en résulterait une plus-value supérieure à 120 millions de francs par an. De même, une économie d'un centime dans la ration journalière d'un mouton se traduirait par un bénéfice annuel de 70 millions de francs; car il existe, en France, plus de 17 millions de moutons. Enfin, si la production du lait augmentait d'un centième, la plus-value en résultant dépasserait 12 millions de francs par an.

4. Importance de l'instruction pour l'agriculteur. — L'agriculteur doit se tenir constamment au courant des progrès et des découvertes qui intéressent sa profession. L'instruction, d'ailleurs, accroît les charmes de la vie à la campagne ; toutes les choses de la nature sont attrayantes lorsqu'on sait les observer et les interpréter.

La *production végétale* s'élève, grâce à une culture plus parfaite, plus *intensive* ; l'emploi judicieux des engrais rend le sol plus fertile, plus productif ; un bon choix des espèces ou des variétés de plantes à cultiver, dans un milieu déterminé, procure une augmentation de récolte ; les frais de production diminuent par l'usage des instruments perfectionnés réduisant la main-d'œuvre.

La *production animale* prend, chaque jour, une importance plus grande ; elle permet de transformer sur place les produits encombrants ou les déchets de faible valeur (pailles, fourrages, racines, pulpes) en produits animaux (lait, viande, laine), qui sont la source d'un revenu plus élevé.

Le cultivateur doit, en outre, être capable de rechercher quelle est, de toutes les entreprises agricoles, celle qui convient le mieux dans les conditions où il se trouve placé. Cette étude de l'organisation de l'exploitation constitue l'*économie rurale*, qui s'appuie sur la *comptabilité agricole*.

D'où la nécessité, pour l'agriculteur, d'une bonne instruction générale complétée par un enseignement spécial.

5. Division du cours. — Poursuivant le but tracé plus haut et conformément au programme officiel, nous diviserons comme suit le *cours d'agriculture*.

I. **PRODUCTION VÉGÉTALE.** — 1° AGRICULTURE GÉNÉRALE ou étude raisonnée des principes fondamentaux de la production végétale. Cette étude comprend :

A. La *plante* considérée comme l'outil à l'aide duquel le cultivateur produit la matière végétale en utilisant les principes contenus dans l'atmosphère et le sol ;

B. L'*atmosphère* et le *sol* constituant l'*atelier du cultivateur*, que nous étudierons au point de vue physique, chimique et microbiologique ;

C. La *mise en production du sol*, par l'apport, sous forme d'*engrais*, des éléments nécessaires aux plantes et qui manquent au sol ; par la modification des propriétés physiques du sol, grâce aux *amendements*, au *drainage* et aux *irrigations*; par la recherche de l'utilisation maximum des qualités d'un sol, au moyen des *assolements* et des *opérations culturales* qui se pratiquent avec les *instruments agricoles*;

2° Agriculture spéciale, qui recherche les procédés de culture les plus avantageux, les exigences spéciales à chaque plante, et les meilleures variétés à exploiter. On divise cette étude en trois parties :

A. Les *machines agricoles* employées en vue de la production économique et de l'utilisation des diverses plantes cultivées;

B. Les *cultures spéciales* ou étude des procédés les plus convenables à la production des principales catégories de plantes agricoles;

C. L'*horticulture* et l'*arboriculture* fruitière ou étude de l'aménagement et de la culture du jardin et des plantations fruitières, en vue de la production des légumes, des fruits et de leurs dérivés : vin, cidre, etc.

II. Production animale ou zootechnie. — C'est l'étude des animaux domestiques, de leurs fonctions, de leur utilisation en agriculture et de leur exploitation économique. Elle se divise en :

1° Zootechnie générale ou étude des principes sur lesquels repose l'exploitation du bétail;

2° Zootechnie spéciale ou étude des diverses espèces animales, de leurs aptitudes et de leurs produits.

III. Économie rurale ou étude de l'organisation de l'exploitation rurale pour obtenir les différents produits avec le maximum de bénéfice. Cette dernière partie comprend la *comptabilité agricole*.

PRODUCTION VÉGÉTALE

AGRICULTURE GÉNÉRALE

PREMIÈRE PARTIE
ÉTUDE DE LA PLANTE

GÉNÉRALITÉS

6. Les êtres vivants. — Les êtres vivants se divisent en deux grandes catégories qui constituent le *règne animal* et le *règne végétal*; les corps bruts forment le *règne minéral*.

Les animaux se distinguent des végétaux en ce qu'ils sentent et qu'ils peuvent se mouvoir. Toutefois, cette distinction n'existe que chez les êtres nettement organisés; chez les êtres inférieurs des deux règnes, on ne peut établir aucune distinction absolue entre les animaux et les végétaux.

Tous les êtres vivants ont pour origine un élément primordial, la cellule : le grain de blé, par exemple, a pour origine une cellule qui a pris naissance au moment de la floraison de cette céréale. De la cellule primordiale naissent des éléments qui se différencient et constituent des *tissus* très compliqués, remplissant des *fonctions* diverses.

L'être vivant, qui a commencé sa vie avec une seule cellule, meurt plus tard en laissant un corps qui représente des millions, des milliards de fois le poids de la cellule originelle. Un grain de blé peut produire plusieurs centaines d'autres grains semblables : avec quoi l'être vivant a-t-il fabriqué ses tissus, ses grains? — Voilà des questions qui intéressent au plus haut point l'agriculteur.

L'être vivant ne peut *créer* de toutes pièces ces matériaux : *rien ne se crée dans la nature*. Tout son pouvoir consiste à les *transformer ;* et on peut dire que le temps pendant lequel il les transforme s'appelle la *vie*.

7. Importance de l'étude de la plante pour l'agriculteur. — Tout le travail accumulé dans une exploitation est exécuté en vue d'obtenir des *végétaux* ou des *animaux*.

L'agriculteur doit donc chercher à les produire dans les meilleures conditions possibles; or, les uns et les autres exigent, pour se développer, des aliments et des soins fréquemment renouvelés.

L'animal, en liberté, peut se déplacer pour chercher sa nourriture; la plante doit vivre sur le sol où elle est fixée; *il est donc indispensable d'apporter à cette dernière* tout ce qui doit servir à son développement.

Comment les plantes sont-elles constituées? Quels sont les matériaux dont elles se servent pour vivre et former leurs tissus? Comment absorbent-elles leur nourriture?

Ces diverses questions semblent indispensables à connaître comme préliminaire à l'étude raisonnée de l'agriculture.

CHAPITRE PREMIER

Organisation de la plante.

---

§ Ier

LA RACINE

8. Organisation de la racine. — La racine est un organe de la plante qui, en général, s'enfonce dans le sol, de haut en bas; elle ne porte pas de bourgeons : c'est ce qui la distingue de la tige.

Parfois, comme dans la betterave, par exemple, la racine principale (qui provient de l'embryon de la graine) prend un grand développement et porte de très fines ramifications latérales ; le système radiculaire est dit *pivotant* ; si, au contraire, les ramifications sont plus grandes que la racine principale ou remplacent celle-ci et s'étendent transversalement dans le sol (blé, par exemple), le système radiculaire est dit *fasciculé* (*fig.* 1).

On appelle *radicelles* les ramifications terminales des racines.

Les racines et les radicelles de nos plantes cultivées pénètrent profondément dans le sol et le sous-sol : on cite des racines de betteraves ayant

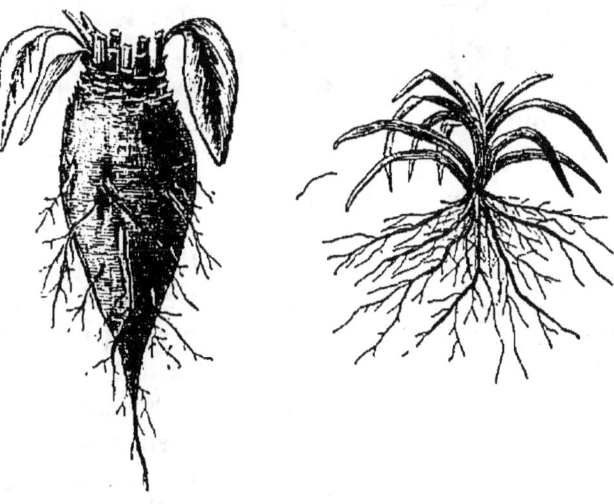

Fig. 1. — Racine pivotante et Racine fasciculée.

atteint 2^m,50 de longueur ; de même on a mesuré des racines de 1^m,75 pour le colza, 1^m,50 pour le blé et 16 mètres pour la luzerne.

Le poids des racines à l'état sec, laissées dans le sol par une récolte de blé, peut dépasser 1500 kilogrammes à l'hectare.

9. Développement de la racine. — Chaque racine ou radicelle est recouverte, à son extrémité, d'une sorte de *coiffe*, en tissu résistant, qui permet la pénétration, à la manière d'un ongle, de l'extrémité radiculaire dans le sol.

Au-dessus de la coiffe, on trouve, implantés sur la radicelle, un ensemble de petits poils qui pénètrent dans le sol, latéralement, et qui jouent un rôle important dans la nutrition végétale. Ce sont les *poils absorbants* qui, comme leur nom l'indique, absorbent les solutions alimentaires du sol (*fig.* 2).

Quand la racine s'allonge, il apparaît de nouveaux poils non loin de la coiffe ; par contre, les plus anciens disparaissent successivement en laissant des cicatrices qui donnent à la racine un aspect rugueux.

La radicelle s'accroît par la *zone végétative*, située entre la coiffe et la région des poils absorbants ; cette partie est uniquement formée de *cellules* ; les éléments absorbés par la plante se rendent dans ces cellules qui se gonflent puis se multiplient en se divisant.

10. Rôle de la racine. — La racine fixe la plante au sol ; c'est un organe de soutien ; à ce titre, toutes les parties interviennent, depuis le pivot jusqu'aux poils absorbants.

En outre, par ses poils absorbants, la racine sert à la nutrition de la plante. Chaque poil se trouve, dans le sol, en contact avec les dissolutions salines (*fig.* 3) qui cheminent dans les moindres interstices, par capillarité ; l'observation montre, en outre, que l'extrémité de la racine et notamment les poils absorbants sécrètent un liquide acide. Ce liquide aide à la dissolution de divers principes constituants du sol, tels que le carbonate et le phosphate de chaux, lesquels sont ensuite absorbés par osmose (chap. III, § 1er).

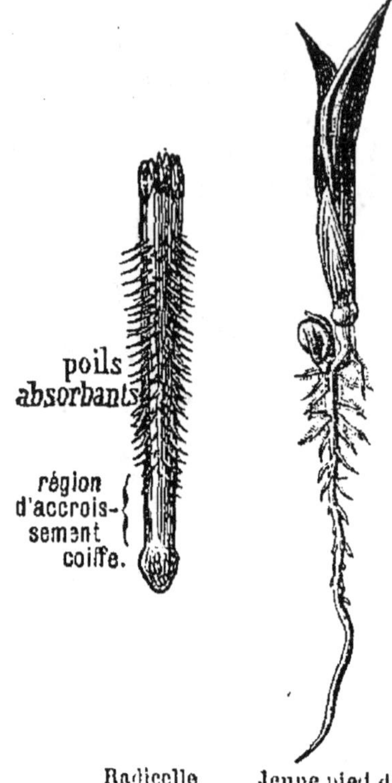

Fig. 2. — Racine et poils absorbants.

Fig. 3. — Schéma montrant la situation des radicelles, dans le sol.

Enfin, la racine constitue parfois un magasin dans lequel se réunissent les substances de réserve que l'homme utilise pour son alimentation ou celle des animaux domestiques (betteraves, carottes, salsifis, chicorée à café, etc.).

§ II

LA TIGE

11. Organisation de la tige. — La tige est la partie de la plante qui se développe généralement dans l'air, de bas en haut, dans le prolongement de la racine ; elle porte des bourgeons qui donnent naissance aux branches, aux feuilles, aux fleurs et aux fruits.

Parfois, certaines parties de la tige se développent dans le sol, en même temps que se forment des ramifications

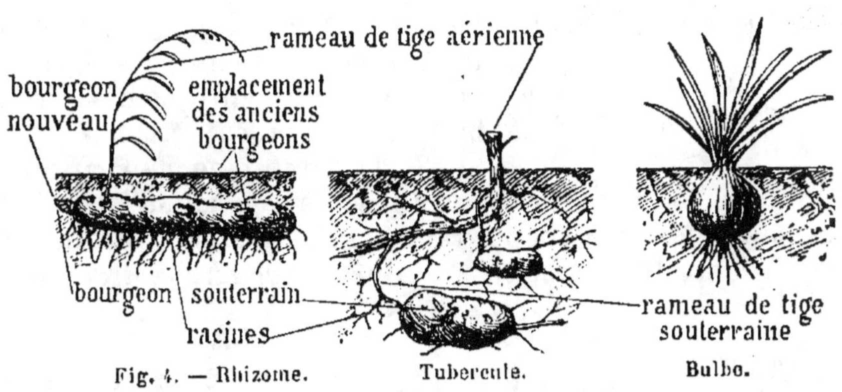

Fig. 4. — Rhizome.   Tubercule.   Bulbe.

aériennes. Ces sortes de tiges souterraines, généralement traçantes, se distinguent des racines qu'elles avoisinent par la présence de bourgeons.

Suivant leurs formes, on les appelle *rhizomes* (sceau de Salomon, carex, chiendent), *tubercules* (pomme de terre, topinambour), ou *bulbes* (colchique, jacinthe, oignons divers, etc.) (*fig.* 4). La partie épaissie de ces organes est gorgée de matières de réserve.

Les tiges des végétaux ont des dimensions très variables : leur hauteur s'étend depuis quelques millimètres jusqu'à plus de 100 mètres ; leur diamètre varie de quelques dixièmes de millimètre à plusieurs mètres.

Ordinairement, la tige se divise en ramifications ou

branches qui soutiennent les feuilles et les fleurs; exceptionnellement ces organes sont portés directement par la tige.

12. Développement de la tige. — L'extrémité d'une tige en voie de végétation est constituée par un bourgeon très délicat (*fig.* 5), protégé par une enveloppe de feuilles recourbées. Au fur et à mesure que la tige s'allonge par le point végétatif, de nouvelles feuilles naissent, d'abord rudimentaires, puis s'épanouissent; toutes abritent un bourgeon à leur aisselle ou point d'insertion.

Il en est de même chez la plupart des plantes dicotylédones (haricot, luzerne, etc.); mais chez les monocotylédones, comme les céréales, l'accroissement a lieu en même temps par l'extrémité des tiges, et aussi vers les entre-nœuds, à la base de chaque feuille.

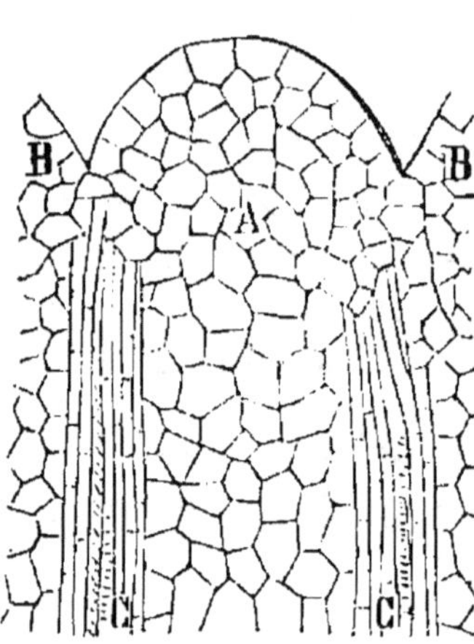

Fig. 5. — Coupe de l'extrémité d'une tige (très grossie). A, tissu cellulaire; B, premières feuilles; C, apparition des premiers vaisseaux.

13. Différentes régions de la tige. — A sa première année de végétation, une tige, examinée sur une coupe transversale, présente, de dehors en dedans, l'*épiderme*, l'*écorce* et le *cylindre central*; dans

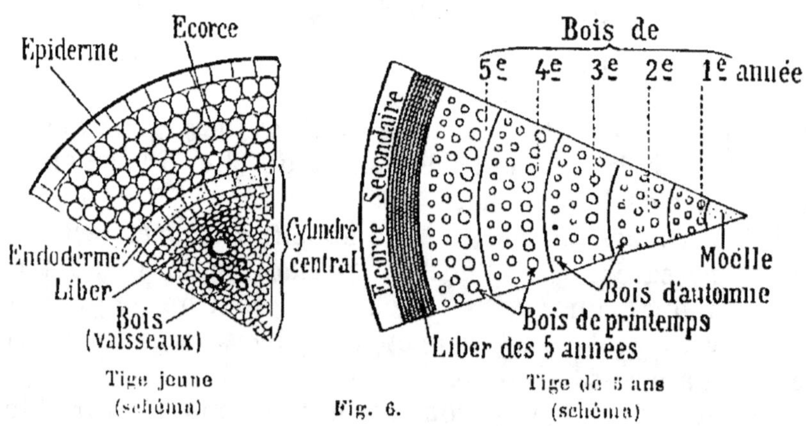

Fig. 6.

ce dernier, on peut distinguer le *liber*, le *bois*, et, au centre, la *moelle* (*fig.* 6).

A la deuxième année, ou même vers la fin de la première année de végétation, il se forme entre le bois et le liber une couche de cellules actives, qui se multiplient en donnant du bois à l'intérieur et du liber à l'extérieur. C'est la *zone génératrice* ou *cambium* qui constitue la partie essentiellement vivante du végétal.

Les formations successives qui en dérivent ont pour effet d'accroître la grosseur du cylindre central ; l'écorce primitive, d'abord élastique, se distend, puis éclate et se fendille à la périphérie, pendant que de nouvelles couches profondes d'écorce se forment en vue de préserver le cylindre centra contre les attaques du dehors (intempéries, chocs, etc.). Mais la couche de bois formée chaque année est plus importante que l'assise correspondante du liber (mince comme les feuillets d'un livre, d'où son nom) ; les tissus du bois sont constitués par des *cellules*, des *vaisseaux* et des *fibres*. Ces derniers éléments (*fig.* 7) proviennent de cellules transformées ; ils sont d'ailleurs en continuité avec les vaisseaux de la racine, et, par leur en-

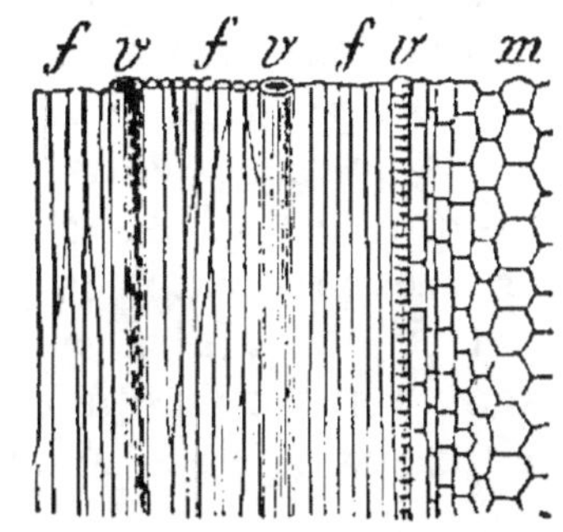

Fig. 7. — Coupe longitudinale (très grossie) d'une portion de tige. *m*, cellules de la moelle ; *v*, vaisseaux ; *f*, fibres.

chevêtrement, ils donnent de la solidité à la tige. Dans certains arbres, les cellules modifiées s'imprègnent à la longue de diverses substances (tanin, sels minéraux) qui durcissent les tissus.

La sève, d'abord fluide et abondante au printemps, s'épaissit de plus en plus vers l'automne puis s'arrête complètement pendant l'hiver ; il en résulte une distinction assez facile dans la délimitation des couches concentriques formant le bois ; par leur nombre on peut déterminer, au moins approximativement, l'âge d'une tige (*fig.* 8), sur une coupe du tronc.

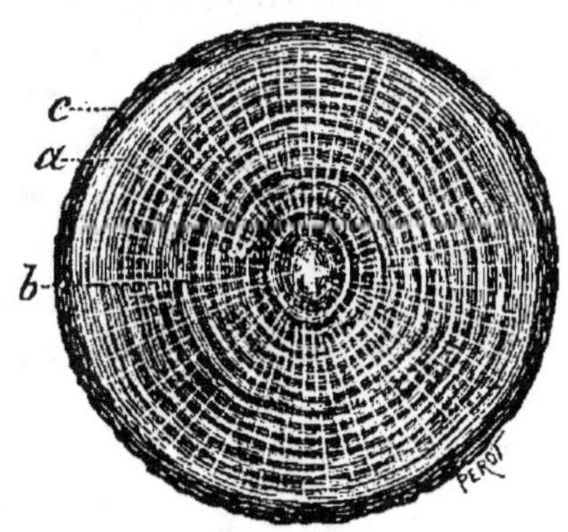

Fig. 8. — Coupe d'un tronc de chêne.

Dans le bois d'une tige âgée, on distingue le plus souvent deux régions : l'*aubier*, ou bois tendre, de nuance claire, qui est formé des couches les plus jeunes, situées en dedans de l'écorce et du liber ; il se coupe facilement. Vers le centre, entourant la moelle, on trouve une zone plus dure, de couleur sombre, qui s'imprègne de substances diverses et s'accroît annuellement ; c'est le *cœur*. Cette dernière partie est préférée comme bois d'œuvre et même pour le chauffage. L'aubier est la partie principale des tiges des arbres dits à *bois blancs* (saule, peuplier, etc.).

14. Rôle de la tige. — La tige, par ses tissus résistants, joue un rôle de soutien ; par la substance verte (chlorophylle) qu'elle renferme dans les parties jeunes de son écorce, elle aide à la nutrition ; elle permet la circulation, jusque vers les feuilles, des dissolutions salines ou *sève brute* prélevées dans le sol par les racines ; enfin, la tige accumule parfois, tout comme la racine, des réserves nutritives provenant de localisations et de transformations diverses de la *sève élaborée*. Ces réserves (pomme de terre, topinambour, canne à sucre) fournissent à l'homme et aux animaux une partie de leur nourriture.

§ III

LA FEUILLE

15. Organisation de la feuille. — Les feuilles sont des lames vertes, généralement attachées à la tige par le *pétiole* ; la lame verte s'appelle le *limbe*. Le squelette de la feuille est constitué par les *nervures*, dans lesquelles se continuent les vaisseaux du liber et du bois de la tige. Quand le limbe est directement attaché à la tige, la feuille est *sessile*.

Parfois, le pétiole est élargi à sa base comme dans la feuille qui entoure la tige des céréales ; il s'appelle alors la *gaine* ; au point de jonction de la gaine et de la feuille, on remarque souvent une petite expansion membraneuse, dressée sur le plan du limbe,

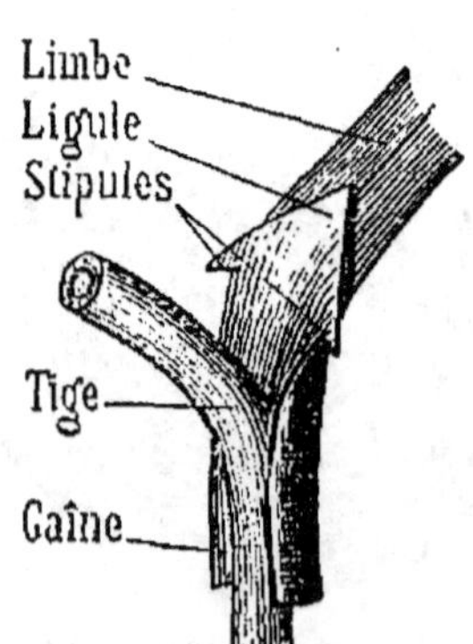

Fig. 9. — Segment de graminée ; la gaine ouverte et la tige recourbée laissent voir la ligule et les stipules.

nommée *ligule*, et des pointes latérales ciliées ou non, appelées *stipules* (*fig. 9.*).

Il existe des feuilles simples (lilas) et des feuilles composées (rosier); dans ces dernières, le limbe comprend plusieurs *folioles* distinctes qui ne portent pas de bourgeon à leur aisselle et se rattachent à un axe commun continuant le pétiole.

16. Constitution du limbe de la feuille. — En raison de l'importance de son rôle, le limbe de la feuille mérite une étude spéciale. Si on examine la coupe transversale d'une feuille (*fig.* 10), on trouve successivement, de dessus en dessous : l'*épiderme supérieur*, formé d'une couche de cellules plus ou moins arrondies, souvent recouvert d'une *cuticule*, ou enduit résineux, vernissé (buis, chou). Au-dessous, le *parenchyme* qui, dans les couches voisines de l'épiderme, est formé de cellules agencées à la façon des pieux d'une palissade (*tissu palissadique*), tandis que les couches profondes sont formées de cellules irrégulières, laissant entre elles des méats ou *lacunes* (*tissu lacunaire*).

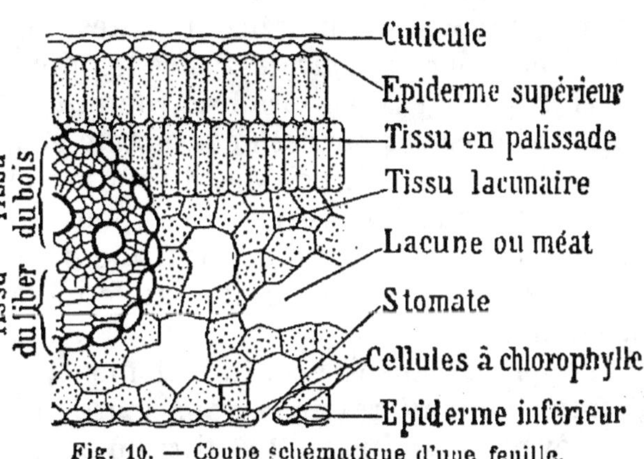

Fig. 10. — Coupe schématique d'une feuille.

A la base, l'*épiderme inférieur*, analogue à celui de la face supérieure, porte un grand nombre d'ouvertures, ou *stomates* (*fig.* 11), servant à l'aération et à la transpiration de la feuille. Il existe aussi des stomates à la face supérieure, mais ils sont rarement aussi nombreux qu'à la face inférieure; on en trouve d'ailleurs sur tous les organes verts; une feuille de lilas de grandeur moyenne en porte plus de 800 000.

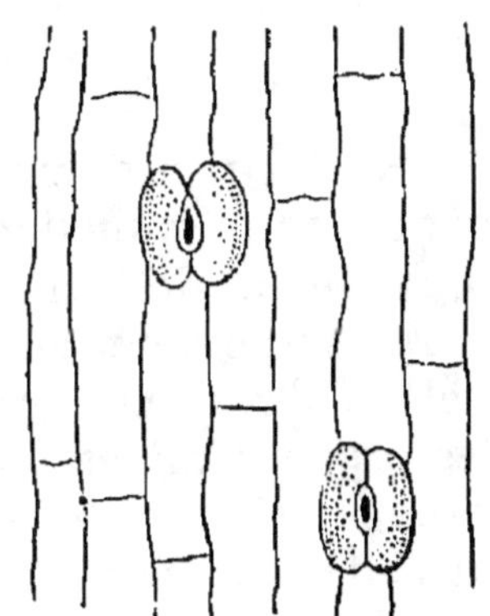

Fig. 11. — Stomates d'une feuille (très grossis).

Toutes les cellules du parenchyme, et principalement celles du tissu en palissade, renferment de la chlorophylle, ou principe actif qui donne à la feuille sa coloration verte. A l'exception des deux cellules qui ferment chaque stomate, l'épiderme ne renferme pas de chlorophylle; il est transparent.

17. Rôle de la feuille. — Grâce à la chlorophylle qu'elle renferme, la feuille joue un rôle essentiel dans la nutrition de la plante, en *assimilant le carbone* (chap. II, § 1er). Au moyen de ses nombreux stomates, elle rejette dans l'atmosphère, par *transpiration*, l'eau contenue dans ses tissus; le vide partiel ainsi produit rompt l'équilibre qui existe entre les diverses parties de la plante et provoque une nouvelle absorption des liquides du sol par les racines.

Suivant que les tissus de la plante sont plus ou moins gorgés d'eau, les stomates ont une ouverture variable qui règle d'une manière automatique le mécanisme de la transpiration.

La plante transpire continuellement; pour déposer 1 kilogramme de matière sèche dans leurs tissus, certains végétaux évaporent plus de 200 litres d'eau.

Enfin, c'est par les stomates que s'accomplit la *respiration* de la feuille.

§ IV

LA FLEUR ET LE FRUIT

18. Organisation de la fleur. — La fleur est l'organe de reproduction de la plante; ses différentes parties proviennent de feuilles modifiées.

Dans une fleur complète, on distingue des organes essentiels et des pièces accessoires. Les premiers comprennent : les organes mâles ou *androcée*, composés d'*étamines;* l'organe femelle, *pistil* ou *gynécée*, formé d'un ou de plusieurs carpelles ou feuilles repliées, qui portent sur leurs bords soudés les *ovules*, d'où naîtront les graines, après la fécondation.

Le plus souvent, ces organes essentiels à la reproduction sont réunis dans une même fleur, comme dans le cerisier (fleur *hermaphrodite*) (*fig.* 12); parfois, les organes spéciaux à chaque sexe sont séparés dans une fleur distincte (fleur *unisexuée*); si ces fleurs sont portées sur un même pied, comme dans le melon, le maïs, le noisetier, la plante est *monoïque;* elle est *dioïque* si les fleurs sont sur des pieds différents (ortie, chanvre, mercuriale).

Autour des organes essentiels à la reproduction de la

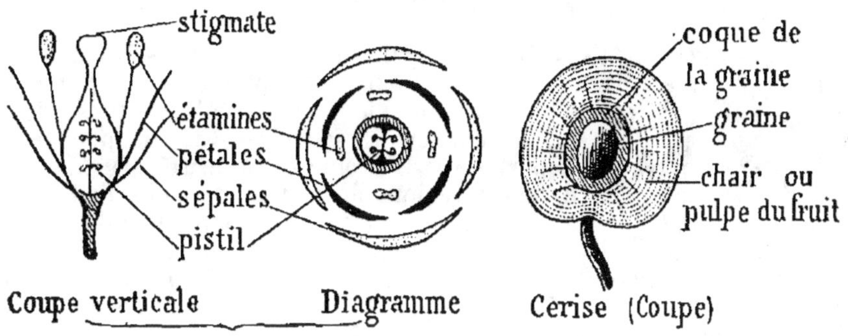

Fig. 12. — La Fleur et le Fruit.

plante, la fleur porte généralement des enveloppes de protection : le *calice*, situé à l'extérieur, est formé de *sépales*, ordinairement verts; la *corolle*, placée en dedans, est composée de *pétales*, diversement colorés.

19. Fécondation. — La fécondation a lieu par le contact entre les produits de l'organe mâle ou *pollen* et ceux du gynécée ou *ovules*. Si la fécondation s'effectue entre les organes d'une même fleur, elle est *directe;* au contraire, il y a *croisement* lorsqu'elle provient de deux fleurs différentes, portées soit par une même plante ou par deux plantes de la même espèce; il y a *hybridation* si les plantes appartiennent à deux espèces différentes.

Le croisement permet d'améliorer la qualité des semences.

20. Développement du Fruit. — Après la fécondation, les ovules donnent les *graines* et les carpelles se transforment en *fruit.*

La graine destinée à reproduire le végétal doit rester sur la plante mère jusqu'à sa maturation complète. Dans toute graine, on distingue deux *maturités*, l'une *apparente*, qui coïncide avec l'époque où le fruit se détache normalement du végétal, et une autre, *réelle*, qui tantôt précède ou plus souvent suit la précédente.

Le haricot, le blé peuvent germer avant qu'ils se détachent de la gousse ou de l'épi (maturité apparente), tandis que le noyau de pêche exige plusieurs mois ou même des années après la récolte du fruit, pour atteindre sa maturité réelle et pouvoir germer.

On doit tenir compte de ces considérations, dans le choix des semences.

QUESTIONNAIRE

6. Qu'est-ce qui distingue un végétal d'un animal? — **7.** Quelle est l'importance de l'étude de la plante pour l'agriculteur? — **8.** Comment est constituée la racine? — **9.** Expliquez comment la racine se développe dans le sol. — **10.** A quoi sert la racine? — **11.** Qu'appelle-t-on rhizome? tubercule? bulbe? — **12.** Comment s'accroît la tige? — **13.** Quelles sont les diverses régions de la tige? — **14.** Quel est le rôle de la tige? — **15.** Comment est constituée une feuille? — **16.** Décrivez la coupe du limbe de la feuille. — **17.** Quel est le rôle de la feuille? — **18.** De quoi se compose la fleur? — **19.** Comment se produit la fécondation? — **20.** Qu'appelle-t-on maturité apparente et maturité réelle de la graine?

LECTURE

La vie des plantes.

A l'automne, on voit les feuilles tomber, les coteaux et les bois perdre leur parure. La vie des plantes annuelles s'est réfugiée dans les graines, celle des plantes vivaces dans les parties souterraines, c'est-à-dire les racines (betteraves ou carottes) ou les rhizomes et les tubercules (pommes de terre, topinambour).

Mais, chaque printemps, le même phénomène se renouvelle; les graines germent, des pousses se développent sur les racines et sur les tubercules que nous avons laissés dans le sol ou que nous avons même conservés en lieu sûr pour les planter ensuite à l'époque la plus favorable; les bourgeons de nos arbres et de nos arbustes éclatent; douillettement emmaillotés au milieu d'écailles protectrices, les jeunes rameaux garnis de feuilles et de fleurs déjà ébauchées y ont passé la longue série des mauvais jours : partout surgit splendidement la verdure printanière.

Les mauvaises herbes sont admirablement armées pour résister à nos attaques; il faut bien qu'il en soit ainsi, car autrement il n'y en aurait plus. Les graines dispersées sur le sol sont très capables de rester là sans germer, quoique les conditions que leur offrent les journées d'automne soient aussi favorables à la germination que celles du printemps. Elles échappent ainsi à notre attention.

Le bois de nos arbres subit une espèce de maturation, il s'aoûte. Chaque espèce, chaque variété ou race de la même espèce, passe dans cet état à une époque déterminée qui est beaucoup moins intimement liée au « temps qu'il fait » qu'on ne le croit généralement.

Au printemps, le phénomène inverse se produit. Dans la

nature, chaque graine lève à son époque; les plantes vivaces
sortent de terre les unes après les autres. Les uns après les
autres, les arbres se couvrent de leur frondaison nouvelle.

J. VESQUE.
(Journal *l'Agriculture nouvelle*.)

CHAPITRE II

Les aliments de la plante.

§ Ier

DIVERS ALIMENTS DE LA PLANTE

21. Eléments qui constituent la plante. — La
plante exige, pour se nourrir, les mêmes éléments dont elle
est constituée. Parmi ces éléments ou *corps simples*, déterminés par l'analyse, il en est *dix* qui sont absolument *nécessaires* au développement de tout végétal; un certain nombre
d'autres sont *utiles* sans être indispensables.

Les dix premiers sont : *carbone, hydrogène, oxygène, azote,
phosphore, potassium, calcium, soufre, fer, magnésium.*

Si un seul de ces principes manque ou fait défaut à la
plante, celle-ci ne se développe qu'en proportion de l'élément le plus faiblement représenté; c'est la *loi du minima*,
mise en évidence par Liebig.

Dans certains végétaux, on trouve parfois d'autres corps
simples : du sodium (à l'état de soude), du manganèse, du
chlore, de la silice, etc.

Ces différents principes, bien qu'utiles, ne sont pas indispensables à l'alimentation de la plante. Ainsi, la tige des
céréales est pourvue de silice quand elle provient de sols siliceux, mais cet élément est remplacé par du carbonate de
chaux en sols calcaires. De même les betteraves renferment
parfois une forte proportion de soude, qui est remplacée par
la potasse ou la magnésie dans les terres dépourvues de
soude.

22. Milieux alimentaires de la plante. — La
plante tire les aliments dont elle se nourrit : de l'*atmosphère*, par ses *feuilles*, et du *sol*, par ses *racines*. Elle puise
dans l'atmosphère tous les éléments qui s'échappent sous

forme de gaz, de fumée ou de vapeur d'eau lorsqu'on la soumet à la combustion : carbone, oxygène, hydrogène et une partie de l'azote. Elle puise dans le sol tous les éléments qui restent dans les cendres après la combustion : phosphore, potassium, calcium, soufre, fer, magnésium, une partie de l'azote, et enfin la silice, la soude, etc.

23. Importance relative des divers aliments de la plante. — Le carbone, l'oxygène et l'hydrogène forment la plus forte partie de toutes nos plantes cultivées, mais l'agriculteur n'a pas à s'en inquiéter puisque ces aliments sont fournis directement par l'atmosphère et par l'eau.

Parmi les aliments tirés du sol, il en est qui entrent en très faible partie dans la composition de la plante ; ce sont : le fer, le soufre, le magnésium ; aussi la plupart des sols en renferment assez. L'agriculteur en restitue d'ailleurs indirectement par les matières étrangères contenues dans les divers engrais qu'il emploie.

Au contraire, les quatre éléments : *azote, acide phosphorique, potasse, chaux,* manquent dans la plupart de nos terres. Il importe de les bien connaître et d'en faire un emploi fréquent et judicieux.

Dans le langage agricole, l'usage a prévalu de désigner, au lieu de l'élément simple, la combinaison oxygénée des corps ; ainsi nous dirons qu'un sol manque d'acide phosphorique, de potasse, de chaux, et non de phosphore, de potassium et de calcium.

§ II

ALIMENTS FOURNIS PAR L'AIR ET PAR L'EAU

24. Assimilation du carbone. Action de la chlorophylle. — Le carbone qui entre dans la composition des végétaux provient de l'acide carbonique de l'air. Une plante ne se développe pas dans un sol renfermant du carbone, sous quelque état que ce soit, si l'atmosphère qui l'environne est privée d'acide carbonique. Si, au contraire, on place cette plante dans un sol ne contenant pas trace de carbone, elle se développe lorsque ses feuilles plongent dans une atmosphère renfermant de l'acide carbonique.

Voici comment se produit cette absorption : l'air, chargé de gaz carbonique, pénètre dans l'intérieur des organes verts par les stomates. Sous l'action de la lumière, la matière verte ou chlorophylle décompose le gaz carbonique, fixe le carbone à l'état de composés divers et rejette l'oxygène dans l'atmosphère (*fig.* 13).

La chlorophylle est seule capable de ce travail ; par suite toutes les plantes qui ne renferment pas de matière verte ne peuvent puiser leur carbone dans l'air ; ce sont des *plantes parasites*, qui vivent au détriment d'autres végétaux (cuscute, champignons, etc.).

L'air atmosphérique renferme seulement 0,0003 à 0,0004 de gaz carbonique ; cette faible proportion suffit à

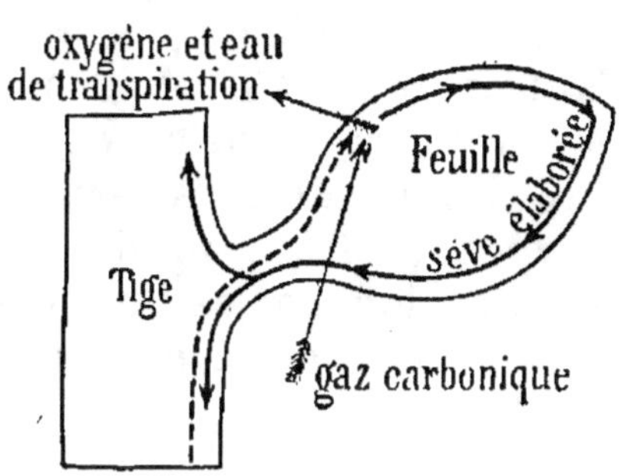

Fig. 13. — Schéma de la fonction chlorophyllienne et de l'élaboration de la sève dans la feuille.

la plante, car les courants aériens renouvellent constamment l'air au contact des organes pourvus. de chlorophylle.

25. Rôle de la lumière dans la vie végétale. — Une plante non parasite, conservée à l'abri de la lumière, perd sa couleur verte, c'est-à-dire sa chlorophylle ; donc la lumière est une condition essentielle à l'accomplissement du phénomène de l'assimilation du carbone.

Ce phénomène se produit pendant le jour seulement ; il est inutile que la plante soit directement exposée aux rayons du soleil ; la lumière diffuse (qui nous éclaire quand le soleil est caché par les nuages) est suffisante.

Une plante qui vit privée de lumière reste jaune : on dit qu'elle est *étiolée*. L'étiolement est un véritable état maladif de la plante ; celle-ci ne peut lignifier ses tissus qui restent mous, sans consistance ; sa tige se courbe ou se casse facilement. La *verse* du blé est souvent due à un manque d'éclairement de la base des chaumes.

26. Absorption de l'oxygène et de l'hydrogène. Respiration de la plante. — La plante, comme l'animal, respire, c'est-à-dire qu'elle absorbe de l'oxygène et rejette de l'acide carbonique. Toutes les parties du végétal, feuilles, tiges, bourgeons, fleurs, racines, etc., respirent quand elles sont vivantes.

Le phénomène de la respiration a lieu constamment, le jour et la nuit. La quantité d'oxygène absorbée par la respiration est moindre que celle rejetée par la fonction chlorophyllienne ; donc, les plantes assainissent l'air en remplaçant l'acide carbonique qui le viciait par de l'oxygène. Ainsi s'explique d'ailleurs la fixation du carbone qui correspond à un dégagement d'oxygène.

Lorsque la plante absorbe, par ses racines, de l'eau et d'autres composés oxygénés ou hydrogénés du sol, elle renouvelle sa provision en oxygène et en hydrogène. Ainsi l'eau, les nitrates, les carbonates, fournissent au végétal de l'oxygène ; les sels ammoniacaux, l'eau et tous les composés hydratés donnent de l'hydrogène.

Mais l'eau est considérée comme le grand pourvoyeur des plantes en oxygène et en hydrogène.

§ III

L'AZOTE

27. L'azote ; son importance. — A l'état pur, l'azote est un gaz ; il forme 79 p. 100 de l'atmosphère dans laquelle nous vivons. Les plantes vivent donc constamment entourées de cet élément ; mais la plupart d'entre elles sont impuissantes à l'utiliser. Les légumineuses et quelques végétaux inférieurs comme les algues possèdent la propriété d'absorber l'azote gazeux de l'atmosphère ; toutes les autres plantes le prennent dans le sol, sous la forme minérale, par les racines.

Ainsi, à ne considérer que les légumineuses, l'azote se classe parmi les aliments pris dans l'atmosphère ; pour toutes les autres plantes, au contraire, il provient du sol. Par suite, et en raison de son importance en agriculture, nous en formerons une catégorie spéciale, intermédiaire.

L'azote existe dans tous les végétaux. Ainsi :

100 kilogrammes de blé (grain) renferment 2^{kg},08 d'azote.
100 kilogr. de foin sec (luzerne)   —   2^{kg},   —
100 kilogr. de paille (froment)   —   0^{kg},48   —

La teneur en azote varie peu dans les graines ; elle est plus variable dans les fourrages et les pailles. Nous allons voir comment les plantes l'absorbent, soit à l'état gazeux, soit sous la forme des combinaisons diverses dans lesquelles il entre.

28. Azote gazeux; son absorption par les Légumineuses. — Sur les racines des légumineuses, du trèfle, par exemple, on peut voir, à l'œil nu, de petits tubercules ou *nodosités* (*fig.* 14), qui sont remplis d'êtres microscopiques ou microbes (II° partie, chap. i). Ces infiniment petits prennent à la plante sur laquelle ils sont fixés tous les principes utiles à leur développement, sauf l'azote, qu'ils prélèvent dans l'air atmosphérique.

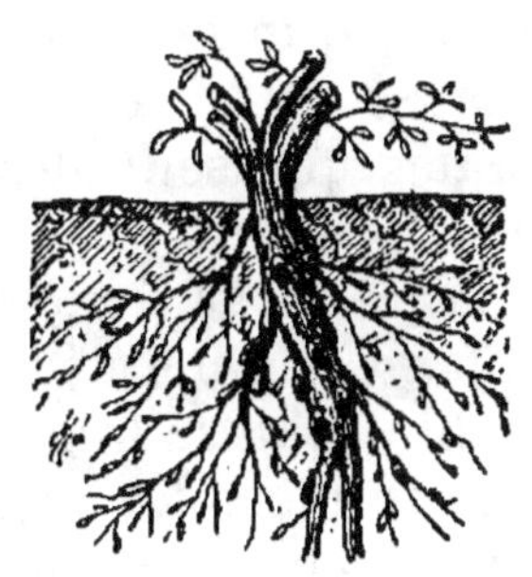

Fig. 14. — Nodosités sur une racine de légumineuse.

En échange de l'hospitalité reçue, les albuminoïdes ou matières azotées qu'ils ont formées reviennent, après leur mort, à la plante nourricière ; celle-ci en forme ses tissus.

Les microbes des nodosités existent en abondance partout où l'on a cultivé des légumineuses. Ainsi, on a pu rendre aptes à cette culture des sols qui y étaient auparavant rebelles, par l'addition de terre provenant d'une vieille luzernière. Dans ce cas, la terre agit surtout par les microbes spéciaux qu'elle apporte.

29. Différentes combinaisons de l'azote. — L'azote existe dans toutes les plantes ainsi que dans diverses parties du corps des animaux, à l'état de combinaisons multiples, avec le carbone, l'oxygène et l'hydrogène (gluten des grains, caséine du sang, albumine du blanc d'œuf). Dans toutes les matières provenant des organes d'un être vivant, végétal ou animal, l'azote est dit à l'état d'*azote organique*.

L'azote peut se combiner, à l'état pur, soit à l'hydrogène seul et donner l'*ammoniaque*, soit à l'oxygène, en présence d'hydrogène, et former des *acides nitreux* (AzO^2H) et *nitrique* (AzO^3H), suivant la richesse du milieu en oxygène.

L'ammoniaque produit s'unit aux acides du sol (carbonique, sulfurique) et donne des sels ammoniacaux ; l'azote de ces combinaisons prend le nom d'*azote ammoniacal*. De même, les acides nitreux ou nitrique, en contact avec les bases du sol (chaux, soude, potasse), forment des *nitrites* ou des *nitrates*, c'est-à-dire des sels qui renferment de l'*azote nitrique*.

Le cultivateur peut donc introduire l'azote dans le sol sous trois formes : l'azote organique, l'azote ammoniacal et l'azote nitrique.

30. Azote organique. — Les matières azotées organiques sont insolubles dans l'eau ; elles ne peuvent fournir directement l'azote aux plantes ; elles doivent au préalable se transformer, sous l'influence de microbes, en ammoniaque, puis en acide nitreux, et enfin en acide nitrique. Ces corps, formés en présence des bases du sol (chaux, potasse, etc.), se combinent et donnent des nitrites ou des nitrates qui sont des composés solubles et que la plante peut absorber.

L'azote organique intervient donc dans la nourriture de la plante comme élément capable d'engendrer l'azote nitrique soluble, par le phénomène de la *nitrification* (97).

Le fumier, les engrais verts, le sang desséché, les poudrettes, etc., sont des engrais organiques (111 à 133).

31. Azote ammoniacal. — Les feuilles des végétaux vivants peuvent absorber directement l'ammoniaque contenu dans l'atmosphère ; de même, les racines peuvent assimiler l'azote ammoniacal qui se trouve en dissolution dans les eaux du sol. Mais, le plus souvent, l'azote ammoniacal est transformé au préalable en azote nitrique, car il constitue une forme de passage, très instable. Il subit alors facilement le dernier stade du phénomène de la nitrification.

Le *sulfate d'ammoniaque* est le plus connu des engrais fournissant l'azote ammoniacal.

32. Azote nitrique. — L'azote nitrique se trouve dans le sol à l'état de nitrites ou plus généralement de nitrates ; ce sont des composés solubles dans l'eau : les racines peuvent, par conséquent, facilement les absorber.

Mais les eaux de pluie peuvent les entraîner dans les profondeurs du sol où ils sont perdus (II⁰ partie, chap. ɪv).

Les principaux engrais renfermant l'azote nitrique sont : le nitrate de soude, les nitrates de chaux et de potasse (II⁰ partie, chap. ɪɪɪ).

§ IV

ALIMENTS TIRÉS DU SOL

33. L'acide phosphorique. — L'acide phosphorique est le principe qui manque, en général, le plus à nos terres. Tous les végétaux en contiennent, mais la proportion varie avec les espèces, avec la partie des plantes que l'on considère, et aussi suivant la richesse des sols d'où ces plantes proviennent.

Voici quelques résultats d'analyses :

100 kilogr. de blé (grain) renferment 0^{kg},82 d'acide phosphorique.
100 kilogr. de foin de trèfle — 0^{kg},56 —
100 kilogr. de paille de blé — 0^{kg},25 —

L'acide phosphorique, en combinaison avec la chaux, forme des phosphates qui, suivant la proportion de chaux contenue, sont dits *tribasiques* $(PO^4)^2.Ca^3$; *bibasiques* $(PO^4H)^2.Ca^2$, ou *monobasiques* $(PO^4H^2)^2Ca$.

Le phosphate tribasique est insoluble à l'eau ; à l'état bibasique, il est soluble dans un réactif spécial, le citrate d'ammoniaque ; le phosphate monobasique est soluble à l'eau ; tous ces phosphates naturels sont solubles dans les sucs acides sécrétés par les poils absorbants.

On incorpore l'acide phosphorique au sol sous les formes principales de phosphates naturels, de superphosphates, de phosphates précipités et de scories de déphosphoration (IIIe partie, chap. III).

34. La potasse. — L'analyse montre que la quantité de potasse est très variable, suivant les espèces de plantes et la richesse des sols en cet élément. Ainsi, les cendres de

100 kilogrammes de blé (grain) renferment 0^{kg},55 de potasse.
100 kilogr. de foin de trèfle — 1^{kg},95 —
100 kilogr. de paille de blé — 0^{kg},49 —

Dans le tabac, la proportion oscille, suivant la teneur des sols, de 0^{kg},25 à 5 kilogrammes de potasse par 100 kg. de feuilles.

Les principaux engrais potassiques sont le chlorure de potassium, le sulfate de potasse et la kaïnite (IIIe partie, chap. III) ; toutes ces matières-contiennent de la potasse sous une forme soluble à l'eau.

35. La chaux. — Dans les cendres des échantillons précédents, pris pour termes de comparaison, on trouve des quantités très variables de chaux.

Pour 100 kilogrammes de blé (grain) 0^{kg},06 de chaux.
— 100 kilogrammes de foin de trèfle 1^{kg},92 —
— 100 kilogrammes de paille de blé 0^{kg},26 —

Tous les sols calcaires renferment de la chaux en abondance ; par contre, certains sols granitiques ne renferment que des traces de cet élément; on doit leur en fournir, par le chaulage et le marnage (IIIe partie, chap. v). Le calcaire peut être dissous dans l'eau du sol, chargée de gaz carbonique ou par les sucs que sécrètent les poils absorbants.

36. Le soufre, le fer et la magnésie. — Ces trois corps sont aussi indispensables à la végétation des plantes que tous les précédents. Les agriculteurs ne s'inquiètent pas de les restituer au sol, parce que les végétaux en consomment peu et que la plupart de nos terres semblent en contenir en quantité suffisante, à l'état de combinaisons solubles.

On connaît néanmoins des exemples d'amélioration de terrains dus à l'apport de ces principes. Toutefois, il est à noter que l'addition à un sol d'un sulfate (d'ammoniaque, de potasse, de chaux) introduit du *soufre* en combinaison ; de même les divers phosphates contiennent du *magnésium ;* les scories, le sulfate de fer procurent du *fer*, et il faut supposer que cette restitution indirecte est suffisante pour les besoins de la plante.

Parmi les *autres corps trouvés dans la plante*, il faut signaler surtout la silice qui incruste les pailles des céréales, la soude et le chlore que l'on trouve dans les plantes du littoral de la mer ou dans celles venues en terrains un peu salés. Leur étude n'offre qu'un faible intérêt pratique; ils sont utiles mais non indispensables.

37. Analyse de la plante. — En résumé, voici, au moins approximativement, dans quelles proportions les divers aliments indispensables à la plante se trouvent dans le végétal.

L'eau, formée d'*oxygène* et d'*hydrogène*, constitue la plus grande partie de tout végétal; on en trouve 90 p. 100 dans la laitue, 40 p. 100 dans le bois des forêts. Sur la matière sèche des plantes, le *carbone* forme la plus forte proportion. Ensemble, ces trois éléments *combustibles* constituent 90 à 95 p. 100 en poids de la substance sèche des plantes, tous les suivants réunis y entrant pour 5 à 10 p. 100.

L'azote n'entre qu'en faible quantité (1 à 3 p. 100).

L'*acide phosphorique*, la *potasse*, la *chaux*, etc., se trouvent dans les cendres des végétaux; le bois sec donne 0,2 à 0,4 p. 100 de cendres; les pailles, 2 à 5 p. 100; les feuilles vertes, 10 à 15 p. 100. On comprend, par suite, que l'acide phosphorique, la potasse, la chaux, etc., ne sont qu'en faible quantité puisqu'ils ne forment qu'une partie de ces cendres.

Le tableau qui suit, emprunté à de Gasparin, résume la composition moyenne élémentaire des différentes parties des végétaux :

ÉLÉMENTS		PLANTES ENTIÈRES		RACINES		TIGES		GRAINES	
Eau	Oxygène.	41,4	46,7	43,4	49,1	39,6	44,9	41,1	47,1
	Hydrogène. . . .	5,6		5,7		5,3		6,»	
Carbone.		46,4		43,4		46,9		47,4	
Azote		1,6		1,6		1,»		2,6	
Cendres (Éléments minéraux).		5,3		5,9		7,2		2,9	

QUESTIONNAIRE.

21-22. Quels sont les corps simples qui sont indispensables au développement de la plante? — Dans quels milieux la plante puise-t-elle ces éléments? — 23. Montrez l'importance relative pour le cultivateur des divers aliments de la plante. — 24. Expliquez le phénomène de l'assimilation du carbone. — 25. Quel est le rôle de la lumière dans la vie végétale? — 26. D'où proviennent l'oxygène et l'hydrogène que l'on trouve dans la plante? — 27-28. Quels sont les végétaux capables d'absorber l'azote gazeux? — Expliquez le mécanisme de cette absorption. — 29. Énumérez sous quel état se trouve l'azote dans les diverses combinaisons. — 30-31-32. La plante peut-elle absorber l'azote organique? — l'azote ammoniacal? — l'azote nitrique? — 33. Que savez-vous des combinaisons formées par l'acide phosphorique avec la chaux? — 34-35. — Comment interviennent la potasse, la chaux, comme aliments du végétal? — 36. Citez les autres éléments que l'on rencontre dans les tissus des plantes. — 37. Dans quelles proportions les dix corps indispensables à la plante entrent-ils dans sa composition?

LECTURE

L'agriculture rationnelle.

Les trois conditions essentielles pour obtenir d'un sol le maximum de récolte qu'il peut fournir sont : en premier lieu, la présence dans le sol d'une quantité suffisante de matières minérales indispensables à l'alimentation des plantes; en second lieu, un état d'ameublissement et de culture aussi parfait que possible, afin de permettre aux racines de se développer pour chercher leur nourriture; en troisième lieu, enfin, une semence de bonne qualité.

Bien rarement le sol renferme en quantité suffisante tous les principes nécessaires à la plante. Les végétaux exportant tous les ans, de la terre où ils ont crû, un poids plus ou moins considérable de matières minérales, il arrive que la provision du sol en aliments de la plante diminue notablement et finit par s'épuiser. La fumure a pour objet de restituer, sous une forme utilisable par la récolte, les substances que celle-ci lui a enlevées.

Une dizaine de corps sont indispensables au développement de toute plante, savoir : l'oxygène et l'hydrogène, qui forment l'eau : l'azote, qui, en s'unissant aux deux premiers, forme l'acide nitrique et l'ammoniaque ; le phosphore, le soufre, la magnésie, la potasse et le fer ; enfin le charbon, que la plante emprunte exclusivement aux faibles quantités d'acide carbonique contenues dans l'atmosphère.

La terre, à de rares exceptions près, ne renferme pas assez d'éléments azotés et phosphatés pour donner spontanément de hauts rendements en céréales et autres produits ; parfois aussi elle manque de sels de potasse. Dans la plupart des cas, au contraire, elle est assez abondamment pourvue des autres principes nutritifs qu'exigent les récoltes.

Un bon outillage, une semence de choix, des engrais bien adaptés à la culture qu'il se propose, tels sont les agents indispensables au cultivateur pour tirer un parti avantageux de sa terre.

Isolé, livré à ses propres ressources, le petit cultivateur est, la plupart du temps, dans l'impossibilité de satisfaire à ces exigences fondamentales de toute culture rémunératrice.

L'association, rendue facile aujourd'hui par l'application de la loi sur les syndicats, peut changer du tout au tout la situation désavantageuse faite, jusqu'à ce jour, au cultivateur isolé.

L. GRANDEAU,
Inspecteur des Stations agronomiques.
(*Rapport sur l'Exposition de* 1889, p. 64.)

CHAPITRE III

Nutrition et multiplication des végétaux.

§ Ier

NUTRITION MINÉRALE DE LA PLANTE

38. Comment la plante absorbe ses aliments minéraux. — Nous avons montré (chap. ii, § 1er) comment la plante absorbe les aliments qu'elle tire de l'atmosphère et de l'eau : nous avons dit en outre que les éléments minéraux du sol étaient puisés par les racines ; il nous reste à expliquer le mécanisme de cette dernière absorption.

L'eau des pluies s'évapore en grande partie et retourne à l'atmosphère à l'état de vapeur d'eau ; mais une autre partie s'infiltre peu à peu dans le sol et dissout les matières solubles qu'elle rencontre. Cette eau, chargée de substances très diverses, arrive en contact avec les racines et leurs poils absorbants (10) ; c'est à ce niveau que s'effectue l'absorption minérale.

L'étude de cette absorption nécessite la connaissance de certains phénomènes physiques : dissolution et diffusion, dialyse ou osmose, etc., que nous allons d'abord rappeler.

39. Dissolution et diffusion. — Si un cristal d'un sel soluble (sel marin, nitrate de soude, sulfate de cuivre) est placé dans l'eau, il se *dissout*, c'est-à-dire que de l'état solide il passe à l'état liquide. Sous ce *nouvel* état, la dissolution saline se déplace, se dissémine et arrive, avec le temps, à occuper tous les points du liquide. Ce dernier phénomène, appelé *diffusion*, se produit sans que, par un mouvement quelconque, on aide au mélange des différentes parties du liquide.

Des phénomènes analogues se produisent constamment dans le sol. Ils sont d'ailleurs favorisés par les mouvements dont l'eau du sol est animée : sous l'effet de l'évaporation qui se produit à la surface du sol, l'eau monte par capillarité ; au contraire, quand la pluie tombe, l'eau descend par son propre poids.

40. Dialyse ou osmose. — Le phénomène d'osmose est mis en évidence par l'expérience qui suit : On entoure l'extrémité d'un tube avec une fine membrane animale ou végétale (papier parchemin, vessie de porc, etc.) ; on obtient ainsi un *dialyseur* (*fig.* 15), dans lequel on verse un peu d'eau pure. Si on plonge, par son extrémité, ce dialyseur dans un vase

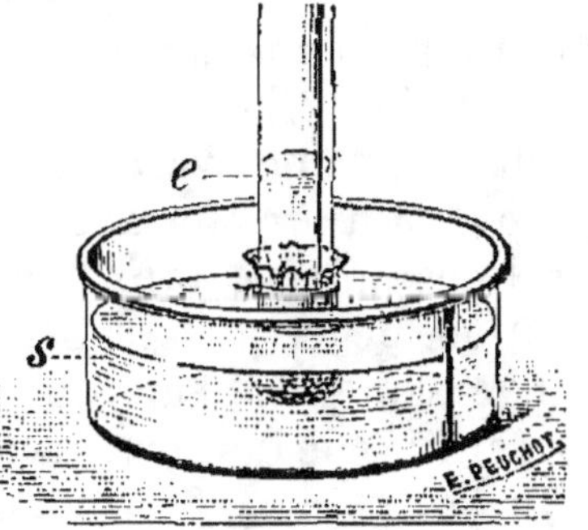

Fig. 15. — Dialyseur. *e*, eau pure, *s*, eau salée.

plus large contenant une dissolution saline (eau salée, par exemple), on constate, au bout d'un certain temps, que l'eau du dialyseur est salée, et que son niveau s'est élevé. Par conséquent, le liquide salé du vase a pu traverser la membrane. Ce phénomène, désigné sous le nom de *dialyse* ou *osmose*, se produit jusqu'à ce que les deux liquides situés de part et d'autre de la membrane aient la même densité et la même composition chimique.

Pourtant, la membrane de parchemin se montrerait imperméable pour l'un et l'autre liquide employés séparément. C'est donc la *force de diffusion* qui détermine, à travers la membrane, l'ascension du liquide dans le tube, en vue d'établir l'équilibre osmotique. Dès que cet équilibre est obtenu, la membrane redevient imperméable à l'égard de la dissolution homogène dans laquelle elle baigne, ce qui explique l'élévation du niveau du liquide dans le dialyseur.

Si à ce moment on remplace par de l'eau pure l'eau salée du dialyseur, et qu'on plonge à nouveau celui-ci dans le vase, la membrane redevient perméable et les mêmes phénomènes se reproduisent.

41. Absorption des matières minérales du sol. — La plante transpire (**17**) et provoque ainsi des feuilles aux racines une aspiration de l'eau du sol qui tient en dissolution des composés minéraux.

En outre, les matières minérales solubles du sol pénètrent dans la racine par osmose. En effet, les membranes cellulosiques des poils absorbants se comportent comme le papier de parchemin dans l'expérience qui précède (**40**) : elles remplissent les fonctions d'un dialyseur à l'égard des matières dissoutes dans l'eau du sol.

L'absorption des matières minérales du sol est donc produite par deux causes qui agissent dans le même sens : une aspiration résultant de la transpiration par les feuilles et autres organes verts; et une poussée, au niveau des racines, provenant de l'osmose. Or, à mesure que les dissolutions salines entrent dans le végétal, elles sont utilisées à l'élaboration de composés organiques divers et s'appauvrissent; inversement, l'eau du sol dissout sans cesse de nouvelles quantités de matières minérales; l'équilibre entre les liquides du sol et ceux de la plante est donc constamment détruit; aussi l'absorption est pour ainsi dire continue.

Pour les sels solubles à l'eau (nitrates, sels de potasse, sels ammoniacaux, superphosphates, etc.), l'absorption se fait sans difficulté, puisque l'eau apporte ces dissolutions aux poils absorbants.

D'autres sels, comme les phosphates et le carbonate de chaux, ne sont solubles que dans l'eau chargée de gaz carbonique ou dans les liquides acides sécrétés par les poils absorbants (10). Dès qu'ils sont dissous, ils pénètrent dans la plante comme les substances solubles à l'eau, mais, en vue de hâter leur dissolution, on doit les utiliser à l'état de particules très fines et les mélanger à la terre végétale le plus intimement possible, par un labour ou un hersage.

§ II

PRODUITS FABRIQUÉS PAR LA PLANTE

42. La cellule végétale ; son rôle. — Nous avons vu que les végétaux sont formés de cellules (9, 13). La cellule vivante comprend une *membrane* cellulosique, et, à l'intérieur, une matière albuminoïde, de composition variable, le *protoplasme*, qui porte au centre un *noyau*. Le protoplasme est la matière essentiellement vivante : c'est lui qui, en se modifiant, forme l'enveloppe de séparation pour le dédoublement des cellules.

Il constitue les grains de *chlorophylle* qui fixent le carbone de l'air ; puis, avec ce carbone incorporé à la cellule, il fabrique des composés organiques très divers : *amidon, sucre, matières grasses, acides.* Tous ces produits se localisent dans la cellule adulte (*fig.* 16) ; les grains de chlorophylle se transportent sur la face la mieux éclairée ; ils sont vivants, mais ils périssent si on prive la feuille de lumière.

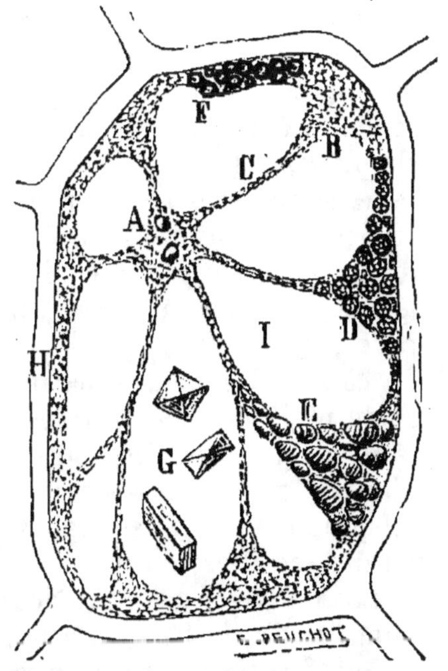

Fig. 16. — Coupe théorique d'une cellule végétale. A, noyau formé par du protoplasme. B, protoplasme tapissant l'enveloppe de la cellule. C, trainée de protoplasme. D, grains de chlorophylle. E, grains d'amidon. F, granules de matières grasses. G, cristaux. H, enveloppe cellulosique. I, suc cellulaire remplissant presque toute la cellule.

Au début, le protoplasme garnit toute la cavité cellulaire, mais, à la longue, il se condense et laisse des vides qui sont occupés par le *suc cellulaire*. Ce dernier est formé d'eau tenant en dissolution diverses substances : sels, tanin, sucres, acides végétaux ; parfois, certains sels cristallisent : silice, oxalate de chaux, etc. La membrane s'imprègne, en vieillissant, de matières analogues à la cellulose (pectose, callose, etc.).

La cellule végétale est donc un milieu vivant très actif qui concourt puissamment à la vie de l'être tout entier.

43. Travail de synthèse opéré par la plante. — Chaque cellule est le siège d'un travail analogue à celui que nous venons d'étudier. Dans son ensemble, la plante qui reçoit, de sources différentes, les dix corps indispensables à son alimentation (chap. ii) est capable de combiner, sous des formes multiples, ces éléments entre eux pour *former des matières organiques* très complexes. Elle opère un *travail de synthèse* et crée des corps organisés au moyen de corps simples, de minéraux. Son rôle s'oppose à celui des infiniment petits (microbes), qui détruisent la matière organique et la ramènent à l'état d'éléments minéraux (II° partie, chap. 1er, § 3).

Avec le *carbone*, l'*oxygène* et l'*hydrogène*, diversement associés, la plante forme des composés dits *hydrocarbonés*, tels que la cellulose (moelle), l'amidon (grain de blé), la fécule (pomme de terre), les sucres (saccharose des betteraves, glucose des fruits), les corps gras (huile de navette, de colza), les acides organiques (acide tartrique du raisin, acide malique des pommes, acide oxalique de l'oseille), etc.

Si aux trois éléments précédents s'ajoute l'*azote*, la plante forme d'autres composés dits *azotés* ou *albuminoïdes*, tels que le gluten des grains de blé, la légumine des haricots ou des lentilles, etc.

Les matières azotées s'accompagnent toujours d'une faible quantité de soufre et d'acide phosphorique.

Les divers composés hydrocarbonés ou azotés s'unissent d'ailleurs aux éléments minéraux contenus dans la plante et constituent des sels : sulfates et bitartrates de potasse, carbonates, oxalates et phosphates de chaux, etc.

Si les savants parviennent à faire la synthèse de certains corps organiques simples, comme l'alcool, ils sont encore impuissants à produire la plus grande partie des corps que l'on rencontre dans la cellule végétale.

44. Magasins de réserves de la plante. — La plante adulte accumule dans certains de ses organes les matériaux qu'elle a élaborés (10, 14). Dans le blé qui mûrit les feuilles et la tige se vident au profit des grains où se réunissent l'amidon et le gluten; il se produit un transport, une migration de ces principes. De même, la pomme de terre place ses réserves dans ses tubercules, la betterave dans sa racine, les arbres et arbrisseaux dans les couches jeunes du tissu cellulaire du bois.

La plante produit ces réserves nutritives en vue d'assurer sa conservation; au printemps suivant, ses organes sont capables de reprendre la vie active et de donner naissance à des végétaux analogues à ceux qui les ont produits.

L'homme s'empare de la plupart des réserves de la plante pour en faire sa nourriture et celle des animaux qu'il exploite. Il utilise les grains (blé, graines oléagineuses, légumes secs); les racines (betterave à sucre, carottes); les tiges (pommes de terre, canne à sucre); les feuilles (choux, salades), etc. En outre, l'homme nourrit les animaux domestiques à peu près exclusivement au moyen des réserves des plantes (grains, fourrages, pailles) et se procure ainsi le lait, la viande, etc., nécessaires à son alimentation.

45. Destruction des corps organiques créés par la plante. — Après la mort d'une plante, si les *matières organiques* dont elle était formée sont abandonnées à elles-mêmes, elles ne tardent pas à être attaquées par des microbes qui s'en nourrissent et les transforment en *matières minérales*, ou corps simples semblables à ceux dont la plante s'est nourrie (carbone ou acide carbonique, eau renfermant hydrogène et oxygène, nitrates, etc.). Le cycle est achevé et les corps simples peuvent servir à nouveau.

Mais, souvent, la restitution n'est pas aussi rapide. Certains végétaux servent de nourriture aux animaux et à l'homme; ceux-ci sont donc tributaires du règne végétal; ils ne pourraient vivre directement au moyen des matières minérales.

L'animal consomme les matières organiques formées par la plante; la partie qu'il digère, qu'il assimile, sert à constituer ses muscles (matière azotée), ses os (phosphate et carbonate de chaux), sa graisse (matière hydrocarbonée), etc.; la partie non digérée se retrouve dans les excréments qui renferment des matières minérales ou des matières organiques à composition simple se rapprochant de la forme minérale (urée, par exemple), facilement transformées par les microbes.

D'ailleurs, le corps tout entier des animaux sera lui-même

complètement transformé. Après la mort de l'animal, son cadavre est attaqué par des microbes qui achèvent le cycle et ramènent sa chair, ses os, etc., à leur état primitif de matières minérales.

On comprend comment la vie peut s'entretenir indéfiniment sur notre globe : les matières indispensables à la vie passent d'abord dans le corps des végétaux, puis dans celui des animaux, et retournent ensuite, grâce aux microbes, intégralement à leur état primitif de matières minérales pour servir de nouveau à l'entretien de la vie chez d'autres générations d'êtres vivants.

§ III

LA GRAINE ET LA GERMINATION

46. La graine. — Les végétaux se multiplient surtout par semis, au moyen de *graines*; on peut encore reproduire un végétal en employant des *tubercules*, des *bulbes* ou des *boutures*. Le marcottage et le greffage sont des méthodes spéciales que nous étudierons en arboriculture.

Toute graine normale (*fig.* 17) renferme un *embryon* (*p*), c'est-à-dire le germe d'une plante analogue à celle qui a produit

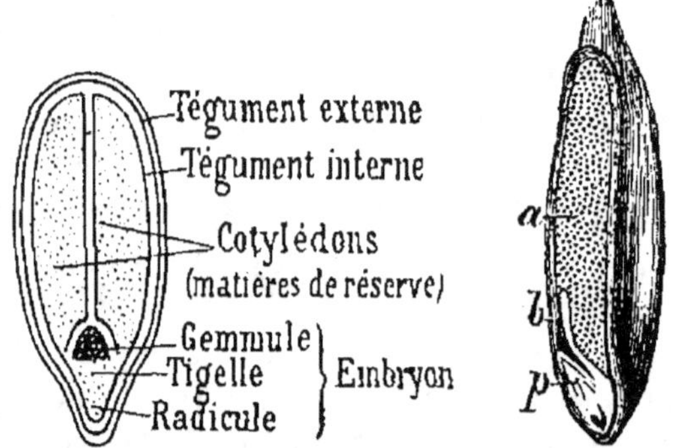

Fig. 17. — Coupe d'un haricot et d'un grain de blé.

cette graine; l'embryon est entouré de *matières de réserves* qui servent à le nourrir pendant sa vie germinative; une enveloppe ou *tégument* protège l'amande formée de la réunion des parties qui précèdent.

Les réserves sont accumulées dans les *cotylédons* (*a*) (haricot) ou dans l'*albumen* de la graine (blé). Depuis sa maturité jusqu'à sa germination, la graine est à l'état de vie très ralentie ou *vie latente*; elle respire continuellement, mais faiblement.

47. Germination de la graine. — Pour qu'une graine puisse germer, c'est-à-dire passer à l'état de *vie active*, elle doit être pourvue d'un *embryon normal*, avoir conservé son *pouvoir germinatif* et posséder un *tégument perméable* à l'eau. En outre de ces conditions, la graine doit trouver dans le milieu où elle est placée de l'*oxygène*, de l'*humidité* et de la *chaleur*, soit trois facteurs essentiels.

L'*oxygène* est indispensable à la jeune plante en vue de la respiration qui est active pendant la vie germinative. L'air est donc nécessaire ; dans un milieu privé d'oxygène, les graines peuvent se conserver longtemps sans germer (silos en maçonnerie), mais elles perdent peu à peu leur pouvoir germinatif, toute respiration devenant impossible.

L'*humidité* est nécessaire à la germination ; l'eau imprègne l'enveloppe ou tégument de la graine qui se ramollit puis se brise ; alors la partie centrale se gonfle sous l'effet de l'humidité et liquéfie une partie de ses réserves ; l'embryon peut développer sa tigelle et sa radicule.

Pour germer, les légumineuses exigent beaucoup plus d'eau que les céréales ; toutefois on ne doit jamais plonger les graines entièrement dans l'eau ; privées ainsi d'oxygène, elles ne germeraient pas.

Un certain degré de *température*, qui varie avec les diverses plantes, provoque et hâte la germination ; il existe, de même, des températures limites, en dehors desquelles le phénomène s'arrête complètement.

Ainsi le blé germe dans les conditions les plus favorables à 28°,7 ; le haricot et le maïs, à 33°,7 ; le melon, à 37°,5. Les limites extrêmes, pour ces mêmes plantes, sont : 5 degrés et 42°,5 pour le blé ; 9°,5 et 46°,2 pour le haricot et le maïs, etc.

En général, le froid ne tue pas les graines sèches (on a pu les refroidir jusqu'à — 80 degrés sans leur faire perdre leur faculté germinative) ; la chaleur sèche les incommode peu, mais la chaleur humide les tue rapidement ; des grains de blé perdent leur faculté germinative si on les plonge pendant 15 minutes dans l'eau chaude à 50 degrés.

La lumière n'est pas nécessaire à la germination ; trop intense, elle la ralentit même.

48. Transformation des réserves de la graine pendant la germination. — Pendant toute la durée de la germination, le jeune végétal se nourrit des réserves contenues dans les cotylédons ou dans l'albumen de la graine (46).

La graine ressemble à l'œuf; il y a dans l'œuf de la poule tout ce qu'il faut pour nourrir le jeune poussin pendant la période d'incubation; il y a aussi dans la graine tout ce qu'il faut pour nourrir le jeune végétal pendant la germination. C'est par une série de véritables digestions que la plantule se développe; la plupart des matières accumulées dans la graine sont insolubles dans l'eau : amidon ou fécule, matière grasse, etc. Le jeune végétal les solubilise au moyen des diastases qu'il sécrète; il transforme le carbone en acide carbonique qu'il rejette dans l'atmosphère; l'oxygène et l'hydrogène sont transformés en eau, l'amidon en sucre (glucose), etc.

Le tableau suivant montre la composition en matière sèche de vingt-deux graines de maïs et de vingt-deux plantes produites par des graines semblables qui ont germé à l'obscurité.

	22 GRAINES	22 PLANTES	DIFFÉRENCES
Amidon....................	6,386	0,777	— 5,609
Glucose....................	»	0,953	+ 0,953
Corps gras................	0,463	0,450	— 0,313
Cellulose..................	0,516	1,316	+ 0,800
Matières azotées...........	0,880	0,880	»
Cendres...................	0,456	0,456	»
Matières indéterminées.....	0,235	0,297	+ 0,062
Totaux.....	8,636	4,529	— 4,107

Les matières grasses et l'amidon disparaissent en grande partie, comme on le voit, pendant la germination; ce qui reste est transformé en cellulose et en sucre. La matière azotée reste constante en poids, mais elle se transforme et se solubilise. En définitive, on constate une perte sensible sur la matière sèche des graines, perte correspondant à l'acide carbonique et à l'eau rejetés dans l'air.

Les réserves de la graine, devenues solubles, se déplacent dans le jeune végétal et lui servent à construire ses premiers tissus. Quand elles ont été utilisées, la période germinative est terminée : le végétal doit trouver sa nourriture dans le sol par ses racines et dans l'air par ses organes verts.

A ce moment, la tige de la plante doit être hors de terre

(*fig.* 18); si elle n'est pas exposée à la lumière, ses cellules, privées de chlorophylle, ne peuvent assimiler le carbone : la plante souffre pendant quelque temps et périt.

49. Détermination de la faculté germinative des graines. — Le pouvoir germinatif des graines est limité ; sa durée varie avec chaque espèce. Lorsqu'un cultivateur achète des graines comme semences, il doit bien s'assurer

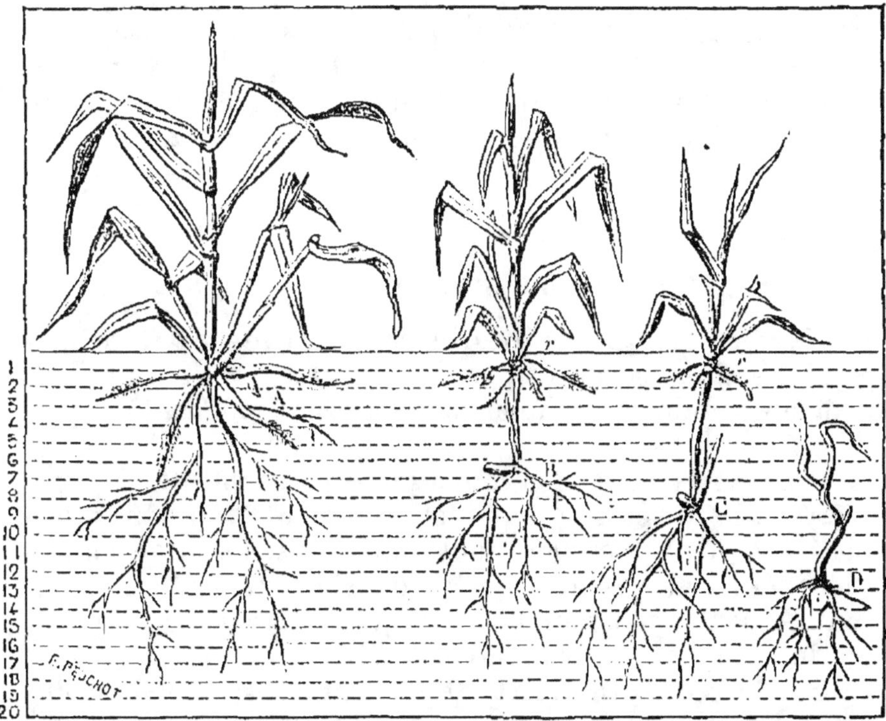

Fig. 18.   Grains de blé semés à des profondeurs différentes. Le grain A, placé à une faible profondeur dans le sol, a donné une belle plante. Les grains B et C, semés plus profondément, ont donné des plantes moins vigoureuses, qui ont développé des racines secondaires (*r*, *r*) près de la surface du sol. Le grain D a bien germé ; mais la jeune plante est morte, parce que sa tigelle n'était pas hors de terre à la fin de sa germination.

qu'elles sont capables de germer. La détermination de la *faculté germinative* des graines est facile à faire. On place un certain nombre de graines, cent, par exemple, préalablement trempées dans l'eau, sur un papier buvard dont on rabat les quatre bords vers le centre, et que l'on maintient humide sur une assiette, dans un endroit où la température varie entre 12 et 30 degrés. Au bout de quelques jours, on compte les graines germées : le nombre trouvé, rapporté au nombre total des graines mises en expérience, donne la *faculté germinative* de ces graines. Il faut noter aussi la rapidité et la régularité avec laquelle se produit la germination. On peut remplacer dans cet essai le papier buvard par du coton ou de la flanelle (*fig.* 19).

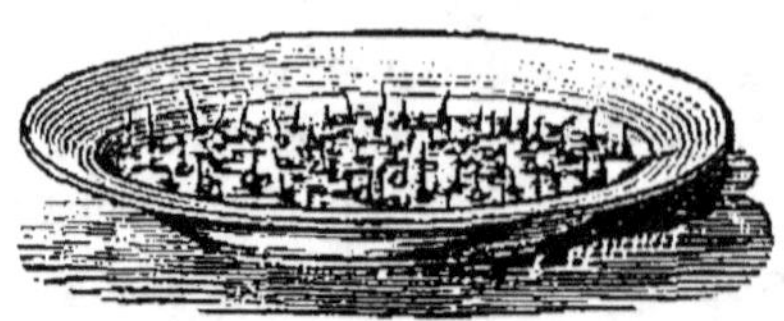
Fig. 19. — Détermination de la faculté germinative des graines.

La faculté germinative d'une bonne semence marchande doit être de 95 p. 100 pour les céréales, 85 à 90 p. 100 pour les légumineuses; elle descend jusqu'à 40 p. 100 pour les plus fines graminées des prairies dont la maturité est souvent insuffisante (vulpin, pâturin, etc.).

§ IV

DÉVELOPPEMENT DES VÉGÉTAUX

50. Développement des tubercules et des bulbes. — Pour se développer, les tubercules et les bulbes exigent, comme les graines, de l'*oxygène*, de l'*humidité* et de la *chaleur*.

Pendant la période germinative, une partie de leur matière sèche disparaît; l'amidon et les autres produits ternaires qu'ils renferment sont solubilisés. Les transformations des réserves accumulées dans les tubercules et les bulbes sont analogues à celles qui se produisent dans la graine pendant la germination (48).

51. Développement des bourgeons. — Le bourgeon est un rameau en miniature, mais il ne renferme pas, comme les graines et les tubercules, les matières qui doivent nourrir le jeune organe pendant la première partie de sa vie. C'est dans le tissu cellulaire du bois jeune et dans la moelle que l'arbre et l'arbuste placent leurs réserves : c'est de là que le bourgeon tire ses aliments (44).

Au printemps, les cellules du bois, remplies d'amidon et d'autres matières, se vident peu à peu, et les réserves émigrent vers les bourgeons. Quand la période de vie active de l'arbre est commencée, les racines et les feuilles entrent en fonction pour lui procurer sa nourriture. Dès le mois de juin, l'arbre commence à remplir ses cellules de matériaux qui serviront, au printemps suivant, de nourriture aux bourgeons.

52. Développement des boutures. — La bouture

est une portion de végétal, un rameau, par exemple, que l'on plante en terre et qui donne un végétal analogue à celui d'où elle provient. Les végétaux à bois mou, le saule, le peuplier, la vigne, etc., se reproduisent facilement par bouturage.

Toutes les racines que la bouture développe partent de la zone cambiale (13); elles naissent plus particulièrement en certains points : nœuds, base des feuilles, *bords des blessures* faites au rameau. On peut faire volontairement ces blessures (écorçage, torsion, etc.).

La bouture tire les matériaux qui lui serviront à construire ses premières racines et ses premières feuilles des réserves accumulées dans son tissu cellulaire (44).

53. Choix, achat et conservation des semences. — L'agriculteur doit s'appliquer à n'employer que de bonnes semences. Comme il ne peut produire toutes celles dont il a besoin, il doit les acheter en exigeant des garanties sur facture. Il existe à Paris, 16, rue Claude-Bernard, et 4, rue Cervantès prolongée, une *Station d'essais de semences*, créée par le Ministère de l'Agriculture, laquelle se charge de toutes les analyses de graines. Ces analyses déterminent la pureté, la faculté germinative, le mélange de mauvaises graines (cuscute pour les légumineuses fourragères), et l'identité ou la provenance.

Toutes autres conditions égales, les grosses graines donnent toujours des plantes plus fortes et par suite un rendement plus considérable; il est donc utile de bien sélectionner les semences à employer. Il ne faut jamais acheter de semences à bon marché; elles sont de qualité inférieure; c'est réaliser une fausse économie, car on diminue la récolte et les frais de culture sont aussi élevés.

Pour conserver les semences sans qu'elles perdent leur faculté germinative, il suffit de les placer dans un milieu privé de l'un des facteurs essentiels à leur développement. Tous les grains secs se conservent à l'abri de l'humidité, dans un local aéré, en tas peu épais que l'on remue fréquemment au moyen d'une pelle en bois pour ne pas briser les grains.

Les tubercules, les bulbes et les boutures renferment, dans leurs tissus de réserves, une quantité d'eau suffisante pour germer ; on les place dans un local à température basse. Ainsi, les pommes de terre qui se conservent avec facilité dans la cave en hiver, germent au printemps dans le même local, quand la température s'élève.

54. Durée de la vie chez les plantes. — Les plantes peuvent être divisées, au point de vue de leur durée, en trois catégories : *plantes annuelles, bisannuelles et vivaces.*

Les *plantes annuelles* sont celles qui accomplissent en une année les phases complètes de leur végétation ; elles naissent, fructifient et meurent. Ex. : les céréales, le chanvre, le lin, le pois, la vesce, etc.

Les *plantes bisannuelles* demandent pour leur complet développement deux périodes de végétation. Ex. : la betterave, la carotte, etc. On sème ces plantes au printemps. Jusqu'à l'hiver, elles travaillent pour accumuler dans leurs racines certains matériaux. C'est à ce moment qu'on les récolte pour les utiliser à la ferme. Si on remet en terre, après l'hiver, des betteraves (porte-graines), elles forment une tige, fleurissent et fructifient (44).

Les *plantes vivaces* vivent plusieurs années. Certaines plantes vivaces perdent leurs tiges chaque année et ne conservent que leurs racines. Ex. : la luzerne, le sainfoin, les herbes de nos prairies. D'autres végétaux vivaces conservent leurs tiges et leurs racines : tels sont les arbres.

55. Développement de la plante pendant sa végétation. — Les plantes *annuelles*, au début de leur vie, développent rapidement leurs racines, leurs tiges et leurs feuilles. Puis ces organes leur procurent la nourriture dont elles ont besoin et des matériaux élaborés, qui sont mis en réserve. Quand arrive le moment de la floraison, la plante a presque terminé ses prélèvements dans le sol et l'atmosphère.

A partir de sa floraison, les matières azotées, l'acide phosphorique, l'amidon, le sucre, les matières grasses, etc., du végétal se localisent dans certains organes qui, chez les plantes annuelles, sont les graines.

Les plantes *bisannuelles* accomplissent d'abord un travail analogue à celui des plantes annuelles ; mais, jusqu'à la fin de la première année, la plante accumule (betterave, carotte, etc.) les matériaux qu'elle a élaborés. Pendant la seconde année seulement, les éléments passent d'abord dans sa tige et ses feuilles, puis en partie dans ses graines.

Chez la plupart des plantes *vivaces*, la luzerne, les graminées des prairies, etc., les périodes de développement du végétal sont analogues à celles des plantes annuelles. C'est pourquoi il faut couper les herbes des prairies au moment de leur floraison, car c'est à ce moment qu'elles atteignent leur maximum de valeur nutritive; plus tard, les tiges et les feuilles s'appauvrissent au profit des graines, perdues en partie à la récolte.

QUESTIONNAIRE

38. Comment la plante absorbe-t-elle ses aliments minéraux? — 39. Expliquez le phénomène de la diffusion. — 40. Expliquez le phénomène de l'osmose. — 41. Comment la plante absorbe-t-elle les matières minérales du sol? — 42. Décrivez la cellule végétale. — Définissez son rôle important. — 43. Montrez que la plante accomplit un travail de synthèse. — 44. Dites comment et pourquoi la plante accumule des matériaux de réserve dans certains organes. — 45. Que deviendront les corps organiques créés par la plante? — Que deviennent les cadavres des animaux après leur mort? — Montrez comment la vie peut se perpétuer sur le globe. — 46. Quelle est la composition de la graine? — 47. Quelles sont les conditions nécessaires à la germination des graines? — 48. Expliquez les transformations qui se produisent dans la graine pendant la germination. — 49. Comment peut-on déterminer la faculté germinative des graines? — 50-51-52. Comment se développent les tubercules? — les bulbes? — les bourgeons? les boutures? — 53. Quelles sont les meilleures semences? — Comment les conserve-t-on? — 54. Parlez de la durée de la vie chez les plantes. — 55. Comment s'effectue le développement du végétal pendant sa végétation?

LECTURES

Moyens d'obtenir de bonnes semences.

Parmi les perfectionnements que la plupart des cultivateurs peuvent introduire dans la production de leur blé, celui qui donnera le plus de profit, celui qui en abaissera le prix de revient de la manière la plus certaine, parce qu'il permet d'en augmenter, à peu de frais, le produit brut dans une proportion souvent considérable, c'est le choix de variétés bien appropriées au climat et aux terres de leur ferme.

Avant d'importer dans sa ferme de nouvelles variétés, il faut commencer par tirer le meilleur parti possible de celles que l'on a l'habitude d'y cultiver, il faut chercher à les améliorer par la sélection, en choisissant non pas seulement les plus beaux grains, mais les grains provenant des plus beaux épis et des plantes qui ont à la fois le plus de beaux épis et une paille assez forte pour les porter, sans être exposée à la verse. C'est la méthode la plus sûre et la plus économique pour se procurer de bonnes semences.

Ce qu'il y a de mieux, c'est de faire son choix sur les plantes encore debout, avant la moisson, et de donner la préférence à celles qui sont bien saines, avec deux ou trois tiges aussi égales que possible, à paille forte, surmontées d'épis longs et bien remplis. Sinon, on peut encore arriver à d'excellents résultats en faisant couper sur le blé en javelles ou déjà lié en gerbes, par des femmes ou des enfants intelligents, les plus beaux épis, puis en les faisant battre ou égrener à part et semer dans un bon coin de terre. En choisissant ainsi chaque année de quoi faire une dizaine de litres, on en aura l'année suivante assez pour ensemencer un hectare, et, en continuant avec persévérance cette méthode de sélection, on sera certain d'obtenir les blés les mieux adaptés au sol et au climat de l'ensemble de la ferme.

Si, au lieu de se proposer seulement de conserver et de perfectionner les qualités distinctives d'une ancienne variété, on choisit les épis qui ont certains caractères spéciaux, et si ces caractères finissent par se fixer dans le blé que l'on récolte, on sera libre de considérer ce blé comme une nouvelle variété et de lui donner un nom particulier. Beaucoup de nos variétés les plus connues n'ont pas eu d'autre origine.

Eug. RISLER.
(*Physiologie et culture du blé*, p. 62.)

Développement des tubercules à l'obscurité.

Plusieurs des plantes de grande culture, notamment les pommes de terre et les topinambours, et, parmi les plantes d'ornement, les dahlias, se multiplient non par le semis de graines, mais par la plantation de tubercules. On a beaucoup discuté sur les avantages et les inconvénients de l'emploi comme semences des gros ou des petits tubercules, de fragments ou de tubercules entiers. Il semble qu'il y a avantage à employer de gros tubercules entiers quand la semence n'est pas d'un prix très élevé.

De même que l'oxygène, l'humidité, une légère élévation de température, sont nécessaires à l'évolution de la graine, de même ces conditions sont aussi celles qu'exige le passage des tubercules de la vie latente à la vie active ; il est à remarquer que la quantité d'eau contenue dans les tubercules étant beaucoup plus considérable que celle que l'on trouve dans les graines, il arrive très souvent que les pommes de terre germent dans les silos aussitôt que la température s'élève.

Si les phénomènes de germination s'accomplissent à l'obscurité, les jeunes tiges qui apparaissent sont d'un blanc jaunâtre ; elles ne deviennent vertes qu'autant qu'elles sont soumises à l'action de la lumière.

Si l'évolution des organes nouveaux se poursuit à l'obscurité, les plantes prennent un aspect tout particulier. Les tiges s'allongent considérablement, tandis que les feuilles restent de dimensions très restreintes ; ces tiges minces, veules, sont souvent incapables de rester droites : elles rampent sur le sol.

Rien n'est plus curieux que de comparer la germination d'un tubercule de pomme de terre, évoluant à l'obscurité et fournissant de grandes tiges blanches et minces, portant des feuilles réduites à de très petites dimensions, aux feuilles dures, rigides, bien vertes, montées sur des tiges très courtes, qui sortent des tubercules qui germent à la lumière.

La jeune plante dépense la meilleure partie de sa réserve à allonger sa tige pour aller au-devant de la lumière qui lui manque. Les feuilles, qui ne peuvent exécuter aucun travail utile tant qu'elles ne sont pas éclairées, sont réduites au minimum, tandis que les tiges qui les portent prennent des dimensions exagérées.

Cette disposition à l'allongement par insuffisance de lumière est encore très sensible dans les futaies, où les jeunes brins s'élancent très droit pour atteindre la hauteur où ils pourront prendre leur part d'éclairement.   P.-P. DEHÉRAIN.

(Nutrition de la plante, p. 20.)

RÉSUMÉ DE LA PREMIÈRE PARTIE

CHAPITRE PREMIER

Préliminaires. — Le végétal ne peut se déplacer pour trouver sa nourriture ; il faut que le cultivateur lui apporte cette nourriture dans le sol où il est fixé.

§ 1er. Les radicelles portent à leur extrémité des poils absorbants ou poils radicaux qui favorisent la pénétration des racines dans le sol ; c'est au moyen de ces poils que la plante absorbe sa nourriture. Les poils radicaux peuvent, au moyen des liquides acides qu'ils sécrètent, dissoudre certains matériaux et les absorber.

§ II. La tige sert de soutien aux plantes, et porte les bourgeons, les feuilles, les fleurs et les fruits. Le cambium est la partie essentiellement vivante d'une tige adulte ; c'est par cette région que la tige s'accroît pendant la belle saison. La tige accumule parfois des réserves.

§ III. L'intérieur de la feuille est mis en communication avec l'atmosphère par les stomates, sortes d'ouvertures par lesquelles la plante laisse échapper l'eau qu'elle renferme. Le phénomène de la transpiration est accompagné nécessairement d'une aspiration d'eau par les racines.

§ IV. La fleur provient de feuilles modifiées et sert à la reproduction de la plante ; elle porte des organes mâles et des organes femelles, qui contribuent à la fécondation et donnent le fruit, contenant la graine. La fécondation peut être directe ou croisée ; on distingue dans la graine la maturité apparente et la maturité réelle.

CHAPITRE II

§ 1er. Les aliments nécessaires à la plante se classent en diverses catégories suivant leur origine et leur importance ; ils sont formés par l'atmosphère ou par le sol.

§ II. Les cellules de la plante, sous l'action de la lumière, se chargent de matière verte ou chlorophylle. La plante à chlorophylle absorbe l'acide carbonique de l'air pendant le jour, décompose ce gaz, fixe le carbone et rejette l'oxygène. La plante respire constamment le jour et la nuit, c'est-à-dire qu'elle absorbe de l'oxygène et rejette de l'acide carbonique. L'hydrogène que l'on trouve dans les tissus du végétal provient de l'eau absorbée par ses racines.

§ III. Les légumineuses, seules parmi nos plantes cultivées, sont capables d'absorber l'azote gazeux de l'atmosphère. L'azote organique ne peut être absorbé qu'après avoir subi une transformation profonde. L'azote ammoniacal et l'azote nitrique sont directement assimilables.

§ IV. L'acide phosphorique, la potasse et la chaux se rencontrent dans tous les végétaux : ils manquent souvent dans nos sols. Le soufre, le fer et la magnésie, aussi indispensables au développement des végétaux que les trois éléments précédents, manquent très rarement dans le sol. D'autres éléments, le chlore, la silice, la soude. que l'on rencontre assez souvent dans les tissus de la plante, ne sont pas indispensables à la vie végétale.

CHAPITRE III

§ Ier. Les poils radicaux absorbent, par dialyse ou osmose, les éléments nutritifs en dissolution dans les eaux du sol ; ils absorbent, suivant le même principe, les éléments insolubles dans l'eau, qu'ils peuvent solubiliser grâce aux liquides acides qu'ils sécrètent.

§ II. La plante se nourrit de matières minérales et accomplit un travail de synthèse ; elle est capable de créer des corps organiques très complexes, sucres, matières grasses, etc., en utilisant des matières minérales. Elle accumule dans certains organes, la graine, la racine, etc., des réserves qui lui permettent d'échapper aux mauvaises saisons et de perpétuer son espèce. Les corps organiques créés par la plante sont destinés à être détruits en totalité et ramenés à l'état de matières minérales qui serviront à l'alimentation d'autres générations de végétaux.

§ III. Pour germer, la graine a besoin d'oxygène, d'humidité et de chaleur. Pendant la germination, les réserves accumulées dans la graine sont solubilisées et utilisées pour le développement de la jeune plante.

§ IV. Des phénomènes analogues s'accomplissent dans le développement des tubercules, des bulbes, des bourgeons et des boutures. Les plantes sont classées, au point de vue de leur durée, en plantes annuelles, plantes bisannuelles et plantes vivaces.

DEUXIÈME PARTIE
L'ATELIER DU CULTIVATEUR (ATMOSPHÈRE ET SOL)

CHAPITRE PREMIER
L'atmosphère.

§ Ier

COMPOSITION DE L'ATMOSPHÈRE

L'atmosphère est la couche d'air qui enveloppe la terre de toutes parts. L'air est un fluide pesant : on le constate par le baromètre ; il renferme des gaz, de l'eau et des êtres organisés infiniment petits ou microbes.

56. Gaz de l'air. — La grande masse de l'atmosphère est constituée par un mélange de deux gaz : l'*oxygène* et l'*azote;* il faut y ajouter l'*argon*, découvert récemment. Leur proportion est sensiblement constante.

L'oxygène représente en volume 20,95 p. 100 et en poids 23,2 p. 100
L'azote   —   78.11   —   —   75,5   —
L'argon   —   0,94   —   —   1,3   —

A ces gaz s'ajoutent des traces d'acide carbonique, d'acide nitrique et d'ammoniaque, dont la proportion est variable.

L'*oxygène* est le gaz essentiel de l'atmosphère; c'est l'agent actif de la combustion, de l'oxydation et de la respiration des plantes et des animaux. Il est indispensable à tout ce qui vit.

L'*azote* est un gaz inerte qui modère les effets de l'oxygène. L'azote atmosphérique ne peut pas servir, en général, à la nourriture des végétaux; les légumineuses et certaines plantes inférieures, comme les algues, sont seules capables de l'assimiler (**28**).

L'*acide carbonique* se produit et se détruit constamment dans l'atmosphère ; en outre, il s'effectue un échange continuel de ce gaz entre l'air, d'une part, le sol et la mer, d'autre part. En moyenne, l'air renferme 0,0003 d'acide carbonique. Les volcans en évacuent dans l'air; les combustions en produisent de grandes masses; toutes les fermentations en dégagent; les animaux et les végétaux en rejettent sans cesse par la respiration : un homme adulte en produit environ 445 litres en vingt-quatre heures.

Heureusement, ce gaz est détruit ou consommé au fur et à mesure qu'il se forme.

L'*acide nitrique* provenant de la combinaison de l'azote et de l'oxygène gazeux de l'air, sous l'influence de l'effluve électrique, se rencontre en très faible quantité dans l'air; il passe dans le sol par les pluies, en combinaison avec l'ammoniaque. On estime que la quantité d'azote nitrique ainsi apportée au sol par hectare et par an dépasse rarement un ou deux kilogrammes.

L'*ammoniaque* se trouve toujours dans l'air, mais en très faible proportion ($0^g,002$ pour 100 mètres cubes). Les végétaux peuvent l'absorber directement par leurs feuilles. L'ammoniaque, gaz très soluble, se dissout dans les masses d'eau qui sont en contact avec l'atmosphère; cette source d'azote est aussi peu importante que la précédente. Les brouillards contiennent plus d'ammoniaque que les pluies; la neige n'en renferme pas.

57. Faible variation du taux des gaz de l'atmosphère. — La proportion des gaz de l'atmosphère n'est pas stable; sans cesse il s'en produit, en même temps qu'il s'en détruit. En définitive, leur taux varie entre des limites assez étroites; c'est ce que nous allons montrer en prenant l'un d'eux pour exemple, le carbone.

Le *carbone* provient de diverses sources (combustions, fermentations, respiration, volcans); s'il s'accumulait en excès dans l'air, sous forme d'acide carbonique, l'air deviendrait impropre à la vie animale. Mais, l'assimilation chlorophyllienne (**24**) en consomme énormément : en quatre mois, un hectare de blé en végétation peut fixer 2 500 kilogrammes de carbone, qui correspondent à 9 166 kilogrammes d'acide carbonique, ou 4 670 mètres cubes de ce gaz. Un hectare de forêt suffit à détruire l'acide carbonique produit par la respiration de 38 hommes adultes.

En outre, l'acide carbonique est soluble dans l'eau; à la pression 760 et à la température de 15 degrés, un litre d'eau dissout à peu près un litre de ce gaz. Les mers et les océans peuvent donc en prendre ou en céder, de manière à maintenir un équilibre constant entre la proportion contenue dans l'atmosphère et celle que renferment les eaux.

La mer devient ainsi le grand régulateur du taux de gaz carbonique dans l'atmosphère ; d'ailleurs, les courants aériens aident à égaliser cette proportion à la surface du globe, en transportant ce gaz des points de production vers les lieux où il est absorbé.

D'abord ballotté entre l'atmosphère, le sol et les eaux, l'acide carbonique peut être fixé momentanément dans un tissu organique par les végétaux, et immobilisé ainsi jusqu'au jour de sa restitution qui résulte soit de la respiration, soit d'une combustion ou d'une fermentation.

58. L'eau. — L'eau atmosphérique peut prendre trois formes, suivant la température à laquelle elle est soumise : elle peut être liquide, gaz ou solide. Selon les circonstances qui provoquent ou accompagnent ses changements d'état, la vapeur d'eau peut se transformer en pluie, brouillard, rosée, gelée, neige, glace, etc.

L'eau est donc le principal agent atmosphérique, c'est elle qui règle la plupart des *phénomènes météorologiques* que nous étudierons plus loin (§ 2).

59. Les microbes. — L'atmosphère renferme en suspension des poussières que l'on voit flotter dans l'air lorsqu'un rayon de soleil pénètre dans une pièce à demi obscure. Parmi ces *poussières*, les unes sont *minérales* et par conséquent inertes ; d'autres sont *organiques*, vivantes ; elles ont été étudiées par *Pasteur*[1], qui a montré leur rôle considérable sur le globe. Elles produisent les phénomènes de fermentation et de putréfaction, les maladies infectieuses ou contagieuses. Nous reviendrons sur l'étude des *poussières organiques* (§ 3).

<h2 style="text-align:center">§ II</h2>

<h3 style="text-align:center">PHÉNOMÈNES MÉTÉOROLOGIQUES</h3>

60. L'eau; ses changements d'état. — Lorsque l'eau change d'état (solide, liquide, gaz), elle absorbe ou dégage une certaine quantité de chaleur.

---

1. Né à Dôle, le 27 décembre 1822, mort le 28 septembre 1895. Pasteur repose à l'Institut qui porte son nom ; la France lui a fait des obsèques nationales.

Pour augmenter de 1 degré la température de 1 kilogramme d'eau, il faut une quantité de chaleur évaluée à 1 calorie. Pour porter de 0 degré à 100 degrés la température de 1 kilogramme d'eau, il faut 100 calories. Lorsque cette eau est à 100 degrés, la quantité de chaleur nécessaire pour la transformer en vapeur est de 536 calories par kilogramme d'eau vaporisée (chaleur de vaporisation).

Lorsque la vapeur d'eau se refroidit, elle redevient ce qu'elle était auparavant, un corps liquide, c'est-à-dire de l'eau, en abandonnant 536 calories par kilogramme d'eau condensée à 100 degrés.

L'eau, sous l'action du froid, prend la forme solide : pour transformer 1 kilogramme de glace à 0 degré en 1 kilogramme d'eau à 0 degré, il faut 79 calories (chaleur de fusion). On voit que les quantités de chaleur utiles à assurer le changement d'état de l'eau sont considérables ; c'est ce qui explique le rôle très important de l'eau dans l'atmosphère.

61. L'eau régulateur de température. — Quand l'atmosphère se refroidit, la masse d'eau en contact lui cède une certaine quantité de chaleur et la couche superficielle devient de plus en plus dense jusqu'à la température de 4 degrés (maximum de densité de l'eau) ; mais, en se refroidissant, l'eau de la surface cède la place aux couches profondes dont la température est plus élevée et la densité plus faible ; les mêmes phénomènes se renouvellent jusqu'à ce que la masse ait atteint une température uniforme ; si cette température arrive à 0 degré à la surface, il se forme de la glace qui cède à l'atmosphère 79 calories par kilogramme d'eau congelée.

Cette notion explique pourquoi les lacs et les mers gèlent rarement. Il faut un froid rigoureux et persistant pour former une couche de glace à la surface de ces masses d'eau ; et pendant tout le temps que dure le froid, l'eau, dont la température s'abaisse, cède au milieu ambiant des quantités énormes de chaleur, qui modèrent l'action du froid.

Le rôle modérateur de l'eau est encore plus marqué s'il y a formation de neige. La neige, qui provient de la condensation de la vapeur d'eau de l'air, abandonne au milieu ambiant une grande quantité de chaleur (615 calories par kilogramme d'eau condensée), et combat l'action du froid.

Les phénomènes inverses se produisent lorsque, après

l'hiver, la température s'élève : la glace exige, d'une part, d'énormes quantités de chaleur pour passer à l'état liquide; d'autre part, la mer prend une grande partie du calorique pour élever la température de sa masse d'eau; enfin, la vapeur d'eau se forme plus abondante et absorbe une énorme quantité de calories. Aussi, la température varie moins sur le littoral de la mer qu'à l'intérieur des continents.

62. La vapeur d'eau. — L'eau émet des vapeurs à toute température; cette vapeur d'eau possède une force élastique ou *tension* variable, analogue à celle des gaz. Si un volume d'air est *saturé* de vapeur d'eau, on dit que cette vapeur d'eau a atteint son *maximum de tension* dans le milieu considéré.

La tension maximum de la vapeur augmente progressivement avec la température, elle est de $0^m,00457$ à 0 degré; de $0^m,01271$ à 15 degrés; de $0^m,03151$ à 30 degrés; à 100°, température d'ébullition de l'eau, elle est de $0^m,760$, c'est-à-dire égale à la pression atmosphérique.

Près de l'équateur, entre les tropiques, où la température est élevée, il se forme beaucoup de vapeur d'eau, que les courants aériens amènent vers nos régions pour produire soit le dégel, pendant ou après l'hiver, soit des pluies pendant l'été, ou un adoucissement de la température sur les côtes (Gulf-Stream).

63. Condensation de la vapeur d'eau. — Plus la température est élevée, plus l'air peut contenir de vapeur d'eau, puisque la tension maximum de cette vapeur augmente avec la température (**62**).

Si la température s'abaisse lorsque l'air est saturé de vapeur d'eau, une partie de cette vapeur se condense, c'est-à-dire se transforme en eau.

Lorsque la condensation de la vapeur a lieu sous forme de très fines gouttelettes au voisinage du sol, il y a production de *brouillard*. Si la condensation se produit à une certaine hauteur dans l'atmosphère, l'amas de gouttelettes forme les *nuages*.

Lorsque, dans un nuage, l'abaissement de température amène une forte condensation de vapeur d'eau, les gouttelettes formées acquièrent un poids suffisant pour se détacher du nuage; elles tombent sur le sol sous la forme de *pluie*.

Quand le ciel a été pur pendant la nuit, les végétaux ont

cédé beaucoup de calorique par rayonnement; vers le matin, ils sont plus froids que l'air ambiant qui dépose sur eux une partie de sa vapeur d'eau; c'est la *rosée*. Le refroidissement s'accentuant encore, la rosée se transforme en glace et l'on a alors la *gelée blanche*; enfin, en hiver, l'excès de vapeur d'eau de l'atmosphère ou le brouillard peuvent se congeler directement en glace qui adhère aux branches des arbres; c'est le *givre*.

La *gelée noire* ou gelée proprement dite est produite par un abaissement général de la température.

La *neige* est due à un refroidissement subit de la vapeur d'eau des nuages, qui se condense en légers flocons et tombe sur le sol. La neige emprisonne beaucoup d'air; elle forme un tapis mauvais conducteur de la chaleur et protège les récoltes contre le froid.

Le *grésil* et la *grêle* sont aussi produits par condensation directe de l'eau des nuages en glace, mais on ne sait rien de positif sur les conditions de leur formation. Ils tombent sur le sol en petites masses de *glace* qui peuvent causer de très graves dégâts sur les récoltes; leur chute précède habituellement un orage et accompagne le grondement de la foudre.

64. Moyens de défense contre les météores. — *Gelée et grêle.* — L'effet de la *gelée* est particulièrement redoutable au printemps : la vigne, les arbres fruitiers, etc., craignent beaucoup les gelées; le mal est surtout causé par un dégel trop rapide, car le soleil se montre généralement après une nuit froide à ciel pur. Les meilleurs moyens de défense consistent à éviter les causes favorisant le rayonnement et le dégel rapide ; on y arrive en plaçant des *abris*, paillassons, planches, etc., du côté du levant.

Dans les vignobles, on produit, dans le même but, des *nuages artificiels*, en brûlant des substances qui donnent beaucoup de fumée : pailles ou fumiers humides, goudrons, etc.

Il est bien difficile de lutter efficacement contre la *grêle*. Les météorologistes ont observé que les orages à grêle suivaient certaines directions, peu variables en général; ces directions seraient déterminées par la configuration du terrain. Des expérimentateurs conseillent de *tirer le canon* ou des *fusées* dites *paragrêles* sur les nuages suspects, ce qui aurait pour effet de résoudre la grêle en pluie. On n'est pas bien d'accord sur l'efficacité de cette méthode. L'agriculteur prévoyant peut *assurer ses récoltes contre la grêle.*

65. Vents. Courants aériens. — Les vents et les courants aériens sont dus à deux causes : l'inégalité de température et la différence dans le taux de vapeur d'eau de l'atmosphère.

Les diverses régions de la surface du globe ont des températures très variables ; sur les régions chaudes, l'air est moins dense ; en outre, la vapeur d'eau est toujours plus abondante, puisque le maximum de tension de cette vapeur s'élève avec la température. Or, la densité de la vapeur d'eau est de 0,622 par rapport à celle de l'air.

Il en résulte que, de deux couches d'air voisines, à la même température et à la même pression, la plus dense est celle qui renferme le moins de vapeur d'eau.

Par suite, il s'établit un courant constant, dans l'atmosphère, entre les diverses couches d'air ; les plus chaudes, contenant la plus forte proportion de vapeur d'eau, tendent à s'élever, tandis que les autres, plus denses, viennent les remplacer à la surface. Ces déplacements, joints au mouvement de la terre, sont l'origine des *vents* ou des *courants aériens.* Comme les mêmes causes subsistent, l'équilibre n'est jamais atteint, entre les diverses couches d'air, et l'atmosphère est sans cesse en mouvement.

66. Climat. — Le climat d'une région s'entend de la manière d'être de l'ensemble des phénomènes météorologiques dans cette région. Il exerce une action prépondérante sur la végétation, il détermine le choix des plantes à cultiver, des animaux à exploiter, et des systèmes de culture à suivre.

Le climat est dit chaud, froid, sec, brumeux, humide, suivant la prédominance de la chaleur ou du froid, de la sécheresse ou de l'humidité. On l'appelle encore climat *marin,* sur le littoral des océans ; *tempéré,* à égale distance de l'équateur et des pôles ; *continental,* à l'intérieur des terres, etc.

Les climats sont influencés par diverses circonstances : latitude, altitude, exposition, abris, vents, nature du sol, etc.

§ III

RÔLE DES POUSSIÈRES ATMOSPHÉRIQUES

67. Causes des putréfactions et des fermentations. — Dès le dix-septième siècle, on savait que les *putréfactions* et les *fermentations* étaient toujours accompagnées d'un grand développement de cellules microscopiques et que, probablement, les phénomènes de putréfaction étaient dus à ces êtres vivants.

Mais d'où venaient ces êtres et comment prenaient-ils naissance? On croyait alors qu'ils se développaient spontanément dans les matières qu'ils transformaient.

Pasteur démontra qu'il n'existait pas de *générations spontanées*, mais que les phénomènes de putréfaction et de fermentation sont produits par des organismes vivants.

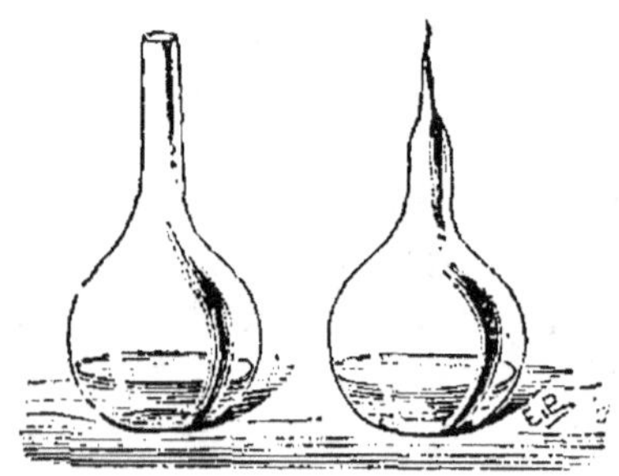

Fig. 20. — Expérience Pasteur.

On met une matière putrescible quelconque, du jus de viande, par exemple, dans deux ballons (*fig.* 20). On chauffe l'un de ces ballons à l'ébullition et, quand le liquide bout, on le ferme à la lampe. Le liquide du ballon ainsi préparé peut se conserver indéfiniment; il ne subit aucune transformation, parce que tous les êtres vivants et germes d'êtres vivants qu'il renfermait ont été tués par la chaleur.

Le liquide du second ballon entre bientôt en putréfaction; et on peut voir, au microscope, qu'il est envahi par une multitude de petites cellules vivantes.

Si, au bout d'un certain temps, on brise le col du premier ballon, le liquide qu'il contient se trouve en contact avec l'atmosphère; il est alors envahi par des organismes qui flottent dans l'air et il subit de profondes transformations.

Toute matière organique exposée à l'air subit la putréfaction; tout jus sucré exposé à l'air entre en fermentation. Par conséquent, l'air renferme les êtres vivants qui produisent ces deux phénomènes.

68. Les microbes; leur classification. — On a donné le nom de *microbes* aux cellules vivantes qui produisent les putréfactions, les fermentations, etc.; ce sont des êtres infiniment petits qui pullulent partout à la surface du globe; on en compte de 3 000 à 7 000 par mètre cube d'air prélevé dans les rues fréquentées de Paris, et jusqu'à 40 000 et 80 000 par mètre cube d'air de certains hôpitaux. Il y en a seulement 1 à 3 par mètre cube au sommet d'une haute montagne et 0,6 en plein océan, à plus de 100 kilomètres des côtes. Leur nombre varie suivant les saisons, et augmente du printemps à l'automne.

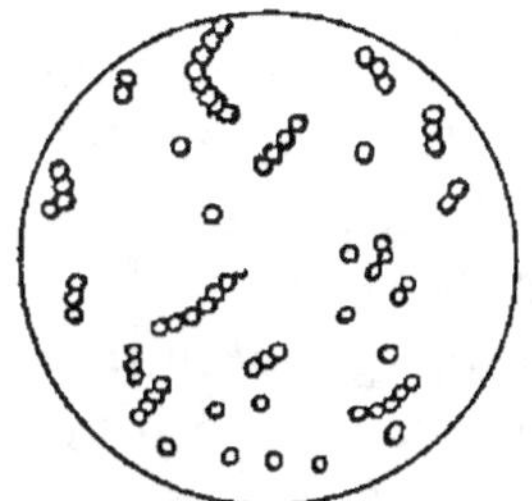

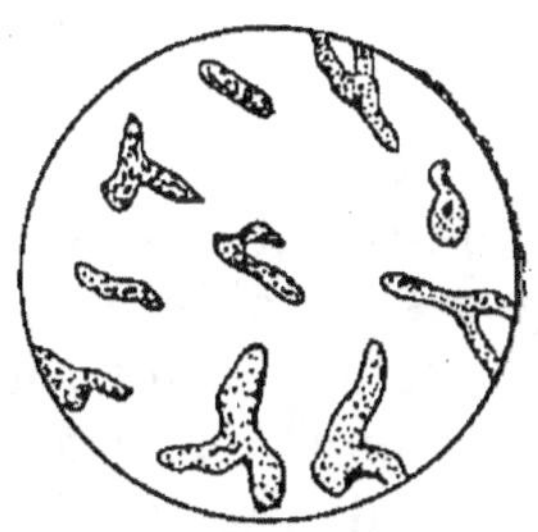

Micrococcus de l'urée. Bacilles du charbon. Bactéries des légumineuses.
Fig. 21. — Les microbes.

On divise les microbes en diverses catégories : les moisissures, les levures, les coccus et les bacilles (*fig.* 21).

1° Les *moisissures* sont des végétaux inférieurs formés de filaments plus ou moins ramifiés, qui constituent un *mycelium*. Le mycelium, après son complet développement, émet des tiges qui portent des *spores* ou semences capables de reproduire la moisissure. Elles sont l'origine d'un certain nombre de maladies des plantes (charbon, carie, etc.);

2° Les *levures* sont des cellules plus ou moins ovoïdes qui transforment le sucre en alcool; ce sont elles qui transforment le moût de raisin en vin. Quand le milieu dans lequel elles vivent s'appauvrit en éléments nutritifs, elles produisent des spores;

3° Les *coccus*, ou *micrococcus*, et les *bacilles* (bactéries, vibrions, etc.) sont des micro-organismes analogues qui se distinguent entre eux par la forme; les coccus sont des cellules rondes, tandis que les bacilles sont allongés en forme de bâtonnets droits ou contournés. Les microbes de cette catégorie causent les maladies infectieuses; plusieurs d'entre eux jouent un rôle très important en agriculture.

69. Développement des microbes. — Tout comme les végétaux supérieurs, les microbes exigent certaines conditions pour se développer. Si ces conditions ne sont pas réunies, le microbe forme une spore, organe très résistant qui placé plus tard dans les conditions voulues reprend la vie active.

Les spores résistent très bien au *froid*; des levures ayant subi un froid de — 120 degrés sont restées vivantes; au contraire, on les tue presque sûrement en les chauffant à 120 degrés dans un air humide, et à 150 degrés ou 160 degrés dans un air sec.

Pour chaque espèce il y a un optimum de température qui convient le mieux pour le développement maximum, dans un milieu déterminé.

La *lumière* gène le développement des spores et tue les microbes en peu de temps si elle est trop intense; la lumière solaire est donc un excellent agent hygiénique; il est toujours utile de bien éclairer nos appartements.

Parmi les microbes, les uns ont besoin d'oxygène pour se développer : ils sont *aérobies*; les autres peuvent vivre dans un milieu privé d'oxygène : ils sont *anaérobies*.

70. Rôle des microbes en agriculture. — Le sol fourmille de microbes : un gramme de terre fine prise à la surface du sol en renferme d'un million à un milliard.

Certains d'entre eux jouent un grand rôle en agriculture. Nous avons vu (28) que les racines des *légumineuses* portent des tubercules ou nodosités dans lesquelles vivent des *bactéries* capables de fixer l'azote de l'air puis de le céder au végétal.

La *nitrification* des matières organiques et de l'ammoniaque est due à des microbes aérobies. Le phénomène se produit en deux phases : le *ferment nitreux* transforme ces matières en acide nitreux et en nitrites, puis le *ferment nitrique* achève la décomposition et donne de l'acide nitrique et des nitrates.

C'est encore un microbe qui transforme l'azote organique de l'*urée*, en *carbonate d'ammoniaque* volatil; la fabrication des boissons fermentées, de l'alcool, du fromage, etc., met en œuvre des microbes dont il importe de bien connaître les conditions de développement.

Récemment, deux savants, MM. Nobbe et Hiltner, ont offert à l'agriculture, sous le nom d'*alinite*, de *nitragine*, des cultures de bactéries qui, introduites dans un sol convenablement préparé, riche en humus, s'y multiplieraient rapidement, mettant à la disposition des récoltes, sous une forme assimilable, l'azote de l'air ou celui des matières organiques du sol. La question reste à l'étude.

On le voit, les *micro-organismes*, ces infiniment petits, *jouent un rôle considérable* dans la fertilisation des sols, et Dehérain, faisant allusion à cette nouvelle orientation des recherches scientifiques agricoles, a pu dire non sans vérité : *Le règne des engrais est terminé, celui des microbes commence.*

71. Les maladies infectieuses. — On appelle *microbes pathogènes* ceux qui, en se développant dans le corps de l'homme et des animaux, y engendrent des maladies. Le nombre des maladies microbiennes est très important; toutes les plus redoutables sont dues à des microbes que les savants s'appliquent à isoler et à étudier.

Certains de ces micro-organismes, tels que ceux qui causent la *tuberculose* et le *charbon* des animaux domestiques, ne vivent pas en dehors des tissus vivants : les maladies auxquelles ils donnent naissance ne se transmettent que par le contact entre le *malade* et le *sain*.

D'autres, au contraire, vivent en dehors des tissus, dans le sol ou dans l'air par exemple : tels sont ceux de la *septicémie*, du *tétanos* et de la *diphtérie*.

Pour lutter contre ces terribles maladies, les savants, par leurs belles découvertes, ont déjà mis à notre disposition deux moyens généraux de traitement qui consistent dans l'emploi des *vaccins* et des *sérums*. Par des exemples, nous indiquerons sur quelle base reposent ces méthodes dont le principe a été indiqué par Pasteur.

72. Vaccin. — Si on extrait le sang d'une poule récemment morte du *choléra*, et qu'on en mette une trace dans du bouillon de poule par exemple, le liquide ou milieu se peuple de microbes, et si on inocule tant soit peu de ce bouillon à une poule saine, elle meurt rapidement du choléra.

Mais si on laisse exposé à l'air le bouillon ensemencé de microbes, puis qu'on en inocule après 8, 15, 22 jours, à des poules saines, les poules ne meurent plus; elles sont de moins en moins malades, à mesure que le liquide employé a été plus longtemps exposé à l'air.

Le microbe a donc perdu de sa *virulence;* il est *atténué*, mais il n'est pas mort; si on le sème dans un milieu convenable, on le voit se reproduire très activement.

Pasteur eut l'idée de soumettre des poules à plusieurs inoculations successives. La première était faite avec des cultures de microbes vieilles de 15 jours (et laissées à l'air); la deuxième avec une culture de 8 jours; la troisième enfin avec des cultures contenant des microbes jeunes à très grande virulence. Les poules furent légèrement malades à chaque nouvelle injection, mais aucune ne mourut; leur organisme s'était entraîné progressivement à supporter les poisons produits par les microbes. On les dit alors *vaccinées*, et le liquide inoculé porte le nom de *vaccin*.

Il y a, comme on voit, des vaccins de plusieurs degrés.

On guérit ou on prévient, au moyen de vaccins, un grand nombre de maladies infectieuses qui atteignent l'homme ou les animaux domestiques (charbon, rouget, etc.). La *rage* se traite au moyen de vaccins plus ou moins atténués que l'on obtient en cultivant les microbes sur la moelle épinière du lapin. Le traitement contre la rage se pratique à l'Institut Pasteur, 25, rue Dutot, à Paris, et dans divers établissements analogues fondés en province, à Lyon, à Lille, etc.

73. Sérum. — Si on étudie le *sérum* ou liquide jaunâtre du sang, provenant d'un animal vacciné contre une maladie, on s'aperçoit que ce sérum est capable de paralyser l'effet des toxines ou poisons sécrétés par le microbe de la maladie inoculée. Ainsi, le sérum d'un animal vacciné contre le tétanos, *introduit dans le sang d'un animal sain*, à la dose de un cent-millionième, protège ce dernier contre le tétanos.

Cette notion, découverte par un savant allemand, le D**r** Behring, a permis au D**r** Roux, directeur de l'Institut Pasteur de Paris, de trouver, en 1894, le *sérum antidiphtérique*, contre le *croup*.

On obtient même des sérums de plus grande puissance en cultivant le microbe de la maladie sur des animaux plus forts que ceux à préserver.

Contrairement au vaccin qui a une action lente et progressive, mais d'assez longue durée, le sérum a une action immédiate ou très rapide, mais qui dure peu; il faut renouveler plus souvent l'opération de préservation.

La lutte contre les maladies épidémiques passionne les savants; on peut dire qu'elle se poursuit actuellement sur tous les points du globe.

56. Combien l'atmosphère renferme-t-elle d'oxygène, d'azote, d'acide carbonique? — Quel est le gaz indispensable à l'entretien de la vie? — Indiquez les principales sources de production du gaz carbonique dans l'atmosphère. — Que savez-vous de l'acide nitrique et de l'ammoniaque qui existent dans l'atmosphère? — 57. Dites pourquoi l'acide carbonique ne s'accumule pas dans l'atmosphère. — 58-60. Comment l'eau se comporte-t-elle suivant qu'on la soumet à des températures différentes? — 61. Montrez que l'eau est le régulateur de la température à la surface du globe. — 62. Que savez-vous de la vapeur d'eau de l'atmosphère? — 63. Comment se forment : le brouillard, la pluie, la rosée, la neige, la grêle? — 64. Comment prévient-on les effets des gelées? — 65. Quelle est la cause qui produit les vents? — 66. Qu'appelle-t-on climat? — 67. Quelles sont les causes des putréfactions et des fermentations? — 68. Comment divise-t-on les microbes? — 69. Quelle est l'action des agents atmosphériques sur les microbes? — 70. Citez des microbes qui vivent dans le sol. — 71. Qu'appelle-t-on maladie infectieuse? — 72-73. Montrez par un exemple ce que l'on entend par vaccin, par sérum. — Citez quelques maladies infectieuses traitées par ces méthodes.

LECTURE

La vie sur le globe.

On a donné le nom de fermentation à tous ces mouvements intestins qui s'accomplissent d'eux-mêmes, après la mort, dans tous les êtres organisés et, en général, dans toute matière qui a fait partie d'un être vivant.

Rappelons quelques-uns de ces phénomènes remarquables : le jus de raisin bouillonne dans la cuve de vendange par le dégagement du gaz acide carbonique, la pâte de farine se soulève et s'aigrit, le lait se caille, le sang se putréfie, la paille rassemblée devient du fumier, les feuilles et les plantes mortes enfouies dans la terre se transforment en terreau.

Le caractère commun de toutes ces actions chimiques est la spontanéité. Ils sont l'œuvre du temps et des forces naturelles; la main de l'homme n'y intervient en quoi que ce soit. La raison en est simple : c'est une loi de l'univers que tout ce qui a vécu disparaisse.

Il faut, de toute nécessité, que les matériaux des êtres vivants fassent retour, après leur mort, au sol et à l'atmosphère, sous forme de substances minérales et gazeuses, telles que la vapeur d'eau, l'acide carbonique, le gaz ammoniac, le gaz azote, principes simples et voyageurs que les mouvements de l'atmosphère peuvent transporter d'un pôle à l'autre, et chez lesquels la vie peut aller à nouveau puiser les éléments de sa perpétuité indéfinie...

. Le sucre de raisin fermente et ses principes, sous leur forme nouvelle, composent le vin.

Le vin à son tour, livré à lui-même, devient vinaigre; et lo vinaigre, exposé au contact de l'air, se transforme en eau et en acide carbonique.

A ce terme, l'œuvre de la mort et de la destruction qui la suit est achevée pour la matière sucrée; et ses principes élémentaires, le charbon, l'hydrogène, l'oxygène, ont repris la forme sous laquelle ils sont prêts à rentrer dans un nouveau cercle de vie.
L. PASTEUR.
(*Études sur le vinaigre*, p. 8.)

CHAPITRE II

Origine et formation des terres.

§ Ier

FORMATION DU GLOBE

74. Origine du globe. — Suivant l'opinion admise, notre globe devait être, à l'origine, une masse en fusion, analogue à celle du soleil, animée d'un mouvement continu dans l'espace. Ce mouvement rapide, dans un milieu sans cesse renouvelé, détermina peu à peu, à la périphérie, la solidification de la croûte terrestre.

Cette croûte doit être superficielle; en effet, si on observe les températures à diverses profondeurs, on trouve une augmentation à peu près régulière de 1 degré par 31 mètres. Il est probable qu'à moins de 80 kilomètres de profondeur, les masses minérales de la terre sont en fusion, la température devant atteindre, au minimum, 2500 degrés; ces masses minérales remontent parfois à la surface par la cheminée des volcans.

La première écorce du globe, peu résistante, mais non élastique, ne put suivre, dans son retrait, la masse fluide interne qui diminuait de volume en se refroidissant progressivement; elle s'affaissa sur certains points, se releva sur d'autres : les premières montagnes apparurent.

Il se produisit alors, pour la terre, ce qui se produit pour une pomme trop mûre dont la peau se plisse au fur et à mesure que la pulpe interne diminue de volume en se desséchant.

75. Les roches primitives; leur désagrégation. — Les parties du globe qui se sont solidifiées tout d'abord ont formé les *roches primitives*. La plus commune de ces roches est le *granit*, dans lequel on distingue trois éléments : le quartz (silice pure), le feldspath (silicate d'alumine et de potasse ou d'autre base) et le mica (silicate à base variable). Parmi les roches primitives, on peut encore citer : le *gneiss*, de composition à peu près analogue au granit ; le *micaschiste*, formé de quartz et de mica ; l'*amphibole*, silicate de fer et de magnésie ; différents *minerais*, etc. Ces diverses roches renferment souvent des traces d'acide phosphorique et de soufre.

Toutes les roches primitives se sont désagrégées lentement, sous l'action des agents atmosphériques. Dans le feldspath, par exemple, chacun des trois éléments qui le forment se dilate sous l'action de la chaleur, suivant une loi qui lui est propre et qui n'est pas la même pour les deux autres. Les dilatations et les contractions inégales des différents éléments qui constituent le feldspath entraînent à la longue la désagrégation de cette roche. Sitôt que la moindre fissure s'est produite dans la roche, l'eau y pénètre ; et, lorsqu'un abaissement de température survient, l'eau se congèle, augmente de volume et agrandit la fissure en faisant éclater la roche.

L'eau agit en outre chimiquement par l'oxygène et l'acide carbonique qu'elle tient en dissolution. Dans le sol, elle attaque le feldspath, le décompose et le transforme en argile (silicate d'alumine hydraté) et en carbonate de potasse qui est soluble[1]. Une plante rudimentaire, analogue aux moisissures, se fixe sur cette roche, l'envahit, la maintient humide, ce qui favorise sa désagrégation ; cette plante laisse après sa mort des débris de *matière organique :* c'est un commencement de terre végétale.

§ II

DIVISION DES TERRAINS

76. Les terrains primitifs. — On appelle *terrain* ou *formation*, en géologie, non seulement la couche arable et le sous-sol, mais aussi les couches profondes. L'ensemble d'un terrain comprend des masses terrestres formées pendant la même période géologique et constituées à peu près des mêmes éléments.

Les premiers terrains formés sur le globe s'appellent ter-

---

1. Suivant MM. Delage et Lagatu, la terre arable résulte d'une simple *désagrégation* de minéraux, et non d'une *décomposition*.

rains *primitifs* ou *granitiques*; ils existent en Bretagne et dans le Plateau central.

Les sols de ces formations sont pauvres en chaux et en acide phosphorique ; les plantes exigeantes, comme le blé, ne s'y développent pas ; on y cultive le seigle et le sarrasin ; le châtaignier vient très bien dans les sols granitiques, et son fruit sert de nourriture aux habitants.

Les cultivateurs qui ont amélioré leurs terres des formations primitives par un apport de chaux et d'acide phosphorique récoltent du froment et possèdent d'excellentes prairies.

77. Les terrains sédimentaires. — L'époque qui fit suite à celle de la formation des terrains primitifs dut être marquée par des pluies fréquentes et abondantes ; la plus grande partie de la surface du globe était recouverte d'eau ; les massifs de terrains primitifs que nous retrouvons aujourd'hui émergeaient à peu près seuls de cette nappe liquide.

Comme les terrains primitifs sont constitués par des roches très dures, l'eau des pluies ne pouvait s'infiltrer dans leur masse; elle glissait à leur surface, s'amassait en torrents qui entraînaient dans les vallées puis à la mer la plupart des débris de ces roches.

La mer, en se retirant peu à peu, abandonnait sur ses bords des couches de limons mêlés à des débris de minéraux, à des cadavres d'êtres vivants, plantes et animaux ; c'est ainsi que se sont formés les *terrains sédimentaires*.

Ces formations se divisent en quatre groupes : *primaire, secondaire, tertiaire, quaternaire*, qui se subdivisent en *systèmes* ou *terrains*.

78. 1° Groupe primaire. — Les premiers terrains du *groupe primaire* (cambrien, silurien, dévonien) se rapprochent, par leurs propriétés et leur constitution chimique, des terrains du groupe primitif d'où ils proviennent. Ils renferment des schistes, des grès, des ardoises, des fossiles de plantes et d'animaux, les premiers dont on trouve les traces sur le globe.

Dans le terrain *carbonifère*, qui succède aux précédents, on retrouve des débris considérables de végétaux qui sont exploités sous le nom de *houille*. La végétation, à cette époque, devait être d'une activité que nous pouvons à peine concevoir : l'atmosphère devait renfermer des quantités énormes de vapeur d'eau et d'acide carbonique pour entretenir une telle végétation. On peut reconnaître dans la houille les restes des végétaux vivant à cette époque, et déterminer les familles auxquelles ces plantes appartenaient.

Cette végétation prodigieuse absorba une énorme quantité de carbone pris à l'atmosphère sous forme d'acide carbonique (24). Or, les végétaux formés à cette époque ne furent pas décomposés (45) : ils se conservèrent sous l'eau ; leur carbone fut fixé, il ne fit pas retour à l'atmosphère sous forme d'acide carbonique. C'est ce carbone que nous utilisons aujourd'hui en brûlant la houille.

L'atmosphère s'appauvrit donc en acide carbonique, et la végétation se ralentit ; mais, en même temps, il se produisit un autre phénomène très important.

Comme nous l'avons vu (57), il y a toujours équilibre entre la quantité d'acide carbonique contenue dans l'atmosphère et celle qui est contenue dans les eaux situées à la surface du globe. Si l'air s'appauvrit en acide carbonique, l'équilibre est rompu, et l'eau des mers cède une partie de son acide carbonique à l'atmosphère.

A la suite de l'époque carbonifère, les eaux du globe s'appauvrirent donc en acide carbonique, et le calcaire qu'elles tenaient en dissolution, grâce à la grande quantité d'acide carbonique dont elles étaient chargées, se précipita.

Avant la période du carbonifère, tous les terrains formés renferment peu de *calcaire* ; après cette période, la plupart des terrains formés en contiennent de notables quantités, quelques-uns jusqu'à 90 p. 100.

79. 2° Groupe secondaire. — Le groupe des *terrains secondaires* se divise en trois systèmes : trias, jurassique, crétacé. Les formations les plus récentes de ce groupe sont, en général, les plus riches en calcaire ; le crétacé, par exemple, renferme des masses considérables de craie (calcaire presque pur).

L'étage du lias (*jurassique*) porte des terres qui, en général, sont imperméables : on y a établi d'excellentes prairies. D'autres étages, comme l'oxfordien, le corallien, forment, en quelques endroits, des terres en coteaux, caillouteuses, très saines qui donnent d'excellents vignobles.

En général, les diverses formations du groupe secondaire sont très homogènes dans leur constitution physique et dans leur composition chimique. Quelques analyses suffisent bien souvent pour donner des indications approximatives se rapportant à tout l'étage.

80. 3° Groupe tertiaire. — Le groupe des *terrains tertiaires* comprend trois systèmes : éocène, miocène, pliocène, qui se subdivisent en étages. Les terres de chaque étage ont ensemble quelque analogie, surtout au point de vue de leur composition chimique ; par conséquent, lorsqu'on possède les analyses de quelques-unes de ces terres, on peut avoir une idée des éléments qu'elles renferment toutes. Dans les terrains tertiaires, on rencontre de grands îlots sableux qui manquent de chaux.

81. 4° Groupe quaternaire. — Les formations *quaternaires* sont celles que nous voyons se produire encore de nos jours. Le long des cours d'eau, sur les bords de la mer, à l'embouchure des fleuves, il se forme des dépôts qui sont de véritables *terrains géologiques*. Les torrents, les glaciers amassent au pied ou sur le flanc de certaines montagnes des débris de roches et d'êtres vivants qui constituent aussi des *terrains* (terrains d'alluvions, terrains glaciaires, etc.).

82. Importance de la géologie agricole. — La géologie, qui classe les terrains d'après leur origine, peut rendre de grands services à l'agriculture. Lorsqu'elle délimite un étage, elle indique, par cela même, quelles sont les terres qui ont entre elles quelque ressemblance. Si quelques-unes des terres prises en différents points d'un même étage ont donné à l'analyse des résultats à peu près identiques, il est fort probable que toutes les terres de ce même étage sont analogues au point de vue chimique ; dans ce cas, les mêmes engrais, et quelquefois les mêmes amendements, leur conviennent.

QUESTIONNAIRE

74. Que savez-vous sur l'origine du globe? — 75. Expliquez comment le granit peut être désagrégé par suite de l'influence de la température. — Citez un exemple de l'action de l'acide carbonique sur la désagrégation des roches, — de l'action de l'eau. — 76. Quels sont les caractères des terrains primitifs? — 77. Comment se sont formés les terrains sédimentaires? — 78, 79, 80, 81. Que savez-vous des terrains du groupe primaire? — du groupe secondaire? — du groupe tertiaire? — du groupe quaternaire? — 82. Quels services la géologie peut-elle rendre à l'agriculture?

LECTURE

Caractères des terrains granitiques.

Dans les pays granitiques, tous les vallons que l'on voit extérieurement existent avec toutes leurs ramifications dans le sous-sol. Les eaux de pluie qui s'infiltrent à travers la couche arable coulent sur ce roc après en avoir rempli les fissures, se réunissent dans les dépressions et forment sous terre des ruisseaux qui tantôt s'écoulent invisibles, tantôt surgissent en sources. Dans la plupart des terrains granitiques, les sources sont très nombreuses; mais, précisément parce qu'elles sont nombreuses, la surface qui les alimente ne peut pas être très grande pour chacune d'elles. Elles n'ont donc la plupart qu'un faible débit, et quelquefois ce débit ne résiste pas à une sécheresse prolongée.

Cette abondance de sources qui caractérise les contrées granitiques permet de disséminer les habitations et les fermes, tandis que dans d'autres formations, par exemple, dans les terrains jurassiques et crétacés, les habitants sont forcés de se grouper en grands villages le long des rares cours d'eau qui les traversent et d'abandonner à la vaine pâture ou à une culture très extensive les plateaux qui s'éloignent des centres de population. De là des conséquences très importantes au point de vue de l'économie rurale : la petite culture peut s'établir plus facilement dans les pays de granit que dans les pays de formation jurassique et crétacée. Elle y est plus productive, parce qu'elle y économise beaucoup de transports et de temps; elle peut partout employer, dans le voisinage des fermes, les engrais dont elle dispose et les eaux qui y coulent.

A égalité de terrain, les sources sont partout d'autant plus abondantes que le climat est plus humide. En Bretagne, la plupart des vallons sont tourbeux; dans le Limousin, dans le Morvan, ils sont couverts de prés souvent trop humides et, en certains endroits, remplis de carex, de joncs, etc. Leur fourrage n'est pas de première qualité; il convient mieux aux bêtes à cornes qu'aux moutons, et il est plus favorable à l'élevage qu'à l'engraissement. Mais, avec le drainage, on peut facilement améliorer la qualité de ces prairies.

Les eaux sortant du granit sont très pures. Elles ne contiennent pas de sulfate de chaux, pas de carbonate de chaux. Elles dissolvent donc parfaitement le savon et conviennent bien pour la cuisson des légumes, pour le blanchiment et la teinture des étoffes.

Les sols des terrains granitiques sont riches en potasse, mais pauvres en chaux et en acide phosphorique.

Sans amendements calcaires, ces terres ne peuvent donner ni blé, ni trèfle, ni aucune légumineuse.

Pour obtenir un développement plus considérable dans toutes les productions de ces terres incomplètes, pour que le blé puisse réussir dans les champs et le trèfle dans les prés, les engrais phosphatés et les amendements calcaires sont indispensables.

Eug. RISLER.
(Géologie agricole, 1er vol., p. 34.)

CHAPITRE III
Etude physique des terres.

§ Ier

LES ÉLÉMENTS PHYSIQUES DES TERRES

83. Action du cultivateur sur le sol. — Le cultivateur n'a aucune action sur les phénomènes atmosphériques; il est impuissant à en régler la marche. Au contraire, il peut, par l'intermédiaire du sol, exercer une grande influence sur le développement du végétal. En effet, le cultivateur sème ses grains à des époques déterminées dans un sol qu'il peut assainir et mettre en bon état de culture; il peut en outre amender son terrain afin d'en modifier la nature physique; il lui est possible enfin d'ajouter des engrais destinés à fournir à la terre les éléments qui ne sont pas en quantité suffisante.

84. Le sol et le sous-sol. — On appelle *sol* ou *couche arable* la partie de la terre que travaille la charrue; au-dessous se trouve le *sous-sol*.

La couche arable a une épaisseur variable avec la nature des terres : elle est moyenne entre 0^m,18 à 0^m,20 ; superficielle avec 0^m,10 ou 0^m,12 ; profonde quand elle dépasse 0^m,25. Il est intéressant de considérer, dans un sol, la proportion qui existe entre les *éléments grossiers* (cailloux, graviers) et les *éléments fins* ou terreux; les racines se nourrissent exclusivement dans la terre fine (10).

Le sous-sol se distingue du sol par sa couleur généralement moins foncée et par une compacité plus grande. Le rôle du sous-sol n'est pas négligeable; il participe, dans une certaine mesure, à la nutrition minérale des plantes, car il se laisse toujours pénétrer par les racines; suivant qu'il est ou n'est pas de même nature que le sol, il peut exagérer ou corriger les défauts de ce dernier. Enfin, il emmagasine l'eau que le sol reçoit en trop grande quantité pendant la saison pluvieuse pour la restituer au moment de la sécheresse.

85. Eléments physiques des terres arables. — Le sol est formé, physiquement, par un ensemble de ragments de formes et de dimensions variables, plus ou moins agglutinés entre eux, formant le squelette des sols et qui appartiennent aux quatre éléments suivants : le sable, l'argile, le calcaire et l'humus.

On peut mettre en évidence, de la manière suivante, la présence de chaque élément. Si on délaye, dans l'eau distillée, une pincée de terre végétale, et qu'on laisse reposer quelques instants, un dépôt tombe au fond du vase : c'est du *sable* à peu près pur, formé d'éléments de grosseur et de densité variables, de composition chimique différente (silice, calcaire, etc.) (*fig.* 22). D'autres éléments restent en suspension dans l'eau qu'on décante ; si, à cette eau, on ajoute une pincée de craie finement pulvérisée, on voit se former dans l'eau, par coagulation, des flocons qui se précipitent au fond du vase et qu'on peut séparer en filtrant : c'est l'*argile*.

Fig. 22. — Séparation du sable et de l'argile.

Si on verse un peu d'acide chlorhydrique ou de vinaigre sur de la terre délayée, et qu'on observe une effervescence, c'est l'indice que la terre renferme du *calcaire* (*fig.* 23). L'acide a décomposé le carbonate de chaux et le gaz carbonique mis en liberté s'est dégagé produisant effervescence.

Enfin, si on chauffe au rouge, dans un creuset de platine muni d'un couvercle, une pincée de terre, on constate, en examinant la terre sur une assiette après refroidissement, qu'elle est devenue plus ou moins noire, ce qui indique la présence d'*humus* ou matière organique.

Fig. 23. — La terre calcaire fait effervescence quand on l'arrose avec un acide.

86. Le sable. — Le sable siliceux est produit par l'effritement et la pulvérisation de certaines roches telles que le quartz et la pierre à fusil (silex). Il entre dans la constitution des sols, sous forme de particules plus ou moins ténues, allant du sable impalpable au gravier. Le sable grossier est un élément de division, par conséquent de légèreté, de perméabilité et d'aération ; le sable fin est un élément qui facilite le tassement, par conséquent la compacité, l'imperméabilité et l'asphyxie (Lagatu).

Le sable se laisse facilement pénétrer par l'eau, mais il en retient peu ; il s'échauffe rapidement et se refroidit de même. S'il agit beaucoup physiquement, son rôle chimique, dans la fertilité du sol, est insignifiant.

87. L'argile. — L'argile provient de la décomposition des silicates des roches primitives (feldspath, **75**) ; c'est une matière compacte, onctueuse au toucher ; elle forme avec l'eau une pâte liante, plastique, et peut absorber 70 p. 100 de son poids d'eau ; elle devient très dure à la dessiccation. A l'état pur, c'est le kaolin ; dans le sol, elle est mélangée à d'autres substances (fer, manganèse) qui la colorent diversement.

L'argile joue un rôle mécanique considérable ; c'est un véritable ciment colloïdal qui, suivant les cas, rend les terres fortes, grasses, froides et humides ; quand il y a excès d'eau, l'argile est un élément de plasticité ; si l'humidité est faible, l'argile est un élément d'agglutination, c'est-à-dire de compacité. Son rôle se modifie considérablement suivant les soins apportés aux façons culturales (perméabilité, aération).

Les effets de l'argile sont modifiés et améliorés par le calcaire qui la rend plus poreuse, plus perméable et possède la propriété de séparer les particules d'argile en les coagulant (**85**). Si ce phénomène ne se produisait pas, toutes nos sources donneraient de l'eau trouble, chargée d'éléments argileux très fins.

L'argile est la grande pourvoyeuse des végétaux en potasse ; elle a, en outre, la propriété de retenir dans le sol certains éléments indispensables à la nourriture de la plante (Chap. iv, § 2).

88. Le calcaire. — Le calcaire ou carbonate de chaux provient des roches sédimentaires ; il est formé d'éléments plus ou moins gros (graviers, pierres, roches), plus ou moins durs (pierre à bâtir, craie). Le calcaire retient mieux l'eau que le sable, mais beaucoup moins bien que l'argile ; ses éléments ont peu de cohésion, il se réduit facilement en poussière ou en boue ; il s'échauffe facilement, mais craint la sécheresse. Insoluble dans l'eau pure, le calcaire est soluble dans l'eau chargée d'acide carbonique ; un litre d'eau qui traverse la couche arable peut dissoudre et entraîner $0^g,200$ de calcaire. Les racines des plantes peuvent aussi le dissoudre (**10, 41**) et l'absorber.

Très abondant dans certains sols (Champagne, Charente), le calcaire joue un rôle mécanique et un rôle chimique importants. Il est un correctif des terres argileuses, il permet à l'argile et à l'humus d'exercer leur pouvoir absorbant vis-à-vis des sels de potasse (Chap. IV, § 2) et favorise la décomposition des matières organiques du sol. Il *foisonne*, se soulève, sous l'action du gel et du dégel, en hiver, et favorise le *déchaussement* des jeunes plantes. Son excès est nuisible à certaines cultures (*chlorose*); sous ce rapport, le calcaire fin, terreux est surtout nocif; le calcaire graveleux est au contraire peu actif.

89. L'humus. — L'humus est formé par les débris de matières organiques (animales et végétales), en décomposition dans le sol. Les *matières noires* que l'on trouve dans le fumier fait, à l'état de terreau, sont désignées sous le nom d'*humus actif*; on n'y distingue plus aucune trace de la structure des organismes vivants qui lui ont donné naissance, tandis que, si les débris se reconnaissent encore, on a l'*humus brut* ou *terreau*. Le terme *humus* est donc vague; nous l'emploierons pour désigner les matières organiques arrivées au derner degré de désorganisation et prêtes à passer à l'état minéral (voir *nitrification*, Chap. IV, § 1er). La composition chimique de l'humus varie avec les matières très diverses qui l'ont formé; il a une faible cohésion et il est très perméable à l'eau.

L'humus est un élément de correction; il donne plus de cohésion aux terres légères et diminue la compacité des terres fortes. Il possède toutes les qualités d'un véritable ciment organique, mais il n'ajoute pas ses effets à ceux de l'argile; il en diminue la compacité; les deux ciments semblent se combattre. Il absorbe beaucoup d'eau et entretient la fraîcheur des terres; pourtant, il s'échauffe facilement.

L'humus contient des éléments fertilisants, de l'azote surtout, et il facilite la dissolution et l'absorption d'un grand nombre de principes minéraux utiles. Mélangé à l'argile et au calcaire, il communique aux terres la propriété de retenir une partie des éléments fertilisants qu'on y incorpore (pouvoir absorbant). Son rôle est donc considérable dans la fertilisation des terres; on ne saurait s'en passer.

Suivant la prédominance de l'un ou de l'autre des éléments que nous venons d'étudier, on a des terres *sableuses* ou siliceuses, *argileuses*, *calcaires*, *humifères* ou tourbeuses.

§ II

CARACTÈRES DES TERRES ARABLES

90. Terres sableuses. — Si le *sable* est à *grains grossiers*, le sol est sans consistance, sec, brûlant, précoce ; il retient peu d'eau, surtout si le sous-sol est de même nature ; il se travaille facilement, par tous les temps ; les engrais organiques s'y décomposent rapidement.

Si le *sable* est à *grains fins*, impalpable, le sol devient limoneux, plus consistant, même imperméable, il faut alors l'assainir ; il forme les *terres battantes*, sujettes au tassement sous l'influence des pluies.

Les terrains sablonneux renferment au moins 70 à 80 p. 100 de sable ; les engrais y sont facilement entraînés : il faut répéter fréquemment de petites fumures. Ils sont propices au jardinage à condition d'arroser souvent.

En agriculture, ils conviennent surtout au seigle, au sarrasin, à la pomme de terre ; avec un excès de silice on les boise au moyen du châtaignier, du pin (pin maritime des Landes), du bouleau et aussi de l'aulne dans les endroits humides.

Les terres sableuses se cultivent peu en été, il faut préférer les labours d'automne, et plomber le sol après la semaille pour éviter que le vent déracine les jeunes plants.

91. Terres argileuses. — Les terres argileuses renferment au moins 30 p. 100 d'argile ; elles sont très consistantes, difficiles à travailler, exigent pour leur culture des instruments puissants et de forts attelages.

On ne peut effectuer les labours en hiver à cause de l'excès d'eau, ni en été en raison de la sécheresse qui les durcit et les crevasse. Souvent, il convient de les drainer pour augmenter leur perméabilité et faciliter l'écoulement des eaux qui s'y accumulent.

Ce sont des terres froides, tardives ; les engrais s'y décomposent lentement ; on peut les fumer à haute dose à époques assez éloignées, car le sol dispute la nourriture aux plantes et jouit d'un pouvoir absorbant considérable.

Ces terres conviennent surtout aux prairies naturelles, prés et herbages ; quand elles renferment assez de chaux (marne), on peut y cultiver les céréales, le trèfle, et les betteraves qui fournissent de hauts rendements, car ce sont des terres fertiles en général.

92. Terres calcaires. — Suivant la compacité de la roche qu'ils renferment, les sols calcaires sont pierreux, crayeux ou limoneux ; ils renferment tous au moins 50 p. 100 de carbonate de chaux. Ce sont des terres généralement meubles, parfois inconsistantes, retenant peu l'eau, d'une culture facile, sauf après les pluies.

Elles se gonflent par la gelée et les racines des jeunes plantes sont souvent brisées ; c'est le déchaussement qu'on prévient en partie en tassant le sol à l'aide d'un rouleau pesant. Elles sont perméables, chaudes, redoutent la sécheresse, ont un pouvoir absorbant très faible.

Les engrais organiques s'y décomposent promptement ; il faut préférer les engrais riches en humus ; aussi les engrais verts y donnent de bons résultats.

On y cultive le sainfoin, la minette, le seigle, le sarrasin, la pomme de terre, l'anthyllide et la moutarde blanche. Les pâturages conviennent très bien à l'élevage du mouton. Fertilisées par les engrais du commerce, ces terres sont avantageuses pour la production des céréales en raison de la facilité de leur mise en culture.

93. Terres humifères. — Les terres humifères peuvent renfermer une base (chaux, par exemple) qui neutralise les acides provenant de la décomposition des matières organiques ; on obtient alors le *terreau doux* ou neutre, qui donne des terres fertiles, très favorables à la culture maraîchère. Au contraire, si le sol est dépourvu de base, il se forme du *terreau acide*, constitué par du sable très ténu et de l'humus ; ce sont les *terres tourbeuses* que l'on exploite comme combustible, comme litière ou comme engrais. Dans les bois, la tourbe formée en couche mince, en milieu acide, se nomme *terre de bruyère*.

Les terrains humifères, à terreau neutre, sont rares ; ce sont des sols très légers et très mobiles, de couleur noire, s'échauffant facilement, et qui activent la végétation en été. Les gelées y sont dangereuses en hiver, à cause du rayonnement considérable. Elles absorbent de grandes quantités d'eau et se gonflent, puis se dessèchent en été et deviennent pulvérulentes.

Quand ces terres sont bien assainies et suffisamment pourvues de calcaire, elles conviennent aux cultures exigeantes en azote : avoine, maïs fourrage, betteraves, pommes de terre ; le blé d'hiver y est sujet au déchaussement.

94. La terre cultivée. — Les sols arables sont formés, tantôt presque exclusivement de l'un des quatre éléments que nous venons d'étudier, plus souvent par la réunion, en proportions variables, de deux ou de plusieurs d'entre eux. Les sols empruntent leurs propriétés, qualités ou défauts, aux éléments originaires; lorsqu'ils se caractérisent par la présence de deux éléments prédominants, on les désigne sous les noms de : silico-argileux; argilo-calcaires; silico-calcaires, etc.

Lorsque dans un sol, le mélange des quatre éléments : sable, argile, calcaire et humus se trouve bien proportionné, on obtient une terre parfaite qui, dans la pratique, a reçu le nom de *terre franche*. Cette terre est meuble, perméable, chaude sans être brûlante, fraîche sans être humide, riche en éléments nutritifs et capable de donner naturellement des rendements élevés. C'est, au double point de vue physique et chimique, une terre idéale; toutes les cultures exigeantes y viennent bien.

D'après les meilleurs agronomes, voici quel est le type de la constitution physique d'une *terre franche* :

	TOTAL	CALCAIRE	SILICE
Cailloux et gravier.......	peu	»	»
Sable grossier..........	650	50	600
Sable fin.............	250	50	200
Argile..............	70	»	»
Humus.............	20 à 30	»	»
	1 000	100	800

95. Propriétés physiques de la terre cultivée. — Ces propriétés résultent des aptitudes diverses des terres à subir l'action de l'eau, de la chaleur, des gaz et du travail mécanique. Les principales sont : la ténacité ou adhérence, la cohésion, la perméabilité, l'évaporation et la capillarité.

La *ténacité* ou adhérence exprime la force avec laquelle les terres s'attachent aux instruments aratoires, et, par suite, la résistance qu'elles offrent à leur pénétration. Elle est d'autant plus accentuée que les éléments du sol sont plus fins; les terres tenaces sont dites *fortes*, *lourdes* (argile); les terres à ténacité faible (sable) sont dites *légères*.

La *cohésion* ou *compacité* est la propriété qu'ont les éléments constitutifs des sols de s'agglutiner, de s'agglomérer entre eux.

La ténacité et la cohésion rendent les terres *compactes*, c'est-à-dire difficiles à pénétrer aux racines, à l'air et à l'eau.

La *perméabilité* est la faculté que possède la terre de se laisser pénétrer par les liquides et les gaz. Elle est tout l'opposé de la compacité et résulte d'un manque de cohésion et de ténacité des éléments constitutifs des terres. La perméabilité a un rôle prépondérant sur la fertilité des terres; elle règle le degré d'humidité du sol; or, l'eau joue en agriculture un rôle considérable : elle dissout les principes minéraux utiles aux plantes et les transporte dans les organes des végétaux.

L'excès de perméabilité ou d'imperméabilité entraîne la stérilité. -

Le sol a le pouvoir d'absorber et de retenir l'eau en quantité plus ou moins grande suivant les éléments dont il est formé; en outre, l'*évaporation* est plus ou moins abondante. Voici, d'après Schubler, quels sont les chiffres relevés dans les divers éléments :

POUR 100 GRAMMES		SABLE siliceux	ARGILE	CALCAIRE	HUMUS
Imbibition.	maximum absorbé.	25	95	70	190
	partie retenue.	7	31	»	42
Évaporation...		83	31 à 34	28 à 75	20

On voit combien l'humus augmente l'absorption et diminue l'évaporation. L'évaporation est surtout activé dans un sol qui porte une récolte foliacée abondante; elle atteint son minimum dans une terre nue, bien ameublie; l'évaporation s'accompagne toujours d'un refroidissement.

L'eau qui a pénétré dans le sous-sol, grâce à la perméabilité, est capable de remonter à la surface par *capillarité*. Cette force ascensionnelle s'exerce à travers les interstices qui séparent les particules de terre; ces interstices communiquent ensemble et forment des canaux plus ou moins sinueux, mais continus (10). Or, le liquide s'élève, par capillarité, à des hauteurs d'autant plus grandes que le diamètre des canaux est plus petit.

Par suite, les récoltes sont plus exposées à la sécheresse dans les sols à éléments grossiers (sable grossier) que dans les terres à éléments fins (calcaire fin, argile). De même, l'évaporation diminue à la suite d'un labour qui augmente le diamètre des canaux capillaires à la surface; l'humidité se conserve dans le sol, au-dessous de la couche remuée. C'est l'explication du vieux dicton : *un binage vaut deux arrosages*. Le roulage des terres a pour effet, en réduisant le diamètre des canaux capillaires, d'attirer l'eau à la surface du sol et de favoriser la germination des semences.

En outre, la capillarité fait remonter à la surface du sol les matières solubles entraînées dans le sous-sol par les pluies.

QUESTIONNAIRE

83. Quelle action le cultivateur peut-il exercer sur les milieux où la plante se développe? — 84. Qu'appelle-t-on sol et sous-sol? — 85. Indiquez comment on peut séparer les éléments d'une terre. — 86, 87, 88, 89. Que savez-vous du sable, de l'argile, du calcaire, de l'humus? — 90, 91, 92, 93. Quels sont les caractères des terres sableuses, des terres argileuses, des terres calcaires, des terres humifères, tourbeuses? — 94. Qu'appelle-t-on terre franche? — Quelle est la composition type d'une terre franche? — 95. Quelles sont les propriétés physiques de la terre cultivée? — Dites ce que vous savez sur la perméabilité, l'évaporation, la compacité. — Expliquez le dicton : un binage vaut deux arrosages.

LECTURES

Type idéal d'une terre parfaite.

Selon nous, la terre parfaite est celle où les plantes, trouvant un ferme appui, soustraites aux alternatives de sécheresse et d'humidité, rencontrent tous les éléments de nutrition que doit donner le sol ; c'est, en outre, celle qui, par son exposition et ses abris, est soustraite autant que possible au froid de l'hiver, seule modification atmosphérique qu'il soit impossible de conjurer sans des moyens artificiels coûteux; enfin, c'est celle qui, à ces qualités, joint une faible ténacité, et qui, dès lors, peut se cultiver aux moindres frais possibles.

Les agriculteurs ne peuvent approcher de cette perfection presque absolue que pour un certain nombre de ces conditions : ils ne peuvent ni modifier la température de l'atmosphère, ni augmenter la quantité de lumière solaire. Sous ce rapport, la perfection des terres est toujours relative au climat où elles sont situées.

DE GASPARIN[1].
(Cours d'agriculture, t. Ier, p. 374.)

Compacité et perméabilité.

La *compacité* d'une terre, c'est la propriété qu'elle possède de résister à l'introduction et au passage d'un corps solide, tel que le soc d'une charrue, tel que la racine d'un végétal. Quand une terre est très compacte, les instruments aratoires n'y pénètrent qu'avec un grand effort; les blocs de terre soulevés sont volumineux, conservent longtemps leur forme primitive et ne s'éboulent que très lentement. La compacité résulte donc du rapprochement et de la cohésion des particules dont se compose la terre.

La *perméabilité* d'une terre, c'est la propriété qu'elle possède de permettre l'introduction et le passage des corps fluides, c'est-à-dire des liquides et des gaz. Quand une terre est imperméable, l'eau séjourne à sa surface, l'air ne pénètre pas dans sa profondeur. L'imperméabilité résulte donc soit de la contiguïté des particules solides dont se compose la terre, parce que les intervalles sont très petits, soit de leur continuité, parce que les intervalles sont remplis par une matière jouant le rôle de colle.

Il y a donc une grande analogie entre les causes qui déterminent la compacité et celles qui déterminent l'imperméabilité.

H. LAGATU et L. SICARD.
(L'Analyse des terres, page 181.)

CHAPITRE IV

Etude chimique des terres.

§ Ier

DESTRUCTION DE LA MATIÈRE ORGANIQUE DANS LE SOL

96. Activité chimique des terres. — Nous avons étudié (1re partie, chap. II) les aliments que la plante tire du sol; ce sont autant de corps qui entrent dans la composition des terres arables.

Les matières minérales subissent peu de modifications

[1]. Célèbre agronome français (1783-1856).

dans le sol; il n'en est pas de même des matières organiques : leur azote, d'abord sous la forme organique, se transforme en azote ammoniacal, puis en azote nitrique (32) sous l'influence des *ferments nitriques*, microbes que renferment tous les sols. Ces phénomènes constituent l'*activité chimique du sol*. Les cultivateurs appellent *terres chaudes* celles dont l'activité chimique est prononcée, et *terres froides* celles où elle est peu intense.

97. La nitrification; conditions de ce phénomène. — Le ferment nitrique accomplit une véritable fermentation microbienne, accompagnée d'une oxydation. Il décompose la matière organique du sol en ses éléments : sur le carbone, il fixe de l'oxygène et produit de l'acide carbonique; l'azote s'oxyde également et donne de l'azote nitrique qui, en présence des bases du sol, se transforme en nitrates.

La bactérie de la nitrification exige certaines conditions pour se développer :

1° Il lui faut de l'*oxygène* pour vivre et effectuer ses oxydations; la nitrification est très lente dans un sol tassé, compact; elle est active, au contraire, dans une terre meuble, bien aérée. Pour cette raison, les cultivateurs disent que les terres légères *mangent le fumier*, tant la décomposition en est rapide.

2° L'*humidité* est nécessaire; il faut au moins 6 p. 100 d'eau; pourtant la terre ne doit pas être noyée ou trop humide (marécage). L'intensité de la nitrification varie avec l'humidité contenue suivant la teneur du sol en argile et en humus.

3° Une certaine *température* est indispensable. Le ferment nitrique ne se développe qu'entre 5 degrés et 40 degrés. Il atteint son maximum d'activité dans les terres entre 24 et 30 degrés. Aussi, la nitrification, très active en été, est à peu près nulle pendant l'hiver.

4° La terre doit renfermer une base. Le ferment nitrique ne peut vivre dans un milieu acide. C'est la chaux, à l'état de calcaire, qui donne à toutes nos terres la *réaction alcaline*. Si une terre manque totalement de calcaire, la nitrification ne se produit pas (terre de bruyère).

Aussitôt produit, l'acide nitrique s'unit au calcaire et forme du nitrate de chaux qui est soluble dans l'eau et que la plante peut absorber.

**98. Importance du phénomène de la nitrifica-

tion. — Le phénomène de la nitrification a une importance capitale en agriculture.

La matière organique (humus) joue un grand rôle dans le sol, au point de vue physique (**89, 93**), mais l'azote organique qu'elle renferme ne peut servir de nourriture à la plante (**30**). Si cette matière n'était pas décomposée et ramenée à l'état de matière minérale (**45**), elle s'accumulerait et son excès deviendrait une gêne; d'autre part, le sol, faute de restitution, s'appauvrirait, et, à un moment donné, toute végétation deviendrait impossible.

Par son rôle de destructeur de matière organique, le ferment nitrique fait équilibre, dans la nature, au règne végétal et au règne animal; il ramène à leur forme simple et minérale les éléments que plantes et animaux avaient introduits dans des corps composés et organiques.

Mais, si l'azote passé à l'état nitrique peut être utilisé par le végétal (**32**), il peut aussi être entraîné par les eaux pluviales, dans le sous-sol d'abord, puis dans les sources, les rivières et la mer. Ainsi, on a calculé que la Seine, qui draine un bassin très calcaire, où la nitrification est, par conséquent, très active, entraîne chaque année, dans la mer, environ 19 000 tonnes d'acide nitrique, ce qui représente, au cours actuel des engrais nitriques, une somme voisine de 400 millions de francs.

99. Conséquences de la nitrification; dissolution du calcaire. — En raison de l'oxydation du carbone qui se produit pendant la nitrification (**97**), l'atmosphère du sol est très riche en acide carbonique; tandis que l'air qui nous environne en renferme environ 0,0003, celui qui circule dans le sol en renferme jusqu'à 0,01, soit plus de trente fois plus.

Mais l'acide carbonique produit dans le sol ne s'y accumule pas; les pluies, les vents le déplacent; il se diffuse dans l'air, en échange avec l'oxygène qui vient prendre sa place et sert à l'oxydation d'autres matières organiques. Enfin, l'eau se charge de ce gaz et peut ainsi dissoudre le phosphate et le carbonate de chaux (**41**).

Un litre d'eau, en présence d'air renfermant 0,01 d'acide carbonique, peut dissoudre 0^g,2 de calcaire (**88**). S'il tombe annuellement 0^m,80 d'eau dont le quart traverse la couche arable, il en résulte que les pluies peuvent dissoudre et entraîner 400 kilogrammes environ de calcaire par hectare et par an. Aucune récolte n'en enlève une aussi grande quantité.

§ II

POUVOIR ABSORBANT DU SOL

100. Propriétés absorbantes de la terre. — La terre possède la propriété de retenir une partie des éléments utiles tenus en dissolution par les eaux qui la traversent. On peut s'en rendre compte par l'expérience qui suit : si l'on filtre du purin sur de la terre végétale, le liquide que l'on recueille a perdu sa coloration et son odeur ; la terre a retenu non seulement la matière colorante du purin, mais encore les principes ammoniacaux odorants qu'il renferme.

La terre arable exerce ses propriétés absorbantes à l'égard de la plupart des principes fertilisants. Examinons comment elle se comporte vis-à-vis de l'azote, de l'acide phosphorique et de la potasse.

101. Absorption de l'azote. — Nous savons déjà que l'azote nitrique n'est pas retenu dans le sol ; les eaux de pluie peuvent l'entraîner dans les sources (32).

L'azote organique est insoluble dans l'eau ; il se conserve dans le sol jusqu'au moment où il est attaqué par les microbes nitrificateurs (30).

L'azote ammoniacal est soluble dans l'eau, mais l'humus du sol possède la propriété d'absorber les sels ammoniacaux. L'azote ammoniacal nitrifie très rapidement en été ; il est alors entraîné.

102. Absorption de l'acide phosphorique. — La terre a la propriété d'absorber l'acide phosphorique ; on ne trouve jamais cet élément dans les eaux de drainage

Les phosphates ajoutés au sol sont solubles en petite quantité dans l'eau chargée d'acide carbonique.

L'acide phosphorique solubilisé peut se combiner avec la chaux, le fer et l'alumine qui se trouvent dans le sol, et former avec ces bases des combinaisons difficilement attaquables par l'eau chargée d'acide carbonique. L'acide phosphorique des superphosphates subit les mêmes transformations.

L'humus et l'argile ont aussi la propriété de retenir l'acide phosphorique.

103. Absorption de la potasse. — La potasse qui se trouve dans le sol à l'état de chlorure de potassium ou de sulfate de potasse est très peu retenue par la terre végétale. Si elle se trouve à l'état de carbonate, le sol, grâce à l'humus et à l'argile qu'il renferme, exerce à son égard son pouvoir absorbant. Or, dans toutes les terres renfermant du calcaire, les sels de potasse, chlorure et sulfate, font une double décomposition avec le carbonate de chaux et se transforment en carbonate de potasse. Par conséquent, toutes les terres renfermant du calcaire ont la propriété de retenir la potasse.

Cependant, les terres calcaires qui sont peu riches en humus et en argile possèdent un faible pouvoir absorbant pour les engrais potassiques.

104. Importance du pouvoir absorbant du sol. — La valeur d'un sol dépend beaucoup de son pouvoir de retenir les éléments nutritifs du végétal. Certaines terres sableuses qui renferment peu d'argile et peu d'humus ne peuvent accumuler des réserves de nourriture pour les plantes. On doit appliquer sur ces terres peu d'engrais à la fois, et renouveler fréquemment les apports.

Au contraire, les terres riches en argile et en humus ont un pouvoir absorbant considérable; avec un excès de ces éléments, la terre se montre parcimonieuse à l'égard des plantes qu'elle supporte, et leur cède les principes utiles en faible quantité à la fois.

§ III

L'ANALYSE DU SOL

105. Connaissance des terres arables. — Le cultivateur arrive à connaître sa terre par trois voies différentes : 1° par l'examen des récoltes ; 2° par les champs d'expériences ; 3° par l'analyse.

Les deux premiers moyens exigent beaucoup de temps ; nous les étudierons bientôt (IIIᵉ partie, chap. IV) ; l'analyse est de beaucoup la voie la plus rapide ; l'agriculteur peut en tirer grand profit à condition de bien savoir traduire les indications qu'elle fournit.

L'analyse d'une terre est une opération compliquée, délicate, qui ne peut être exécutée que dans un laboratoire et par un chimiste compétent. Il existe, en France, un certain nombre de *stations agronomiques*, relevant du Ministère de l'Agriculture, et qui se chargent de l'analyse des terres et des engrais.

Le rôle d'un cultivateur qui veut faire analyser sa terre se borne à prendre un échantillon et à l'adresser à la Station agronomique. Il doit, en outre, savoir interpréter les résultats inscrits sur le bulletin d'analyse qui lui est retourné.

106. Prise de l'échantillon d'une terre à analyser. — Dans un même domaine, il arrive fréquemment que les terres cultivées ne sont pas de même nature. Par l'observation de ses cultures, par la comparaison des rendements des récoltes, le praticien a appris à connaître et à distinguer les terres qui diffèrent entre elles.

Pour chaque nature de terre, il faut une analyse. Si l'on faisait analyser un mélange de deux ou plusieurs terres différentes, l'analyse donnerait des chiffres moyens qui ne s'appliqueraient à aucune terre et n'auraient aucune valeur.

Dans une terre homogène, voici comment le cultivateur doit prélever un échantillon : il commence par enlever de la couche superficielle du sol tous les débris de végétaux qui peuvent s'y trouver, puis il creuse à la bêche une petite tranchée sur toute la profondeur du sol, et en sépare un prisme de terre du poids de un ou deux kilogrammes. Il prend en d'autres points de son champ des échantillons semblables et possède ainsi une dizaine de kilogrammes de terre qu'il mélange intimement, dans une brouette, par exemple. Il réserve ensuite un kilogramme environ de ce mélange : c'est l'échantillon qu'il adresse à la Station agronomique. — *La prise d'un échantillon du sous-sol se fait de la même façon.*

Nous avons supposé que la terre à analyser renferme peu de pierres. S'il en est autrement, l'opération est plus difficile, car l'analyse doit être rapportée au poids de la terre brute telle qu'elle existe, avec ses pierres et ses éléments sableux.

Dans une terre pierreuse, il faut donc recueillir avec soin toutes les pierres comprises dans chacun des prismes prélevés comme échantillon et veiller à ce que l'échantillon final destiné au chimiste possède sa part exacte des pierres ou cailloux. Ou bien, lorsque les divers prélèvements relatifs au même échantillon sont assemblés dans la brouette, on trie toutes les pierres et on les pèse soigneusement ; on détermine ensuite le poids restant de terre fine, et on fait connaître ces deux nombres au·chimiste qui doit procéder à l'analyse de la terre. Le chimiste pourra ainsi rapporter ses résultats d'analyse au poids réel de la terre cultivée.

107. Analyse des terres. — On distingue deux sortes d'analyses : l'analyse physique et l'analyse chimique.

Analyse physique ou mécanique. — L'analyse mécanique recherche la nature, l'importance et le degré de division des éléments physiques du sol ; elle fournit des indications précieuses sur sa compacité, sa perméabilité, son activité chimique ; elle rend possibles la détermination et le classement des terres arables ; elle indique les amendements susceptibles de les améliorer et fixe la forme des engrais à employer.

L'analyse mécanique sépare, tout d'abord, la terre en *cailloux*, *graviers* et *terre fine*. Dans la *terre fine*, elle isole l'*argile*, le *sable grossier*, le *sable fin*, et détermine, pour chacun d'eux, les éléments *calcaires* et *humiques*.

Les *cailloux* sont les fragments que leurs dimensions empêchent de passer à travers un tamis à mailles carrées de 5 millimètres de côté ; dans la partie ayant traversé ce premier tamis, on appelle *graviers*, les fragments qui restent sur un deuxième tamis à mailles de 1 millimètre, et *terre fine*, tout ce qui n'est pas retenu par ce dernier. Il faut, avant ces tamisages, effriter soigneusement à la main les particules de terre agglomérées. La terre fine renferme le sable.

Analyse chimique. — L'analyse chimique fait connaître la teneur exacte du sol en principes nutritifs, elle renseigne sur son aptitude à produire telle ou telle récolte, sur la nature et la quantité relative des engrais à employer.

Elle s'effectue sur la *terre fine* et sèche, et comporte les dosages en *azote*, *acide phosphorique*, *potasse*, *chaux*, rapportés à 1 000 de terre fine ; on ramène ensuite les chiffres trouvés à la *terre brute*, ou *naturelle*, en tenant compte des proportions de pierres, cailloux et graviers fournis par l'analyse mécanique.

L'analyse chimique indique la dose totale des principes utiles que renferme le sol mais ne peut préciser quelle est la fraction de ces principes qui est assimilable par les plantes. Aussi l'analyse du sol ne fournit que des renseignements théoriques de nature à guider le praticien dans ses expériences, comme nous le verrons plus loin.

108. Interprétation des analyses de terre. — Les résultats fournis par l'analyse n'acquièrent une valeur pratique qu'autant qu'on les compare aux chiffres donnés par l'analyse d'une autre terre dont les propriétés physiques et la fertilité sont bien connues des cultivateurs.

Il devient donc nécessaire d'être fixé sur la composition moyenne de la terre servant d'étalon. Nous avons donné (94) la constitution physique d'une terre franche; de la même manière, les agronomes et les chimistes admettent les chiffres suivants, pour sa composition chimique :

	Moyenne p. 1 000.	Pauvre.	Riche.
Azote	1	$<$ 0,8	1 à 2
Acide phosphorique	1	$<$ 0,8	1 à 2
Potasse	2	$<$ 1	2 à 5
Chaux	50	$<$ 20	100 et plus

Une terre qui renfermerait la moyenne des éléments indiqués au tableau ci-dessus serait bien équilibrée; il serait possible d'entretenir indéfiniment sa fertilité par la simple restitution au sol des principes enlevés par les récoltes; elle ne nécessiterait aucune amélioration foncière.

Pour les analyses qui s'éloignent de ces dosages, il suffit d'interpréter les chiffres en tenant compte des propriétés de chacun des éléments considérés. Nous avons appris à le faire en étudiant les principes constituants du sol (86 à 89).

Si la proportion des *cailloux et graviers* excède 400 p. 1 000, le sol est dit *caillouteux*. Sa perméabilité augmente, sa compacité diminue, les façons culturales y deviennent difficiles.

Les chiffres ci-dessous, empruntés à Lagatu et Sicard, précisent les différences de constitution des terres :

	Terre légère.	Terre forte.	Terre battante.
Sable grossier	700 à 1 000	600 à 0	200 à 0
Sable fin	200 à 0	300 à 900	700 à 1 000
Argile	70 à 0	100 à 400	50 à 0

Tous les types intermédiaires se peuvent intercaler dans cette nomenclature.

En ce qui concerne le calcaire, une proportion de 1 p. 1 000 suffirait au point de vue chimique, mais nous avons vu qu'il joue un rôle physique important vis-à-vis de l'argile (qu'il coagule) et de l'humus (dont il permet la nitrification) ; aussi admet-on comme utile une dose totale de 40 à 60 p. 1 000.

Ainsi comprise et traduite, l'analyse du sol nous renseigne sur sa valeur et nous apprend quelles sont les opérations nécessaires pour l'améliorer physiquement et chimiquement.

Dans beaucoup de communes, parfois même dans certains cantons, on établit des *cartes agronomiques* qui peuvent fournir d'utiles indications générales aux agriculteurs. On reproduit, à une grande échelle, la carte de la région considérée ; on y trace les contours des divers étages géologiques, délimités avec soin sur le terrain, puis pour chaque étage on fait effectuer un certain nombre d'analyses de terre. On repère les points d'où proviennent ces échantillons et on représente à côté, par des signes distinctifs, les résultats des analyses. Bien traduites, ces cartes peuvent être utiles aux cultivateurs, puisque, par analogie, ils peuvent reconnaître l'analyse qui doit se rapprocher le plus de leur terre située dans une même assise géologique.

QUESTIONNAIRE

96. Que devient la matière organique du sol? — 97. Dans quelles conditions se produit le phénomène de la nitrification? — 98. Quelle est l'importance de ce phénomène en agriculture? — 99. Parlez de la composition de l'atmosphère du sol. — Quelle est la quantité de calcaire entraînée par les eaux pluviales? — 100. Citez une expérience qui prouve les propriétés absorbantes de la terre végétale. — 101, 102, 103. Comment le sol exerce-t-il son pouvoir absorbant à l'égard de l'azote? — de l'acide phosphorique? — de la potasse? — 104. Montrez l'importance du pouvoir absorbant du sol. — 105. Comment le cultivateur peut-il connaitre sa terre? — 106. Comment doit-on prendre l'échantillon d'une terre à analyser? — 107. Quelle est l'utilité de l'analyse physique et de l'analyse chimique du sol? — 108. Combien une bonne terre renferme-t-elle d'azote? — d'acide phosphorique? — de potasse? — de chaux? — Les résultats de l'analyse donnent-ils au cultivateur des indications bien nettes?

LECTURES

L'analyse chimique du sol.

Il sera toujours prudent de vérifier les conclusions tirées de l'analyse chimique au moyen des champs d'expériences. L'analyse servira de guide, évitera les tâtonnements toujours coûteux ; mais, mettant de côté tout scrupule de chimistes, nous devons à la vérité de dire que, dans l'état actuel de nos connaissances, elle n'est pas un guide infaillible.

Ach. Müntz et A.-Ch. Girard.
(Les Engrais, 1er vol., p. 99.)

Le pouvoir absorbant des sols.

La potasse et l'acide phosphorique ne se trouvent dans les eaux de drainage qu'en quantités extrêmement faibles, ce qui montre que le pouvoir absorbant des sols est loin d'être satisfait en ce qui concerne ces principes, de telle sorte que les eaux n'en peuvent entraîner qu'une fraction presque négligeable.

La même remarque s'appliquerait à l'ammoniaque ; mais ce qui tend encore à diminuer la proportion de cet alcali, c'est qu'il est rapidement transformé en acide nitrique dans les sols.

Il en est tout autrement pour la soude, dont la terre est largement pourvue parce que les végétaux en consomment peu et que les engrais en apportent plus qu'il n'en faut aux récoltes.

La chaux provient du calcaire qui ne se dissout, à la température ordinaire, qu'à raison de 13 milligrammes par litre. Si, dans les eaux de drainage, la chaux est beaucoup plus abondante que ne l'indiquerait ce chiffre, c'est qu'elle y existe à l'état soluble, formée à la faveur de l'acide carbonique de l'atmosphère des sols.

Les nitrates sont le produit de la nitrification de la matière organique et de l'ammoniaque. Ils échappent complètement à la terre, qui n'exerce pas sa faculté absorbante à leur égard. Aussi convient-il, quand on emploie les nitrates comme engrais, de les donner à l'époque où la végétation est en activité et peut les assimiler à bref délai ; autrement ils risquent d'être entraînés par les eaux et perdus pour les plantes.

En résumé, les eaux de drainage sont très pauvres en principes fertilisants, sauf en nitrates, et leur pauvreté même confirme l'existence du pouvoir absorbant des sols. Si on calcule ce qu'elles ravissent de ces principes à la végétation, on arrive à des chiffres insignifiants.

Nous trouvons ainsi une vérification de cette opinion connue, à savoir qu'on ne risque guère de perdre des principes nutritifs en répandant sur les terres de fortes doses de phosphates et de sels de potasse.

Th. Schloesing,
Membre de l'Académie des sciences.
(Contribution à l'étude de la chimie agricole, p. 125.)

RÉSUMÉ DE LA DEUXIÈME PARTIE

CHAPITRE PREMIER

§ Ier. L'air renferme un cinquième d'oxygène, quatre cinquièmes d'azote et trois dix-millièmes d'acide carbonique. Ce dernier gaz, produit constamment dans l'atmosphère par les combustions de nos foyers et la respiration des animaux, est détruit par les plantes qui l'assimilent, le décomposent et fixent le carbone qu'il renferme. L'acide nitrique et l'ammoniaque, que l'on trouve en très faible quantité dans l'air, constituent une source insuffisante de nourriture azotée pour les plantes.

§ II. L'eau est le principal agent météorologique, grâce aux propriétés qu'elle possède lorsqu'on la soumet à des températures différentes; c'est le régulateur de la température à la surface du globe. La vapeur d'eau de l'atmosphère est la cause du brouillard, de la pluie, de la rosée, de la gelée blanche et des vents. Pour diminuer les dégâts causés par les gelées, il faut, lorsque cela est possible, empêcher le dégel trop rapide des plantes; pour prévenir les dommages causés par la grêle, le cultivateur doit assurer ses récoltes contre ce fléau.

§ III. Les putréfactions des matières organiques, les fermentations des matières sucrées et les maladies infectieuses sont dues à des microbes. Pasteur, qui a créé la microbiologie, a découvert divers vaccins. D'autres savants ont trouvé des sérums, ou liquides capables de conférer à l'organisme l'immunité contre certaines maladies microbiennes. Le principal rôle des microbes est de détruire les matières organiques qui constituent les corps des animaux et des végétaux et de les ramener à la forme minérale sous laquelle les éléments pourront servir de nourriture à d'autres générations de végétaux.

CHAPITRE II

§ Ier. L'écorce terrestre s'est formée par refroidissement de la masse fluide du globe.

Les terrains *primitifs*, pauvres en chaux et en acide phosphorique, proviennent de la désagrégation des roches primitives, granit, gneiss, etc., par les agents atmosphériques.

§ II. Les terrains *sédimentaires*, formés par l'action des eaux, se divisent en quatre groupes, qui se subdivisent en *systèmes* ou *terrains*; on rencontre, en général, dans chaque système, des terres qui ont à peu près la même composition chimique; il arrive parfois que les analyses de quelques-unes d'entre elles peuvent servir pour toutes les autres.

CHAPITRE III

§ Ier. La terre arable est formée physiquement de quatre éléments : le sable, l'argile, l'humus et le calcaire. Suivant que le sable grossier ou l'argile dominent dans une terre, celle-ci est perméable ou imperméable. L'humus améliore les terres sableuses et les terres argileuses. Le calcaire corrige les défauts des terres argileuses, grâce à la propriété qu'il possède, lorsqu'il est en solution, de coaguler l'argile.

§ II. L'eau du sol remonte constamment à la surface par capillarité, en ramenant ainsi dans la couche superficielle les éléments qui tendraient à être entraînés à la suite des grandes pluies. Les façons culturales, en détruisant les canaux capillaires formés dans la terre, empêchent les pertes d'eau du sol par évaporation.

CHAPITRE IV

§ Ier. La matière organique du sol est détruite par les microbes, qui la ramènent à l'état minéral ; l'azote qu'elle renferme passe à l'état d'azote nitrique. Ce phénomène, qui prend le nom de nitrification, ne s'accomplit que dans les sols à réaction alcaline et dans certaines conditions d'aération, de chaleur et d'humidité. Le carbone de la matière organique s'oxyde pour former de l'acide carbonique dont se charge l'eau du sol qui peut alors dissoudre le calcaire. L'aération du sol favorise la décomposition de la matière organique.

§ II. La terre arable possède des propriétés absorbantes vis-à-vis des composés qui renferment de l'azote organique et de l'azote ammoniacal. L'azote nitrique n'est pas retenu par le pouvoir absorbant ; il est entraîné par les pluies dans les profondeurs du sol.

La terre, grâce à l'humus et à l'argile qu'elle renferme, retient l'acide phosphorique. Elle retient également le carbonate de potasse ; et comme, dans les terres pourvues de carbonate de chaux, les sels de potasse se transforment en carbonate, le pouvoir absorbant du sol vis-à-vis des engrais potassiques s'exerce dans tous les sols calcaires.

§ III. Les stations agronomiques effectuent les analyses des produits agricoles. L'échantillon d'une terre à analyser doit être prélevé suivant une certaine méthode. Une terre riche renferme de 1 à 2 p. 1000 de chacun des trois éléments suivants : azote, acide phosphorique et potasse ; le taux minimum de calcaire que doit renfermer une bonne terre varie de 1 p. 1000 à 5 p. 100 suivant sa richesse en argile.

TROISIÈME PARTIE

MISE EN PRODUCTION DU SOL

Généralités sur les engrais.

109. L'engrais est le complément du sol. — Tous nos sols ne renferment pas en quantité suffisante les divers éléments nutritifs nécessaires aux plantes ; aux uns, il manque plus particulièrement de la chaux ; à d'autres, c'est l'acide phosphorique, etc.

Par conséquent, lorsqu'on veut améliorer une terre, il faut y apporter en quantité suffisante les éléments qui lui manquent.

On introduit ces éléments dans le sol sous forme d'*engrais*; on peut donc dire que *l'engrais est le complément du sol.*

Mais, pour transformer en bonne terre une terre médiocre ou mauvaise, il ne suffit pas toujours de modifier sa composition chimique en y ajoutant les éléments nutritifs qui lui font défaut. Il peut arriver que la terre soit mauvaise par suite d'une trop grande compacité ou d'une trop grande perméabilité ; dans ce cas, pour l'améliorer, il faudrait modifier la composition physique du sol, au moyen des *amendements*.

110. Il faut restituer au sol tous les éléments enlevés par les récoltes. — Si le cultivateur ne peut améliorer la nature de ses terres, il doit au moins les cultiver sans les appauvrir. Pour conserver à une terre son état de fertilité, il faut lui *restituer tous les éléments* que les récoltes lui enlèvent.

Le tableau suivant indique ce qu'enlève à un hectare

de terre une récolte de blé de 25 hectolitres, paille et grain :

ÉLÉMENTS	GRAIN	PAILLE	TOTAL
	kil.	kil.	kil.
Azote.........................	41,7	21,5	63,7
Acide phosphorique.................	16,3	10,5	26,8
Potasse.......................	11,»	22,5	33,5
Chaux........................	1,2	11,8	13,»
Magnésie......................	4,5	5,»	9,5

Si on ne restitue pas au sol des principes fertilisants en quantité au moins égale, le sol s'appauvrit. Cette restitution ne peut se faire au moyen du fumier seul, comme nous allons le montrer.

CHAPITRE PREMIER

Le Fumier.

§ Ier

FUMIER ET ENGRAIS COMPLÉMENTAIRES

111. Insuffisance du fumier dans la restitution à opérer au sol. — Prenons pour exemple une exploitation dans laquelle se pratique l'assolement suivant : 1° blé ; 2° betteraves ; 3° avoine ; 4° trèfle.

La récolte du blé produit de la paille, qui est utilisée comme litière ou comme aliment des animaux, et du blé, qui est vendu. Or, cette dernière partie de la récolte représente une certaine quantité d'éléments fertilisants (azote, acide phosphorique, etc.) qui ne sera pas restituée au sol. Examinons ce que deviendront les trois autres récoltes.

Les produits employés comme litières sont restitués au sol sous forme de fumier. Ceux qui servent de nourriture aux animaux sont décomposés, et les éléments qu'ils renferment se retrouvent en partie dans les déjections de ces animaux et, par suite, dans le tas de fumier.

Mais les animaux en conservent; l'azote de leurs muscles et l'acide phosphorique de leurs os proviennent des aliments qu'ils ont ingérés. Il est évident que, dans les excréments de ces animaux, on ne retrouvera pas la *totalité* des éléments constituant les graines ou les fourrages qu'ils ont consommés. Quand ces animaux, destinés à la vente, quittent le domaine, on peut dire que ce sont des kilogrammes d'azote, d'acide phosphorique, etc., qui sont perdus pour l'exploitation.

Le lait qui est vendu, les volailles, la laine, les œufs qui sont exportés, constituent des pertes analogues, car ces divers produits sont fabriqués par les animaux avec des éléments empruntés au sol par les végétaux.

Il est donc impossible à un cultivateur de *restituer* à ses terres les éléments qu'elles ont perdus, en faisant usage seulement du fumier produit dans son exploitation : pour conserver la fertilité de ses terres, il doit employer des engrais complémentaires.

112. Les engrais complémentaires du fumier. — Où l'agriculteur trouvera-t-il ces engrais complémentaires? D'abord, dans l'achat de nourriture pour le bétail, dont une partie retournera au fumier; ainsi, les aliments concentrés : grains, sons, tourteaux, drèches, améliorent le fumier en matières azotées et phosphatées. Ensuite, le cultivateur peut trouver, dans les déchets des industries agricoles, des résidus qui sont d'excellents engrais. Le *sang*, la *viande*, la corne, etc., des abattoirs, sont autant d'engrais riches en azote; les *tourteaux* ou pains d'huile renferment à peu près en totalité l'azote et l'acide phosphorique qui se trouvaient dans les graines oléagineuses pressées ; les sucreries laissent comme résidus les *salins de betterave* riches en sels de potasse.

D'autre part, les centres de population fournissent des *déchets* que l'agriculteur peut utiliser, à condition d'être peu éloigné des lieux de production : gadoues, poudrettes, fumiers de troupe, etc.

Mais il existe des gisements naturels d'engrais. Le Chili nous envoie du *nitrate de soude*, l'Allemagne des *sels de potasse;* en France, en Tunisie, dans la Floride, on trouve de nombreux gisements de *phosphates naturels*.

A ces diverses matières fertilisantes, il faut encore ajouter quelques sous-produits d'industrie : le *sulfate d'ammoniaque* et le *crud d'ammoniaque*, fabriqués par les usines à gaz, les *scories de déphosphoration*, qui proviennent du traitement de certains minerais de fer, etc.

§ II

ÉLÉMENTS DU FUMIER

113. Les litières. — Le fumier provient du mélange et de la fermentation des litières et des excréments des animaux.

Les litières sont répandues dans les écuries et les étables, pour que les animaux soient bien couchés et puissent mieux se reposer ; elles doivent, par suite, être souples, élastiques et capables de s'imbiber de purin. A ce point de vue, les tiges creuses des céréales sont excellentes. Les pailles de blé et de seigle, qui conservent longtemps leur forme, sont préférables aux pailles d'avoine et d'orge qui s'aplatissent très facilement sous le poids des animaux ; toutes ces pailles sont à peu près équivalentes au point de vue de leur composition chimique.

On emploie quelquefois d'autres matières comme litières : roseaux, feuilles, fanes de pommes de terre, bruyères, fougères, mousses ; elles sont inférieures aux pailles, mais on peut néanmoins en tirer parti quand les litières manquent.

La tourbe et la sciure de bois, qui s'imbibent facilement de purin et sur lesquelles les animaux sont bien couchés, peuvent être aussi employées ; la tourbe possède, en outre, la propriété de retenir l'ammoniaque du fumier. La terre sèche, criblée, aurait la même utilité, à un titre moindre.

114. Les excréments des animaux. — Les excréments des animaux sont solides et liquides. Leur composition varie avec l'alimentation des animaux, leur âge, la spéculation à laquelle ils sont soumis, leur espèce, et même parfois entre deux animaux d'une même espèce.

Ainsi, à une alimentation très azotée, correspondent des excréments riches en azote ; les animaux adultes qui travaillent peu, les bêtes à l'engrais, donnent des excréments plus riches. Au contraire, la vache laitière, les jeunes pendant leur croissance, prélèvent davantage sur les éléments de leur ration ; leurs excréments sont donc moins riches.

Les excréments solides sont plus riches en matière sèche et en acide phosphorique que les liquides ; par contre, les urines sont plus riches en azote et en potasse.

Le tableau suivant renferme les résultats d'analyses de ces excréments, d'après MM. Boussingault, Müntz et Girard.

LES EXCRÉMENTS RENFERMENT POUR 100.	VACHE LAITIÈRE		CHEVAL		MOUTON	
	solides.	liquides.	solides.	liquides.	solides.	liquides.
Eau................	80,35	93 »	75,30	91 »	70,27	»
Azote.............	0,36	0,78	0,55	1,48	0,60	0,89
Ac. phosphorique.	0,15	traces	0,30	0,00	0,47	traces
Potasse..........	0,25	1,57	0,12	1 »	0,37	1,72

Mais il faut observer que les excréments solides et liquides sont produits en quantités variables par les divers animaux; le tableau qui suit donne les moyennes admises par les chimistes :

LES EXCRÉMENTS D'UNE ANNÉE CONTIENNENT :	VACHE LAITIÈRE		CHEVAL		MOUTON	
	solides.	liquides.	solides.	liquides.	solides.	liquides.
	Kil.	Kil.	Kil.	Kil.		Kil.
Poids des excréments par jour.	26,7	10,4	6 »	3,2	1,5	0,5
Azote.............	30,4	48,5	36 »	22 »	3,5	3,2
Acide phosphor..	20 »	0,6	23 »	traces	4,3	traces
Potasse........	14 »	79,7	25 »	15 »	1,7	4,5
Chaux..........	28,5	7,4	18 »	22 »	7,5	1,3

Il résulte de l'examen de ces chiffres qu'une grande partie des principes fertilisants sont renfermés dans les déjections liquides des animaux de la ferme.

§ III

PRÉPARATION DU FUMIER

115. Le tas de fumier et la fosse à purin. — Les urines des animaux de l'exploitation prennent, après la fermentation, le nom de *purin*. Comme le purin est la partie la plus riche du fumier (114), il importe de le recueillir avec soin. A cet effet, l'écurie et l'étable doivent être dallées ou bétonnées suivant une certaine pente (2 à 3 centimètres par mètre), qui permet aux urines de s'écouler.

Une rigole, située à l'arrière des animaux, conduit ces liquides dans une fosse à purin, sorte de citerne bien étanche (*fig.* 25), située à proximité des étables ou du tas de fumier, si la distance n'est pas trop grande. La traversée des cours se fait toujours au moyen de caniveaux couverts.

La fosse à purin doit être munie d'une machine élévatoire (seau, pompe), qui permet l'arrosage du fumier ; on compte que cette fosse doit mesurer 1 mètre cube par cheval et 3 mètres cubes par bœuf ou par vache laitière de l'exploitation. Un volume inférieur peut suffire si l'on s'astreint à vider la citerne plus souvent.

Le tas de fumier doit être situé à proximité de l'écurie ou

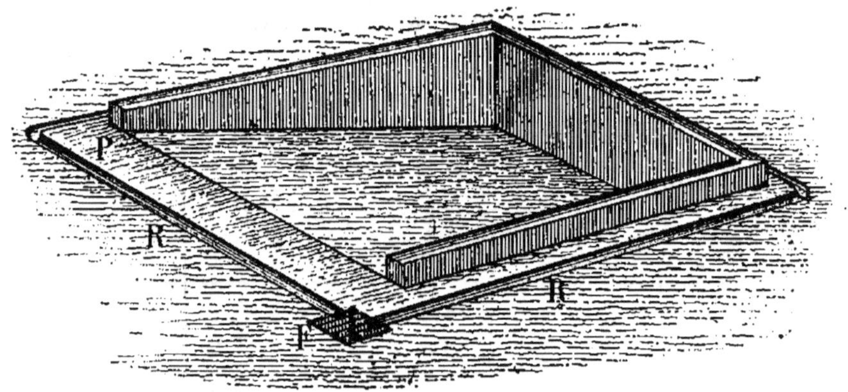

Fig. 24. — Fosse à fumier.

de l'étable, sur un sol parfaitement étanche, facilement accessible aux voitures, non soumis aux lavages des eaux de pluie. Il faut éviter la proximité des puits et des maisons d'habitation.

On adopte deux dispositions principales pour le tas de fumier : la fosse (*fig.* 24) et la plate-forme (*fig.* 25). Dans les deux cas, l'aire est construite en briques, en béton ou en pavés cimentés ; elle offre une pente de 1 à 10 p. 100 pour l'écoulement du purin, qui se rend ainsi soit dans une fosse spéciale, soit dans la fosse recevant déjà les urines.

Les *fosses* ont une pente unique de 8 à 10 p. 100 ; elles sont limitées sur trois côtés par des murs de soutènement ; on y accède par le quatrième côté, légèrement surélevé sur le niveau de la cour. Cette disposition rend difficile la sortie des voitures, mais le fumier est bien protégé contre la dessiccation et exige peu de soins.

La *plate-forme* se construit parfois *en cuvette*, à quatre plans inclinés (1 à 3 p. 100) vers une fosse à purin commune, située au centre ; cette forme est préférée des petites exploitations. Plus souvent la plate-forme comprend deux plans convergents ou divergents situés à la surface du sol, et inclinés à très faible pente vers des rigoles qui conduisent

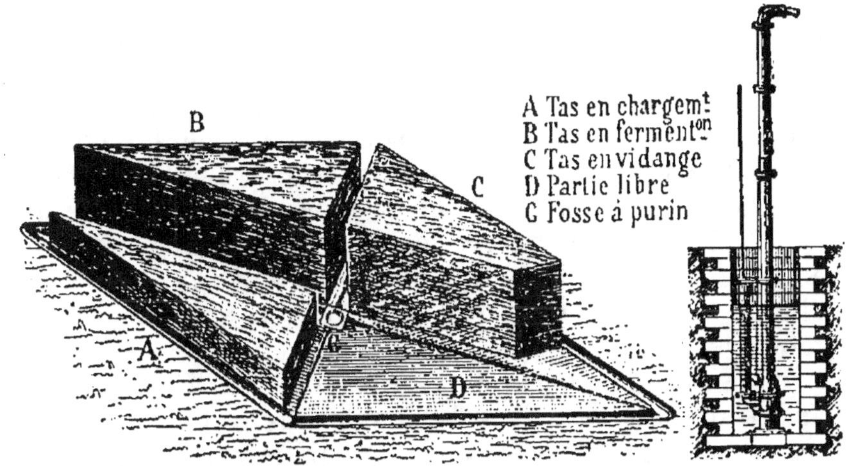

Fig. 25. — Plate-forme en cuvette et fosse à purin avec pompe.

le purin dans une citerne. La hauteur du tas ne doit pas excéder 2 mètres ; sa surface varie de 1 à 3 mètres carrés par tête de gros bétail, suivant que ce bétail va au pâturage pendant la belle saison ou bien reste en stabulation permanente, et suivant aussi qu'on procède plus ou moins souvent à l'enlèvement des fumiers.

Comme le fumier se dessèche facilement en été, il sera bon, dans les régions à climat sec et chaud, de l'abriter. A cet effet, on construit de légers hangars ou bien on se contente d'abriter le tas du côté du midi, par de grands arbres ou par un mur.

116. Pertes d'azote à l'étable. — Il importe de ne pas laisser séjourner le purin ni le fumier dans les étables. Ces locaux sont généralement à une température assez élevée ; dans ces conditions, l'*urée*, ou composé organique azoté contenu dans les urines, entre immédiatement en fermentation et produit du carbonate d'ammoniaque, gaz très volatil, qui se répand dans l'air. C'est l'odeur de ce gaz que l'on perçoit lorsqu'on pénètre le matin dans une étable mal aérée et dans laquelle on laisse séjourner les **urines**.

De même, dans les crottins des chevaux ou des moutons, l'azote organique ne tarderait pas à se décomposer et à se dégager sous la même forme, mais plus lentement.

La perte qui en résulte porte sur l'azote qui est un élément essentiel à conserver ; l'acide phosphorique, la potasse et la chaux ne subissent pas de transformation sensible, par suite de la fermentation ; ils ne peuvent se perdre si l'on a soin de recueillir tous les excréments. Mais, pour l'azote, la perte est souvent considérable ; elle atteindrait un quart à un tiers de l'azote total des excréments pour les chevaux et les vaches en stabulation, et jusqu'à moitié pour les moutons.

Il est donc indispensable de faire écouler de suite les urines vers la fosse à purin ; celle-ci est généralement creusée dans le sol ; la température s'y maintient plus basse ; en outre elle est fermée, ce qui réduit l'arrivée de l'oxygène et l'activité de la fermentation de l'urée ; les gaz ammoniacaux s'y conservent et sont fixés.

Pour éviter la perte d'azote dans les excréments solides ou les fumiers, on conseille l'emploi de la tourbe ou de la terre sèche criblée. On a recommandé aussi de répandre dans les étables du plâtre, du sulfate de fer, des phosphates naturels, de la kaïnite. Aucun de ces produits n'a donné complète satisfaction ; il est donc préférable de retirer les fumiers le plus souvent possible.

Dans le nord de la France et en Belgique, on a l'habitude de laisser le fumier s'entasser sous les pieds des bovidés, comme on le fait un peu partout dans les bergeries. D'autres fois, le fumier est accumulé dans une fosse spéciale ménagée, dans l'étable même, à l'arrière des animaux. Dans ce cas, l'addition d'une substance capable d'absorber les gaz ammoniacaux semble d'une grande utilité si l'on veut éviter les pertes.

117. Fermentation du fumier en tas. — Aussitôt amené sur le tas, le fumier sera étalé en couches minces et tassé, les bords du tas étant bien dressés à la fourche. Le fumier frais contient divers ferments, les uns aérobies, les autres anaérobies. Il faut arriver à obtenir une *fermentation aérobie lente et progressive*, qui s'accomplisse à une température modérée.

Examinons ce qui se passe à l'ordinaire dans un tas de fumier abandonné à lui-même : la partie supérieure du tas qui reçoit l'apport journalier de fumier, est peu tassée et très aérée; elle fournit un milieu favorable pour une *fermentation aérobie*; la combustion de matière organique s'y montre très active et la température, faute de soins, peut dépasser 70 degrés.

Le carbonate d'ammoniaque, formé au détriment de la matière organique, tend alors à monter et à s'échapper du tas, produisant un appel d'air, qui renouvelle la provision d'oxygène. Il se produit un véritable tirage analogue à celui d'une cheminée, et la matière organique est décomposée en eau, en acide carbonique et en ammoniaque, trop rapidement pour que ce dernier gaz ait le temps d'être fixé en totalité, à l'état d'humus, par les matières carbonées du fumier; il se perd dans l'atmosphère. Pendant ce temps, les couches profondes du tas de fumier se laissent difficilement pénétrer par l'air. La fermentation de début a mis en liberté de l'acide carbonique, qui reste emprisonné dans le tas; les arrosages ou les pluies en ont chassé l'air et refroidi la température par les liquides amenés et qui sont restés incorporés. Dans ces conditions, la fermentation aérobie cesse bientôt, et ce sont les *ferments anaérobies* qui à leur tour se développent. Ceux-ci transforment la matière organique en acide carbonique et en formène (gaz des marais), ce qui a fait désigner ce phénomène sous le nom de *fermentation forménique*.

Il faut pouvoir obtenir une fermentation comprise entre ces deux cas extrêmes. Tous les soins à donner au fumier doivent avoir pour but de *modérer la fermentation aérobie*; dans ce cas, le carbonate d'ammoniaque entre, au fur et à mesure de sa production, dans la constitution de l'humus; il est alors fixé et l'on n'a plus à redouter sa perte par dégagement gazeux. Il faut donc éviter l'aération trop active et l'échauffement du tas de fumier.

118. Soins à donner aux fumiers. — Il faut *tasser régulièrement* les couches de fumier frais, aussitôt leur dépôt sur le tas; puis *arroser* jusqu'à saturer le tas d'humidité.

Les ouvriers effectuent le plus souvent le tassement au pied; dans quelques grandes fermes, on dresse le tas en plan incliné, puis on dépose sur le fumier frais la nourriture de bœufs à l'engrais qui assurent, par leur stationnement, le tassement, dans d'excellentes conditions.

Pour arroser, le mieux est d'employer le purin et surtout les urines, beaucoup plus riches en azote et en potasse; on les remonte de la fosse à purin au moyen d'une pompe spéciale (*fig*. 25) et on les distribue sur le tas au moyen de conduits en bois, ou de tuyaux. Le purin joue un rôle considérable dans la fabrication du fumier; l'azote qu'il contient est fixé dans la matière noire.

Le fumier doit être laissé en tas, de 6 à 10 semaines; il n'est pas utile d'attendre la formation de *beurre noir*. Dès que la fermentation a bruni les pailles des litières, on peut le transporter dans les champs.

Suivant les recherches de MM. Müntz et Girard, on ne saurait éviter complètement les pertes d'azote pendant la fermentation; ils ont trouvé que dans un tas bien soigné, abrité, arrosé et tassé, la perte est presque nulle (5 à 8 p. 100); elle s'élève à 14 p. 100 dans un fumier abrité, à 30 p. 100 dans un tas à l'air libre, non soigné, et à 64 p. 100 dans du fumier étalé en couche mince, et lavé, dans une cour de ferme.

Pendant la fermentation, le fumier perd une partie de son poids brut; en 5 à 6 mois, 1 000 kilogrammes se réduisent à 700 kilogrammes. La perte est surtout causée par le dégagement d'eau et d'acide carbonique. A poids égal, le fumier décomposé est plus riche que le fumier frais en azote, en matières organiques et en matières minérales solubles.

§ IV

UTILISATION DU FUMIER

119. Propriétés du fumier. — Le fumier bien fabriqué est un engrais précieux, riche surtout en matières organiques; en se décomposant dans le sol, il donne naissance à l'*humus*; il restitue en outre les éléments minéraux nutritifs utiles aux récoltes. C'est, à ce double point de vue, le premier des engrais.

Nous avons montré le rôle important que joue l'humus dans tous les sols; une terre qui ne reçoit jamais de fumier (ou une matière organique correspondante) comme engrais perd bientôt les qualités d'une bonne terre végétale.

Le fumier est un engrais complet; il renferme tous les éléments utiles aux plantes, mais parfois, il peut contenir certains de ces éléments en trop faible quantité. Si le sol d'une exploitation est pauvre en acide phosphorique par exemple, les plantes qu'il fournit sont forcément pauvres en cet élément; par conséquent, le fumier qui en provient est également pauvre en acide phosphorique. Le cultivateur qui, dans ce cas, emploierait seulement le fumier de son exploitation tournerait dans un cercle vicieux; il n'en peut sortir que grâce à l'emploi des engrais complémentaires, achetés en dehors du domaine.

Le fumier est un engrais à long terme; il fournit au sol des éléments pour plusieurs récoltes consécutives, car il devient absorbable lentement. Il constitue la réserve d'une terre fertile, ce que les cultivateurs appellent la *vieille force*; il est parfois utile de lui adjoindre d'autres engrais pour donner un coup de fouet à la végétation, lorsque celle-ci a besoin d'être stimulée.

120. Composition du fumier. — Les diverses espèces d'animaux produisent des fumiers de nature et de qualité différentes. On appelle *fumier froid* celui qui provient des bovidés et des porcs; il contient beaucoup d'eau (75 à à 80 p. 100) et fermente lentement; il convient aux terres calcaires ou sableuses, perméables.

Le fumier de cheval et celui de mouton, qu'on appelle *fumiers chauds*, fermentent vivement; leur teneur en eau est faible (60 à 75 p. 100). Ils conviennent aux terres argileuses, froides.

Le fumier de mouton est rarement mélangé aux autres; on le laisse s'amasser à la bergerie; très tassé et non aéré, il subit peu les pertes occasionnées par la présence de l'air. C'est un engrais très riche en azote et en potasse.

Voici, d'après Wolf, la composition chimique moyenne pour 1 000, des divers fumiers à demi fermentés.

NATURE DES FUMIERS	EAU	AZOTE	ACIDE PHOSPH.	POTASSE	CHAUX
De cheval.............	713	5,8	2,8	5,3	2,1
De bovin.............	775	3,4	1,6	4,0	3,1
De mouton............	646	8,3	2,3	6,7	3,3
De porc..............	724	4,5	1,9	6,0	0,8

Le plus souvent, on mélange le fumier provenant des

chevaux, des bœufs et des porcs ; on obtient alors le *fumier mixte* ou fumier de ferme ayant des qualités intermédiaires.

La composition du fumier ainsi que son poids varient avec l'état de décomposition ; tandis que du fumier pailleux pèse 350 à 400 kilogrammes au mètre cube, ce poids s'élève à 600 ou 650 kilogrammes pour du fumier bien tassé, puis à 700 et 800 kilogrammes pour du fumier demi-consommé, très humide ; enfin à 900 kilogrammes lorsqu'il est très consommé ; en moyenne le fumier ordinaire pèse 500 à 800 kilogrammes par mètre cube.

D'après divers auteurs, voici quelles sont les extrêmes et les moyennes signalés pour la composition chimique des fumiers, par 100 kilogrammes.

POUR 100	EAU	MATIÈRE SÈCHE	AZOTE	ACIDE PHOSPHOR.	POTASSE
Extrèmes (divers) :	65 à 83	35 à 17	0,32 à 0,72	0,18 à 0,71	0.32 à 0,97
D'après Garola :	52 à 81	48 à 19	0,48 à 1,50	0,15 à 1,11	0,29 à 1,41

Suivant ces moyennes, si l'on compte à 1^f,50 le kilogramme d'azote, 0^f,45 celui d'acide phosphorique et 0^f,40 le kilogramme de potasse, le fumier vaudrait environ 12 francs la tonne et le purin 4^f,30.

121. Emploi du fumier et du purin. — Pour transporter le fumier dans les champs, on l'enlève du tas par tranches verticales afin d'avoir une fumure régulière ; on le dispose en petits tas ou *fumerons*, placés à 7 mètres en tous sens ; c'est la distance qui permet un facile épandage. Un fumeron est destiné à être réparti sur environ 50 mètres carrés, et il faut 200 fumerons à l'hectare, ce qui permet de déterminer la quantité de fumier employé par le poids moyen d'un fumeron. Les fumures varient de 15 000 à 50 000 kilogrammes à l'hectare, ce qui correspond à des fumerons de 75 à 250 kilogrammes.

Il faut répandre le fumier de suite, et il est sage de l'enterrer le plus vite possible pour éviter toute déperdition. Il faut donc le conduire dans les champs au moment des labours ; à défaut, on recouvre de terre les fumerons.

Si l'arrosage du tas de fumier a lieu fréquemment, on peut arriver à faire retenir par le fumier la presque totalité du purin. Pourtant, si la fosse à purin se trouve remplie, il faut conduire ce liquide aux champs, au moyen d'un tonneau spécial portant à l'arrière un robinet et un brise-jet.

Si le purin est trop concentré, on l'étend d'eau, car il brûlerait les plantes ; mais, par son passage à travers le fumier, il a perdu une partie des substances qu'il contenait et son effet est tempéré. On choisit de préférence un temps humide pour l'épandage.

L'engrais liquide convient surtout aux prairies (permanentes ou temporaires) à base de graminées ; il favorise la végétation de ces plantes au détriment de celle des légumineuses. Il convient également aux terres nues destinées aux ensemencements de betteraves, de pommes de terre ou de maïs-fourrage. C'est alors un engrais très actif par sa richesse en azote et en potasse.

QUESTIONNAIRE

109. Montrez que l'engrais est le complément du sol. — 110. Comment peut-on conserver à une terre son état de fertilité ? — 111. Montrez, par un exemple, que le fumier produit par une exploitation ne suffit pas pour rendre au sol les éléments enlevés par les récoltes. — 112. Qu'appelle-t-on engrais complémentaires du fumier ? — Où le cultivateur peut-il trouver ces engrais complémentaires ? — 113. Quelles sont les conditions que doit remplir une bonne litière ? — 114. Comparez la richesse en éléments fertilisants des excréments liquides et des excréments solides des animaux. — 115. Comment doit être disposé le tas de fumier ? — la fosse à purin ? — 116. Expliquez comment se produisent les pertes d'azote à l'étable. — 117. Indiquez les réactions qui se produisent dans le tas de fumier. — D'où provient la matière noire du fumier ? — 118. Quels sont les soins à donner au fumier ? — 119. Quelles sont les propriétés du fumier ? — 120. Indiquez la composition du fumier. — Montrez que le fumier est l'image du sol et tirez la conséquence de cette loi. — 121. Dites ce que vous savez sur l'emploi du fumier, — sur l'emploi du purin.

LECTURE

Le fumier ne fournit pas au sol tout ce qui lui manque.

Il arrive souvent que, malgré des soins culturaux très perfectionnés, que, malgré un apport abondant de fumier de ferme, l'agriculteur se voit impuissant à dépasser certains rendements moyens et à obtenir les fortes récoltes constatées dans d'autres régions. C'est que, la plupart du temps, un élément minéral, quelquefois deux, manquent au sol qu'il cultive, soit par suite de son origine géologique, soit par suite d'un épuisement produit par une série de cultures sans restitution suffisante. Or, jamais le fumier produit sur le domaine ne pourra combler ce déficit; il ne fournit pas au sol tout ce qui lui manque; il ne fait qu'une restitution.

Si le sol est pauvre en acide phosphorique, le fumier qu'il aura produit ne contiendra lui-même que de petites quantités de cet élément, et les fumures n'enrichiront pas suffisamment le domaine; comme auparavant, la terre manquera de phosphate, restera indéfiniment dans un état d'infériorité et se refusera à la production d'abondantes récoltes. Le fumier étant pour ainsi dire le *reflet du sol*, son grand inconvénient est de donner à celui-ci, en plus forte proportion ce dont il n'a pas besoin, et en moindre proportion ce qui lui manque.

Le rôle des engrais commerciaux consiste précisément à corriger l'insuffisance de la composition du fumier de ferme; il faut voir en eux l'adjuvant du fumier et le complément du sol. Pour obtenir des résultats économiques avantageux, il convient de ne fournir au sol que l'élément qui lui est vraiment utile; l'addition des principes qui existent en proportion satisfaisante constitue une véritable superfétation, occasionne une dépense sans compensation et conduit à une augmentation du prix de revient des récoltes.

Comité consultatif des Stations agronomiques.
(Méthode d'analyse des terres, p. 38.)

CHAPITRE II

Engrais organiques autres que le fumier.

§ Ier

LES ENGRAIS VERTS

122. Engrais verts. — On désigne sous ce nom les plantes que l'on cultive spécialement pour être enfouies dans le sol, où elles serviront comme engrais. Pour que ce mode de culture soit économiquement praticable, il faut que la terre soit de peu de valeur; il faut que les plantes cultivées comme engrais verts soient d'une culture simple, peu coûteuse; il faut enfin que ces plantes améliorent au maximum le sol où elles vivent.

Les engrais verts conviennent dans les terres maigres,

situées loin du centre d'exploitation, qui se sont épuisées à la longue par manque de fumier. Au lieu de laisser ces terres en jachère pendant une année, il est infiniment préférable d'y semer des plantes destinées à être enfouies en vert. Dans les terres en jachère, l'azote nitrique formé est entraîné en grande partie par les pluies et perdu (98). Les engrais verts absorbent cet azote nitrique, puis le restituent au sol sous la forme d'azote organique qui sert aux récoltes suivantes.

Mais, les plantes cultivées pour être enfouies en vert ne se nourrissent pas seulement d'azote ; leurs racines vont chercher, dans toutes les parties du sol et du sous-sol, la potasse, l'acide phosphorique, etc., dont elles ont besoin. Elles *rassemblent donc à la surface du sol les éléments nutritifs* qui sont épars dans le sol et le sous-sol et les mettent à la disposition des récoltes futures.

123. Les plantes à employer comme engrais verts. — On cultive surtout dans ce but des plantes à croissance rapide, à feuillage abondant, capables de fournir beaucoup de matière organique sous une forme facile à nitrifier.

Il faut donner la préférence aux légumineuses, toutes les fois que leur culture est possible, car ces plantes accumulent dans leurs tissus l'azote de l'air (28). Leur enfouissement enrichit le sol, non seulement en matières organiques capables de modifier heureusement les propriétés physiques et chimiques des terres, mais encore en azote. Une bonne récolte de légumineuse peut capter 50 à 80 kilogrammes d'azote à l'hectare.

On conseille d'associer aux légumineuses qui ont tendance à se rouler, une autre plante, céréale (seigle ou avoine), moutarde blanche, sarrasin ou navette. Les tiges rigides de ces dernières servent de tuteur aux tiges molles de la légumineuse ; en outre, l'azote qui nitrifie dans le sol est absorbé par les racines des plantes non légumineuses, tandis que ces dernières, en pleine végétation, semblent délaisser l'azote nitrique pour l'azote atmosphérique.

Dans les terres fortes, argileuses, on emploie surtout la vesce, la féverole, le colza et la navette ; dans les terres calcaires, on préfère le trèfle violet, le pois, la gesse, la minette, la moutarde blanche, la navette et le sarrasin ;

enfin, dans les terres siliceuses arides, on cultive le lupin, la serradelle, le pois, le trèfle incarnat.

Les engrais verts s'enfouissent au printemps ou en été, suivant les cultures auxquelles ils sont destinés. On enfouit en général dès qu'arrive la pleine floraison ; on fait précéder les semailles d'un fort roulage.

Les engrais verts donnent en général de meilleurs résultats dans les *terres chaudes* que dans les *terres froides*.

Il est parfois plus avantageux de faire consommer par les animaux les plantes cultivées comme engrais verts, plutôt que de les enfouir. Car l'animal paie à un tarif élevé l'azote, l'acide phosphorique et la potasse qu'il utilise dans ses tissus ; le supplément, non utilisé, de ces éléments passe dans les déjections et retourne au sol par les fumiers. Il faut tenir compte, dans la culture des engrais verts, des frais nécessités pour la préparation et la rente du sol, le coût des semences et les frais d'enfouissement.

L'emploi des engrais verts est donc surtout à conseiller dans les terres éloignées de la ferme, perméables, pauvres en azote organique ; cette culture rend de grands services, dans les sols crayeux de la Champagne pouilleuse, dans les terres siliceuses du nord de l'Allemagne, de la Sologne, des Landes, etc.

§ II

ENGRAIS ORGANIQUES PRODUITS A LA FERME

124. Le parcage. — Le parcage consiste à faire coucher les animaux aux champs pendant la belle saison, d'avril à octobre ; on utilise surtout les moutons dans ce but. Les terres se trouvent fumées directement, ce qui est très avantageux pour les parties éloignées de la ferme. Avant de parquer une pièce de terre, on la laboure pour la préparer à recevoir les déjections.

Le parc, de forme carrée, est formé de claies de bois faciles à déplacer ; on divise en deux l'enceinte et les moutons passent moitié de la nuit dans chaque partie, le déplacement des claies se fait dans la journée pendant que les animaux sont au pâturage. Un mouton adulte peut fumer un à deux mètres carrés par nuit ; un troupeau de 300 bêtes peut parquer pendant la belle saison 10 à 12 hectares de terre ; la fumure est énergique et promptement utilisable ; on fait passer la charrue aussitôt après le parcage. C'est une méthode fort recommandable pour les régions où le sol est sain et peu fertile.

125. Les composts. — Dans une exploitation agricole, il existe beaucoup de déchets ou résidus organiques qu'il ne convient pas de jeter sur le tas de fumier : raclures des cours, balayures des greniers, gazon, mauvaises herbes, vases d'étangs ou de mares, feuilles mortes, suie, marcs de pomme, débris provenant des animaux morts, chiffons, etc.

On doit les utiliser par la formation de composts ; dans ce but, on dispose toutes les matières par lits horizontaux sur lesquels on répand de la chaux en poudre ou des scories et de la terre. Le tas entre en fermentation ; l'ammoniaque qui pourrait se dégager est retenue par la terre (101). De temps en temps on arrose le tas avec du purin, des eaux de lessive, des eaux résiduaires de distillation ou des vidanges. La fermentation peut durer un an ou deux ; quand elle est assez avancée, on conduit les composts en les découpant par tranches verticales, comme le fumier.

Les composts sont réservés exclusivement aux prairies naturelles et aux pâturages ; en raison des origines si diverses des matières qui les constituent, ils renferment toujours des mauvaises graines et la chaux ne détruit pas la faculté germinative de celles-ci. On peut à la rigueur employer le compost sur les terres destinées aux cultures sarclées, où les mauvaises herbes sont fréquemment détruites. Le compost devient ainsi un bon engrais organique obtenu à peu de frais.

126. Marcs de raisin et de pomme. — Les marcs peuvent être utilisés dès la sortie du pressoir ou seulement après leur distillation. Le marc non distillé renferme 1 à 1,5 p. 100 d'azote, autant de potasse et 0,2 à 0,4 d'acide phosphorique ; il est aussi riche que du bon fumier. L'alcool n'entraîne aucun de ces principes fertilisants, mais les eaux de distillation dissolvent en grande partie la potasse ; il faut utiliser ces eaux à l'arrosage du compost, du tas de fumier, ou les répandre sur les prairies artificielles.

Le marc de pomme est moins riche que le marc de raisin. On peut l'incorporer utilement dans les composts ; parfois aussi on l'utilise à l'alimentation du bétail.

§ III

ENGRAIS ORGANIQUES DU COMMERCE

127. Les guanos. — Le premier engrais organique du commerce fut le *guano du Pérou*, qui provenait des côtes du Pérou, du Chili, des îles Chinchas, pays où la pluie est très rare. Cet engrais constitué par les déjections, les débris et les cadavres d'oiseaux marins, s'était accumulé en dépôts considérables ; il dosait en moyenne, dans les bons gisements, 15 p. 100 d'azote ammoniacal et 12 p. 100 d'acide phosphorique ; son action était prompte.

Les gisements de guano du Pérou sont épuisés aujourd'hui ; on a trouvé, sur d'autres points du globe, des déjections animales qui ont été plus ou moins lavées par les pluies ; l'azote y a été entraîné à mesure qu'il nitrifiait ; on le désigne parfois sous le nom de *phospho-guano* ; il faut ne l'acheter que sur titre, car on fabrique bien souvent cet engrais de toutes pièces par le mélange d'engrais simples, dont les phosphates forment la base.

On vend, sous le nom de *guano de poisson*, des résidus desséchés et pulvérisés, de poissons de mer. Cet engrais contient 8 à 10 p. 100 d'azote et 10 à 15 p. 100 d'acide phosphorique. Il nous vient des usines alimentées par les pêcheurs des côtes de Norvège ; il est encore appelé *engrais de poisson*.

128. Les tourteaux. — L'huile est extraite des graines oléagineuses par simple pression ou au moyen d'un dissolvant chimique (sulfure de carbone, benzine). Les tourteaux obtenus sont comestibles dans le premier cas et réservés à l'alimentation du bétail ; non comestibles dans le second cas et employés comme engrais ainsi que les tourteaux avariés. Leur richesse varie entre 4 à 7,5 p. 100 d'azote ; 1,5 à 2,5 d'acide phosphorique ; 1 à 2 p. 100 de potasse ; on les emploie de préférence dans les terres calcaires, légères, où leur décomposition peut se faire facilement. Il faut les répandre avant les semailles et les enterrer. On en utilise beaucoup dans le midi de la France, à proximité des usines de Marseille qui fabriquent des huiles de graines exotiques.

Toutes les fois qu'ils peuvent être consommés par le bétail, il est avantageux de réserver les tourteaux pour cet usage ; ils ont d'ailleurs une haute valeur commerciale.

129. Le sang desséché. — Le sang des animaux de boucherie est recueilli pour être vendu comme engrais. On le fait d'abord coaguler par la chaleur, puis on sépare le sérum, qui est liquide, de la partie coagulée. On sèche celle-ci complètement et on la réduit en une poudre qui renferme de 11 à 13 p. 100 d'azote et une très faible quantité d'acide phosphorique. L'azote organique qu'il renferme est capable de nitrifier rapidement ; c'est un engrais très apprécié surtout dans les sols calcaires.

130. Viande desséchée et débris animaux. — L'engrais connu sous le nom de *viande desséchée* est fabriqué dans les clos d'équarrissage. La viande est d'abord cuite à l'eau, puis desséchée dans des étuves, et enfin réduite en poudre ; elle dose généralement de 9 à 11 p. 100 d'azote et très peu d'acide phosphorique et de potasse (1 à 3 p. 100).

On vend également, sous le nom de *poudre de viande*, le résidu de la fabrication des extraits de viande, Liebig et autres. La meilleure s'emploie pour la nourriture des animaux domestiques ; elle titre 9 à 11 p. 100 d'azote et 10 à 12 p. 100 d'acide phosphorique.

A la ferme, on dispose parfois de *matières animales* ; si elles sont en faible quantité, on peut les découper et les incorporer aux composts avec une forte proportion de chaux. Pour les animaux morts de maladies contagieuses, il faut éviter ce procédé et recourir à leur destruction par l'acide sulfurique ; le mieux est de les livrer aux ateliers d'équarrissage, outillés pour en tirer parti.

Le commerce offre parfois d'autres engrais organiques provenant des déchets de certaines industries : *cornes, cuirs, poils, crins, chiffons de laine*. Tous sont des engrais riches en azote ; leur dosage varie en raison inverse des impuretés qu'ils renferment ; ils sont à décomposition très lente ; on doit les acheter sur titre. La corne et le cuir s'emploient torréfiés ou finement pulvérisés.

Les engrais dérivés des os seront étudiés avec les engrais minéraux.

131. Engrais humain. — Ce que nous avons dit des excréments solides et liquides des animaux (**114**) s'applique à ceux de l'homme. C'est une source importante d'engrais qu'on utilise trop peu ; ils sont riches et très assimilables. Leur manipulation est peu agréable ; pour l'éviter, on conseille de placer, dans les fermes, les latrines au-dessus de la fosse à purin. Les matières sont généralement diluées dans beaucoup d'eau ; leur composition moyenne est, pour 1 000, de 955 d'eau, 5 à 6 d'azote, 16 de matières minérales, dont 2 à 3 d'acide phosphorique et 2 de potasse.

10 à 15 mètres cubes de cet engrais constituent une bonne fumure que l'on réserve de préférence pour les cultures qui ne craignent pas la verse.

On a calculé que les excréments émis dans une année par la population de la France renfermaient 140 millions de kilogrammes d'azote et 27 millions de kilogrammes d'acide phosphorique.

En un an, un homme adulte donne 30 kilogrammes d'excréments solides et 345 kilogrammes d'urines qui contiennent autant de principes fertilisants que 1 000 kilogrammes de bon fumier. A proximité des grandes villes, les engrais de vidange s'utilisent beaucoup en vue de la culture maraîchère.

132. Poudrette. — La poudrette est formée par les excréments humains desséchés et pulvérisés ; on se livre surtout à cette production aux environs des grandes villes afin d'utiliser les matières de vidange.

Cet engrais renferme 1,5 à 2,7 p. 100 d'azote, 1,2 à 8 p. 100 d'acide phosphorique et 0,4 à 2 p. 100 de potasse ; on l'épand sur le sol avant les semailles à une dose variant de 1 000 à 2 000 kilogrammes par hectare. C'est un engrais actif qui, en plus des principes fertilisants, renferme environ 15 p. 100 de matières organiques.

Un dosage est indispensable pour son achat.

133. Boues de ville, gadoues. — On confond trop souvent ces deux expressions, ce qui prête à confusion, car les *gadoues* ne renferment pas de boues à proprement parler ; elles sont formées des détritus de cuisine, cendres, épluchures de légumes, débris de viande, os, jointes aux poussières et balayures d'appartement. C'est, en somme, le contenu des boîtes à ordures dont on élimine les papiers volumineux.

La composition des gadoues varie beaucoup avec la saison ; elles sont riches en azote en été parce que les légumes frais abondent. Voici deux analyses comparatives données par Pétermann :

1 000 KIL. renferment :	AZOTE	ACIDE PHOSPHOR.	POTASSE	CHAUX
	Kil.	Kil.	Kil.	Kil.
Gadoues de juillet...	3,9	6,0	3,1	31,7
— de novembre.	1,8	4,4	3,2	37,0

Les gadoues fraîches sont dites *gadoues vertes*; elles sont mises à fermenter en tas et deviennent les *gadoues noires*; leur richesse varie peu. On livre également des *gadoues triées*, c'est-à-dire débarrassées de tous les objets encombrants : verres, poteries, boîtes de conserve, etc. A faible distance des lieux de production, leur emploi devient possible et avantageux; pourtant, elles répandent une odeur nauséabonde; il convient de les enterrer de suite; en outre elles peuvent contenir des mauvaises graines et des microbes infectieux. Elles sont aussi fertilisantes que du bon fumier, mais elles agissent lentement; on les emploie à dose égale à celle du fumier.

QUESTIONNAIRE

122. Quel est le rôle des engrais verts? — 123. Quelles sont les plantes qu'il faut employer de préférence comme engrais verts? — Pourquoi? Est-il toujours avantageux de produire des engrais verts? — 124. Que savez-vous du parcage? — 125. Comment doit-on fabriquer et utiliser le compost? — 126. Quelle est la valeur du marc de raisin comme engrais? — 127. Qu'appelle-t-on guano? Quels sont les plus employés? — 128. Parlez de l'emploi des tourteaux comme matières fertilisantes. — 129-130. Décrivez la fabrication du sang desséché et de la viande desséchée et indiquez la valeur de ces engrais. — 131. Quelle est la valeur des matières fécales comme engrais? — 132. Qu'appelle-t-on poudrette? — 133. Quelle est la composition des gadoues? Comment les emploie-t-on?

LECTURE

Utilisation des matières fécales en Chine.

Il est complètement impossible de se faire chez nous une idée du soin que les Chinois mettent à tirer parti des matières fécales de l'homme; pour eux, elles sont le suc nourricier du sol; celui-ci ne doit sa fertilité qu'à cet agent énergique.

Ils ne désinfectent pas ce fumier-là, mais, comme ils savent parfaitement qu'il perd de sa force une fois en contact avec l'air, ils ont grand soin de le préserver de toute évaporation.

Après le commerce des grains et des denrées alimentaires, il n'y en a pas de plus étendu que celui de cette sorte d'engrais. Ce sont de longs et grossiers véhicules qu'on voit traverser les routes dans tous les sens, qui transportent journellement ce fumier dans les campagnes. Chaque campagnard qui a été le matin vendre ses denrées au marché, en rapporte le soir deux seaux de ce fumier attachés à une tige de bambou.

On fait tant de cas de ce fumier que chacun sait ce qu'un homme peut en produire par jour, par mois et par année, et tout Chinois considère comme une grave impolitesse de la part de son hôte, que celui-ci quitte sa maison sans lui laisser au moins un bénéfice auquel il a droit en retour de son hospitalité.

Dans le voisinage des grandes villes, ces excréments sont convertis en poudrette, qui est envoyée, sous forme de tourteaux, dans les provinces les plus reculées de l'empire. On les délaye dans l'eau et l'on s'en sert ainsi à l'état liquide.

LIEBIG.

(Treizième lettre sur l'Agriculture moderne.)

CHAPITRE III

Les engrais minéraux.

Les engrais minéraux agissent surtout sur les propriétés chimiques des sols. Nous les classons en quatre groupes, suivant l'élément fertilisant qu'ils renferment.

§ 1er

ENGRAIS MINÉRAUX AZOTÉS

134. Nitrate de soude. — Cet engrais nous vient de certaines contrées du Pérou et du Chili, où il ne pleut jamais. On pense que son origine est due à la transformation en azote nitrique de l'azote organique provenant d'excréments accumulés d'oiseaux marins (126).

Le nitrate de soude s'extrait du sol à l'état de blocs impurs ou *caliche*; on dissout ces matières, puis on concentre pour faire cristalliser le nitrate qui renferme alors 15,5 à 16 p. 100 d'azote correspondant à 95 p. 100 de nitrate de soude et 5 p. 100 d'impuretés. Les deux tiers des arrivages destinés à la France se font par le port de Dunkerque.

Ce sel blanc, très soluble dans l'eau, est immédiatement assimilable par les plantes; il ne subit aucune transformation dans le sol et n'est pas retenu par le pouvoir absorbant (101); il est très facilement entraîné par les pluies dans les profondeurs du sous-sol, où il est perdu pour les végétaux; il s'en perd 43 kilogrammes par hectare et par an. Aussi ne faut-il l'employer que sur des récoltes en voie de végétation. Il vaut même mieux, surtout dans les terres légères, le répandre en deux ou trois fois, à quinze jours ou un mois d'intervalle, de façon que les végétaux puissent l'absorber entièrement au passage.

C'est un sel très hygroscopique qui forme dans le sol un centre d'attraction pour l'humidité; par un printemps sec il se dissout en solution concentrée qui nuit à la germination, ou bien il remonte par capillarité à la surface du sol où il forme une croûte.

On emploie le nitrate de soude au printemps et en été, en vue de donner un coup de fouet à la végétation, pour hâter le développement herbacé des plantes. Il n'est avantageux que sur des sols bien pourvus au préalable en acide phosphorique et en potasse; ailleurs, il provoque la verse.

C'est un engrais complémentaire précieux pour les céréales, il favorise le tallage; on le répand en couverture, de préférence avant une légère pluie.

135. Nitrate de potasse. — Le *nitrate de potasse* (azotate de potasse), ou *salpêtre*, est plutôt un produit industriel qu'un engrais; il sert à fabriquer la poudre de guerre. Ce sel provient de l'Inde où il se forme par efflorescences à la surface des terres nitrées; il est recueilli impur, puis dissous et cristallisé; on l'obtient aussi par transformation du nitrate de soude. C'est un engrais très cher dont l'emploi n'est pas avantageux. Il contient deux éléments (12 à 14 p. 100 d'azote et 44 à 46 p. 100 de potasse), dont la proportion n'est pas toujours concordante avec les besoins du sol et de la plante. On peut d'ailleurs le remplacer par le nitrate de soude et un engrais potassique.

136. Sulfate d'ammoniaque. — Le *sulfate d'ammoniaque* provient de la distillation des eaux vannes (engrais humain recueilli dans les vidanges), des matières animales et des eaux d'épuration du gaz d'éclairage. C'est un sel blanc, teinté parfois par des impuretés; il renferme 19 à 21 p. 100 d'azote combiné à l'acide sulfurique. Il peut contenir des sulfocyanures qui sont un poison violent pour les jeunes plantes.

C'est un engrais puissant; il se dissout très vite en terre, mais il est très énergiquement retenu par le pouvoir absorbant (101); l'azote ammoniacal qu'il apporte au sol nitrifie rapidement pendant la belle saison. Dans les régions où les pluies d'hiver sont fréquentes, on évite d'employer le sulfate d'ammoniaque en totalité à l'automne. Cet engrais est réservé aux terres fortes, peu calcaires; son épandage ne doit jamais suivre immédiatement un chaulage ou un marnage, car on aurait à craindre un dégagement d'ammoniaque. Ce sel se montre moins énergique que le nitrate de soude comme engrais de couverture au printemps; on l'utilise à l'automne sur les céréales, et aussi pour les betteraves industrielles dont il améliore la qualité; on l'enfouit avant les semailles.

137. Crud d'ammoniaque. — Le *crud d'ammoniaque* est un résidu industriel provenant des matières d'épuration du gaz d'éclairage. Il est constitué par un mélange de sciure de bois, de chaux et de sulfate de fer sur lequel le gaz abandonne des sels ammoniacaux et des sulfocyanures. On le vend sous la forme d'un produit noirâtre, pulvérulent, qui dose 5 à 9 p. 100 d'azote. Les cyanures étant des principes toxiques pour les plantes en végétation, il faut l'épandre sur un sol nu, trois mois au moins avant l'ensemencement, et l'incorporer par un labour. L'azote des cyanures se transforme en azote ammoniacal. Les agriculteurs de la région du Nord en font usage sur leurs terres destinées aux betteraves. On a voulu lui voir un rôle insecticide contre le phylloxera de la vigne, mais on est mal fixé sur ce point.

138. Engrais azotés synthétiques. — Les savants ont trouvé le moyen de transformer l'azote de l'atmosphère en produits utilisables comme engrais; mais l'industrie n'a pu obtenir encore ces produits à bas prix.

Voici quels sont les principaux procédés connus : l'*azote de l'air* est combiné tantôt à l'*hydrogène* pour donner l'*ammoniaque* ou des produits voisins, tantôt à l'*oxygène* pour obtenir l'*azote nitrique* qui, avec une base, la chaux, donne du nitrate de chaux, sel soluble.

L'azote ammoniacal s'obtient parfois en deux stades : l'azote combiné à du carbure de calcium donne un produit intermédiaire, appelé *cyanamide*, qui, dans le sol humide, se transforme en azote ammoniacal.

Il existe encore peu de ces produits dans le commerce ; des essais ont démontré leur efficacité qui semble pouvoir être comparée à celle des autres engrais minéraux azotés.

Plus récemment encore, M. Müntz a indiqué un mode *d'utilisation des tourbières*. Le procédé consiste à faire passer plusieurs fois sur de la tourbe une dissolution ammoniacale produite elle-même par distillation sèche de la tourbe qui renferme de l'azote organique. La solution nitrique formée est concentrée jusqu'à cristallisation.

139. Emploi comparé des engrais azotés. — Les engrais azotés fournissent l'azote sous trois formes : organique, ammoniacale, nitrique.

L'*azote organique* est insoluble (30) ; il ne peut être assimilé qu'après sa nitrification (97), et celle-ci est plus ou moins lente à s'opérer suivant l'espèce d'engrais que l'on considère. Il faut d'ailleurs tenir compte de cette aptitude en vue de l'emploi des engrais azotés; la dose doit être d'autant plus forte que la nitrification est plus lente puisque l'action doit se prolonger pendant un temps plus long.

Au contraire, l'*azote ammoniacal* et l'*azote nitrique* sont à assimilation rapide. Mis dans le sol, l'azote ammoniacal passe très vite à l'état nitrique. Sous ces deux formes l'azote est considéré comme entièrement utilisé par la récolte sur laquelle il a été employé.

Quant à l'assimilabilité relative de l'azote apporté au sol par ces diverses substances, Wagner, à la suite de nombreuses expériences, admet que, si l'on représente par 100 le degré d'assimilabilité de l'azote du nitrate de soude, on trouve 90 pour le sulfate d'ammoniaque, 60 à 70 pour le sang desséché, les tourteaux et la poudrette, 25 à 50 pour le fumier et 15 à 20 pour la corne, les chiffons de laine, le cuir, etc.

Les engrais azotés organiques conviennent surtout aux terres légères, calcaires ou siliceuses; le sulfate d'ammoniaque est préférable dans les terres fortes, peu calcaires ; le nitrate de soude sert surtout à donner, au printemps, le complément d'azote aux récoltes ayant déjà reçu d'autres engrais, en quantité suffisante.

§ II

ENGRAIS MINÉRAUX PHOSPHATÉS.

140. Phosphates naturels. — Il existe d'assez nombreux gisements de phosphates naturels dont les produits se présentent sous divers états : cailloux ou coquins, nodules amorphes ou cristallins (Ardennes, Meuse); sables arénacés (Somme); fossiles ; roches (Tunisie, Floride).

On nettoie, par un lavage, ces matières extraites du sol, on les concasse puis on les réduit en une poudre très fine; leur teneur en acide phosphorique varie de 12 à 25 p. 100.

Les phosphates naturels sont insolubles dans l'eau pure et légèrement solubles dans l'eau chargée d'acide carbonique, mais l'acide phosphorique ainsi solubilisé forme avec le fer et l'alumine du sol des combinaisons difficilement attaquables ; il n'est jamais perdu ; les eaux de drainage n'en contiennent pas (102).

Les poils radicaux des végétaux peuvent le dissoudre directement (10, 41) ; il est donc nécessaire qu'il se trouve bien disséminé à la portée de toutes les radicelles, d'où la nécessité d'employer des phosphates très finement pulvérisés, pour accroître leur assimilabilité.

Les phosphates naturels sont surtout intéressants par l'usage qu'on en fait dans la fabrication des superphosphates. On peut pourtant les employer en vue des améliorations foncières dans les terrains acides, les vieilles prairies riches en matière organique. Leur emploi à l'étable ou sur les fumiers n'a pas prévalu.

141. Superphosphate minéral. — Les phosphates naturels contiennent du phosphate tricalcique de chaux insoluble; on a cherché à les rendre solubles à l'eau en les traitant industriellement par l'acide sulfurique qui donne du phosphate monocalcique. On obtient ainsi le *superphosphate minéral*, qui contient toujours du plâtre ou sulfate de chaux.

L'acide phosphorique du superphosphate fraîchement préparé est soluble dans l'eau; mais, en présence des phosphates de fer, d'alumine et de chaux qui n'ont pas été transformés par le traitement, il redevient peu à peu moins soluble : on désigne ce phénomène sous le nom de *rétrogradation* du superphosphate. L'acide phosphorique soluble dans l'eau et l'acide rétrogradé sont tous deux solubles dans un liquide qu'on appelle le *citrate d'ammoniaque*. On admet qu'il y a peu de différence entre l'acide phosphorique à ces deux états, au point de vue de l'utilisation par la plante; aussi, dans le commerce, on garantit la dose d'*acide phosphorique soluble eau et citrate*; on le paie sur cette base.

Suivant la teneur des phosphates naturels utilisés dans la fabrication des superphosphates, ces derniers dosent 10 à 18 p. 100 d'acide phosphorique; la garantie de dosage doit être indiquée sur facture, avec un écart maximum de 2 dégrés. On vend donc des superphosphates 10-12 ; 11-13 ; 13-15 ; 14-16 ; 16-18. Les plus couramment employés sont les 14-16 ; cette teneur s'entend pour la partie soluble eau et citrate ; s'il existe du phosphate insoluble, on n'en tient pas compte.

Les superphosphates renferment généralement un excès d'acide libre; ils conviennent bien, à ce titre, aux terres calcaires; on doit éviter au contraire de les employer dans les terres acides, parce qu'ils en exagéreraient les défauts. Il faut toujours les incorporer au sol par un labour, de préférence au labour qui précède les semailles. C'est un engrais rapidement assimilable qui produit d'excellents effets dans les terres chaudes sur toutes les *cultures*.

Dans le sol, l'acide phosphorique des superphosphates est d'abord dissous puis diffusé, grâce à l'eau qui y est en mouvement (**39**) ; ensuite, il passe à l'état insoluble, en présence des bases qui abondent dans toutes les terres : fer, alumine, chaux. Il est ainsi retenu. Cette propriété de diffusion explique la supériorité des superphosphates sur les phosphates naturels.

142. Scories de déphosphoration. — Les scories sont des résidus industriels qui proviennent de la déphosphoration de la fonte dans la fabrication de l'acier; on les obtient en projetant de la chaux en poudre dans la masse en fusion et en brassant en présence d'un courant d'air; la chaux se combine à l'acide phosphorique et remonte à la surface ; on élimine, et on pulvérise très finement le produit, après refroidissement. C'est une poudre noire très dense.

La teneur des scories en acide phosphorique varie avec la composition du minerai ; on emploie dans la culture celles qui dosent 10 à 20 p. 100 ; elles contiennent en outre 45 à 50 p. 100 de chaux, dont une partie à l'état libre. L'acide phosphorique des scories, d'abord insoluble au citrate, devient soluble en grande partie après quelque temps de contact avec le sol. Ainsi des scories, contenant 30 p. 100 de leur acide phosphorique soluble et 70 p. 100 insoluble, accusaient 87 p. 100 soluble au citrate après 7 mois d'emploi.

Ce fait explique la rapide assimilation et les bons effets des scories dans les terres granitiques, tourbeuses, peu calcaires, ainsi que dans les prairies basses et humides.

Dans leur achat, la finesse est définie par la proportion qui doit passer à travers les mailles du tamis n° 100; la même fraction (75 p. 100) doit être soluble dans le *réactif de Wagner* (acide citrique à 1,5 p. 100).

143. Phosphate précipité. — C'est un produit obtenu par le traitement des phosphates naturels ou des résidus industriels des os, par l'acide chlorhydrique; l'acide phosphorique entre en solution; on ajoute un lait de chaux, juste suffisant pour faire avec cet acide du phosphate mono ou bibasique.

Le phosphate précipité est une poudre blanche impalpable qui renferme de 35 à 40 p. 100 d'acide phosphorique soluble dans le citrate et assimilable, à la condition que la température convenable pour sa préparation n'ait pas été dépassée. Il convient surtout aux sols siliceux et perméables, non calcaires; on l'emploie beaucoup moins que les superphosphates et les scories.

144. Phosphates d'os. — Les os frais renferment environ 20 p. 100 d'acide phosphorique; ainsi, le squelette d'un bœuf adulte pesant 40 kilogrammes renferme 8 kilogrammes d'acide phosphorique sous forme de combinaisons organiques. Les os sont donc d'excellents engrais phosphatés, mais on ne les emploie généralement comme engrais qu'après en avoir extrait certains produits (graisse, gélatine, etc.).

On appelle *os frais* ou *os verts* ceux qui n'ont subi aucun traitement industriel; réduits en farine, ils sont lents à se décomposer et apportent au sol un peu d'azote par leur matière organique; c'est la *poudre d'os verts*.

La graisse s'extrait par ébouillantage, puis on retire la gélatine par cuisson à l'autoclave; l'os est alors débarrassé de sa matière organique; il est desséché puis broyé finement; on obtient la *poudre d'os dégélatinés* qui dose jusqu'à 29 p. 100 d'acide phosphorique peu soluble et 1,5 p. 100 d'azote.

Si l'on traite les os par l'acide sulfurique on obtient le *superphosphate d'os*, analogue aux superphosphates minéraux, et qui contient 15 à 18 p. 100 d'acide phosphorique soluble à l'eau. Il ne faut guère escompter la richesse en azote de ce produit, car tous les os sont dégélatinés avant leur transformation en superphosphate.

Enfin, on utilise, pour le raffinage des sucres, des os calcinés en vase clos, ou *noir animal ;* lorsque ce produit a servi à la décoloration des jus sucrés, il s'enrichit en azote et on l'emploie comme engrais. Son dosage varie de 20 à 28 p. 100 d'acide phosphorique, et 2 à 5 p. 100 d'azote.

Il est prudent de déterminer, par une analyse, la valeur de ces divers produits.

145. Emploi comparé des engrais phosphatés. — Le sol exerce à l'égard de l'acide phosphorique son pouvoir absorbant (102) ; par suite, on peut employer les engrais phosphatés à haute dose sans avoir à craindre les pertes ; la portion inutilisée se conserve pour les récoltes suivantes.

Parmi les *phosphates naturels* que l'on utilise directement, il faut préférer ceux qui proviennent des matières les moins dures (*craies arénacées, nodules*) à ceux obtenus des roches dures, comme l'*apatite ;* leur dissolution dans le sol est un peu plus rapide. Dans tous les cas, l'apport de phosphate naturel constitue une fumure de fond devant servir à 5 ou 6 récoltes successives ; on peut employer des doses de 1 200 ² 2 000 kilogrammes à l'hectare.

Les *scories* conviennent dans les prairies marécageuses des régions granitiques ou tourbeuses, dans les terres froides ou compactes, peu riches en chaux ; elles prolongent leur effet pendant plusieurs années ; la quantité à répandre varie de 500 à 1 000 kilogrammes à l'hectare.

Les *superphosphates* sont plus particulièrement destinés aux terrains riches en calcaire ; la dose de 300 à 500 kilogrammes à l'hectare est considérée comme moyenne, car on peut renouveler leur application chaque année ; ils sont surtout employés pour les cultures de céréales sur lesquelles ils augmentent la production et la qualité du *grain*.

Les phosphates d'os sont moins employés que les précédents.

D'après des expériences faites par M. Garola, l'assimilabilité relative de l'acide phosphorique de ces divers engrais serait de 33 avec les phosphates, 95 avec les scories, 100 avec les superphosphates.

Tous doivent être incorporés au sol, par une façon culturale.

§ III

ENGRAIS POTASSIQUES

146. Chlorure de potassium. — C'est un sel blanc, cristallin, très soluble dans l'eau ; le sel livré par le commerce renferme 46 à 57 p. 100 de potasse, et 21 p. 100 de chlorure de sodium ; il est peu raffiné et contient beaucoup d'impuretés.

Ce sel est extrait des eaux de la mer et des plantes marines, mais la plus grande partie de ce qui se consomme actuellement en France provient de Stassfurt (Allemagne), où des gisements considérables sont exploités.

Les gisements de Stassfurt fournissent des minerais impurs : la *carnallite*, composée en grande partie de chlorure de potassium ; la *kaïnite,* où domine le sulfate de potasse, la *sylvinite*, etc. On en extrait les différents sels potassiques utilisés en agriculture.

147. Sulfate de potasse. — Le *sulfate de potasse* est un sel soluble dans l'eau qui renferme, à l'état pur, 54 p. 100 de potasse, et dans le commerce, 44 à 52 p. 100 seulement. Il provient des gisements de Stassfurt ou de l'eau de mer ; on l'extrait aussi des salins de betteraves. Ce sel est généralement plus cher que le chlorure, car il est utilisé par l'industrie. Il faut acheter ces deux sels potassiques sur garantie d'analyse, car ils peuvent être mal raffinés et on leur mélange facilement du sel marin, du sulfate de soude, etc., tous produits de moindre valeur.

148. Kaïnite. — On utilise avec profit, sur les prairies notamment, le sel brut extrait des gisements de Stassfurt, sous le nom de *kaïnite* ; il renferme 20 à 24 p. 100 de sulfate de potasse (correspondant à 11 à 13 p. 100 de potasse), puis du sel marin et des sels de magnésie. C'est un sel très hygroscopique, qui a la propriété de descendre assez rapidement dans les couches profondes du sol ; à ce titre, il convient bien pour régénérer une vieille prairie permanente ou temporaire. Les effets de la kaïnite sont moins marqués sur les cultures annuelles : céréales et plantes sarclées.

149. Engrais potassiques divers. — Nous ne citons que pour mémoire le *nitrate de potasse* (135), d'un prix trop élevé ; il en est de même du *carbonate de potasse* qui s'extrait des salins de betteraves, du suint des moutons ou des cendres, et du *phosphate de potasse,* réservé aux cultures expérimentales de faible étendue ; les *salins de betteraves* ne peuvent être utilisés qu'à proximité des sucreries ou des distilleries d'où ils proviennent.

Autrefois, les *cendres* constituaient le seul engrais potassique connu ; aujourd'hui encore, il ne faut pas négliger d'en tirer parti. Lorsqu'on brûle des végétaux, l'azote s'échappe ; tous les éléments minéraux restent dans les cendres. Voici la composition des cendres de quelques végétaux :

100 KIL. renferment :	ACIDE PHOSPHOR.	POTASSE	CHAUX	MAGNÉSIE
Bois de chêne.........	6 à 8	8 à 16	30 à 50	6 à 8
— hêtre.........	5 à 7	8 à 12	30 à 50	5 à 7
— peuplier......	10 à 13	10 à 15	30 à 50	10 à 13

Les bois tendres sont plus riches que les bois durs ; les ramilles jeunes sont plus riches que le vieux bois. Les *cendres de houille* ou de coke sont beaucoup plus pauvres ; elles ne renferment que de la chaux, avec des traces d'acide phosphorique et de potasse.

Les *cendres lessivées* ou *charrées* ne contiennent plus que des traces de potasse ; cet élément reste dans les eaux de lessive réservées aux composts, mais elles renferment encore 2 à 8 p. 100 d'acide phosphorique et 25 à 30 p. 100 de chaux.

150. Emploi comparé des engrais potassiques. — Tous les engrais potassiques sont solubles à l'eau ; mais le sol a la propriété de retenir la potasse à la condition qu'il renferme de l'*humus* ou de l'*argile*, puis du *calcaire*. Les sels de potasse, chlorure ou sulfate, en présence du calcaire s'emparent de la chaux ; il se forme du *carbonate de potasse* d'une part, et, d'autre part, du *sulfate de chaux* ou du *chlorure de calcium* (103).

Le carbonate de potasse ainsi formé est fixé soit par l'humus, à l'état d'humate de potasse, soit par l'argile à l'état de silicate de potasse, sels insolubles.

Le sulfate de chaux (plâtre) et surtout le chlorure de calcium sont solubles et entraînés dans les eaux de drainage ; une fumure potassique équivaut ainsi à un appauvrissement du sol en calcaire.

Les engrais potassiques peuvent être appliqués à forte dose sur les sols riches à la fois en calcaire, en argile ou en humus ; par petites quantités, au contraire, dans les sols dépourvus de chaux, ou calcaires mais pauvres en matière organique.

Les sels de potasse sont *caustiques*; dans le sol ils forment des solutions concentrées qui brûlent les jeunes plantes ; il faut éviter leur emploi en couverture ou au moment des semailles. On les enfouit à l'avance, par un labour, afin que leur diffusion s'opère dans le sol avant la germination.

Il est bien difficile d'employer judicieusement les engrais potassiques, car l'analyse chimique ne fait pas connaître, dans la teneur en potasse d'un sol, quelle est la fraction assimilable. Leur usage est en général avantageux sur les prairies artificielles, les betteraves, les pommes de terre, le blé; mais les effets sont encore mal précisés ; il faut chauler ou marner au préalable un sol tourbeux sur lequel on veut apporter de la potasse.

Le sulfate de potasse est préféré sur les récoltes destinées à une transformation industrielle : betterave de sucrerie ou de distillerie, pomme de terre de féculerie, tabac.

Le chlorure de potassium s'utilise sur les cultures de plantes sarclées fourragères, les céréales ; la kaïnite a marqué sa supériorité dans toutes les prairies permanentes ou temporaires, contenant des légumineuses; pourtant le chlorure s'emploie aussi dans ce dernier cas.

§ VI

ENGRAIS CALCAIRES

151. La chaux. — La *chaux* est indispensable à la plante; si un sol en est tout à fait dépourvu et qu'on lui en apporte, elle constitue un *engrais*. Mais une dose de 1 à 2 p. 1 000 suffirait à assurer les besoins alimentaires de nos récoltes.

D'ailleurs, l'agriculteur apporte de la chaux au sol par

plusieurs des engrais précédemment étudiés : les phosphates naturels, les scories de déphosphoration, les cendres, etc., en renferment. La moitié au moins de nos sols en France renferment suffisamment de calcaire.

Mais le plus souvent on introduit la chaux (ou la marne) en quantité bien supérieure aux besoins des plantes, en vue de modifier les propriétés physiques du sol. C'est alors un *amendement*, et l'usage qu'on en fait sous cette forme diminue considérablement l'intérêt qui s'attache à l'étude des engrais calcaires. Nous les étudierons plus loin.

152. Le plâtre. — On rencontre en France, notamment aux environs de Paris, plusieurs gisements de sulfate de chaux (plâtre). Il s'extrait de carrières, comme la pierre à bâtir ; on l'emploie en agriculture, *cru* après un broyage en poudre très fine, ou *cuit* dans des fours spéciaux et débarrassé de l'eau qu'il contenait.

Le plâtre cru et le plâtre cuit produisent des effets de même ordre ; mais le plâtre cru qui renferme 20 p. 100 d'eau doit avoir, à poids égal, moins de valeur que le plâtre cuit.

Le plâtre agit surtout sur les prairies artificielles (légumineuses); à la dose de 500 kilogrammes à l'hectare, il stimule la végétation ; les feuilles deviennent plus larges et plus nombreuses. On répand le plâtre à la volée par une matinée calme et humide. Il accroît dans une forte proportion le poids de la récolte, dans une terre qui n'a pas été plâtrée auparavant; mais, si l'on répète les plâtrages pendant plusieurs années consécutives, ils deviennent sans effet. Par contre, le plâtre n'est pas utile en général sur les graminées de prairies, les céréales et les plantes racines.

Le mécanisme de l'action du plâtre est mal connu ; Dehérain a prétendu qu'il *mobilise la potasse* du sol, rendue plus assimilable par la plante ; son effet devrait alors être marqué sur toutes les cultures exigeantes en potasse ; on a pensé d'autre part qu'il agissait comme engrais sulfurique apportant le *soufre* à certains sols qui en seraient dépourvus.

Depuis la célèbre expérience de Franklin, l'usage du plâtre s'était généralisé ; en France, son emploi est en décroissance très marquée depuis qu'on utilise les engrais chimiques. En effet, le sulfate d'ammoniaque, les superphosphates, le sulfate de potasse apportent toujours de l'acide sulfurique libre, qui, en sol calcaire, forme du plâtre.

Aussi, a-t-on remarqué que le plâtre reste sans effet sur un sol ayant reçu des engrais chimiques et principalement du superphosphate ; son emploi ne doit être conseillé qu'après essai.

Tableau de la composition chimique des différents engrais (*pour 100 parties*).

	AZOTE	ACIDE phosphoriq.	POTASSE	CHAUX
I. Engrais organiques.				
Fumier de ferme, extrêmes	0,45 à 0,85	0,25 à 0,71	0,32 à 0,97	»
— (Aubin)	0,65	0,55	0,73	»
Purin	0,15	0,01	0,49	»
Guano du Pérou	10 à 15	10 à 17	3 à 4	10 à 12
— ou engrais de poisson	8 à 10	10 à 15	0,5	15 à 16
Tourteaux	4 à 7,5	1 à 2,5	1 à 2	2 à 5
Sang desséché moulu	11 à 13	1,5	0,8	1
Poudre de viande	9 à 11	10 à 12	1	3 à 4
Chiffons de laine	7 à 9	»	»	»
Poudrette	1,5 à 2,7	1,2 à 8	0,4 à 2	2
Os calcinés	2	29	»	35
Poudre d'os	3 à 4	23 à 24	»	31 à 32
II. Engrais minéraux.				
1° Azotés. Nitrate de soude	15,5 à 16	»	»	»
1° Azotés. Sulfate d'ammoniaque	19 à 21	»	»	»
1° Azotés. Crud d'ammoniaque	5 à 9	»	»	»
2° Phosphatés. Phosphates minéraux	»	12 à 25	»	»
2° Phosphatés. Scories de déphosphoration	»	10 à 20	»	»
2° Phosphatés. Superphosphates	»	10 à 18	»	»
2° Phosphatés. Phosphate précipité	»	35 à 40	»	40 à 50
2° Phosphatés. Noir animal	2 à 5	20 à 28	»	30 à 40
3° Potassiques. Chlorure de potassium	»	»	46 à 57	»
3° Potassiques. Sulfate de potasse	»	»	44 à 52	»
3° Potassiques. Kaïnite	»	»	11 à 13	»
4° Calcaires. Chaux	»	»	»	70 à 90
4° Calcaires. Marne	»	»	»	20 à 70
4° Calcaires. Plâtre	»	»	»	28 à 35
5° Cendres. de bois feuillus	»	3 à 4	8 à 10	25 à 50
5° Cendres. de houille	»	0,5 à 1	0,5	8

134. D'où provient le nitrate de soude ? — Quelle est sa richesse ? — Comment l'emploie-t-on ? — 135. Quelle est la richesse du nitrate de potasse en éléments fertilisants ? — Quel est l'inconvénient de cet engrais ? — 136. Que savez-vous du sulfate d'ammoniaque ? — 137. Qu'est-ce que le crud d'ammoniaque ? — 138. Qu'appelle-t-on engrais azotés synthétiques ? Comment les obtient-on ? — 139. Montrez la différence qui existe entre les engrais azotés au point de vue de leur assimilabilité. — 140. Quelle est l'origine des phosphates naturels ? — A quel état se trouve l'acide phosphorique dans ces engrais ? — 141. Expliquez pourquoi les effets du superphosphate sont plus actifs que ceux des phosphates naturels. — 142. Quelle est l'origine des scories de déphosphoration ? — Quelle est la valeur de ces engrais ? — 143-144. Que savez-vous des phosphates précipités ? — des phosphates d'os ? — 145. Quels sont les engrais phosphatés qu'il faut employer dans les terrains calcaires ? — dans les terrains très pauvres en chaux ? — 146-147-148. D'où proviennent le chlorure de potassium, le sulfate de potasse et la kaïnite ? — Quelle est la richesse de ces engrais en éléments fertilisants ? — 149. Que savez-vous du carbonate de potasse ? — des salins de betteraves ? — Montrez la différence qui existe entre les cendres de bois, les cendres lessivées et les cendres de houille. — 150. Quelles sont les règles à suivre pour l'emploi des engrais potassiques ? — 151. Que savez-vous de la chaux comme engrais ? — 152. Quelle différence y a-t-il entre le plâtre cru et le plâtre cuit ? — Parlez de l'emploi du plâtre en agriculture.

LECTURE

Sur l'emploi des engrais chimiques.

Les engrais chimiques et, en général, les engrais commerciaux n'apportent pas au sol des matières organiques en quantité appréciable. Dans l'emploi exclusif de ces derniers, les résidus des récoltes restés dans le sol sont seuls chargés d'entretenir la présence de l'humus et se trouvent souvent insuffisants pour compenser ce qui est constamment enlevé.

L'emploi exclusif des engrais chimiques conduit donc fatalement à l'appauvrissement du sol en matières organiques et lui enlève ainsi quelques-unes de ses qualités les plus utiles. Dans le cas où les terres ne sont pas abondamment pourvues de matières organiques, il est nécessaire, pour que le sol conserve ses propriétés primitives, de faire, de temps en temps, un apport de matières organiques sous forme de fumier ou, à son défaut, sous celle d'engrais verts. C'est donc avec certaines précautions qu'il faut employer les engrais chimiques, si l'on ne veut s'exposer à voir le sol perdre les propriétés les plus précieuses de la terre arable.

Nous ne préconisons donc pas l'emploi exclusif des engrais chimiques, pas plus que l'emploi exclusif des fumiers. Suivant les conditions qui sont dictées par la situation économique, par la nature des terres, on emploiera en plus forte proportion les uns ou les autres. On aurait tort de chercher à établir un antagonisme entre le fumier et l'engrais chimique, dont l'un peut toujours être regardé comme l'adjuvant et le correctif de l'autre.

Les engrais chimiques ne sont pas ordinairement de nature complexe comme les fumiers. En les appliquant, on donne donc des éléments déterminés et non pas l'ensemble des substances utiles à l'alimentation des végétaux. Le fumier est un engrais complet en ce sens qu'il renferme les divers éléments nécessaires aux plantes ; les engrais commerciaux, au contraire, sont nécessairement des engrais incomplets, puisqu'ils ne renferment qu'un ou rarement deux des éléments de la fertilité : ils peuvent devenir engrais complets quand on les associe de manière à constituer artificiellement des mélanges qui, dans une certaine mesure, sont comparables au fumier de ferme.

A. Müntz et A.-Ch. Girard.
(*Les engrais*, t. II, p. 13.)

CHAPITRE IV

Emploi des engrais.

§ Ier

CONSIDÉRATIONS QUI DOIVENT RÉGLER L'EMPLOI DES ENGRAIS

153. Avantages et inconvénients des engrais chimiques. — Les engrais chimiques permettent au cultivateur d'entretenir la fertilité de ses terres. Ils renferment de grandes quantités de matières fertilisantes sous un petit volume et un faible poids, ce qui facilite leur transport dans les terres éloignées ou d'accès difficile.

En effet, 1 000 kilogrammes d'un bon fumier ne renferment pas plus de principes utiles que le mélange de :

20 kil. de sulfate d'ammoniaque,

20 kil. de superphosphate,

10 kil. de chlorure de potassium,

soit, au total, 50 kil. d'engrais, de richesse moyenne.

Les engrais chimiques sont vendus sous la forme d'*engrais simples*, chacun d'eux ne renfermant qu'un seul élément fertilisant. En les employant, on peut donner au sol exactement les éléments qui lui manquent et la quantité de ces éléments que l'on juge convenable. Nous verrons plus loin que le cultivateur est pour ainsi dire maître d'adopter tel ou tel assolement, en faisant un emploi judicieux des engrais chimiques.

Mais ces engrais n'entretiennent pas dans le sol la provision d'humus nécessaire à toute bonne terre végétale (**89, 119**); ils contribuent même à en activer la décomposition. Aussi le système de culture consistant dans l'emploi exclusif des engrais chimiques comme fumure, n'a pas prévalu.

154. Emploi judicieux des engrais chimiques. — Avant d'employer un engrais sur ses terres, le cultivateur doit s'assurer si cet engrais apporte au sol des éléments qui lui font défaut.

Les trois éléments : azote, acide phosphorique et potasse, sont absorbés par chaque plante, à une même phase de son développement, suivant une proportion constante. Celui des trois éléments qui s'y trouve en plus faible quantité règle l'alimentation; c'est la loi du minima (**21**).

C'est donc la composition chimique du sol qui, en premier lieu, sert de guide à l'agriculteur dans l'emploi des engrais; à ce titre, l'analyse des terres peut rendre de grands services (**105, 107**) : elle fait connaître le ou les éléments qui font défaut, quelle que soit la plante à cultiver.

Il est inutile d'apporter les éléments pour lesquels il y a surabondance dans le sol; cet apport resterait sans effet sur la végétation.

Mais, pour arriver à déterminer la nature et la dose exacte des engrais qui conviennent à un sol en vue d'une certaine culture, l'agriculteur doit recourir aux autres moyens d'investigation dont il dispose : l'examen des récoltes et l'établissement de champs d'expériences (§ II); il doit enfin tenir compte des exigences spéciales de la plante qu'il veut cultiver.

155. Préférences des plantes. — Les plantes ont certaines préférences pour tel ou tel élément de fertilité; cet élément est appelé la *dominante* de la plante.

Sans doute, une telle connaissance ne peut être qu'une indication générale; elle est néanmoins utile pour l'établissement des champs d'expériences.

L'*azote* est la dominante pour les graminées, les betteraves, le tabac, le maïs fourrage. Pourtant, si les céréales utilisent bien les engrais azotés, il faut éviter de leur en donner un excès, qui favoriserait la verse.

Les plantes racines et la vigne consomment beaucoup moins d'azote; enfin, les légumineuses qui prélèvent cet élément dans l'air en prennent très peu dans le sol.

L'*acide phosphorique* est la dominante pour les légumineuses, les crucifères; bien que les céréales en exigent moins, cet élément est essentiel pour la production du grain; viennent ensuite les plantes racines, puis la vigne.

La *potasse* convient surtout pour la betterave, la pomme de terre, la vigne, le tabac, puis les légumineuses; les céréales en utilisent beaucoup moins.

Toutefois, il ne faudrait pas conclure de ces indications qu'il faut apporter au sol les seuls éléments préférés par la plante; en outre, leur apport ne sera pas toujours suivi, nécessairement, d'une augmentation de récolte.

§ II

DÉTERMINATION DES ÉLÉMENTS QUI MANQUENT AU SOL

156. L'analyse du sol par la plante. — La végétation naturelle et celle des plantes cultivées fournissent de précieuses indications sur la richesse d'un sol en éléments nutritifs assimilables.

Si l'ensemble de la végétation herbacée est luxuriante, d'un vert foncé, c'est que le sol est riche en azote assimilable; dans ce cas, le mouron, le séneçon, le laiteron, la mercuriale annuelle poussent en abondance; les betteraves viennent énormes et l'avoine acquiert un grand développement foliacé.

Si, en année normale, et sans que la verse se soit produite, un blé, ayant développé une belle paille, fournit peu de grain, on peut conclure au manque d'acide phosphorique. Dans une terre moins fertile, les mêmes indications sont fournies par des épis petits, lâches, de longueur inégale.

Une belle récolte de légumineuse fourragère témoigne de la richesse du sol en éléments minéraux assimilables : acide phosphorique, potasse et chaux. La verse du blé, si elle se produit régulièrement dans un sol, accuse l'absence des mêmes éléments.

Les animaux eux-mêmes peuvent renseigner un œil observateur : un sol mal pourvu en acide phosphorique et en chaux fournit un herbage qui donne un faible développement au squelette; avec le manque d'azote, c'est le muscle qui reste grêle. Une forte ossature et des muscles épais sont des indices certains de fertilité des pâturages.

Mais le champ d'expériences est encore le plus sûr moyen d'analyser le sol par la plante. Supposons que les caractères précédents indiquent au cultivateur qu'un sol manque d'azote; s'il cultive le blé dans ce terrain, il choisit, dans une partie homogène comme nature et fertilité, deux carrés de surface égale (*fig.* 26) ; sur le premier, il apporte un engrais comprenant les quatre éléments de fertilité; sur le second, il supprime l'azote.

1°	2°
azote, acide phosphorique, potasse, chaux.	» acide phosphorique, potasse, chaux.

Fig. 26. — *Utilité de l'azote.*

Si les deux carrés fournissent des récoltes égales, c'est que l'addition d'azote est inutile; au contraire, si le premier carré donne un produit supérieur au second, c'est la preuve qu'il est utile d'apporter de l'azote. C'est donc bien la plante qui par sa végétation et son produit fournit les indications au cultivateur.

157. Le champ d'expériences; son installation. — Les divers carrés dont l'ensemble forme le champ d'expériences doivent être établis dans une terre bien homogène comme nature, fertilité, état de propreté et assolement. On évitera la bordure des chemins en raison des dégâts possibles, ou des différences qui en résulteraient pour l'exposition à l'air, aux vents, à la lumière, etc. Il suffit de donner un are à chaque carré, ce qui facilite le contrôle à la récolte ; ces parcelles seront disposées dans le sens du labour, afin d'assurer l'uniformité dans les façons culturales ; des piquets et des rigoles de séparation en marqueront les limites et le plan sera relevé sur un carnet de poche.

A la récolte, on séparera avec soin les lots provenant de chaque parcelle : une simple pesée suffit s'il s'agit de fourrages ou de plantes racines ; avec les céréales, il faut procéder au battage, lot par lot, et peser séparément, pour chaque lot, le grain et la paille.

158. Interprétation des résultats des champs d'expériences. — Les champs d'expériences ont pour but de résoudre deux problèmes différents : 1° déterminer la nature des engrais qui manquent à un sol ; 2° rechercher la quantité d'engrais à employer.

Quant à la *nature des engrais*, l'expérience porte généralement sur les trois éléments : azote, acide phosphorique et potasse. Le champ d'expérience compte alors cinq parcelles

témoin.	engrais azoté, phosphaté, potassique.	engrais azoté, phosphaté. »	engrais azoté » potassique.	» engrais phosphaté, potassique.
1	2	3	4	5

Fig. 27. — Plan d'un champ d'expériences.

(*fig.* 27), l'une avec engrais complet, trois autres dans lesquelles on supprime un des éléments de l'engrais complet, le cinquième servant de *témoin sans engrais*.

Les doses seront données selon les plantes cultivées, plutôt élevées que trop faibles ; on choisira, pour chaque engrais, la forme la plus assimilable : nitrate de soude pour l'azote, superphosphate pour l'acide phosphorique et sulfate de potasse pour la potasse.

Enfin, la culture sera faite au moyen d'une semence bien acclimatée, évitant tout aléa.

On le voit, l'expérience se fait toujours *par la négative*, et, pour connaître l'effet produit par un élément, il faut calculer la différence de rendement entre la parcelle ayant reçu l'engrais complet et celle où manque cet élément ; plus la différence est accusée, plus est nécessaire l'engrais qui manque. On ne saurait faire l'inverse et déterminer l'utilité d'un élément par son emploi direct et isolé sur une parcelle, car, si la récolte est faible, on ne peut en déterminer la cause exacte, puisque d'autres éléments peuvent faire défaut.

Pour rechercher la *quantité d'engrais* à employer, on organise une nouvelle expérience. Supposons qu'il s'agisse du superphosphate dans une terre cultivée en *blé* ; on trace quatre carrés qui reçoivent une fumure uniforme en azote et en potasse, mais on fait varier la dose de superphosphate : 3, 4 et 5 kilogrammes, le quatrième carré n'en recevant pas du tout (témoin).

Un simple rapprochement des rendements obtenus dans les diverses parcelles nous montre quel est l'excédent de récolte attribuable à 3, 4, 5 kilogrammes de superphosphate, puisque les autres éléments existaient partout uniformément.

La *dose à employer* ne sera pas celle qui assure le maximum absolu de récolte, mais *celle qui, par kilogramme d'engrais, accuse le plus fort excédent.*

Les résultats fournis par un champ d'expériences ne sont applicables que pour la terre et la culture sur lesquelles on opérait. Il faut répéter ces essais pour chaque plante et pour chaque champ. L'analyse du sol par la plante est précise, mais elle exige un travail compliqué et beaucoup de temps.

§ III

CHOIX ET ACHAT DES ENGRAIS

159. Formules d'engrais et engrais simples. — Le commerce offre souvent des mélanges d'engrais opérés en vue de la culture de telle ou telle plante ; on vend ainsi des engrais pour blé, pour vigne, pour betteraves, etc.

Le cultivateur doit *rejeter*, à priori, *ces formules* forcément inexactes, et ne pas oublier que *l'engrais est le complément à ajouter au sol pour la plante à cultiver.*

En effet, le même mélange, destiné au blé par exemple, ne saurait être employé indistinctement pour les sols granitiques du Morvan et de la Bretagne, les sables des Landes, les terres crayeuses de la Champagne, les plaines fertiles du Nord, de la Limagne, etc.

Bien plus, dans une même exploitation, l'engrais pour blé doit varier suivant que ce blé succède à une vieille luzerne, à une jachère ou à des betteraves. Enfin, le sol peut être plus ou moins épuisé dans telle parcelle que dans telle autre.

Le cultivateur qui utilise des engrais complexes n'est plus maître d'introduire dans ses terres la quantité exacte d'azote, d'acide phosphorique ou de potasse, qu'il juge convenable d'employer.

Ces mélanges sont faciles à frauder ; ils peuvent renfermer des matières inertes ; ils sont plus chers que les engrais simples ayant servi à les fabriquer.

Il est impossible de déterminer judicieusement l'époque du meilleur emploi des engrais composés, car ils renferment des éléments qu'il serait préférable d'enfouir avant les semailles (azote organique) et d'autres qu'il faut employer après (azote nitrique).

Par suite, l'agriculteur doit toujours *acheter des engrais simples*, et en opérer le mélange s'il y a lieu. Il tiendra compte de ses observations personnelles pour la détermination des quantités de chaque engrais à employer.

160. Fraudes dans le commerce des engrais. Lois de protection. — Peu de matières donnent lieu à autant de fraudes que le commerce des engrais. Cette fraude était facile, alors que les agriculteurs étaient peu familiarisés avec les matières fertilisantes qu'ils achetaient; elle se poursuit néanmoins de nos jours, et certains courtiers vendent encore des produits complexes que le cultivateur paie au double ou au triple de leur valeur réelle.

L'agriculteur doit donc surveiller ses achats et savoir profiter des garanties que lui confère la loi.

La loi concernant la répression des fraudes dans le commerce des engrais fut votée le 4 février 1888, puis revisée et complétée en 1906 et 1907.

La loi du 4 février 1888 visait la répression de la fraude sur la *nature*, la *composition*, le *dosage*, la *provenance*, ou la *qualification du produit*. La nouvelle loi prévoit la tromperie sur la *valeur commerciale* de l'engrais; l'acheteur a droit à une *action en réduction*, en cas de *lésion de plus d'un quart*, et en outre à une *action en dommages-intérêts* pour le préjudice qui résulte de la fourniture et de l'emploi d'un engrais inefficace.

Un délai de trois semaines après la livraison est accordé à l'acheteur pour exercer son action, lors même qu'il aurait employé tout ou partie de l'engrais. Enfin cette action est de la compétence du *juge de paix du lieu de la réception*, ce qui favorise beaucoup l'acheteur lésé.

161. Achat des engrais. — Pour invoquer au besoin la protection des lois, l'agriculteur doit prendre certaines précautions, lors de l'achat de ses engrais et au moment de leur livraison.

Il doit acheter les engrais sur *titre*, c'est-à-dire d'après leur teneur en éléments fertilisants; la facture doit toujours indiquer la nature exacte et la quantité de ces éléments.

Ainsi, pour l'azote, il est indispensable de faire préciser s'il s'agit d'azote nitrique, ammoniacal, ou organique; l'expression *azote total* ne doit pas être admise; elle cache une fraude en général; elle n'a d'ailleurs aucune signification utile puisque le prix du degré d'azote varie avec son état.

Pour l'acide phosphorique, il faut exiger, à côté du nom de l'engrais (superphosphate minéral, scories, etc.), le dosage, *soluble eau et citrate;* plus rarement on indique à part le soluble à l'eau et le soluble au citrate. De même pour la potasse on exige le nom et le titrage garanti, soluble à l'eau.

Enfin, pour certains engrais comme les phosphates naturels, les scories, le plâtre, il est sage de faire indiquer sur la facture le degré de finesse (75 p. 100 au tamis, 100 pour les scories).

La *valeur commerciale* des engrais est soumise aux fluctuations du marché ; à côté de la loi de l'offre et de la demande, qui règle le cours de toute marchandise, il peut intervenir des spéculations commerciales (cartels, trusts, ententes), contre lesquelles l'agriculteur isolé reste désarmé. Néanmoins, le prix de l'unité étant connu, d'après les mercuriales les plus récentes, il est facile de calculer le prix d'un engrais. Ainsi le prix du kilogramme d'azote nitrique a varié de $1^f,40$ à $1^f,90$; celui de l'azote ammoniacal n'ayant pas excédé $1^f,60$; l'acide phosphorique soluble au citrate a oscillé de $0^f,33$ à $0^f,52$, tandis que l'acide phosphorique des scories valait $0^f,25$ à $0^f,35$ le degré. Enfin, la potasse a valu entre $0^f,40$ et $0^f,50$ le kilogramme.

162. Echantillonnage. — A l'arrivée en gare d'un engrais, ou à l'usine pour les livraisons directes, il faut *prélever un échantillon;* cette opération se fait toujours en présence d'un représentant du fournisseur; à défaut, le chef de gare, le commissaire de police ou le garde champêtre tiennent lieu de délégué.

L'échantillon est prélevé sur plusieurs sacs, pris au hasard, au moyen d'une sonde que l'on plonge dans les sacs en sens différents; toutes ces prises, réunies et mélangées intimement, constituent l'échantillon moyen.

On en remplit trois flacons qui sont cachetés à la cire à une empreinte spéciale dont mention est faite au procès-verbal; l'un des flacons est adressé aussitôt au laboratoire chargé de l'analyse, le second est remis au fournisseur et le dernier est conservé pour une analyse d'arbitrage en cas de contestation. Le paiement n'a lieu qu'après avoir reçu le bulletin d'analyse.

L'agriculteur peut éviter ces formalités en faisant partie d'un *Syndicat agricole* (Voir Economie rurale).

§ IV

APPLICATION DES ENGRAIS

163. Épandage des engrais. — Pour produire son effet utile, tout engrais doit arriver en contact immédiat avec les radicelles de la plante ; par suite, il doit être distribué régulièrement, et mélangé aussi bien que possible soit à la couche superficielle, soit dans toute l'épaisseur de la terre arable, ce qui augmente la récolte (recherches de Petermann sur la betterave). L'épandage se fait à la main et à la volée ; mais certains engrais, comme les scories, incommodent les ouvriers ; l'emploi du semoir mécanique ou distributeur d'engrais est préférable.

L'engrais ne doit jamais se trouver en contact direct avec les semences ; encore moins convient-il de l'accumuler près de celles-ci.

Beaucoup d'engrais, hygroscopiques, se prennent en masse, dans les sacs, par temps humide ; il faut les pulvériser finement avant de les employer.

Les engrais solubles, comme le nitrate de soude, le sulfate d'ammoniaque, les superphosphates et les sels de potasse, peuvent se semer en couverture, c'est-à-dire sur les plantes en végétation ; la règle est rigoureuse pour le nitrate de soude qui doit même être fractionné par petites doses, et appliqué au printemps seulement. Sans quoi, les pluies l'entraîneraient dans le sous-sol, car il n'est pas retenu.

On préfère généralement enterrer à la charrue ou à la herse, les éléments phosphatés ou potassiques, dans le mois qui précède les semailles ; on peut employer, à petite dose, au moment des semailles, le sulfate d'ammoniaque, et même le nitrate de soude sur les céréales de printemps. Ces éléments hâtent la levée et activent la végétation à son début.

Sur les prairies, l'épandage se fait en couverture, de préférence à l'automne (novembre); un coup de herse ou d'extirpateur doit suivre, afin de faire descendre les particules d'engrais en contact avec le sol ; on détruit en même temps la mousse ou les graminées envahissantes.

164. Mélange des engrais. — Pour faciliter l'épandage ou pour accélérer le travail, on mélange parfois plusieurs engrais. Il peut en résulter des incommodités pour

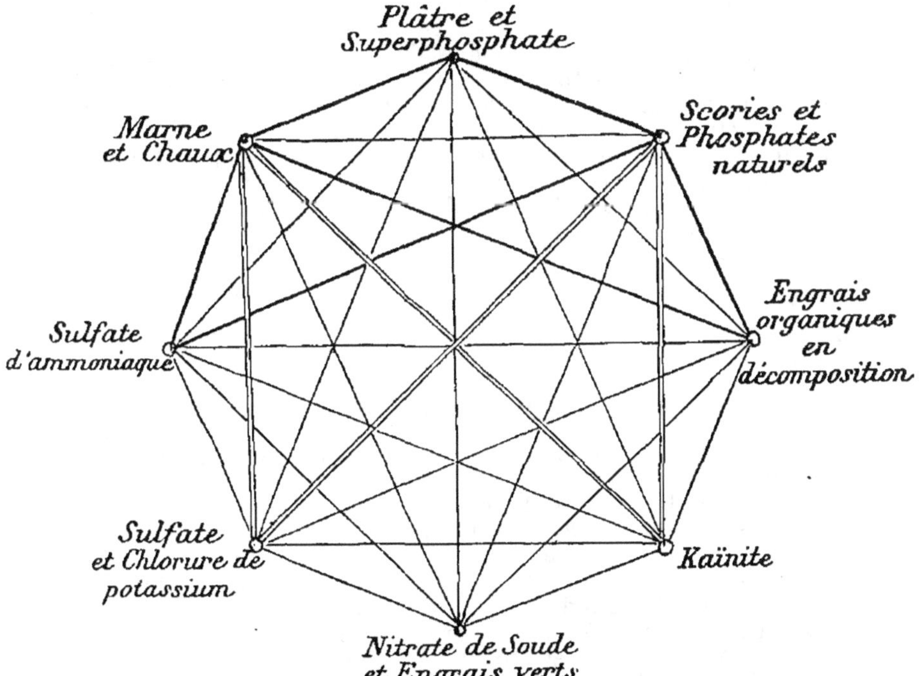

Fig. 28. — Mélange des engrais.

l'épandage, mais surtout on peut causer la perte ou l'immobilisation de certains éléments utiles.

L'*octogone* de M. Pierre Larue indique la *comptabilité des mélanges* (*fig.* 28); les engrais réunis par une ligne fine —— peuvent *toujours* être mélangés ; les engrais réunis par une ligne épaisse ▬▬ ne doivent *jamais* être mélangés ; les engrais réunis par une ligne double ══ peuvent être mélangés seulement *au moment de l'emploi*.

Les mélanges ne doivent pas former d'agglomérations, mais rester pulvérulents.

153. Quels sont les avantages et les inconvénients des engrais chimiques? — 154. Quelle est la règle qui doit guider le cultivateur dans l'emploi des engrais? — 155. Quelles sont les plantes qui utilisent le mieux les engrais azotés? — les engrais phosphatés? — les engrais potassiques? — 156. Montrez, par un exemple, comment on peut faire l'analyse du sol par la plante. — 157. Comment installe-t-on un champ d'expériences? — 158. Comment peut-on déterminer la nature et la dose des engrais à employer sur une culture? Donnez des exemples. — Doit-on généraliser les résultats fournis par un champ d'expériences? — 159. Quels sont les inconvénients des engrais complexes? — Montrez que toutes les formules d'engrais sont fausses lorsqu'elles sont généralisées. — 160. Dites ce que vous savez des lois de 1888 et 1906 qui régissent le commerce des engrais. — 161. Quelles indications doivent être portées sur une facture de fourniture d'engrais? — Comment détermine-t-on la valeur commerciale d'un engrais simple? — 162. En quoi consiste la prise d'échantillon? — 163. Quelles sont les précautions à prendre dans l'application des engrais? — 164. Peut-on mélanger tous les engrais?

LECTURE

Les formules d'engrais.

Les engrais complexes offerts par le commerce présentent de très graves inconvénients.

Les formules des engrais destinés aux diverses cultures sont établies, la plupart du temps, d'une manière tout à fait arbitraire par les fabricants. Admettons que ceux qui établissent ces formules tiennent compte de la composition des récoltes auxquelles on les destine : nous ne les critiquerons pas moins. Il ne faut pas, en effet, considérer seulement les besoins de la récolte, mais encore et surtout la richesse du sol, qui varie à l'infini, et que les formules d'engrais ne peuvent pas prévoir.

On voit même circuler des prospectus offrant aux agriculteurs des engrais s'appliquant à tous les sols et à toutes les cultures. Il y a là un triste abus de l'ignorance des cultivateurs. Dans ce cas, on raisonne comme si tous les éléments de fertilité étaient absents du sol; aussi ces engrais produisent-ils généralement de l'effet.

Mais il n'en est pas moins vrai que l'agriculteur qui les emploie est fortement lésé dans ses intérêts, et qu'il se sera imposé de la sorte un sacrifice sans compensation. Il aurait obtenu le même résultat avec une dépense bien plus minime, s'il avait opéré avec des éléments simples, à l'exclusion de ceux qui existent déjà en assez grande abondance dans la terre. Aussi ne saurions-nous trop blâmer l'adoption des formules toutes faites.

A. MÜNTZ et A.-Ch. GIRARD.
(*Les engrais*, 3° vol., p. 404.)

PROBLÈMES

1. Une terre, fumée au fumier de ferme, produit 20 hectolitres de blé à l'hectare. L'addition de 300 kilogrammes à l'hectare de superphosphate minéral 14-16 porte le rendement à 26^{hl},4. L'opération est-elle avantageuse, si le superphosphate vaut 7^f,60 les 100 kilogrammes et que le blé se vende 22 francs le quintal de 80 kilogrammes. Quel est le bénéfice réalisé?

2. Une prairie naturelle donne, sans engrais, 2 800 kilogrammes de foin sec à l'hectare. Si on ajoute 6 kilogrammes de kaïnite à l'are, le rendement s'élève à 2 920 kilogrammes; dans une autre parcelle, 7^{kg},5 de scories portent le rendement à 3 250 kilogrammes; enfin lorsqu'on réunit scories et kaïnite aux doses ci-dessus indiquées, on récolte 3 600 kilogrammes de foin sec à l'hectare. Y a-t-il avantage à employer la kaïnite seule, les scories seules, ou les deux éléments réunis. Dans quel cas le bénéfice est-il le plus élevé; la kaïnite vaut 6^f,70 les 100 kilogrammes, les scories 5 francs et le foin sec récolté est compté au prix uniforme de 4 francs les 100 kilogrammes.

3. Un cultivateur a divisé un champ de blé en 5 parcelles; la première n'a pas reçu de superphosphate; les suivantes ont reçu successivement 2, 3, 4 et 5 kilogrammes à l'are; le reste de la fumure (fumier, engrais azotés) est uniforme. Il récolte dans chacun des carrés : 22^{kg}; — 24^{kg},2; — 27^{k},6; — 29^{kg},5 et 30^{kg} à l'are. Dire : 1° quelle est la dose de superphosphate la plus avantageuse dans cet essai; 2° quel est le bénéfice réalisé à l'are, si le superphosphate vaut 7^f,50 les 100 kilogrammes et le blé 21 francs le quintal.

4. Dans une culture de betteraves, on a appliqué un engrais complet formé d'azote et d'acide phosphorique à dose égale; la potasse est fournie sur une première parcelle par 2^{kg},5, à l'are, de chlorure de potassium à 51 p. 100 de potasse. Combien faut-il employer, à l'are, de sulfate de potasse à 48 p. 100 sur la deuxième parcelle, et de kaïnite à 12 p. 100 sur la troisième, pour que la fumure soit faite à degré égal de potasse? Les rendements obtenus sont : 31 000 kilogrammes avec le chlorure, 32 400 avec le sulfate de potasse, et 31 900 avec la kaïnite. Quel est le sel de potasse le plus avantageux si les cours des engrais sont de 24^f,50 pour le chlorure, 27 francs pour le sulfate et 7^f,50 pour la kaïnite.

CHAPITRE V

Les amendements.

165. Divers amendements. — On appelle *amendement* toute modification durable apportée dans la nature ou les propriétés physiques d'un sol.

Ainsi le drainage, les irrigations (chap. VI), constituent des amendements proprement dits; ils apportent au sol des *améliorations physiques*; il en est de même lorsqu'on transporte dans une terre d'une nature déterminée un élément physique qui lui manque ; par exemple du sable ou du calcaire dans une terre argileuse, de l'argile dans une terre sableuse, du calcaire dans une terre tourbeuse, etc. ; pourtant les sables dépourvus de chaux, très perméables à l'air, ne bénéficient pas de l'application de l'amendement calcaire.

Il est très difficile, en général, de modifier d'une façon sensible la nature physique d'une terre par les amendements ; il faudrait transporter une telle quantité de l'élément améliorateur que le prix de revient de l'opération serait hors de proportion avec l'augmentation de valeur obtenue.

Quand le sous-sol immédiat est de nature améliorante pour le sol arable, on peut arriver pratiquement à ce résultat par le *défoncement*, mais le cas se présente très rarement. L'amendement d'un sol reste possible pour une petite surface, en vue de l'établissement d'un jardin par exemple, à proximité des bâtiments d'exploitation.

Aussi, on restreint le plus souvent le sens du mot *amendement* aux opérations qui *modifient* légèrement la *nature chimique* des sols en même temps que leurs propriétés physiques. A ce titre, les *amendements calcaires*, par l'introduction de la chaux dans un sol qui en est dépourvu, puis l'*écobuage*, restent les seuls amendements employés.

166. Action des amendements calcaires. — La chaux est un aliment de la plante qu'il faut restituer au sol, parce que les récoltes en enlèvent et que les pluies en entraînent dans les profondeurs du sol (88) ; mais la chaux agit bien plus comme destructeur de l'acidité qui, dans certains sols, nuit à la végétation ; elle est indispensable à l'humification des matières organiques et à la nitrification ; elle permet à l'humus et à l'argile d'exercer leur pouvoir absorbant à l'égard de l'azote ammoniacal et de la potasse ; enfin, elle coagule l'argile (85) et augmente la perméabilité des sols.

Il est utile bien souvent de chauler les terres acides où les microbes nitrificateurs ne peuvent se développer, et les terres fortes, argileuses dans lesquelles l'élément colloïdal de l'argile rend la nitrification trop lente. On peut arriver à modifier la composition de ces sols à des frais relativement peu élevés.

Les principaux amendements calcaires sont : la *chaux*, la *marne*, les amendements marins (merl, tangue) et les écumes de défécation.

167. La chaux. — La chaux vive est obtenue par la

Fig. 29. — Un four à chaux.

calcination, dans des fours spéciaux (*fig.* 29), de la pierre calcaire qui est débarrassée de son eau et de son acide carbonique.

Suivant la nature des pierres employées, on obtient trois variétés de chaux :

1° La *chaux grasse* qui provient des calcaires les plus purs ; c'est la plus active ;

2° La *chaux maigre*, qui renferme 15 à 25 p. 100 de silice ;

3° La *chaux hydraulique* qui contient 15 à 30 p. 100 d'argile ; elle ne convient pas pour le chaulage des terres, car elle a la propriété de former un mortier qui durcit dans un milieu humide.

La teneur en chaux caustique est de 97 à 98 p. 100 pour

les chaux grasses, et de 60 à 70 p. 100 dans certaines chaux maigres ou hydrauliques. Si la chaux est carbonatée, elle a une valeur beaucoup moindre.

Au contact de l'eau, la chaux vive augmente de volume, *s'éteint*, et tombe en poussière ; l'air humide suffit pour l'éteindre peu à peu.

On peut chauler une terre qui manque de calcaire tous les trois à huit ans, suivant l'épuisement plus ou moins rapide produit par les récoltes. D'après M. Garola, il faut employer à l'hectare, en bonne chaux grasse, 12 à 15 hectolitres dans les terres granitiques ou siliceuses ; 30 hectolitres en terres argileuses fortes ; 30 à 40 hectolitres en sols tourbeux, marécageux.

168. Emploi de la chaux. — On transporte la chaux vive, en pierres, dans les champs, pendant la belle saison, après les récoltes, ou en automne pour les terres argileuses et engazonnées, quand les charrois sont possibles ; on la dispose en petits tas distants de 7 à 8 mètres, que l'on recouvre de terre pour laisser le délitement se faire graduellement. La chaux s'hydrate, se gonfle, soulève la terre et la gerce ; il faut avoir soin de boucher les fissures avec de la terre meuble que l'on tasse légèrement avec le dos d'une pelle, afin d'éviter que l'eau pénètre dans le tas.

Quand la chaux est réduite en poudre impalpable (après une vingtaine de jours) et par temps sec, on la brasse avec la terre qui la recouvre, puis on répand à la pelle et on enterre immédiatement à la herse ou au scarificateur. Il faut éviter la pluie, le mortier formé ferait perdre au chaulage beaucoup de son effet utile ; aussi, l'hiver, à cause de l'humidité, convient peu pour ces diverses opérations.

Il faut éviter de placer la chaux dans le sol en contact direct avec les semences sur lesquelles elle produit des brûlures, ou avec les engrais ammoniacaux ou organiques azotés, ce qui cause des déperditions d'ammoniaque.

Dans le sol, la chaux se combine au bout de peu de temps avec l'acide carbonique contenu dans l'atmosphère du sol et donne du carbonate de chaux ou calcaire.

169. La marne. — La marne est un carbonate de chaux impur, auquel se trouve mélangé intimement du sable ou de l'argile, parfois même du fer, de l'alumine ou de la magnésie. La teneur des marnes en carbonate de chaux varie en général de 55 à 95 p. 100 ; il existe des marnes siliceuses ou argileuses plus pauvres encore en calcaire, mais elles sont peu exploitées. La marne se rencontre à l'état de bancs plus ou moins épais, dans le sous-sol de certaines formations géologiques (jurassique, crétacé) ; on l'extrait et on l'emploie directement sans aucune préparation. Il y a intérêt à extraire la marne aussi près que possible du terrain à amender; s'il n'en existe qu'à grande distance, le chaulage devient préférable.

Parfois, on trouve la marne dans le terrain que l'on veut améliorer, à quelques mètres de profondeur; on creuse alors des puits pour atteindre la couche à exploiter et la marne est montée à la surface par un treuil ; l'opération terminée, on comble les puits par la terre du voisinage et le champ reprend sa physionomie habituelle.

Une bonne marne se délite facilement à l'air sous les alternatives de la sécheresse ou de l'humidité, du gel et du dégel ; elle contient très peu de rognons calcaires; en outre, elle produit au délitement une poudre fine.

Le marnage s'exécute de préférence pendant la morte saison, quand les attelages sont inoccupés; les petits tas ou marnerons de 1, 2 ou 3 hectolitres sont disposés à 7 ou 8 mètres en tous sens, sur le champ, mais on ne les recouvre pas de terre comme la chaux. Après délitement on répand la marne sur le sol, à la pelle; on enterre au scarificateur, puis le labour d'hiver la mélange intimement au sol.

Il faut éviter le contact à l'air libre du fumier et du sulfate d'ammoniaque avec la marne.

D'après M. Garola, la quantité de marne (à 80 p. 100 de carbonate de chaux) à apporter sur un sol complètement dépourvu de calcaire, serait de 10 à 30 mètres cubes à l'hectare, pour les terres légères ; de 30 à 90 mètres cubes en terres fortes; et de 50 à 150 mètres cubes en terres très fortes suivant que la profondeur du labour varie de 10 à 30 centimètres.

La durée des effets du marnage est variable avec les sols, les cultures et les engrais employés; en général, ils sont efficaces pendant quinze à vingt années.

170. Amendements marins. — Au voisinage de la mer, en Bretagne par exemple, où les sols manquent de calcaire, on utilise, pour l'amendement des terres, des débris de coquillage ou de végétaux marins incrustés de carbonate de chaux que l'on ramasse sur le rivage, à marée basse. Les débris de coquillages forment la *tangue*, les débris végétaux se nomment *merl;* ils constituent aussi un engrais organique; la teneur en carbonate de chaux peut varier de 23 à 60 p. 100 pour les diverses tangues, de 55 à 82 p. 100 pour les merls.

On trouve dans certains terrains (tertiaire) des produits marins enfouis que l'on extrait sous les noms de *faluns* (37 à 76 p. 100 de calcaire), de *trez* (25 à 70 p. 100 de calcaire).

La tangue et le trez contiennent du sel marin; on les laisse en tas pendant deux mois environ exposés à la pluie; ils perdent leur sel et se délitent; on les enfouit alors comme la marne.

171. Les écumes de défécation. — Au voisinage des sucreries, on se sert, comme amendement calcaire, des écumes de défécation ou résidus de la fabrication du sucre de betteraves, qui renferment 15 à 30 p. 100 de carbonate de chaux.

En outre, ces écumes entraînent avec elles un peu d'acide phosphorique (0,5 à 1 p. 100) et d'azote (0,5 p. 100) provenant des jus de betteraves. On emploie 20 000 à 40 000 kilogrammes par hectare.

172. Les amendements calcaires et la fumure. — Le chaulage et le marnage ont pour effet d'apporter au sol la chaux, aliment indispensable à la plante, et d'activer la nitrification. Il en résulte que les récoltes s'accroissent après l'apport d'un amendement calcaire, exportant ainsi tous les autres éléments utiles à leur nourriture, azote, acide phosphorique, potasse, etc.

En outre, la présence du calcaire amène une perte d'azote qui nitrifie et est entraîné par les eaux. Si on vient à répéter trop souvent cet apport de chaux ou de marne, sans intercaler des fumures appropriées, on ne tarde pas à appauvrir la terre en azote, acide phosphorique, potasse et humus, au point qu'elle devient improductive.

On justifie ainsi le proverbe : « *La chaux enrichit le père et ruine les enfants.* » Mais si le cultivateur a le soin de restituer, par d'abondantes fumures au fumier de ferme et aux engrais complémentaires, tous les éléments que les récoltes enlèvent au sol, le calcaire reste un stimulant énergique, capable d'activer l'utilisation des principes fertilisants par les récoltes ; elle n'a que de bons effets. La chaux peut ainsi enrichir le père et les enfants.

173. Ecobuage. — Nous rangeons parmi les amendements une vieille pratique culturale qui est de moins en moins employée aujourd'hui. L'*écobuage* consiste à découper au moyen d'une large houe, nommée *écobue*, la croûte superficielle d'un sol engazonné, en plaques épaisses de $0^m,05$ à $0^m,06$. Ces plaques séchées sont ensuite entassées, l'herbe étant placée à l'intérieur, en des espèces de petits fourneaux que l'on remplit de broussailles sèches, d'ajoncs, de bruyères. Dans les terres fortes, argileuses ou acides, on creuse des tranchées qui sont remplies d'herbes et de broussailles recouvertes de mottes engazonnées plus épaisses.

On met le feu à ces tas, puis on bouche les ouvertures pour que la masse se calcine lentement; on répand ensuite les cendres sur le sol.

Le feu rend assimilables les principes minéraux du sol, détruit l'acidité; l'argile perd, à la calcination, ses propriétés adhésives; la terre est nettoyée des mauvaises herbes.

L'écobuage, fort employé autrefois dans le défrichement des landes et des forêts, a le grave inconvénient de détruire la matière organique du sol, et l'azote des parties brûlées s'échappe dans l'air. Ce procédé est réservé actuellement à la destruction des mauvaises herbes (chiendent, avoine à chapelet), ainsi que des insectes ou de leurs larves (**ver blanc**).

QUESTIONNAIRE

165. Qu'appelle-t-on amendement? — Qu'appelle-t-on amendement calcaire? — 166. Montrez comment agissent les amendements calcaires dans le sol. — 167. Qu'est-ce que la chaux? — 168. Comment emploie-t-on la chaux en agriculture? — 169. Qu'appelle-t-on marne ? — Quels sont les effets de la marne? — 170. Que savez-vous des amendements marins? — Comment les emploie-t-on? — 171. Que savez-vous des écumes de défécation? — 172. Quelles sont les conséquences du chaulage et du marnage? — Expliquez le proverbe : « La chaux enrichit le père et ruine les enfants ». — 173. Comment se pratique l'écobuage? — L'opération est-elle avantageuse?

LECTURE

La marne.

La marne est un mélange d'argile et de carbonate de chaux auxquels se joignent le plus souvent quelques autr essubstances: la silice, l'oxyde de fer, etc.

Les deux principaux éléments minéraux qui constituent la marne y sont mêlés d'une manière si intime qu'il est impossible de parvenir à imiter la nature par de simples procédés mécaniques, tellement ils sont juxtaposés molécule à molécule. Quand on a voulu essayer de composer une marne artificielle par le mélange le plus exact possible, on a obtenu un produit de l'art ayant des propriétés tout à fait autres que celles de la marne naturelle formée des mêmes éléments. On s'aperçoit d'abord au microscope combien nos moyens mécaniques sont grossiers : même quand nous employons de l'argile le plus finement pulvérisée possible, mélangée avec du carbonate de chaux dans le même état, les particules de chaux sont agglomérées, séparées de celles de l'argile par d'assez grandes distances; l'hygroscopicité, la chaleur spécifique de cette marne artificielle sont tout à fait autres que celles de la marne naturelle, et sa pesanteur spécifique est moindre. De ce mélange intime et de cette structure de la marne résulte sa faculté de se diviser et de se réduire en poussière quand elle est mouillée ou qu'elle est exposée seulement aux variations hygrométriques de l'atmosphère, à cause du changement considérable de volume qu'acquiert l'argile imbibée d'eau.

On trouve des marnes très compactes, ayant l'aspect extérieur du marbre et cependant se réduisant à l'air, et assez promptement, en une fine poussière homogène. D'autres marnes, ayant éprouvé les effets de l'humidité depuis leur formation, sont déjà délitées dans la minière, se présentent sous un aspect pulvérulent et sont mêlées quelquefois de plus ou moins de noyaux calcaires. Les unes sont grises, d'autres plus ou moins jaunes ou rougeâtres, colorées qu'elles sont par les oxydes de fer. Les variétés des marnes sont infinies, comme les circonstances qui ont pu leur donner naissance.

Le but de l'emploi de la marne est d'ajouter le principe calcaire aux terrains qui manquent de chaux, de le lui fournir sous une forme pulvérulente qui laisse beaucoup de prise aux influences atmosphériques pour transformer le carbonate calcaire en sel soluble.   DE GASPARIN.

(Cours d'agriculture, t. 1er, p. 73.)

CHAPITRE VI

Aménagement des eaux.

§ 1er

LE DRAINAGE

174. Assainissement des terrains humides. — Les terres humides, imperméables, ont de graves inconvénients. Lorsqu'elles sont gorgées d'eau, l'oxygène les pénètre difficilement et elles constituent un milieu impropre à la *germination des graines* (47) et au développement du ferment nitrique (97). Elles sont toujours froides par suite de l'évaporation de l'eau. Enfin, quand on veut les cultiver, il faut choisir le moment où elles ne sont ni *trop sèches*, ni trop humides, car, dans les deux cas, elles sont difficiles à travailler. Aussi cherche-t-on à les assainir.

Pendant les saisons pluvieuses, certaines terres basses des vallées sont inondées; il est parfois nécessaire d'écouler l'excès d'eau.

On y arrive soit par des labours appropriés (chap. VIII), profonds ou en ados, soit en traçant des rigoles et des fossés à la surface du sol. Dans ce cas, il est indispensable que le sol ne soit pas horizontal, car les rigoles d'écoulement doivent avoir une pente minimum d'un demi-millimètre par mètre. Parfois, les rigoles et les fossés à ciel ouvert sont remplacés par des tranchées ou saignées couvertes, garnies de fascines (aulne ou épine noire). Mais le procédé le plus efficace est le drainage du sol.

175. En quoi consiste le drainage. — Le drainage a pour but de débarrasser une terre des eaux qu'elle renferme en excès, en faisant écouler ces eaux par des tuyaux souterrains qu'on appelle des *drains* (*fig.* 30).

Utilisé pour la première fois en Écosse, vers 1830, le drainage se pratique en France depuis 1850.

Dans un drainage, on distingue deux sortes de tranchées et de drains :

Fig. 30. — Drain au fond d'une tranchée.

les *collecteurs* et les drains d'assèchement ou *petits drains*.

Les tranchées d'*assèchement* sont des fossés profonds de 0^m,60 à 1^m,20 ; la pente étant rendue très régulière au fond, on place bout à bout les drains en terre cuite, ayant une longueur de 0^m,30 à 0^m,33, et un diamètre de 0^m,025 à 0^m,05, suivant la pente du terrain et la quantité d'eau à évacuer. Parfois on réunit les extrémités de deux drains par un manchon percé de trous; c'est un surcroît de dépense inutile, car l'eau s'infiltre dans les drains au point de leur contact; en réalité, l'écoulement est à peu près continu.

Les lignes des tranchées d'assèchement aboutissent obliquement à une autre tranchée qui reçoit des drains plus gros ou *collecteurs*, dont le diamètre varie de $0^m,05$ à $0^m,15$. La profondeur des tranchées collectrices varie suivant la disposition et la nature du terrain ; afin d'assurer l'évacuation de l'eau, on place en général les collecteurs à $0^m,10$ au-dessous des drains d'asséchement. Les collecteurs débouchent à leur tour dans un ruisseau ou un fossé de décharge ; la sortie du collecteur est surélevée de $0^m,15$ ou $0^m,20$ sur le fond du fossé d'évacuation et garantie par l'établissement d'un mur en pierres sèches et une grille.

Au point où se réunissent deux collecteurs, on place souvent un regard en poterie ou en maçonnerie ; le tuyau de sortie (aval) est placé plus bas que les tuyaux d'amenée (amont) ; on peut, grâce au regard, vérifier si le drainage fonctionne bien.

176. Règles à observer pour obtenir un bon drainage. — Pour s'assurer du bon fonctionnement d'un drainage, il y a quelques règles essentielles à observer.

Les *tranchées d'asséchement* sont placées, autant que possible, parallèlement les unes aux autres ; leur distance varie en raison inverse de la compacité et de l'imperméabilité des terres : elle sera de 7 mètres dans les terres très compactes, 12 mètres pour des sols de compacité moyenne, 15 mètres en sols silico-argileux. Il est rare de porter l'écartement à 20 mètres.

La *pente* à donner aux petits drains doit être, au minimum, de $0^m,03$ par mètre, et mieux, de $0^m,04$ à $0^m,05$. Pour les collecteurs, on peut se contenter d'une pente de $0^m,015$ à $0^m,02$ à la condition d'employer des tuyaux d'un diamètre plus grand : entre les extrêmes que nous avons fixés, les diamètres des drains doivent varier en raison inverse de la pente des tranchées.

Quand la pente du sol à drainer est inférieure à $0^m,05$, les tranchées doivent être dirigées suivant la plus grande pente (perpendiculairement aux courbes de niveau) ; si, au contraire, la pente est trop forte, on dirige les tranchées dans un sens transversal, par rapport aux courbes de niveau, de manière à ramener la pente à $0^m,05$ par mètre, par l'allongement des tranchées.

La *longueur d'une ligne de drains* d'asséchement varie avec la pente ; elle ne doit pas excéder 150 mètres pour une pente de $0^m,02$ à $0^m,03$, 200 mètres avec une pente de $0^m,05$; au delà de 200 mètres, il faudrait une pente d'au moins 0^m,05 et les tuyaux choisis devraient être d'un plus grand diamètre.

Pour les collecteurs, on estime que des tuyaux de 0^m,05 à 0^m,06 peuvent évacuer les eaux de 2 000 mètres de tranchées d'asséchement ; des tuyaux de 0^m,07 à 0^m,08 desservent 3 000 à 4 000 mètres de tranchées ; un collecteur de 0^m,10 à 0^m,12 dessert 6 000 à 8 000 mètres.

177. Tracé du plan de drainage. — Avant de procéder à l'exécution d'un drainage, il faut en faire le tracé, conformément aux indications qui précèdent. On rapporte

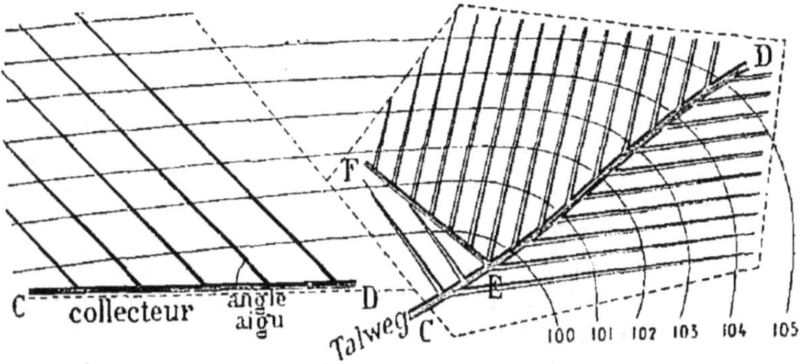

a. Terrain plan à pente unique.   *b.* Terrain à double pente.

Fig. 31. — Plan de drainage. — 100, 101. 102..., courbes de niveau ; CD, collecteur principal ; EF, collecteur secondaire. Les lignes de petits drains aboutissent à angle aigu sur le collecteur.

sur le papier le plan du terrain avec ses courbes de niveau relevées avec soin (*fig.* 31).

Deux cas peuvent se présenter dans le tracé des lignes à occuper par les drains :

Ou bien la surface à drainer est plane et régulière, avec une pente plus ou moins forte, mais uniforme; ou bien la pièce de terre offre des pentes diverses réunies entre elles par des lignes de partage des eaux (ligne de faîte) ou par des talwegs (vallée commune).

Dans le premier cas, on donne à toutes les tranchées d'asséchement une direction unique indiquée par la pente du terrain; elles aboutissent à un collecteur placé à la base du champ dans un sens transversal par rapport aux courbes de niveau.

Quand la pente est insuffisante, on donne au collecteur une pente *artificielle,* en creusant à 0^m,80 ou 0^m,90 la tranchée vers l'amont, pour finir à 1^m,25 ou 1^m,30 à l'aval.

Dans les terrains à forte pente, on double parfois les drains du collecteur situés à la partie basse pour faciliter l'écoulement des eaux après les grandes pluies.

Quand la pièce de terre à drainer est mamelonnée, on la divise en morceaux offrant chacun une pente régulière, et le travail pour chaque fraction du champ se ramène au cas précédent. Si deux versants convergent vers un talweg, ce talweg est tout indiqué pour recevoir le collecteur, mais alors les drains d'assèchement de chaque versant ne doivent jamais aboutir face à face dans le collecteur ; on les fait alterner. On obtient alors le système dit *en patte d'oie*.

Tous les terrains, malgré les ondulations nombreuses qui s'y rencontrent, peuvent être ramenés à l'un ou l'autre de ces cas simples.

Il a été créé depuis quelques années, au Ministère de l'Agriculture, un *Service des améliorations agricoles*. Ce service a pour mission d'effectuer, gratuitement, le tracé des plans de drainage.

Le propriétaire adresse sur papier libre et par l'intermédiaire de la préfecture ou de la sous-préfecture de l'arrondissement dans lequel se trouve le terrain à drainer, une demande qui est transmise au Ministère de l'Agriculture. Le service compétent fait parvenir au propriétaire le plan du drainage, avec courbes de niveau, tracé des tranchées, indication des tuyaux à employer et devis approximatif de la dépense. Le législateur a entendu ainsi faciliter l'exécution de cette importante amélioration foncière.

178. Exécution du drainage. — On reporte sur le terrain le tracé du plan et on jalonne les lignes de tranchées. Les tranchées sont ouvertes en commençant par la partie basse du collecteur ; si on faisait l'inverse, l'eau des drains viendrait gêner les ouvriers dans leur travail. Les fossés, creusés au moyen de bêches spéciales, ont $0^m,20$ à $0^m,30$ d'ouverture à la surface du sol et 6 à 8 centimètres au fond ; on égalise bien le niveau du fond à la drague, puis on pose les drains bout à bout, sans intervalle. A mesure qu'avance le travail, on recouvre les drains dans la tranchée en plaçant immédiatement dessus de la terre meuble ; on amorce chaque ligne de petits drains qui arrive toujours à angle aigu sur le collecteur pour faciliter l'écoulement de l'eau. Aussitôt le collecteur terminé, on reprend les tranchées d'assèchement en partant du collecteur. Pour combler les tranchées, il faut choisir un temps sec. Les drainages bien exécutés demandent peu d'entretien ; parfois les tuyaux sont bouchés par un chevelu de fines racines (prèles, queues de renard); on le reconnaît à ce que le sol

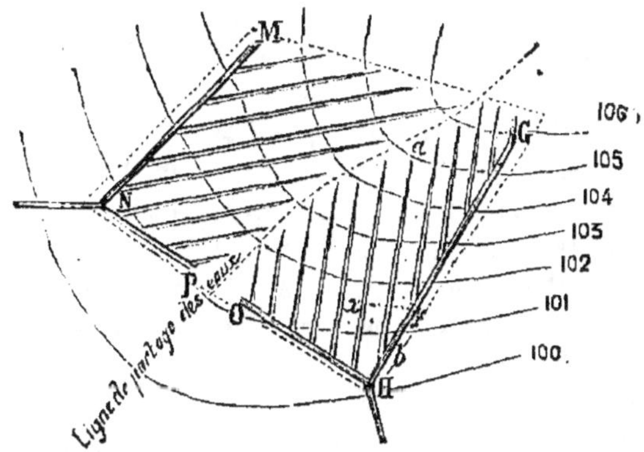

Fig. 32. — MN, NP, collecteurs se réunissant en N ; OH, GH, collecteurs se réunissant en H.

devient marécageux; il suffit alors de relever la partie obstruée.

179. Prix de revient. Législation du drainage. — Le prix de revient d'un drainage est très variable ; car le nombre des lignes de drains à établir augmente avec l'imperméabilité du sol ; le coût de la main-d'œuvre varie avec la nature du sol ; le prix de revient des tuyaux influe également. On peut évaluer de $0^f,30$ à $0^f,72$ le mètre linéaire ; soit, en moyenne, de 250 à 370 francs à l'hectare, les extrêmes allant de 100 francs à 900 francs.

Dans les pays de petite culture, où les terres sont très morcelées, les propriétaires peuvent être autorisés, par arrêté préfectoral, à se syndiquer pour faire exécuter en commun le drainage de leurs terres. (Loi du 21 juin 1865.)

La loi du 10 juin 1854 autorise les propriétaires ou syndicats de propriétaires à conduire les eaux de drainage, souterrainement ou à ciel ouvert, à travers les propriétés des voisins, moyennant une indemnité, jusqu'au cours d'eau le plus proche.

Le Crédit agricole pourrait permettre aux propriétaires d'effectuer des drainages collectifs. Le remboursement des avances nécessaires se ferait par annuités.

§ II

IRRIGATIONS

180. Utilité de l'eau dans la culture. — L'eau est indispensable à la vie des plantes, car celles-ci en évaporent constamment par leurs parties vertes et en conservent dans leurs tissus : la laitue renferme 90 p. 100 d'eau, l'herbe des prairies 75 p. 100. L'eau dissout dans le sol des principes fertilisants (azotés, potassiques, phosphatés, etc.) et les porte aux racines qui vivent dans le sous-sol. Enfin, en humectant les particules terreuses, l'eau facilite le développement des radicelles, contribue à l'aération des couches profondes du sol, ce qui rend possibles les diverses oxydations (nitrification) et dissolutions indispensables à l'absorption des aliments par les plantes.

Quand l'eau porte des résidus organiques ou minéraux en dissolution ou en suspension, elle peut abandonner sur le sol où on la maintient en repos, de fines particules qui forment une couche de terre fertile ; on obtient alors le *colmatage* (184).

L'eau qui couvre une terre pendant un certain temps peut détruire des animaux ou des insectes nuisibles (souris, vers blancs, phylloxera).

D'après M. de Gasparin, une terre devrait renfermer, en toute saison, sur $0^m,30$ de profondeur, un poids d'eau compris entre 10 et 20 p. 100 de son propre poids.

181. Qualité des eaux d'irrigation. — Presque toutes les eaux sont bonnes pour irriguer ; toutefois, leur température doit être comprise entre 12° et 40° ; elles doivent être aérées ; les eaux acides des forêts, des marais, produisent de mauvais effets. Il est possible d'améliorer les eaux en les rassemblant dans des bassins contenant des matières alcalines, chaux grasse ou fumier, ou en les faisant parcourir un long trajet sur des terres calcaires, avec des barrages fréquents facilitant l'aération. Leur qualité varie avec la composition physique et chimique des matières qu'elles tiennent en suspension ou en dissolution.

L'eau est bonne lorsqu'elle provient de terres cultivées ou d'un étang poissonneux ; elle sera très bonne si le ruisseau qui la fournit laisse pousser le cresson de fontaine; inférieure lorsque les joncs apparaissent, et mauvaise si on n'y voit que des carex et des prêles.

182. — Sols et cultures à irriguer. — On peut irriguer tous les sols quand la sécheresse se fait sentir, mais il est facile de comprendre que les arrosages sont surtout bien utilisés par les terres légères ou caillouteuses, calcaires ou sablonneuses. Quand on veut irriguer des terres argileuses, imperméables, il faut commencer par les drainer. Si l'irrigation est bien conduite, l'eau doit arriver partout et ne séjourner nulle part.

Dans les pays à climat sec et chaud, comme le midi de la France, on peut irriguer toutes les cultures, vignes, céréales, prairies; mais, dans les régions tempérées, les irrigations s'appliquent plus particulièrement aux prairies.

La quantité d'eau nécessaire varie avec la nature du sol, les plantes cultivées et le but que l'on se propose d'atteindre. Dans les prairies on irrigue pendant six mois de la belle saison, à raison d'un arrosage tous les 15 jours; chaque arrosage reçoit 250 à 500 mètres cubes d'eau par hectare. En culture maraîchère les arrosages sont plus fréquents et plus abondants; il ne faut jamais irriguer des récoltes à graines au moment de la floraison ou de la fructification.

On doit irriguer de préférence la nuit, ou par un temps couvert; un temps très chaud ou un vent violent produisent, par évaporation, un refroidissement du sol et des racines des plantes, qui nuit à la végétation.

183. Modes d'arrosage. — Pour irriguer une terre on y amène, par une rigole, ou *canal de dérivation,* l'eau d'un ruisseau ou d'un réservoir (étang, bassin, etc.).

L'eau étant ainsi conduite à la partie la plus haute de la pièce à arroser, on la distribue suivant trois systèmes différents : 1° par infiltration; 2° par submersion; 3° par ruissellement ou déversement en nappe mince, à la surface du sol en pente.

1° *Infiltration.* L'eau est conduite dans des rigoles parallèles qui séparent les planches livrées à la culture; elle pénètre dans le sol par imbibition, et l'excès est emmené par des rigoles dites de colature. Ce système n'est pas applicable aux prairies; il convient bien aux cultures maraîchères et aux céréales.

2° *Submersion.* Le terrain à irriguer est entouré de digues en terre formant des bassins horizontaux dans lesquels on amène l'eau, qui séjourne 24 à 48 heures et même 40 jours sur la vigne, en vue de détruire le phylloxera pendant l'hiver.

3° *Ruissellement.* C'est le mode d'arrosage le plus fréquemment employé, surtout pour les prairies ; ce système se pratique de différentes façons : par *ados*, par *razes* ou *épis* et par *rigoles de niveau.*

L'*irrigation par ados* (*fig.* 33), qui s'emploie dans les terrains à faible pente (moins de 0^m,002 par mètre), consiste à disposer le sol en une série de toits à deux pentes, ou ados. Une rigole de distribution est tracée au sommet de chaque ados ; entre deux ados, une rigole de colature emmène les eaux en excès. Les ados sont dirigés perpendiculairement à la pente, et réunis en compartiments que dessert un même canal de distribution ; leur longueur varie de 25 à 100 mètres suivant la pente du sol, et la largeur, de 8 à 20 mètres, suivant le degré de perméabilité.

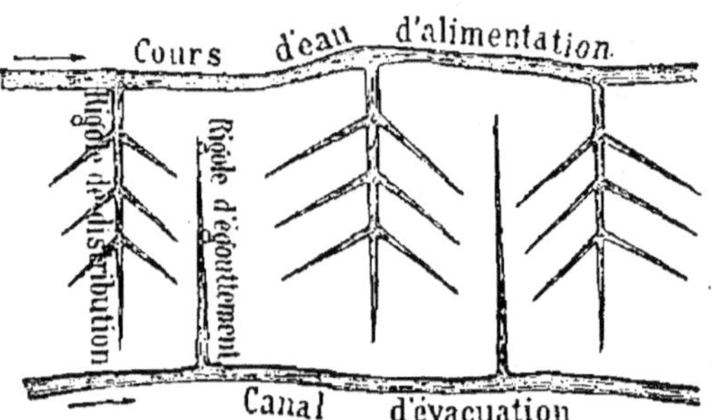

Fig. 33. — Irrigation par ados, razes ou épis.

L'eau en excès d'un compartiment est utilisée pour irriguer le compartiment inférieur.

Ce système exige de nombreux travaux de préparation du sol ; aussi, quand la pente est assez forte, on préfère l'arrosage par rigoles de niveau.

L'irrigation par *razes* ou *épis* (*fig.* 33) s'emploie dans les terrains très accidentés ou mamelonnés. La rigole de distribution est tracée sur chaque mamelon à la façon des rigoles en ados, mais la largeur de la rigole diminue progressivement pour finir en pointe ; tout le long de ce canal partent des rigoles secondaires, plus petites, mais construites de la même façon afin de ralentir la vitesse d'écoulement de l'eau. On creuse dans les dépressions avoisinantes des rigoles d'égouttement qui aboutissent à un canal d'évacuation.

L'irrigation par *rigoles de niveau* (*fig.* 34) permet une bonne répartition de l'eau ; elle est peu coûteuse à organiser, d'un entretien facile. L'eau alimente d'une manière

continue un canal à bord horizontal qui déverse en trop-
plein; les rigoles de déversement sont à fond presque plan,
ce qui permet leur engazonnement. Ces rigoles se succèdent

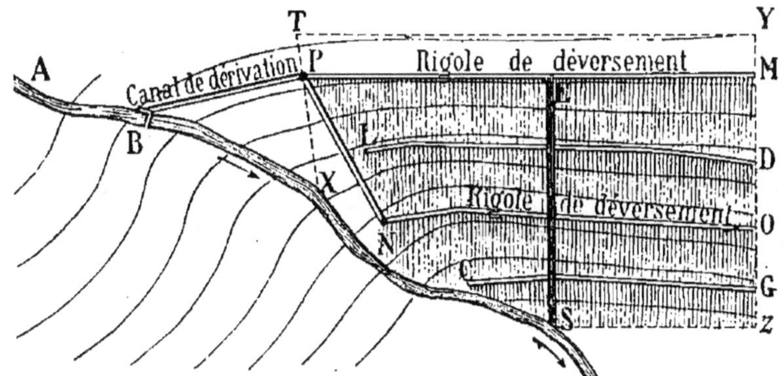

Fig. 34. — Irrigation par rigoles de niveau.

AS, cours d'eau; B, barrage formant prise d'eau; BP et PN, canaux d'amenée de
l'eau; PM et NO, rigoles de déversement (à niveau horizontal); LD, CG, rigoles
de niveau recueillant l'eau des rigoles supérieures et la déversant à leur tour;
ES, rigole de colature emmenant l'excès d'eau au cours d'eau; TXSZY, partie
irriguée.

à une distance telle que l'irrigation des bandes qui les séparent soit assurée régulièrement. Leur écartement peut
varier de 4 mètres jusqu'à 50 mètres; il est minimum pour
les pentes extrêmes et maximum pour les pentes moyennes
de 4 à 10 centimètres par mètre. On évite ainsi le ravine-
ment dans les fortes pentes et on obtient une égale répartition de l'eau dans les pentes les plus faibles.

184. Colmatage. — Certaines eaux charrient des débris terreux ou des limons. Si on peut amener ces eaux sur
les terres et les y faire séjourner, les débris se déposent,
augmentant ainsi l'épaisseur de la couche arable, la fertilité
et les propriétés physiques du sol. Généralement on renouvelle un certain nombre de fois cette opération et on obtient
le *colmatage* qui est une forme spéciale de l'irrigation.

Par le colmatage on a pu transformer en prairies des
terres de vallées, formées de sables grossiers, presque sté-
riles; le colmatage s'effectue depuis longtemps dans la vallée du Nil, en Egypte.

174. Quels sont les inconvénients des terrains humides et imperméables? — Comment peut-on assainir ces terrains? — **175.** En quoi consiste le drainage? — **176.** Quelles sont les dimensions à observer pour obtenir un bon drainage? — **177-178.** Dites comment s'exécutent le plan et les travaux d'un drainage. — **179.** Quel est le prix de revient d'un drainage? — **180.** Montrez l'utilité de l'eau dans la culture. — **181.** Quelles qualités doit avoir une eau pour l'irrigation? — **182.** Quels sont les récoltes et les sols qui peuvent être irrigués? — **183.** Citez différents modes d'arrosage. — Indiquez comment on effectue l'arrosage par ruissellement, en ados, par razes ou épis, par rigoles de niveau. — **184.** En quoi consiste le colmatage?

LECTURE

La pratique des irrigations varie suivant les saisons.

Les circonstances atmosphériques rendent les arrosages nécessaires dans toutes les saisons ou dans une saison seulement. Mais ils ne sont pas pratiqués de la même manière partout, ni aux mêmes époques ou aux mêmes heures de la journée. L'irrigation se règle, en effet, dans les divers pays, d'après les conditions climatériques, qui sont souveraines.

Citons un exemple, choisi en Lombardie et destiné à montrer l'influence des saisons sur le mode d'arrosage.

En hiver, quand les prés se couvrent de givre ou de gelée blanche, il est d'usage d'y faire couler lentement une nappe d'eau continue. Au printemps, on arrose parfois pour hâter la germination, mais alors on donne très peu d'eau afin d'empêcher l'abaissement subit de la température, et on se garde bien d'arroser le soir, à cause de la fraîcheur des nuits. Au cœur de l'été, c'est, au contraire, le soir, ou pendant la nuit, que l'on répand les eaux qui se sont échauffées dans la journée; on obvie ainsi à une trop grande évaporation. Enfin, en automne, on n'obtient la troisième et la quatrième coupe des foins qu'à l'aide de copieux et fréquents arrosages faits de jour et de nuit.

A. RONNA.
(*Les irrigations*, t. Ier, p. 200.)

CHAPITRE VII

Les assolements.

§ Ier

PRINCIPES GÉNÉRAUX DES ASSOLEMENTS

185. Ce qu'on entend par assolement. — Les terres d'une exploitation se divisent habituellement en plusieurs parties ou *soles*, suivant les plantes qu'on y cultive ; ainsi, l'ensemble de toutes les parcelles qui, la même année, reçoivent du blé constitue la sole du blé. On appelle *assolement* la division d'un domaine agricole en *soles*, ou *saisons*, de surface à peu près égale.

Mais, si l'on considère une même pièce de terre, l'*ordre de succession* des diverses productions végétales sur cette terre constitue la *rotation ;* la durée de rotation compte donc autant d'années qu'il existe de soles dans l'assolement ; une sole peut sortir de la rotation (luzerne, par exemple).

Dans le langage courant, le mot *assolement* s'emploie à la fois pour indiquer la *division en soles* et la *rotation des cultures*. Suivant que le nombre de soles et la durée, en années, de rotation des cultures sur une exploitation est de 2, 3, 4 ou plus, l'assolement est dit *biennal, triennal, quadriennal ;* au delà, on dit assolement de 5, 6, 8 ans, etc.

186. Avantages de l'assolement. — La connaissance exacte des besoins de la plante montre que *l'assolement n'est pas indispensable.* On a poursuivi, en Angleterre, pendant trois quarts de siècle, à titre expérimental, la culture du blé sur une même terre sans que les récoltes aient diminué ; il a suffi de restituer au sol tous les principes enlevés par les cultures successives.

Mais, si la chose est possible, elle n'est pas *économique*, et elle offrirait de graves inconvénients dans la pratique ; *l'assolement* est donc *avantageux ;* nous allons le montrer.

Toutes les plantes n'ont pas les mêmes exigences ; elles

ont des préférences (155), relativement aux aliments qu'elles puisent dans le sol (dominante).

D'après MM. Müntz et Girard, voici quelles sont les quantités d'azote et de potasse enlevées au sol par deux récoltes : l'une de 40 hectolitres de blé avec la paille correspondante, l'autre de 18 000 kilogrammes de pommes de terre, les fanes restant sur le champ.

RÉCOLTES		AZOTE	POTASSE
		kilogr.	kilogr.
Blé (40 hectolitres.	Grain......	66,7 } 102,5	17,6 } 53,6
	Paille......	35,8 }	36 » }
Pommes de terre (18 000 kilogr.).		57,6	100,8

Un champ sur lequel on cultiverait plusieurs fois de suite du blé s'appauvrirait vite en azote et en acide phosphorique tandis qu'il utiliserait peu la potasse, comme le montre le tableau. Sans doute, il serait possible, grâce à l'emploi d'engrais chimiques, de remédier à son épuisement, mais un élément naturel du sol, la potasse, resterait néanmoins à l'état de capital improductif.

Au contraire, par l'assolement, faisons succéder au blé une plante qui enlève au sol beaucoup de potasse, comme la pomme de terre par exemple, et les divers éléments du sol concourront ainsi, à tour de rôle, à la production agricole. Le tableau précédent montre en effet que la succession des deux récoltes, blé et pommes de terre, se traduit par une consommation à peu près égale en azote (160^{kg},1) et en potasse (154^{kg},4). C'est là un premier avantage de l'assolement ; l'alternance des cultures assure un équilibre dans l'utilisation de la fertilité du sol.

L'assolement permet encore de débarrasser plus facilement le sol des mauvaises herbes. Certaines cultures, comme les céréales, sont dites *salissantes*, parce qu'elles facilitent le développement des mauvaises herbes : moutarde, nielle, coquelicots, ivraie, etc. Ces plantes arrivent à maturité avant la moisson et laissent tomber sur le sol des graines qui germent à l'automne, ou au printemps suivant. Si l'on répète plusieurs cultures salissantes sur le même sol, le nombre des mauvaises herbes s'accroîtra au point de compromettre la récolte. Pour éviter cet inconvénient, il suffit de faire alterner une culture dite *sarclée* ou *nettoyante*, comme la pomme de terre ou la betterave, qui exige de nombreux binages. L'inconvénient disparaît.

Ce que nous venons de dire des mauvaises herbes est vrai aussi en ce qui concerne les insectes nuisibles et les parasites animaux ou végétaux des plantes cultivées : vers blancs, nématode des betteraves, carie du blé, etc. La répétition d'une même culture rend le milieu favorable à leur développement; beaucoup périssent au contraire si on alterne les cultures.

Certaines plantes, les légumineuses fourragères principalement, se refusent à revenir fréquemment sur le même sol, même très fertile. L'addition des engrais chimiques ne saurait y remédier; ainsi le trèfle, cultivé tous les trois ans dans une terre soumise à l'assolement triennal, fournirait des récoltes de moins en moins élevées à chaque nouvelle rotation.

Enfin, l'assolement permet d'effectuer les façons préparatoires des terres sans surcharge pour les attelages, tout en assurant la réussite de la nouvelle récolte.

§ II

CHOIX D'UN ASSOLEMENT. — EXEMPLES D'ASSOLEMENT

187. Choix d'un assolement. — En outre des considérations précédentes (186), le choix de l'assolement peut encore être influencé par des causes secondaires, comme le manque de chemins de déblave, le voisinage d'autres cultures, la quantité de matières fertilisantes dont on dispose, etc. L'emploi raisonné des engrais chimiques a eu pour effet d'augmenter en général la durée de rotation. Tout en s'attachant à déterminer un ordre rationnel dans la succession des cultures, l'agriculteur s'affranchit aujourd'hui des règles rigoureuses auxquelles on se soumettait autrefois.

Dans beaucoup d'exploitations, on livre chaque sol à la culture qui paraît la plus avantageuse sans s'opposer aux principes essentiels que nous avons étudiés; c'est le cas pour les *cultures dérobées*.

188. Culture dérobée. — On ne demande habituellement à une terre qu'une seule récolte par année. Mais les terres qui restent nues pendant la belle saison, laissent perdre dans le sous-sol une notable partie des éléments azotés solubles qu'elles renferment.

Pour éviter cette perte d'azote, très appréciable, on peut, aussitôt que la récolte est enlevée, labourer et semer une plante à végétation active (moutarde blanche, sarrasin, navets, navette d'hiver), qui sera récoltée comme fourrage vert d'arrière-saison, ou enfouie comme engrais vert (122).

Ces sortes de récoltes ont été appelées *cultures dérobées, intercalaires* ou *supplémentaires*, parce qu'elles sont prises au sol en supplément des cultures prévues à l'assolement. Elles ne fournissent de résultats satisfaisants que dans les terres fertiles ; en terres pauvres, la récolte reste souvent médiocre et ne couvre pas les frais.

En outre, il faut tenir compte, dans la restitution des engrais au sol, de l'épuisement total dû aux deux récoltes de l'année ; mais la culture dérobée reste avantageuse dans les bons sols, puisqu'elle utilise des éléments qui, sans elle, seraient perdus.

189. Formules d'assolements. — Les formules d'assolements varient d'une région à une autre et suivant les plantes cultivées ; elles sont très nombreuses et peuvent d'ailleurs recevoir des modifications à l'infini. Dans ces conditions, on ne doit attacher qu'une importance relative aux diverses formules ; pourtant, dans leur comparaison, le cultivateur arrive à puiser des indications pour déterminer celle qu'il doit suivre.

Voici quelques formules le plus en usage.

Assolement biennal.	Blé, jachère (Midi de la France). Blé, culture industrielle (betterave à sucre, chanvre, lin, tabac, maïs, choux). Sarrasin, seigle. } Terres pauvres, de Pommes de terre, orge ou seigle. } montagne.
Assolement triennal.	Jachère, blé, avoine (Beauce). Betteraves, blé, avoine (Nord, Brie). Jachère, seigle, sarrasin (Sologne). Blé, maïs, fèves ou trèfle incarnat (Garonne). Blé, trèfle, chanvre ou colza (Alsace-Lorraine). Blé, avoine ou orge, trèfle ou sainfoin (Champagne).
Assolement quadriennal.	Turneps, orge, trèfle, blé (Norfolk). Chanvre, tabac, colza, blé (Flandre). Maïs, blé, chanvre, blé (Garonne). Blé, pommes de terre, avoine, ray-grass.

Il est entendu que la substitution peut toujours s'opérer facilement, entre des plantes de même nature : blé, seigle ou méteil ; ou bien orge, avoine et sarrasin ; de même entre betteraves, pommes de terre et navets.

Seules, les légumineuses fourragères annuelles figurent à l'assolement ; la luzerne, les prairies temporaires constituent des soles hors de rotation. Quand celles-ci rentrent dans la rotation, après défrichement de la prairie, d'autres en sortent.

§ III

LA JACHÈRE

190. La jachère. — La *jachère* consiste à laisser le sol improductif pendant un an, tout en lui donnant une succession de façons culturales pour l'ameublir et le nettoyer de ses mauvaises herbes.

Cette pratique était fort en usage avant l'emploi des engrais complémentaires ; elle était prévue dans toutes les formules d'assolement. On pensait que la terre *se reposait* pendant l'année de jachère et qu'elle était ainsi plus apte, l'année suivante, à fournir de bonnes récoltes.

Mais la terre arable ne se fatigue pas, elle s'épuise, et on guérit l'épuisement par la restitution. En ayant soin d'apporter chaque année au sol des engrais appropriés, il est possible de le maintenir en état de productivité constante, sans diminuer l'importance des récoltes et sans nuire à sa fertilité. L'expérience a depuis longtemps justifié cette notion.

Bien plus, la jachère épuise le sol : les nombreux travaux aratoires effectués au printemps et en été activent la nitrification, et l'azote nitrique ainsi formé est entraîné par les pluies et perdu.

La vieille expression *fumer la terre à coups de charrue* qui traduisait, dans l'esprit des anciens agriculteurs, l'amélioration apportée à une terre par la jachère, est donc fausse. Sans doute une succession de façons culturales appropriées permet, grâce à l'ameublissement et au nettoyage du sol, d'en accroître la productivité, mais non la fertilité. Or, *fumer* signifie *fertiliser*.

La jachère nue, ou morte, n'est utile qu'en vue de nettoyer un sol par trop infesté de mauvaises herbes (chiendent, avoine à chapelets). A part ce cas extrême, il y a tout avantage à remplacer, suivant la fertilité du sol, la jachère nue par une culture sarclée, ou un fourrage vert à récolter ou à enfouir.

La *jachère verte* consiste à prélever, entre deux labours, une récolte fourragère à végétation rapide : trèfle incarnat, vesces, moutarde blanche, sarrasin, etc.

Dans les exploitations à culture intensive, on profite de l'automne pour effectuer des labours successifs sur les terres restant libres après l'enlèvement des céréales et ne devant être réensemencées qu'au printemps.

On achève cette mise en culture en hiver, par un labour profond; c'est une excellente préparation, pour les terres qu'on destine aux plantes sarclées par exemple.

QUESTIONNAIRE

185. Expliquez ce qu'on entend par *assolement*. — 186. Donnez les deux raisons essentielles pour lesquelles l'agriculteur adopte un assolement. — 187. Quelles sont les considérations qui doivent guider l'agriculteur lorsqu'il établit un assolement ? — 188. Quels sont les avantages et les inconvénients des cultures dérobées ? — 189. Citez quelques exemples d'assolements de trois ans, — d'assolements de quatre ans. — 190. Qu'appelle-t-on jachère ? — jachère verte ? — Quels sont les inconvénients de la jachère ?

LECTURE

Culture dérobée comme engrais.

Il n'est avantageux de consacrer toute une saison à la culture des plantes destinées à être enfouies que dans les terres de montagnes, où il est impossible de faire arriver les engrais; pour les remplacer, on cultive d'ordinaire des légumineuses peu exigeantes, comme les lupins, qui enrichissent le sol en azote atmosphérique.

Si cette pratique ne se présente que dans des conditions très exceptionnelles, il en est une autre qui tend à se répandre avec grand avantage, c'est celle des cultures dérobées comme engrais.

Dans le nord de la France, on a été conduit à réduire l'assolement à deux plantes qui se succèdent indéfiniment : le blé et la betterave. Après la culture du blé, le sol reste découvert pendant six mois; on ne donne guère les grands labours qu'à la fin d'octobre ou en novembre, après que la terre a été détrempée par les pluies : or, de la moisson à ces labours, les pluies d'automne lavent le sol et lui enlèvent des quantités notables d'acide nitrique.

Les cultures dérobées pour engrais sont particulièrement précieuses pour éviter ces pertes énormes, représentées, en moyenne, à Grignon, pour trois années, par 41^{kg},6 d'azote, correspondant à 260 kilogrammes de nitrate de soude.

Quand les plantes semées immédiatement après la moisson sur les labours de déchaumage lèvent bien, elles retiennent parfois complètement les eaux, les drains cessent de couler ; c'est ce qui est arrivé en 1891 à Grignon, où les cultures dérobées de vesce ont très bien réussi. Quand les eaux sont trop abondantes pour être évaporées par les jeunes plantes, celles-ci s'emparent presque complètement des nitrates.

Les cultures vertes comme engrais méritent donc une sérieuse attention.

P.-P. Dehérain.
(Traité de chimie agricole, p. 592.)

CHAPITRE VIII

Les opérations culturales.

191. Utilité des façons culturales. — Le travail du sol agit :

1° Sur les *propriétés physiques* des terres ; il les ameublit, facilite la germination des semences, la pénétration et le développement des racines ; il active l'échauffement, la circulation de l'air et, partant, de l'oxygène ; enfin, il accroît la propriété qu'a le sol d'emmagasiner de l'humidité pour résister à la sécheresse ;

2° Sur les *propriétés chimiques* du sol ; il détermine la décomposition, la nitrification et l'absorption des éléments organiques, ainsi que la dissolution de certains principes minéraux utiles pour la plante.

Le travail du sol sert encore à enfouir les engrais et parfois les semences ; il constitue le moyen le plus pratique pour détruire les mauvaises herbes.

Les opérations culturales comprennent : les *labours* et les *façons superficielles;* on les exécute au moyen des *instruments de préparation du sol.*

§ Ier

LES LABOURS

192. Les labours ; profondeur à leur donner.
— Le labour consiste à découper la terre arable par bandes
de section rectangulaire, puis à soulever et à renverser ces
bandes de manière à exposer à l'air la partie profonde du
sol, et à enfouir les mauvaises herbes pour les détruire.

On démontre facilement que la surface de terre exposée à
l'air par le labour atteint son maximum lorsque la largeur

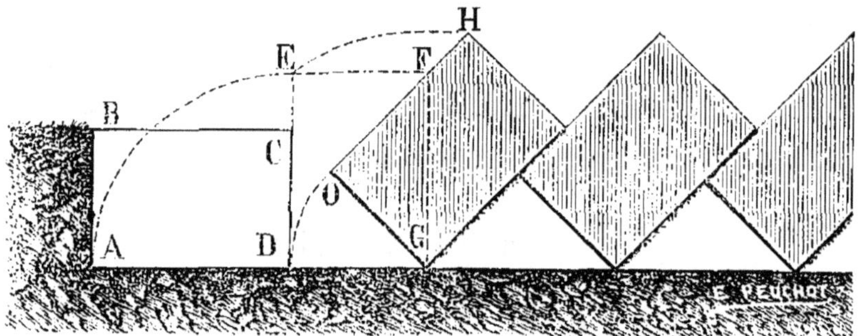

Fig. 35. — Dimension des labours.

de la bande est d'environ une fois et demie son épaisseur
(*fig. 35*). Ainsi, pour un labour de 0^m,20 de profondeur,
chaque bande de terre devrait avoir 0^m,30 de large ; à un
labour de 0^m,12 de profondeur correspond une bande de
0^m,18 de large ; dans ce cas, la bande de terre, après l'opération, est inclinée à 45°. Mais ces proportions varient nécessairement avec la profondeur des labours.

On appelle *labours superficiels*, *légers* ou de *déchaumage*,
ceux qui travaillent le sol à une profondeur moindre que
10 centimètres ; ils se rapprochent des scarifiages et des
hersages (§ II) ; les *labours ordinaires* ont 0^m,12 à 0^m,18 ;
les *labours profonds*, 0^m,20 à 0^m,25, et les *labours de défoncement* atteignent ou dépassent 0^m,30.

Dans les labours superficiels, la bande a une largeur
égale à trois ou quatre fois sa profondeur ; elle retombe à
plat. Pour les labours moyens, on se rapproche des proportions normales (la largeur est d'environ une fois et demie la

profondeur); la largeur n'est plus que 1,2 à 1,3 de la profondeur dans les labours profonds; les deux dimensions sont égales pour les défoncements.

193. Utilité des labours. — Les *labours superficiels* sont utiles pour la destruction des mauvaises herbes, et pour la préparation du sol avant l'ensemencement. Aussitôt après l'enlèvement des moissons, il est utile d'effectuer un *déchaumage*. Le déchaumage a pour but d'enfouir, à une très faible profondeur, les graines des mauvaises herbes tombées sur le sol pendant la récolte; ces graines germent rapidement et le labour ordinaire qui suit, à l'automne, détruit les jeunes plantes avant qu'elles aient produit des graines.

Les *labours moyens* ont surtout en vue l'ameublissement et le nettoyage des terres.

Les *labours profonds* ou de défoncement offrent de grands avantages dans les terres fortes, et lorsque le sous-sol est de bonne qualité. Ils permettent aux racines de s'enfoncer plus profondément en augmentant le volume de terre mis à la disposition de la plante. Ils assurent, en hiver, l'accumulation, dans le sol, d'une abondante provision d'eau que les récoltes utilisent avec profit pendant la sécheresse de l'été; ils ameublissent parfois les terres humides au point de remplacer un drainage, beaucoup plus coûteux.

Quand le sol et le sous-sol sont de nature très différente et se complètent mutuellement, on arrive, par les labours profonds, à augmenter la fertilité de la terre, en en modifiant les propriétés physiques.

Par contre, si le sous-sol est de mauvaise nature, il ne faut pas le mélanger d'un seul coup avec le sol; la fertilité de ce dernier serait diminuée. Dans ce cas, on se contente de fouiller le sol progressivement, pour l'ameublir et l'aérer, mais on le laisse en place. On profite pour cette opération des récoltes rustiques ou de l'année pendant laquelle le sol reste en jachère.

Les labours profonds ont, sur la nitrification, un effet encore plus actif que les labours ordinaires, à cause de la plus grande quantité de terre remuée.

Aussi, pour éviter des pertes en azote nitrique, ces labours s'effectuent en automne; les gelées d'hiver ameublissent la terre dure et compacte du sous-sol, en désagrégeant les mottes; en outre, la terre se gorge d'eau facilement.

Les labours profonds doivent toujours être accompagnés

de fortes fumures ; sans cette précaution, le sous-sol ramené à la surface est peu aéré, pauvre en matière organique ainsi qu'en microorganismes destinés à la transformer. Pendant plusieurs années cette terre neuve resterait froide et peu productive.

Mais, bien raisonnée et sagement conduite, l'opération est toujours avantageuse. Les petits cultivateurs n'y recourent pas assez souvent.

194. Epoque et nombre des labours. — La nature des terres influe beaucoup sur l'époque à choisir pour les labourer ; on ne saurait donner d'indications précises, car les labours sont en outre sous la dépendance des circonstances atmosphériques (pluie, sécheresse, etc.).

On ne doit pas labourer une terre trop sèche ou trop humide ; dans tous les sols aptes à retenir beaucoup d'eau, il faut attendre qu'ils soient ressuyés, aérés, et que la terre s'effrite bien sur le versoir de la charrue ; si elle se moule, le labour la durcit.

Les terres siliceuses, graveleuses se labourent presque par tous les temps, pourtant il faut éviter la trop grande sécheresse ; les terres calcaires plus ou moins pierreuses sont relativement faciles à cultiver ; toutefois il ne faut pas labourer trop humides les terres crayeuses, surtout avant les semailles. Les terres franches (argilo-calcaires, alluvions) s'ameublissent bien en hiver, à la surface ; il ne faut pas les labourer de bonne heure au printemps si elles restent humides en profondeur.

En général, il convient de labourer tôt au printemps et tard à l'automne, les terres sèches, légères, chaudes, perméables, qui se ressuient vite ; au contraire on cultive tôt à l'automne et tard au printemps, les terres argileuses, fortes, les limons, les terres battantes, qui se ressuient avec difficulté. Un labour effectué à contre-temps dans ces dernières terres peut compromettre la récolte de l'année.

Le nombre des labours à donner à une terre varie avec la plante cultivée, l'assolement suivi, la nature du sol, l'instrument employé et l'époque choisie pour labourer.

Les plantes sarclées ou industrielles préfèrent des labours multiples, il en est de même pour les sols envahis par les mauvaises herbes (chiendent, chardons, agrostis, etc.) ; les céréales de printemps, les légumineuses cultivées pour leurs graines en demandent beaucoup moins (parfois un seul suffit). Un labour en terre battante, suivi immédiatement d'une forte pluie, est toujours recommencé avec profit.

Pour toutes ces raisons, c'est au praticien à déterminer le nombre de labours qui convient pour chaque cas particulier.

195. Forme et disposition des labours. — Le labour peut s'effectuer suivant trois formes ou dispositions différentes : 1° en billons ; 2° en planches ; 3° à plat (*fig.* 36).

1° Le *labour en billons* consiste à adosser 4, 6 ou 8 bandes de terre, suivant que le billon se fait avec 2, 3 ou 4 tours

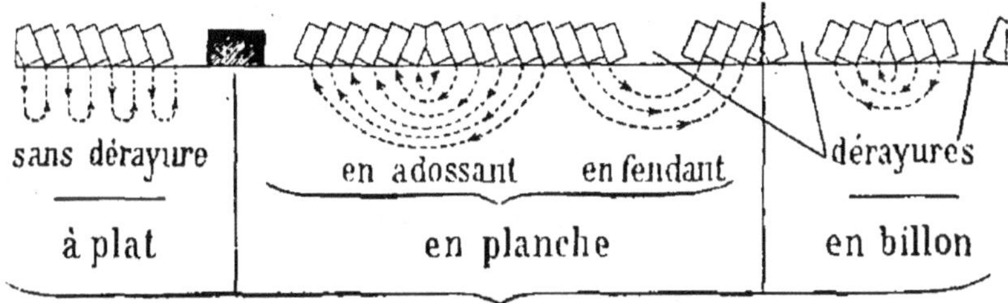

Fig. 36. — Forme des labours.
Les flèches indiquent, pour chaque genre de labour, le trajet suivi par les attelages lorsqu'ils changent de sillon.

de charrue ; les billons sont séparés par des dérayures ou sillons. Ce labour est encore pratiqué dans les terres compactes où il facilite l'écoulement des eaux surabondantes, et dans les terres pauvres où il accumule sur certains points l'épaisseur de la terre végétale. Dès que la culture se perfectionne par le drainage et l'emploi des engrais complémentaires, le labour en billons disparaît ; car il n'utilise qu'une partie de la surface du sol et nuit à l'emploi des instruments perfectionnés.

2° Le *labour en planches* consiste à réunir en une *planche* 10 à 20 bandes de terre et plus ; entre deux planches se trouve une dérayure ; les planches larges sont labourées moitié *en adossant*, autour de l'enrayure, moitié *en fendant*, pour finir à la dérayure ; on évite ainsi les déplacements trop considérables des attelages à chaque bout du champ (*fig.* 36).

Dans les sols qui s'égouttent bien, les planches peuvent atteindre 20 mètres et on comble partiellement les dérayures pour faciliter le passage des instruments. Dans les terres imperméables, au contraire, on diminue la largeur de la planche et on donne au labour une forme *bombée* afin de favoriser l'égouttement.

Tous les labours qui précèdent s'effectuent au moyen de la charrue ordinaire, à versoir fixe (§ III).

3° Le *labour à plat* a pour but de verser la terre, du même côté de la pièce, afin de rendre la surface du champ absolument plane, sans dérayures. Ce labour est avantageux en ce qu'il utilise entièrement la surface du sol et facilite les travaux d'entretien et de récolte au moyen des instruments perfectionnés.

Le labour à plat s'exécute au moyen de charrues spéciales, versant alternativement à droite et à gauche, comme la tourne-oreille ou la brabant-double (§ III).

§ II

FAÇONS CULTURALES SUPERFICIELLES

196. Scarifiage. — Le scarifiage tient le milieu entre le labourage et le hersage; il remue la terre assez profondément sans la retourner comme le labour; d'autre part, il divise et ameublit le sol plus énergiquement que le hersage.

Le scarifiage remplace avantageusement les labours sur des sols cultivés à la charrue avant l'hiver, tassés et croûtés par les pluies; il permet la préparation des terres pour les cultures de printemps. Parfois, le scarifiage empêche le durcissement du sol et facilite le travail subséquent de la charrue; par une grande sécheresse, en été, le scarifiage est préféré au labour pour pratiquer le déchaumage; il détruit parfaitement les jeunes mauvaises herbes, extrait du sol les racines des plantes adventices; enfin, il peut enterrer les semences sur un sol un peu rassis; on s'en sert également pour mélanger au sol la chaux ou la marne.

Le scarifiage exige une forte dépense de traction, mais il peut travailler en peu de temps de grandes surfaces.

197. Hersage. — Le hersage a pour but de diviser et d'émietter la terre retournée par la charrue, d'égaliser et d'ameublir la couche superficielle du sol, d'arracher et de ramener à la surface les jeunes mauvaises herbes ou les racines des plantes adventices, pour les soumettre à l'action du soleil qui les dessèche et les détruit, de préparer la terre à recevoir les semences, de recouvrir celles-ci et d'enterrer les engrais pulvérulents.

C'est le complément indispensable du labour ; une terre bien meuble à la surface se dessèche moins rapidement, et les racines des plantes s'y développent avec plus de facilité. On herse les blés au printemps pour pulvériser la croûte superficielle du sol durcie par l'hiver, et favoriser le *tallage*. On herse enfin les prairies pour extirper les mousses ou les graminées traçantes et aérer le sol.

Pour pratiquer un bon hersage, la terre doit être au point voulu de fraîcheur ; c'est au cultivateur à choisir le moment favorable ; dans les sols légers, très perméables, le hersage suit presque toujours immédiatement le labour.

198. Roulage. — Le roulage a pour but de briser les mottes dans les terres compactes, et de tasser le sol dans les terres légères.

En pulvérisant, tassant ou plombant le sol ressuyé, le roulage empêche la dessiccation, active, par capillarité, l'ascension de l'humidité des couches inférieures, et favorise ainsi la levée des graines et la croissance des jeunes plantes. En nivelant et aplanissant la surface, il permet le bon fonctionnement des instruments de récolte.

Dans les terrains calcaires ensemencés à l'automne, le roulage guérit ou prévient le déchaussement qui se produit par soulèvement des terres trop légères, pendant l'hiver ; il suffit de rouler au printemps pour raffermir la terre autour des racines.

Le rouleau ne doit jamais fonctionner par la pluie ni sur une terre trop humide qui s'attache aux disques ; après l'opération la terre doit être pulvérulente, meuble.

Ces trois opérations culturales superficielles s'opèrent en commençant la pièce de terre par les côtés extérieurs de manière à la terminer par le milieu ; de la sorte l'ouvrier conduit avec plus de facilité et les attelages travaillent sans interruption.

§ III

INSTRUMENTS SERVANT AUX OPÉRATIONS CULTURALES

Nous n'avons à étudier ici que les seuls instruments servant à la *préparation du sol*, en vue de sa *mise en production*. Les machines agricoles servant aux semailles, aux récoltes, à la préparation et à la transformation des produits pour

la vente et la consommation, seront étudiées plus loin
(Agriculture spéciale).

199. La charrue. — Les labours s'exécutent surtout
au moyen de la charrue. Le travail de la terre à bras
d'hommes, au moyen de la *bêche*, du *croc*, de la *houe*, etc.,
est parfait, mais très coûteux ; on le réserve à de petites
surfaces, aux jardins par exemple, ou aux défoncements
pour la vigne.

Toute charrue se compose essentiellement de trois pièces
travaillantes : le *soc*, qui coupe horizontalement la bande
de terre, au fond de la raie ; le *coutre*, qui la coupe vertica-

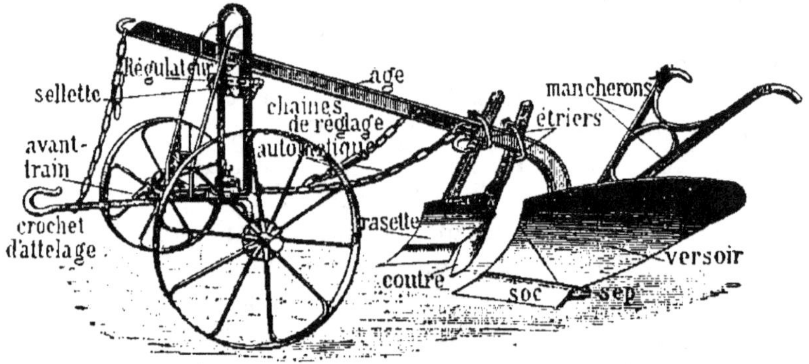

Fig. 37. — Charrue à avant-train.

lement ; le *versoir*, qui reçoit et retourne la bande de terre
détachée par le coutre et le soc (*fig.* 37).

Ces pièces sont fixées à l'*âge*, soit directement comme le
coutre (par la coutrière ou étrier américain), soit indirectement comme le soc et le versoir, au moyen de pièces spéciales dont l'*étançon*, l'*avant-corps* et le *sep*. Ordinairement, l'âge est pourvu de *mancherons* qui servent à diriger
l'instrument ; il repose sur un avant-train muni d'un *palon-
nier* et de *crochets d'attelage*. A l'avant de l'âge, des *régulateurs* permettent de régler la largeur et la profondeur du
labour.

Le soc, qui se fait en acier, est triangulaire et tranchant ;
pour donner de la tenue à la charrue, dans les sols pierreux,
on munit le soc d'une pointe mobile que l'on avance à
mesure qu'elle s'use. Les sols siliceux usent beaucoup le
soc et sa pointe mobile.

Le coutre est incliné sur l'âge, avec lequel il forme un
angle de 50 à 60 degrés ; il se hausse à volonté dans la

coutrière, afin de régler sa pénétration dans le sol; il donne de la stabilité à la charrue.

Le versoir fait suite au soc; on le construit en bois pour les terres adhérentes, plus généralement en acier; il est plus ou moins long ou contourné : on le préfère court pour les terres légères, plus long pour les terres fortes; sa forme est cylindrique ou hélicoïdale; le versoir cylindrique demande moins de traction.

Le sep ou semelle est la partie qui glisse au fond de la raie; il porte le soc et une partie du versoir.

Certaines charrues sont pourvues d'une *rasette, pelloir* ou *avant-soc*, sorte de petit versoir, placé sur l'âge, en avant du coutre, et qui aide à enfouir le fumier ou les engrais verts au fond de la raie.

200. Des différentes charrues. — On divise les char-

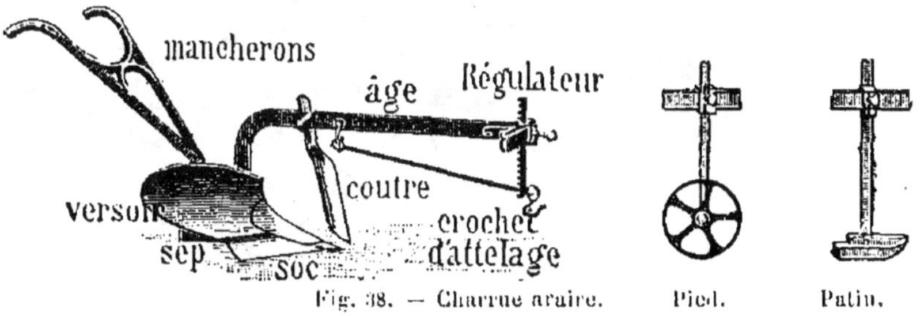

Fig. 38. — Charrue araire.   Pied.   Patin.

rues en *araires, charrues à avant-train*, qui peuvent être mobiles ou fixes, et *charrues fixes*.

La *charrue simple* ou *araire* (*fig.* 38) n'a pas de roues; l'âge porte le régulateur et le crochet d'attelage. Parfois, l'âge est muni d'un point d'appui, *pied, patin* ou *sabot*. Les araires sont difficiles à diriger, et demandent, à travail égal, une plus forte traction que les autres charrues; mais elles sont peu coûteuses et permettent de passer près des obstacles.

La *charrue à avant-train* est la plus employée (*fig.* 37); l'âge repose sur un avant-train ou support à deux roues; elle est généralement mobile; pourtant, on construit aujourd'hui des avant-trains qui permettent de rendre la charrue fixe. Les charrues à avant-train sont faciles à diriger; elles conviennent bien pour la culture en planches ou en billons.

Dans les *charrues fixes*, le corps de la charrue est solidaire des roues qui le supportent; il ne peut ni tourner ni se déplacer seul. Ces charrues se maintiennent d'elles-mêmes, sans direction ; il suffit de les mettre d'aplomb, au moyen des régulateurs. Les charrues Brabant sont des charrues fixes ; on les fait simples ou doubles.

La *charrue Brabant double* (*fig.* 39) porte deux séries de pièces travaillantes fixées en regard, sur un âge commun ; ces pièces fonctionnent alternativement de manière à jeter la terre toujours du même côté du champ et à effectuer le labour à plat ; ces charrues ont remplacé avantageusement

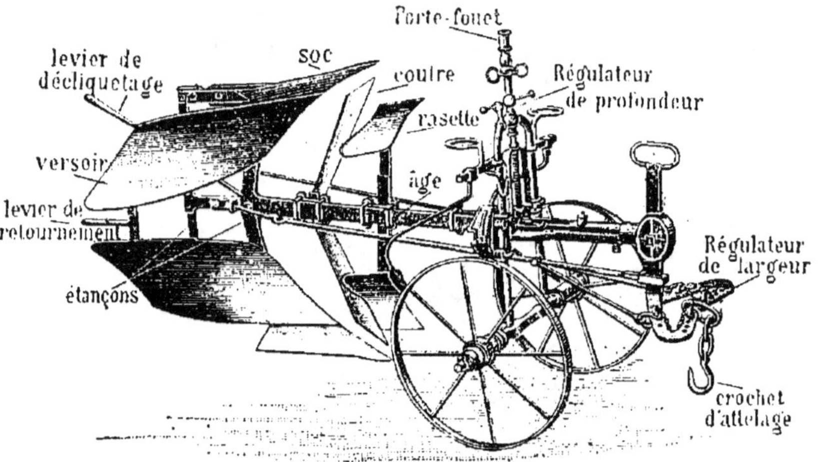

Fig. 39. — Brabant double.

les anciennes charrues dites *tourne-oreille*, dans lesquelles on changeait le versoir de face à chaque bout du champ.

Parmi les charrues fixes, on appelle *charrues multiples* celles qui labourent plusieurs raies à la fois ; les *bisocs* ou charrues doubles tracent deux raies ; on construit aussi des *trisocs* et des *polysocs* (*fig.* 40). Ces instruments n'exigent qu'un seul conducteur, et ils économisent de la traction par rapport à la charrue en proportion du travail qu'ils fournissent. Ils exécutent rapidement et dans la perfection les labours superficiels comme le déchaumage.

Certaines charrues, très fortes, sont construites spécialement en vue des labours profonds ; on les appelle *défonceuses* lorsqu'elles retournent la terre, *fouilleuses* ou *sous-soleuses* si elles remuent le sous-sol sans le retourner. La fouilleuse est formée soit d'un corps de charrue sans versoir, soit de griffes adaptées à une charrue ordinaire. Parfois, les défonceuses sont mues par la vapeur ou par d'autres moteurs inanimés.

201. Choix des charrues. — Une bonne charrue doit être simple, solide, légère, facile à régler et à conduire. La solidité dépend de la qualité de la matière et du mode d'assemblage des pièces; l'âge ne doit être percé d'aucun trou, ce qui l'affaiblirait; toutes les pièces doivent être faciles à réparer, à démonter et à remplacer.

Chaque charrue répond à une destination spéciale; si on fait varier au delà de 2 ou 3 centimètres les dimensions du labour pour lesquelles elle convient, il y a perte d'énergie à la traction. On ne peut utiliser en terre argileuse une charrue pour terre légère; à un défoncement, une charrue pour labours superficiels. Le réglage joue un rôle important.

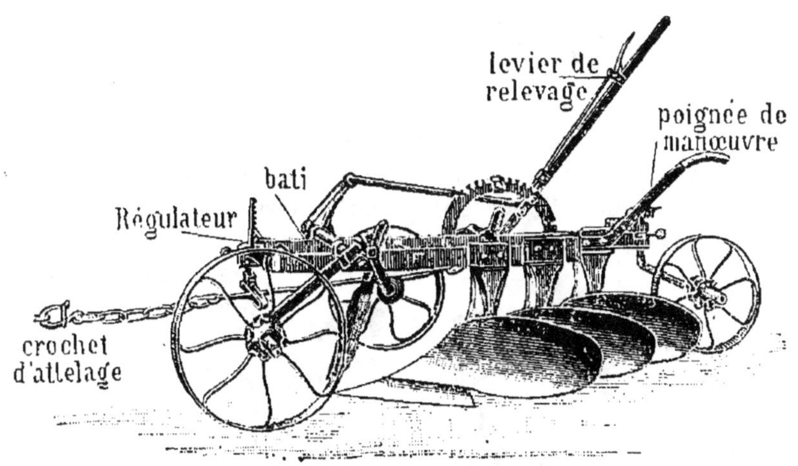

Fig. 40. — Polysoc à levier

Actuellement, les charrues fixes ont la faveur du public, à cause de la facilité avec laquelle on les règle et on les conduit; le prix d'achat ne doit intervenir qu'en dernier lieu et seulement entre deux instruments d'égal mérite.

Dans la moindre exploitation, il faudrait pouvoir disposer de plusieurs charrues; les petits cultivateurs arrivent à ce résultat par les syndicats.

202. Le scarificateur. — On complète généralement le travail de la charrue au moyen d'instruments divers appelés d'abord *scarificateurs* ou *extirpateurs*, et plus récemment, *cultivateurs*, *piocheurs-vibrateurs*, etc. Ils se composent d'un bâti très solide (*fig.* 41), supporté en avant par une ou deux roues basses, et, en arrière, par deux roues de plus grand diamètre sur lesquelles on règle la hauteur du bâti

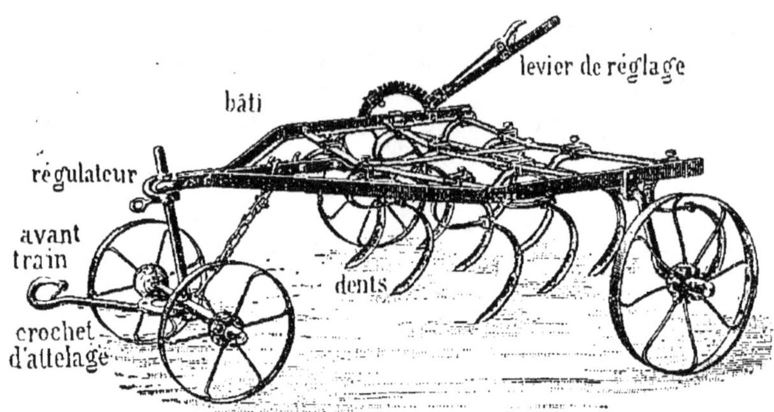

Fig. 41. — Scarificateur.

par des leviers indépendants, afin de mettre l'instrument de la position de travail à la position de transport et *vice versa*.

Au bâti sont fixées sur plusieurs rangées les dents ou pièces travaillantes, de forme variable (*fig.* 42); celles du scarificateur ressemblent à un coutre plus ou moins large et recourbé en avant, celles de l'extirpateur sont des socs plats, triangulaires. Dans le cultivateur canadien, les piocheurs-vibrateurs,

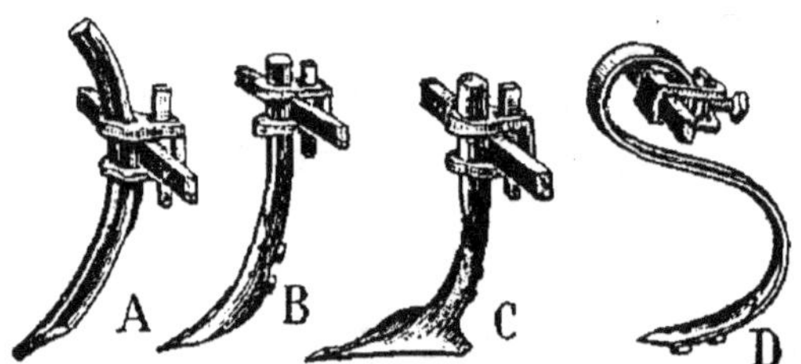

Fig. 42. — Dents diverses : A, scarificateur; B, extirpateur; C, déchaumeuse; D, piocheur-vibrateur ou cultivateur.

les houes, les herses à ressorts, les dents ou petits socs sont montés sur une tige recourbée et flexible en acier doux. Toutes ces dents travaillent en général de 12 à 20 centimètres les unes des autres. Le scarificateur et les cultivateurs remuent le sol et l'aèrent sans le retourner ; l'extirpateur, moins employé, tranche horizontalement entre deux terres ; il coupe les racines des mauvaises herbes ; on remplace aujourd'hui l'extirpateur par les *houes bineuses*.

203. Herses. — Les herses ont diverses formes; autre-

fois elles étaient *triangulaires, rectangulaires, trapézoïdales ;*
aujourd'hui, on emploie de plus en plus la *herse articulée*
ou en *zigzag* formée de plusieurs compartiments en forme
de Z (*fig.* 43) qui sont accouplés ensemble, puis la *herse à*

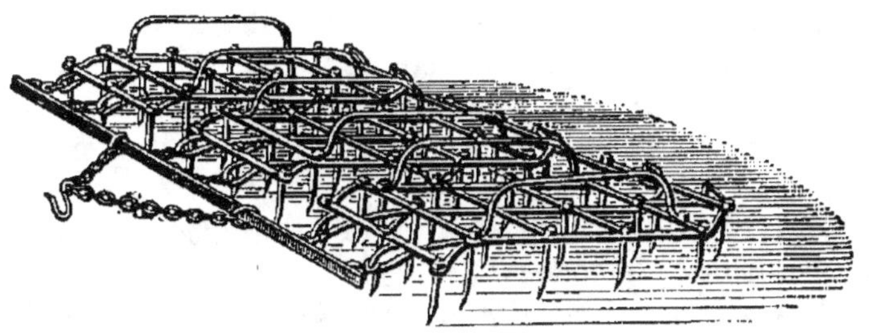

Fig. 43. — Herse articulée.

chaînons ou *herse couleuvre* dans laquelle chaque dent est
indépendante (*fig.* 44).

Dans les premières, le bâti est rigide, les dents sont fixées
dessus de manière qu'au travail, elles tracent des sillons
équidistants et de même profondeur ; ces dents sont légèrement inclinées en avant, au moins vers la pointe, ce qui

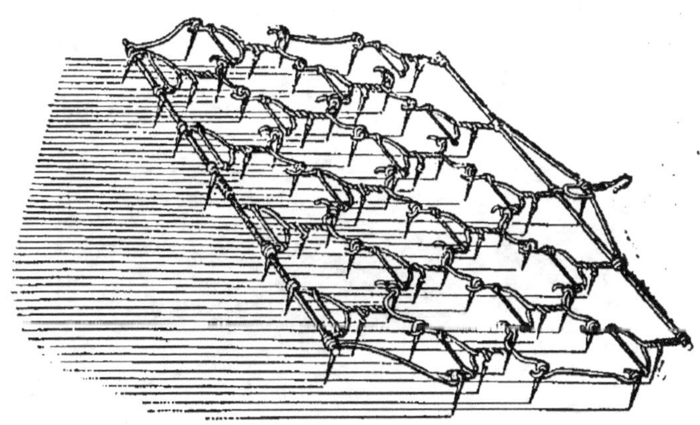

Fig. 44. — Herse à chaînons ou herse couleuvre.

permet de herser énergiquement, en *accrochant*, ou superfi-
ciellement en *décrochant*.

Les *herses en zigzag*, ainsi nommées à cause de la forme
de leur bâti, s'adaptent mieux aux irrégularités de la surface ; chaque compartiment compte 10, 15, 20 ou 24 dents,
fixées sur 2, 3 ou 4 flèches. On peut réunir 2, 3 ou 4 com-

partiments sur des barres d'attache où se fixe l'attelage ; les herses à compartiments étroits (2 flèches) manquent de stabilité dans les terres fortes.

Mieux encore que les précédentes, les *herses à chaînons* se modulent sur les ondulations du terrain ; on les emploie pour arracher la mousse des prairies ; elles sont très souples, chaque dent s'articulant directement sur la dent qui précède (*fig.* 45). On construit également des *herses à dents flexibles*, qui se rapprochent des cultivateurs étudiés précédemment.

204. Rouleaux. On distingue les *rouleaux brise-mottes* et les *rouleaux plombeurs*.

Le *brise-mottes, squelette* ou *Croskill* se compose de disques dentelés, indépendants, très pesants, et de diamètres différents. Les petits disques, qui alternent avec les grands, sont fixés sur l'axe, tandis que les grands tournent avec un très grand jeu, la lumière du centre étant plus grande que l'axe ; en marche, il se produit des mouvements variés des

Fig. 45. — Chaînon.

grands disques contre les petits et les mottes ayant provoqué ces mouvements se trouvent ainsi pulvérisées.

Les *rouleaux plombeurs* sont à surface unie, lisse ou ondulée ; on les fait en bois, en fonte ou en tôle de fer, et on

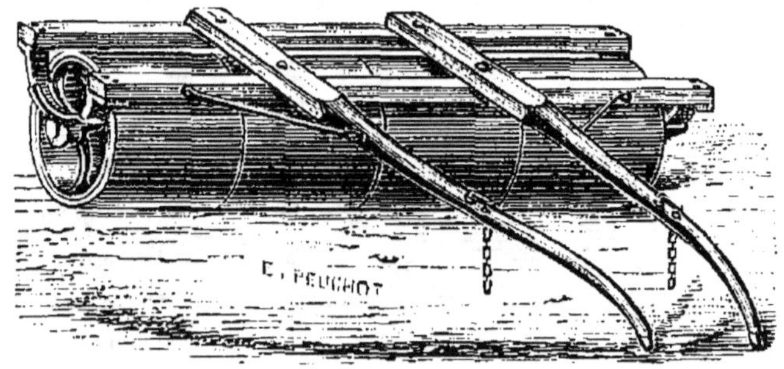

Fig. — 46. — Rouleau plombeur.

les divise en tronçons que l'on associe par deux, trois ou quatre, parfois même cinq ou six, suivant les besoins (*fig.* 46). Ces tronçons indépendants, montés sur un même axe, permettent de tourner facilement l'instrument sur place ; ils se meuvent alors en sens inverse et évitent le bourrage de la terre. Le diamètre des rouleaux oscille entre $0^m,50$ à $0^m,80$; avec un plus fort diamètre, on fait un meilleur travail.

QUESTIONNAIRE

191. — Indiquez quels sont les effets du travail du sol. — 192-193. Quel est le rôle des différents labours? — Quelle est leur profondeur? — Dites ce que sont les défoncements. — 194. Quelles sont les règles à observer au sujet de l'époque et du nombre des labours? — 195. Citez les diverses dispositions des labours. — 196-197-198. Que savez-vous des opérations culturales superficielles : scarifiage, hersage, roulage? — 199. Nommez les diverses pièces de la charrue. — Quel travail exécute le soc, le versoir? — 200. Qu'appelle-t-on araire ? — Qu'est-ce qu'une charrue fixe? — 201. Comment doit-on choisir une charrue? — 202. Quels sont les divers scarificateurs? — 203. Décrivez la herse en zigzag. — 204. Citez différentes **sortes de rouleaux.**

LECTURE

Charrues multiples.

Ces charrues présentent différents avantages, notamment dans les labours légers. Leur traction relative est plus faible, toutes choses égales d'ailleurs, que celle des charrues à une raie; le tirage est plus régulier, il n'y a pas d'à-coup; cette uniformité de traction se conçoit facilement, car les résistances de la terre à deux ou trois versoirs solidaires oscillent dans des limites restreintes, tandis que dans les charrues simples les écarts entre le maximum et le minimum sont très étendus.

D'un autre côté, elles permettent d'exécuter le travail beaucoup plus rapidement et économiquement. Si, pour labourer une terre donnée (16×22), il faut deux chevaux, pour faire dans le même temps une dimension double (16×44), il faut employer deux charrues, quatre chevaux et deux conducteurs.

Avec une charrue à deux raies, on aura besoin de trois chevaux et d'un conducteur, d'où économie d'un cheval et d'un homme.

RINGELMANN.
(*Les Machines agricoles*, 1re série, p. 30.)

RÉSUMÉ DE LA TROISIÈME PARTIE

CHAPITRE PREMIER

Préliminaires. — On améliore une terre en y introduisant des engrais renfermant les éléments fertilisants qui manquent à cette terre : l'engrais est donc le complément du sol.

Pour conserver la fertilité d'une terre, il faut lui restituer tous les éléments qui sont enlevés par les récoltes.

§ Ier. Le fumier produit par l'exploitation ne suffit pas pour rendre au sol tout ce que les récoltes lui enlèvent, il faut lui adjoindre des engrais complémentaires.

§ II. Le fumier est un mélange de litières et d'excréments des animaux ; on le dispose sur des plates-formes ou dans des fosses aménagées en vue de sa bonne préparation. Les excréments liquides, qui constituent le purin, sont plus riches en éléments fertilisants que les excréments solides ; ils doivent être soigneusement recueillis dans une fosse à purin, bien étanche. Une pompe permet de remonter le purin pour arroser le fumier.

§ III. Le fumier mal soigné laisse échapper la plus grande partie de l'azote qu'il renferme. Il subit une fermentation qu'il faut régler, 1° en empêchant l'air de pénétrer dans sa masse, 2° en le refroidissant par des arrosages au purin qui ont, en outre, l'avantage de produire beaucoup de matière noire.

§ IV. La richesse du fumier en azote, variable avec la nourriture et l'espèce des animaux, dépend surtout de sa fabrication. On l'emploie sur les terres à des doses variables ; on l'enterre par un labour aussitôt après son épandage.

CHAPITRE II

§ Ier. Les plantes à enfouir en vert rassemblent dans leurs tissus des éléments fertilisants épars dans le sol, qui servent ainsi pour les récoltes suivantes. Les légumineuses utilisées comme engrais verts ont, en outre, l'avantage d'enrichir le sol en azote. Mais, dans bien des cas, il est préférable de remplacer les cultures d'engrais verts par d'autres cultures dont les produits sont vendables ou utilisables dans l'exploitation.

§ II. Le parcage constitue une pratique intéressante pour la fumure organique des terres éloignées de l'exploitation. Dans toute ferme, on doit préparer des composts au moyen de débris organiques de toutes sortes ; on les emploie surtout à la fumure des prairies.

§ III. Parmi les autres engrais organiques du commerce, il faut citer : le guano, dont les gisements sont à peu près épuisés ; les tourteaux, qui renferment de 4 à 6 p. 100 d'azote et de 2 à 2,5 p. 100 d'acide phosphorique ; le marc de raisin, plus riche que le meilleur fumier ; le sang desséché, renfermant de 10 à 13 p. 100 d'azote ; la viande desséchée, les débris de cornes, de cuir, également riches en azote ; l'engrais humain et la poudrette ; enfin, les boues de ville ou gadoues. L'azote de ces engrais ne devient assimilable qu'après avoir été transformé par le ferment nitrique.

CHAPITRE III

§ Ier. Le nitrate de soude, importé du Pérou, renferme de 15 à 16 p. 100 d'azote : il est toujours employé en couverture. Le nitrate de potasse n'est pas employé en raison de son prix trop élevé; il renferme 12 à 13 p. 100 d'azote et 44 à 46 p. 100 de potasse. Ces engrais sont directement assimilables.

Le sulfate d'ammoniaque renferme 19 à 21 p. 100 d'azote ammoniacal qui nitrifie avec facilité. Le crud d'ammoniaque, résidu des usines à gaz, contient des cyanures, poisons violents, et de l'azote ammoniacal; on l'emploie sur des terres nues, trois mois avant les semailles.

On cherche à produire des engrais azotés en utilisant l'azote de l'air ou celui des tourbières.

§ II. Il existe de nombreux gisements de phosphates naturels qui renferment de l'acide phosphorique insoluble; les scories de déphosphoration, résidu de la fabrication du fer, renferment l'acide phosphorique sous un état peu soluble; ces engrais, qui conviennent aux terres non calcaires, doivent être enfouis profondément et régulièrement dans le sol. Les superphosphates, provenant du traitement des phosphates par l'acide sulfurique, et les phosphates précipités renferment l'acide phosphorique à l'état soluble; cet acide phosphorique devient avec le temps insoluble dans l'eau, il rétrograde, mais il reste soluble dans le citrate d'ammoniaque. Les superphosphates et les phosphates précipités s'emploient soit au moment des semailles (on les enterre par un hersage), soit en couverture.

§ III. Tous les engrais potassiques sont solubles. Le chlorure de potassium et le sulfate de potasse, qui renferment 45 à 50 p. 100 de potasse, proviennent des gisements de Stassfurt. Les cendres de bois contiennent de 8 à 16 p. 100 de potasse et de 6 à 13 p. 100 d'acide phosphorique; les charrées ont perdu par le lavage la potasse qu'elles renfermaient; les cendres de houille sont pauvres en éléments fertilisants.

§ IV. Le plâtre, cru ou cuit, très employé sur les prairies artificielles, ne donne pas de bons résultats dans tous les sols, ni sur toutes les cultures. C'est un excitant; on n'est pas fixé sur son action comme engrais.

Chapitre IV

§ Ier. Lorsqu'un agriculteur emploie des engrais, c'est d'abord la composition chimique de ses terres qui doit lui servir de guide, puis la nature des plantes qu'il cultive. Les plantes cultivées ont certaines préférences et les unes utilisent bien mieux que d'autres tel ou tel élément fertilisant.

§ II. On peut effectuer l'analyse du sol par la plante au moyen d'un champ d'expériences, et déterminer les éléments fertilisants qui manquent à une terre: mais il faut se garder de généraliser les résultats fournis par les champs d'expériences.

§ III. Les formules d'engrais, qui ne tiennent aucun compte de la composition du sol, ne doivent pas être utilisées; d'ailleurs les engrais complexes ont de nombreux inconvénients. Le cultivateur doit toujours acheter des engrais simples, en vue d'établir directement la formule qui convient à chaque sol et pour chaque culture. Les lois de 1888 et de 1906 régissent le commerce des engrais; pour profiter des avantages de ces lois protectrices, et éviter la fraude, tout acheteur doit exiger une facture détaillée, avec garantie de dosage; il doit ensuite prélever des échantillons et faire procéder à l'analyse des produits livrés.

§ IV. Les règles d'application des engrais sur les terres varient avec la nature de ces engrais; on les enfouit en général; pourtant, on emploie en couverture ceux qui renferment des principes solubles ou susceptibles d'être entraînés.

Certains engrais ne doivent pas être mélangés; d'autres peuvent être mélangés au moment de leur épandage; d'autres enfin peuvent être mélangés sans inconvénient.

Chapitre V

Il est bien difficile d'arriver à transformer les propriétés physiques d'un sol par les amendements proprement dits; certaines terres, fortes ou froides, sont heureusement modifiées par les amendements calcaires; les terres acides où les microbes nitrificateurs ne peuvent vivre manquent de chaux et d'azote; on corrige les défauts de ces terres par le chaulage ou le marnage. Tout chaulage doit être suivi de fumures complètes, sinon « la chaux enrichit le père et ruine les enfants ». L'écobuage est une ancienne pratique culturale à peu près délaissée aujourd'hui; elle active l'épuisement du sol.

Chapitre VI

§ Ier. Le drainage ameublit les terres humides. Les lignes de drains, dont l'écartement varie avec la nature du sol, sont disposées suivant une pente déterminée, et aboutissent à un collecteur qui évacue les eaux dans le cours d'eau le plus voisin. Le propriétaire d'un terrain à drainer peut établir un collecteur, souterrain ou à ciel ouvert, dans les propriétés de ses voisins pour aboutir à un cours d'eau.

§ II. On irrigue plus particulièrement les prairies en pratiquant l'arrosage par ruissellement. En général, l'eau d'irrigation est prise dans un cours d'eau au moyen d'un canal de dérivation qui aboutit à des rigoles de déversement dont la pente est nulle. La quantité d'eau nécessaire à l'irrigation d'une prairie est de 6 000 à 10 000 mètres cubes, répandus en huit ou dix arrosages.

Chapitre VII

§ Ier. On alterne diverses cultures sur la même terre : 1º parce que cette terre s'épuise moins vite que si elle produisait toujours la même plante; 2º parce qu'elle est plus facile à entretenir en bon état de culture.

§ II. Il existe des assolements de deux ans, de trois ans, de quatre ans, etc. L'un des plus usités, parmi les assolements de quatre ans, est le suivant : blé, betterave, avoine, trèfle.

Dans les pays fertiles, le sol reste nu le moins longtemps possible ; après la culture des céréales, par exemple, à l'automne il produit une récolte dérobée ; celle-ci a l'avantage d'utiliser des éléments fertilisants qui auraient été perdus.

§ III. La jachère nue, qui permet le nettoyage du sol, est épuisante et non améliorante ; il est à conseiller de la remplacer tout au moins par une jachère verte.

Chapitre VIII

§ Ier. Les labours servent à nettoyer le sol, à l'ameublir, à l'aérer et à enterrer les graines et les engrais. Les labours en planches, et surtout les labours en billons, sont caractérisés par des dérayures ; ils facilitent l'écoulement de l'eau ; les labours à plat utilisent toute la surface du sol ; ils sont préférables mais exigent l'ameublissement préalable du sol.

Les labours de défoncement doivent être effectués à la veille de l'hiver ; il faut, en général, éviter de retourner profondément les terres perméables en été ; car, à la suite de cette opération, la destruction de la matière organique du sol est très active.

§ II. Le scarifiage opère un travail du sol intermédiaire entre le labourage et le hersage. Le hersage sert à ameublir le sol après un labour, à enterrer certaines semences, à enlever la mousse des prairies et à rassembler les mauvaises herbes détruites par la charrue. Le roulage sert à niveler et à comprimer la couche arable ; il favorise la montée de l'eau des profondeurs du sol à la surface.

§ III. Les différentes pièces de la charrue sont : le soc, le coutre, le versoir, le sep, l'âge, les mancherons, le régulateur et l'avant-train.

Les différents types de charrue sont l'araire, la charrue à avant-train, et le brabant double ; certaines charrues, dites fixes, tiennent d'elles-mêmes dans le sol.

On construit des scarificateurs, extirpateurs et cultivateurs avec des lames travaillantes de formes variables. Il existe des herses à un ou à plusieurs compartiments ; dans les herses articulées ou à chaînons, chaque compartiment ou chaque dent est indépendante.

Les rouleaux articulés servent à ameublir le sol ; les rouleaux unis sont utilisés pour le plomber à la surface.

AGRICULTURE SPÉCIALE

PREMIÈRE PARTIE
LES MACHINES AGRICOLES

205. Généralités. — L'agriculture spéciale est l'étude des procédés de culture qui conviennent plus particulièrement à chaque catégorie de plantes. Or, la production végétale est sous la dépendance d'un facteur essentiel, la main-d'œuvre; en vue de réduire cette main-d'œuvre, les machines agricoles doivent intervenir dans toute exploitation agricole.

S'il est possible d'employer des machines en pratique sans connaître, dans le détail, le principe de leur fonctionnement, l'agriculteur qui daignera les bien étudier sera plus apte à raisonner les besoins spéciaux à chacune d'elles; il saura en outre prévoir les accidents ou y remédier.

Les instruments aratoires servant à la préparation du sol ont été décrits avec les opérations culturales. Il existe un grand nombre d'autres machines agricoles, utilisées soit en vue des semailles des grains ou de l'épandage des engrais; soit pour l'entretien des récoltes pendant leur végétation; soit pour recueillir ces récoltes, les transporter ou les transformer en produits livrables à la vente ou à la consommation.

Nous étudierons d'abord les instruments eux-mêmes; les travaux auxquels ils sont destinés seront décrits avec les cultures spéciales.

CHAPITRE PREMIER

Notions générales sur les machines agricoles.

§ Ier

FORCE, TRAVAIL, PUISSANCE DES MOTEURS

206. Les forces, leur mesure. — Toute cause qui modifie l'état d'un corps est une *force*; la *pression* qu'exerce un corps sur un autre par son propre poids est une force; il en est de même de la *traction* que produit un moteur quelconque. Quant à la pression, une locomotive pèse 40 à 60 tonnes, une petite voiture 300 à 500 kilogrammes, la Tour Eiffel, 8 000 tonnes.

Un cheval au pas exerce un effort moyen de traction de 70 kilogrammes; un bœuf, 65 kilogrammes; un âne, 14 kilogrammes, et une locomotive, 6 000 kilogrammes.

La *mesure des forces*, qui s'exprime en kilogrammes, s'opère au moyen du *dynamomètre*; le plus simple se compose d'un ressort à boudin dont on mesure l'allongement correspondant à la force qui agit. Il existe d'autres dynamomètres pour la mesure d'un effort plus grand, comme le *dynamomètre de traction*, de Poncelet.

207. Travail des forces. — Si une force est employée à déplacer un corps, elle produit un *travail*; le travail effectué par une chute d'eau ou une machine constitue le *travail mécanique*.

L'évaluation d'un travail se fait au moyen d'une unité spéciale, le *kilogrammètre* (kgmt), qui définit l'effort nécessaire pour soulever un kilogramme à un mètre. Pour élever un poids de 3 kilogrammes à 1 mètre, le travail est de 3 kilogrammètres; de même, pour élever un poids (ou force) de 1 kilogramme à 2 mètres, le travail est de 2 kilogrammètres.

L'*effort* produit est donc *proportionnel à la force et au chemin parcouru*.

Le travail s'effectue dans un temps quelconque, non limité.

208. Puissance; rendement. — Avec la puissance,

on fait intervenir la notion du *temps* par la *vitesse* d'accomplissement du travail considéré.

Ainsi, de deux machines, capables d'effectuer un même travail en réclamant le même effort, la plus perfectionnée est celle qui exige le moins de temps.

La puissance est plus utile à connaître que le travail. L'unité de puissance est le *cheval-vapeur*, défini par Watt à 75 kilogrammètres en une seconde. En électricité, on emploie le *poncelet*, qui vaut 100 kilogrammètres.

On ne saurait voir un rapport direct entre le cheval-vapeur et le travail réel produit par un cheval en une seconde. L'effort d'un cheval ordinaire dans un manège est de 45 kilogrammètres, soit 0,6 de cheval-vapeur; un cheval au pas sur route, parcourant 1 mètre par seconde, a une puissance de 65 kilogrammètres, soit 0,86 cheval-vapeur; un homme, fournissant un travail moyen et prolongé, a une puissance de 0,1 cheval-vapeur. Cette puissance est beaucoup plus grande dans les machines à vapeur, dans les automobiles, etc.; elle est dite de 8, 12, 15, 40 HP[1] (pour chevaux-vapeur).

Mais, dans tout moteur, une partie seulement de la *puissance absolue* ou effort développé est transmise directement à la résistance à vaincre. Cette fraction constitue l'*effet utile* et le rapport entre l'effet utile et la puissance absolue s'appelle le *rendement*. Dans un attelage de plusieurs chevaux, on perd une fraction d'autant plus grande de l'effort dépensé, que le nombre des chevaux augmente; ainsi, avec 8 chevaux, le rendement est 0,49, soit 1/2.

Un attelage nombreux n'est donc pas économique.

209. Différents moteurs agricoles. — L'emploi de l'homme, comme moteur, n'est pas avantageux; il faut lui substituer, toutes les fois qu'on le peut, soit les animaux, soit les moteurs inanimés.

Parmi les moteurs inanimés, le *vent* est très économique, mais il fournit un travail irrégulier. Pour être utilisable, le vent doit avoir une vitesse comprise entre 3 mètres à 12 mètres par seconde; les moteurs à vent s'emploient pour tout travail qui n'a pas besoin d'être régulier, pour élever de l'eau par exemple.

L'*eau* est un excellent fournisseur d'énergie; on utilise les chutes d'eau comme moteur pour les machines fixes

---

1. Les lettres HP sont les initiales des mots qui désignent l'unité anglaise correspondant au cheval-vapeur.

d'intérieur de ferme (batteuses, trieur, coupe-racines, concasseur, etc.). Mais l'eau ne se transporte pas facilement; aussi on préfère souvent transformer cette énergie en électricité facile à transporter à distance (éclairage, moteurs électriques).

La *vapeur*, le *pétrole* ou l'*essence* et plus rarement l'*alcool* sont utilisés pour actionner des machines agricoles d'intérieur de ferme (batteuses, hache-paille, coupe-racines, etc.). Exceptionnellement, la vapeur sert aux machines mobiles comme les charrues ou les défonceuses. La grande source d'énergie dont on dispose permet d'obtenir une plus grande perfection dans le travail ; mais jusqu'ici le travail à la vapeur coûte plus cher pour les instruments d'extérieur de ferme que le travail des moteurs animés.

Il convient de signaler les essais récents de charrues, de tracteurs, de camions ou de remorqueurs automobiles, qui fonctionnent au moyen de moteurs à explosion (à pétrole, à gaz pauvre, etc.).

L'*électricité* n'est appliquée qu'exceptionnellement à la *traction* des instruments aratoires, mais on commence à l'employer couramment à l'*éclairage* des exploitations agricoles, ou à la distribution de force motrice pour le matériel d'intérieur de ferme.

C'est une initiative des plus intéressantes ; par voie d'association, les cultivateurs peuvent utiliser les chutes d'eau (barrages des anciens moulins, par exemple).

Le *service des améliorations agricoles*, au Ministère de l'Agriculture, aide à la constitution de ces associations ; il prépare gratuitement les projets pour l'installation des forces motrices et leur transport.

§ II

AVANTAGES DES MACHINES AGRICOLES

210. Quand faut-il employer les instruments perfectionnés ? — Des progrès considérables ont été réalisés depuis quelques années dans la construction des machines agricoles.

L'emploi des instruments perfectionnés présente de nombreux avantages :

1° Il permet d'obtenir plus de perfection dans le travail;

2° Le travail s'effectue rapidement, et l'on peut, par suite, profiter du moment le plus propice ;

3° Il diminue la main-d'œuvre, rare en agriculture, et dont le prix s'élève sans cesse.

Par contre, les machines agricoles sont d'un prix élevé ; avant de recourir à leur emploi, il faut se demander si elles doivent procurer une économie.

Ainsi, une faucheuse de 360 francs pouvant durer 12 ans doit être amortie chaque année de 30 francs ; il faut compter en outre l'intérêt du capital immobilisé, soit 11 francs environ, et les frais d'entretien de la machine, qu'on peut évaluer en moyenne à 10 francs par an. Il faut donc que l'économie annuelle réalisée par le fauchage mécanique comparé au fauchage à la main puisse compenser ces frais généraux ; on comprend qu'on y arrive d'autant plus facilement que l'étendue à faucher est plus grande. Avec 2 ou 3 hectares la chose est impossible ; avec 20 hectares, au contraire, elle est toujours avantageuse. A prix de revient égal, il faut préférer le travail à la machine en raison des autres avantages signalés.

§ III

CHOIX, ACHAT ET ENTRETIEN DES MACHINES AGRICOLES

211. Choix et achat. — Le cultivateur doit apporter toute son attention au choix des instruments agricoles, car du degré de perfection de ces derniers dépendent la rapidité et la bonne exécution du travail, ainsi qu'une économie de force motrice.

La *forme* des machines est le plus souvent guidée par les usages locaux ; il faut tenir compte, à cet effet, de la nature des terres, de l'expérience acquise par les ouvriers, etc. Il en est de même pour la *dimension* des instruments, qui est dictée par la puissance des attelages, l'importance du personnel, les propriétés physiques des sols, l'étendue des pièces de terre, etc.

Il faut toujours choisir un système simple, peu exposé aux réparations ; dans ce but, l'examen doit porter en premier lieu sur les pièces essentielles ; ensuite seulement interviennent l'examen des organes accessoires, et l'opinion qui résulte du coup d'œil d'ensemble sur la machine. Les qualités d'une machine varient avec le milieu auquel on la destine.

Il ne faut pas perdre de vue qu'un bon instrument est toujours plus avantageux, dût-il coûter plus cher. Une bonne machine, étant d'une durée plus longue, ne s'amortit chaque année que d'une somme moindre ; elle expose peu aux réparations et aux chômages.

Le prix doit intervenir seulement entre des machines reconnues d'un mérite égal.

212. Entretien des machines agricoles. — Les machines agricoles, dont le mécanisme est complexe, exigent beaucoup d'entretien. On dit avec raison que *la rouille use plus que le travail.*

Dans toute exploitation, il doit exister un local spécial, destiné à recevoir les diverses machines agricoles d'extérieur de ferme, durant la longue période de l'année où elles sont inemployées. On dispose à cet effet un hangar clos sur deux ou trois faces, plus particulièrement dans la direction des pluies fréquentes.

Avant de rentrer les instruments, le cultivateur devra les faire nettoyer, et faire graisser avec précaution toutes les parties exposées à la rouille ; de même les machines d'intérieur de ferme devront être fréquemment visitées, nettoyées et graissées, si l'on veut assurer à la fois leur bon fonctionnement et leur longue conservation.

Il suffit de quelques soins intelligents pour réaliser des économies considérables ; la durée de certaines machines peut varier du simple au double ; en outre, les réparations sont moins fréquentes avec des instruments bien entretenus.

QUESTIONNAIRE

206. Dites ce que c'est qu'une force. Citez quelques exemples de forces. — **207.** Qu'appelle-t-on travail ? Comment le mesure-t-on ? — **208.** Qu'entendez-vous par puissance ? Quelle est l'unité de puissance ? — **209.** Quels sont les principaux moteurs utilisés en agriculture ? Dites ce que vous savez du labourage à la vapeur ; de l'emploi en commun des chutes d'eau. — **210.** Citez les avantages que présentent les machines agricoles. Dans quels cas leur emploi est-il économique ? — **211.** Comment doit-on procéder au choix d'une machine agricole ? — **212.** Quels sont les soins indispensables au bon entretien des machines et instruments agricoles ?

LECTURE

Avantages des machines agricoles.

Dans l'ensemble, les machines agricoles permettent maintenant de cultiver de plus grandes étendues, de mieux cultiver, de s'affranchir dans une très large mesure de l'influence défavorable de la température dans l'exécution des travaux, en raison d'une vitesse et d'une puissance plus grandes, et, enfin, de diminuer très notablement la fatigue, ce qui permet de retenir aux champs les meilleurs ouvriers, ceux à qui leur intelligence ou leur habileté permettrait d'autres occupations. Grâce aux machines, on tire le meilleur parti possible de leur travail sans leur demander une besogne trop pénible.

Du parti que l'on sait tirer des machines, dépend dans une très large mesure l'ensemble des progrès que l'on peut réaliser dans la culture, et, dans bien des cas, c'est par la réforme de l'outillage qu'il faut commencer.

E. Jouzier.
(Economie rurale, page 102.)

CHAPITRE II

Machines servant aux semences, aux engrais et à l'entretien des récoltes.

§ Ier

INSTRUMENTS DE PRÉPARATION DES SEMENCES ET DES ENGRAIS

213. Tarare. — Le tarare sert à nettoyer les grains destinés aux semailles ou à la vente. Il se compose d'un ventilateur formé d'ailettes en bois qui produisent un courant d'air rapide; les grains, versés dans une trémie, traversent plusieurs grilles et se trouvent soumis à cette ventilation énergique qui les débarrasse des poussières et des balles.

Les grains sont ensuite séparés en trois parties : d'un côté les petites graines, les grains cassés, la terre fine; un second lot renferme les malpropretés plus grossières (pierres, têtes de pavot, épis cassés, grains vêtus, etc.); les bons grains forment le troisième lot qu'on peut livrer à la vente; pour utiliser ces grains comme semence, il est préférable de les passer en outre au trieur.

214. Trieur. — Le trieur à alvéoles (*fig.* 47) a pour but d'assurer la séparation, suivant leur forme et leur grosseur, des grains et des impuretés que ceux-ci entraînent. Cet instrument opère un travail beaucoup plus parfait que le tarare, mais il exige plus de temps ; on nettoie à l'heure, suivant la force de l'instrument : $1^{hl},5$ à 6 hectolitres de blé.

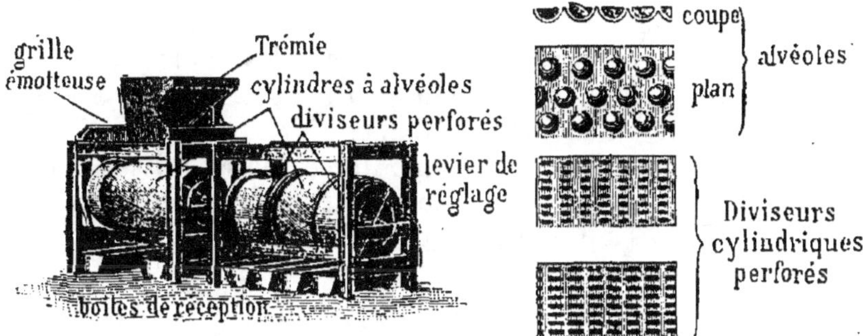

Fig. 47. — Trieur en deux parties.

Un trieur se compose de *diviseurs cylindriques*, sortes de cribles, en tôle perforée, et de *cylindres à alvéoles*, montés bout à bout et qui tournent sur un axe incliné. Les grains, déposés dans la trémie, traversent d'abord une grille émotteuse, horizontale, animée d'un mouvement de va-et-vient, sur laquelle restent les grosses impuretés (épis cassés, cailloux) ; un diviseur à ouvertures étroites élimine les criblures et les petites graines, tandis que le supplément du grain va dans le cylindre à alvéoles. De ce premier compartiment, les graines longues tombent dans un récipient ; le bon grain, logé dans les alvéoles, est entraîné par celles-ci à une certaine hauteur d'où il passe dans la rigole centrale et chemine jusque vers le second cylindre, sous l'effet d'une vis sans fin. Le deuxième compartiment sépare du bon grain les graines rondes ou courtes (grains cassés). Le bon grain arrive sur un dernier diviseur en tôle perforée, où il se sépare en deux ou trois lots suivant la dimension des grains. Les plus gros seuls doivent être employés pour semences, les autres forment des grains marchands.

215. Cribleur à cuscute. — Les semences de légumineuses (trèfle, luzerne, etc.) sont souvent envahies par des graines de cuscute, plante parasite redoutable. On les élimine au moyen d'un instrument spécial analogue au trieur et appelé *décuscuteur*.

Il existe aussi des *cribles à mouvement rotatif* qui servent au nettoyage des grains.

Broyeur d'engrais. — Certains engrais chimiques, comme les nitrates, le sulfate d'ammoniaque, les sels de potasse, etc., sont très hygroscopiques ; ils se prennent en masse, dans les sacs ; leur épandage est ainsi rendu difficile ou irrégulier ; employés en particules grossières, ils pourraient brûler les jeunes plantes.

On évite ces inconvénients en passant les engrais dans un moulin, concasseur ou broyeur, formé de deux cylindres cannelés, plus ou moins rapprochés.

Ces instruments exigent une force motrice assez considérable ; en outre, il est utile de bien dessécher au préalable les engrais à pulvériser, pour éviter les engorgements.

§ II

INSTRUMENTS D'ÉPANDAGE DES SEMENCES ET DES ENGRAIS

216. Semoirs à graines. — Ils comprennent les *semoirs à la volée* et les *semoirs en lignes* ; ces derniers sont les plus employés.

Le *semoir à la volée* se compose d'une *caisse* longue de

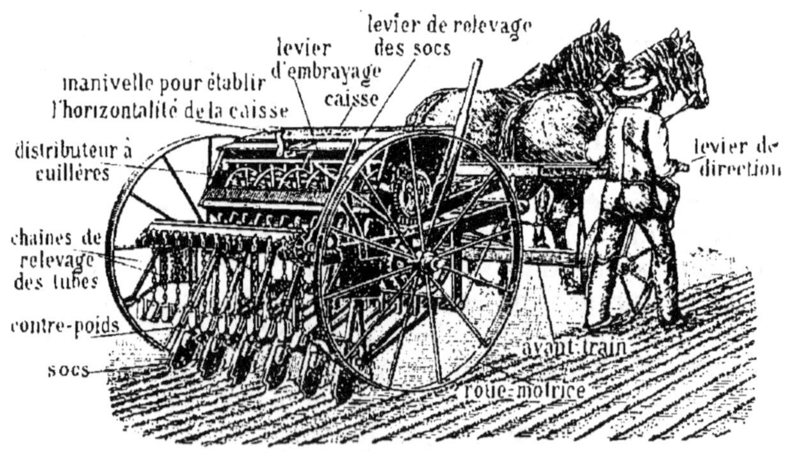

Fig. 48. — Semoir en lignes.

3 mètres à 4^m,50, au fond ou sur le côté de laquelle est placé un appareil *distributeur*. La caisse est portée sur deux roues qui impriment le mouvement au distributeur. Un ré-

gulateur du débit permet de modifier la dimension des ouvertures de sortie du grain ; celui-ci tombe à faible hauteur au-dessus du sol, sur une planche de répartition inclinée, munie de rainures ou d'aspérités (clous, prismes de bois, etc.), et distribue à la surface du champ.

Le *semoir en lignes* (*fig.* 48 et 49) se compose essentiellement de trois parties : une *caisse* et un *distributeur*, analogues à ceux du semoir à la volée; en outre, il porte de six à vingt *conduits*, sortes de *tubes*, qui accompagnent le grain jusqu'au sol où les rayonneurs l'enterrent.

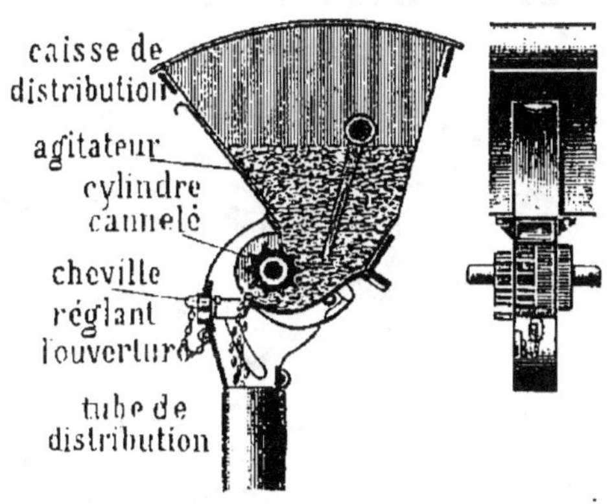

Fig. 49. — Distribution dans le semoir en lignes.

Chaque conduit est indépendant ; il s'abaisse ou s'élève à volonté, afin de suivre les inégalités du sol pour bien enterrer la semence à la même profondeur. On peut supprimer un certain nombre de conduits, de manière à obtenir tous les espacements voulus.

La régularité dans le fonctionnement d'un bon semoir

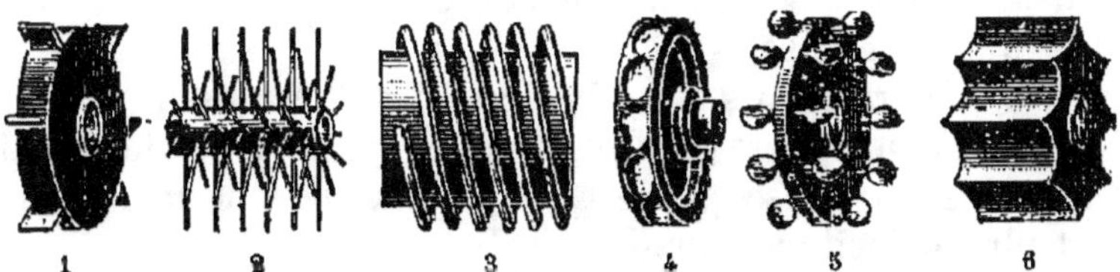

1   2   3   4   5   6

Fig. 50. — Principaux systèmes de distributeurs.

(1. Distributeur à palettes. — 2. Hérisson. — 3. Vis sans fin (d'Archimède). — 4. Distributeur à alvéoles. — 5. Distributeur à cuillères. — 6. Distributeur à cylindres cannelés.)

dépend surtout du distributeur. Il existe plusieurs systèmes de distributeurs (*fig.* 50) : le distributeur à palerons ; le hérisson ou la brosse circulaire; la vis d'Archimède; le distributeur à alvéoles, le distributeur à cuillères et le distributeur à cylindres cannelés.

Le distributeur pousse, projette ou déverse la semence dans les tubes par des ouvertures placées au fond ou sur le côté de la caisse. La quantité de semence distribuée varie avec la vitesse du distributeur et avec les dimensions des ouvertures.

La profondeur de pénétration des graines dans le sol se règle par des contrepoids placés à l'arrière de chaque tube rayonneur. Les semences doivent être enfouies légèrement pour obtenir une germination prompte et régulière.

217. Distributeurs d'engrais. — Un distributeur d'engrais se compose d'une caisse ou trémie, d'un appareil distributeur et d'une planche d'épandage, comme dans le semoir à la volée (*fig.* 51).

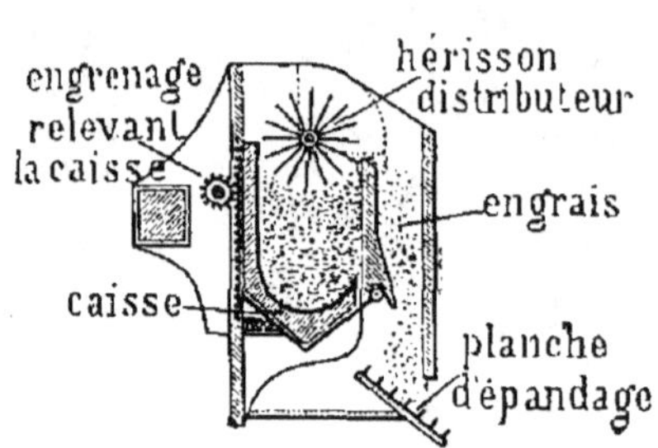

Fig. 51. — Distributeur d'engrais.

Le distributeur a la forme d'un hérisson, de disques à palettes, de brosses circulaires, etc. Parfois des ouvertures, placées au fond de la caisse, s'ouvrent et se ferment alternativement pendant la marche; l'engrais, divisé par un agitateur, tombe de son propre poids.

Pour maintenir l'engrais en contact égal avec l'appareil distributeur, on adopte deux dispositifs différents : ou bien l'axe du distributeur s'abaisse automatiquement à mesure que l'engrais s'épuise dans la caisse; ou bien le fond de la caisse se soulève, grâce à des engrenages que commandent les roues porteuses.

En général, tous les distributeurs d'engrais fonctionnent bien à l'égard des poudres sèches; mais avec des produits humides, hygroscopiques ou pâteux, la bonne répartition est plus difficile à obtenir.

Pour mémoire, nous devons rappeler ici le *tonneau à purin* qui sert à la vidange et à l'épandage des engrais liquides; nous en avons parlé précédemment.

§ III

INSTRUMENTS D'ENTRETIEN DES RÉCOLTES

218. Bineuse, houe à cheval, butteur. — Ces instruments sont employés en vue du nettoyage des sols portant des plantes en végétation (vigne, plantes sarclées, tabac, maïs, céréales, etc.). A la *houe à main*, qu'on utilise encore lorsque les plantes ne sont pas disposées en ligne, on substitue, partout ailleurs, la *houe à cheval*. Elle se compose de lames travaillantes, légères, qui se déplacent horizontalement dans le sol à une faible profondeur, entre les lignes de plants à biner ; la forme des lames est variable.

On distingue les *houes simples* et les *houes multiples*, suivant qu'elles cultivent un seul rang ou plusieurs rangs à la fois. Les semis se font à divers écartements ; il importe donc de pouvoir régler le rapprochement des lames et des roues porteuses ; la *houe à expansion* permet d'arriver à ce résultat. On construit également des *houes éclaircisseuses*, pour betteraves.

Il existe des *houes à expansion latérale parallèle*, et d'autres, à *expansion angulaire*. Ces dernières se règlent facilement par le simple jeu d'un levier de commande, mais elles ne fournissent pas un travail aussi parfait, les lames travaillant sous des angles différents.

Le *butteur* se compose d'une charrue à double versoir, qui s'adapte sur le corps d'une araire ou sur le bâti d'une houe (simple ou multiple).

219. Instruments divers. — La *herse* et le *rouleau*, étudiés précédemment, sont aussi employés pour les plantes en cours de végétation (céréales, prairies, etc.).

Les sanves et les ravenelles qui envahissent les céréales de printemps peuvent être détruites au moyen d'instruments spéciaux nommés *essanveuses*, qui coupent la tête de ces mauvaises plantes quand celles-ci dépassent la céréale. Plus souvent, on emploie le *pulvérisateur* à grand travail. Cet appareil se compose d'un tonneau de 500 à 600 litres. Une pompe, actionnée par les roues porteuses, refoule le liquide du tonneau dans un tube de distribution situé à l'arrière et le répartit, en fines gouttelettes, par 12 à 16 jets qui traitent ensemble une largeur de 3 à 4 mètres.

Ces instruments sont d'un prix élevé et ils exigent une grande quantité d'eau dont on ne dispose pas toujours.

QUESTIONNAIRE

213. Décrivez le tarare. — 214. Comment fonctionne le trieur ? — 215. Qu'appelle-t-on décuscuteur ? broyeur d'engrais ? — 216. Que savez-vous des semoirs à graines ? Comment se fait la distribution dans le semoir en lignes ? — 217. De quoi se compose un distributeur d'en-

grais? — 218. Qu'est-ce que la houe? Comment règle-t-on l'écartement des diverses pièces? — 219. Dites ce que vous savez de l'essanveuse? du pulvérisateur pour sanves?

LECTURE

Houes éclaircisseuses ou démarieuses.

Elles sont destinées à effectuer l'opération ordinairement désignée sous le nom de *démariage*, c'est-à-dire à supprimer les pieds en excédent, lorsque les plantes qui doivent être cultivées à un assez grand écartement, ont été semées mécaniquement en lignes continues; tel est le cas pour les plantes racines et, en particulier, pour les betteraves...

On y est arrivé au moyen de lames montées sur un disque auquel un mouvement de rotation plus ou moins rapide est transmis par les roues supportant l'ensemble de la machine; le disque est oblique par rapport à la direction de l'instrument. Lorsque la houe se déplace sous l'effort de l'attelage, chacune des lames détruit la végétation depuis le moment où elle entre en contact avec le sol jusqu'à ce qu'elle s'en éloigne; si on dispose les lames de façon à ce que chacune d'elles n'agisse qu'un peu après la précédente, il y a une région qui n'est pas travaillée par les deux lames consécutives, et qui, par suite, reste garnie de plantes. Le nombre des lames et la vitesse de rotation du disque peuvent être réglés de façon qu'une plante unique échappe à chaque lame et que les pieds conservés soient espacés d'une quantité exactement déterminée.

G. COUPAN.

(*Encyclopédie agricole.* — Les machines de culture, p. 364.)

CHAPITRE III

Machines servant aux récoltes, à leur transport et à leur préparation.

§ Ier

MACHINES SERVANT A LA RÉCOLTE DES PLANTES

220. Faucheuse. — Cet instrument tend à remplacer la faux; il sert à couper les différents fourrages. Une faucheuse (*fig.* 52) se compose de l'appareil coupeur, des organes de transmission, du bâti et des appareils de réglage.

L'*appareil coupeur* est formé d'une scie à lames triangulaires, qui se meut rapidement entre les doigts d'un *porte-lame*, distants de $0^m,07$ à $0^m,09$. La scie, dont la longueur

varie de 1 mètre à 1ᵐ,30 (pour 1 ou deux chevaux), reçoit
son mouvement alternatif d'une *bielle*, adaptée à un *plateau
manivelle*. Tout le mécanisme est mis en mouvement par

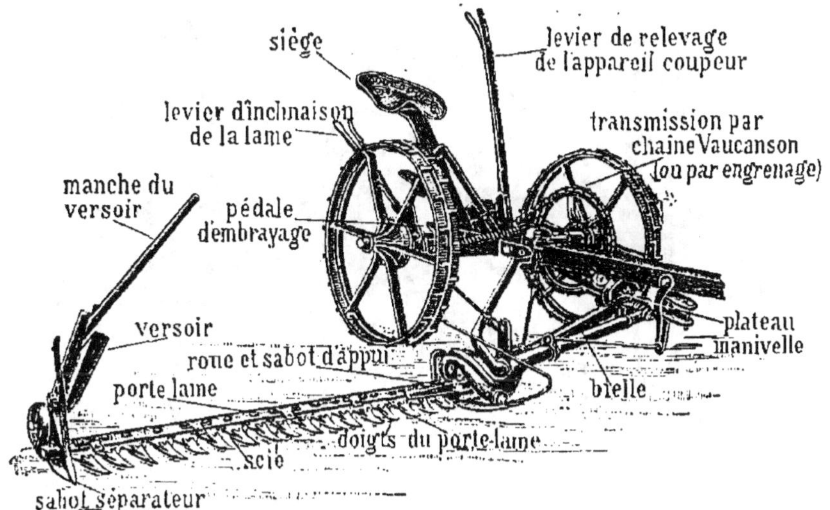

Fig. 52. — Faucheuse.

les *roues porteuses* dont les jantes sont couvertes d'aspérités,
en vue d'éviter le glissement sur le sol ; un système d'embrayage par levier ou pédale permet au conducteur de faire
cesser le fonctionnement de l'appareil. Deux leviers servent,
l'un pour relever la scie et le porte-lame, l'autre pour donner aux dents du porte-lame l'inclinaison voulue sur le sol.

221. Faneuse. — La faneuse sert à étendre le foin
pour hâter sa dessiccation ; elle remplace le travail qui se
fait à la fourche dans les petites exploitations. Il y a deux
systèmes de faneuses :

La *faneuse rotative* se compose de râteaux à pointes recourbées ou fourches secouantes, tournant autour d'un
arbre, porté par les roues. Les fourches projettent l'herbe
soit en avant, soit en arrière, à volonté ; ces machines sont
lourdes ; il leur faut deux chevaux ; elles produisent un
travail très énergique ; on les réserve aux prairies naturelles, car les feuilles des légumineuses sont cassées et perdues en partie.

La *faneuse à fourches*, dites américaines (*fig.* 53), est formée de fourches montées sur un axe coudé, qui décrivent
une ellipse et rejettent le foin en arrière. Le secouage est

moins énergique; un seul cheval suffit à leur traction. Un levier d'embrayage permet de mettre en marche les appareils de projection du foin, et aussi de régler leur hauteur

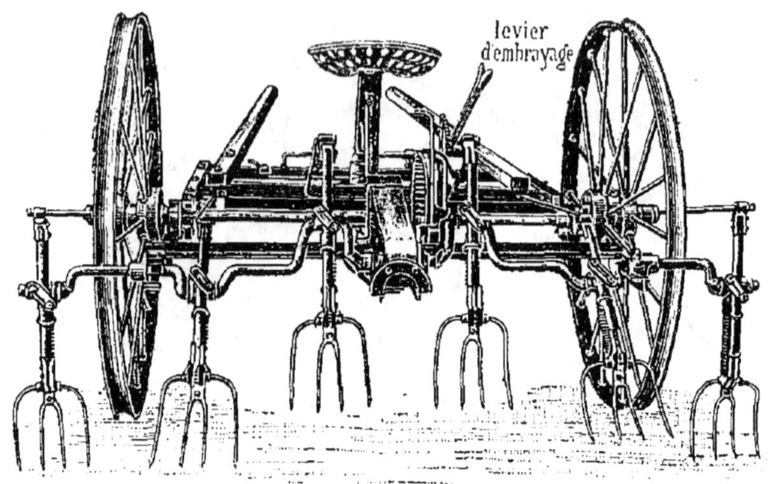

Fig. 53. — Faneuse à fourches.

au-dessus du sol. On construit aujourd'hui des *faneuses à hélices*, dites *tourne-andains*, qui retournent l'andain sans le secouer, et qui se rapprochent davantage du travail à la main.

222. Râteau à cheval. — Il effectue en grand le même

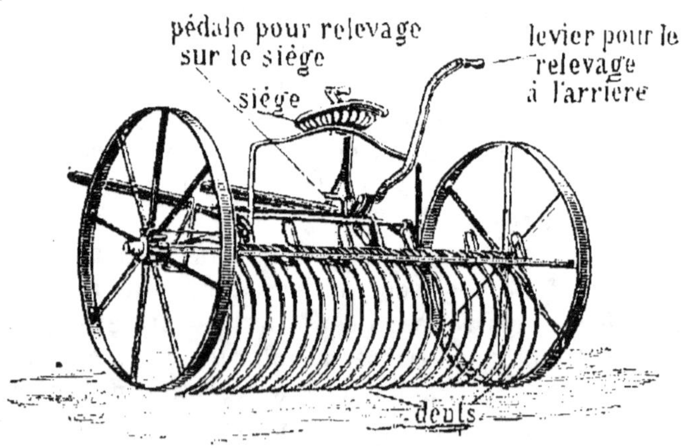

Fig. 54. — Râteau à cheval.

travail que le râteau à la main, et sert, soit à rassembler le foin, soit à ramasser les épis des céréales.

Le râteau à cheval (*fig.* 54) se compose de vingt à trente-

deux dents en acier, recourbées en arc de cercle, indépen-
dantes les unes des autres, et fixées sur un axe commun qui
unit les roues porteuses, à grand diamètre ($1^m,20$ à $1^m,50$).
Toutes les dents peuvent être relevées simultanément à
l'aide d'un levier et d'une pédale placés à disposition du
conducteur; le foin se dépose ainsi en *andains;* parfois même
le relevage des dents se fait automatiquement, à l'aide de
roues à rochets ou de freins, par l'effort de l'attelage; il
suffit au conducteur d'appuyer sur la pédale. Un râteau
travaille une largeur de 2 à 3 mètres; un cheval suffit à sa
traction.

223. Moissonneuses. — Ces instruments remplacent
la faucille et la faux dans la récolte des céréales. La *moissonneuse simple* ou *javeleuse* coupe et met en javelles, tandis

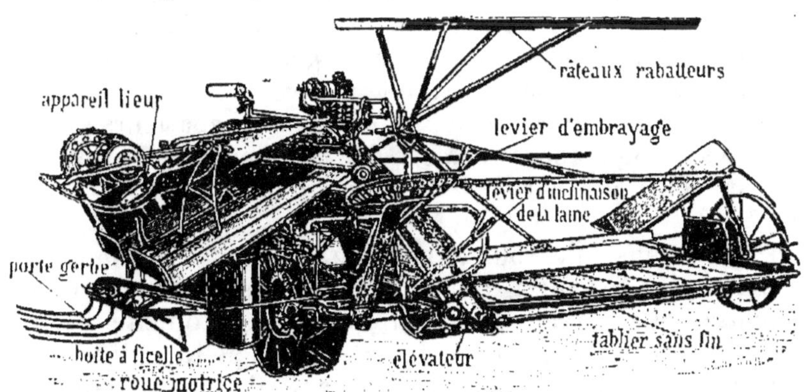

Fig. 55. — Moissonneuse-lieuse.

que la *moissonneuse-lieuse* dépose les gerbes liées sur le sol.

La *moissonneuse simple* (*fig. 55*) se compose des mêmes
organes que la faucheuse (lame et porte-lame) et, en plus,
d'un *appareil javeleur*. La scie est animée d'une vitesse
moindre, un quart en moins que celle de la faucheuse, car
les tiges dures des céréales se coupent plus facilement que
l'herbe verte.

L'appareil javeleur se compose d'un tablier sur lequel
viennent se rassembler les tiges coupées; à cet effet, de
grands râteaux, tournant au-dessus du tablier, aident à in-
cliner les tiges dans une même direction. De temps en
temps, un râteau vient râcler la surface du tablier et jeter
à terre en dehors de la piste la javelle rassemblée; ce râteau fait office de *javeleur*, les autres étant des *rabatteurs*.

Dans les moissonneuses perfectionnées, les râteaux sont, à la volonté du conducteur, tantôt rabatteurs, tantôt javeleurs, suivant la densité de la récolte. Deux leviers permettent en outre, l'un de régler la hauteur de coupe, l'autre d'embrayer pour mettre en mouvement le mécanisme.

La *moissonneuse-lieuse* comprend, en plus des organes de la moissonneuse simple, un *appareil-lieur*. Le tablier est formé d'une toile sans fin qui entraîne les tiges par l'intermédiaire d'un élévateur incliné à 45° vers l'appareil lieur. Ce dernier ressemble assez au mécanisme d'une machine à coudre. Une bobine, chargée de ficelle, déroule celle-ci, entoure et serre la javelle pendant la marche de l'instrument; puis le nœud se forme en même temps que le bout de la ficelle, coupé, est ressaisi pour le liage d'une nouvelle gerbe.

Un porteur de gerbes, sorte de tablier latéral, permet d'accumuler trois, quatre ou cinq gerbes que le conducteur dépose sur le sol par un simple mouvement de pédale. Dans cet instrument, les râteaux sont tous des rabatteurs.

Les moissonneuses exigent deux et trois chevaux suivant leur poids et la largeur de coupe qui varie de 1 mètre à 1^m,50.

On a construit, sous le nom de *faucheuses combinées*, des machines servant à la fois de faucheuses et de moissonneuses. Le travail accompli par ces instruments est jusqu'ici imparfait; c'est seulement dans la petite culture qu'ils peuvent rendre des services; il faut d'ailleurs changer les engrenages et le plateau manivelle pour passer des foins aux céréales.

224. Arracheurs de pommes de terre et de bet-

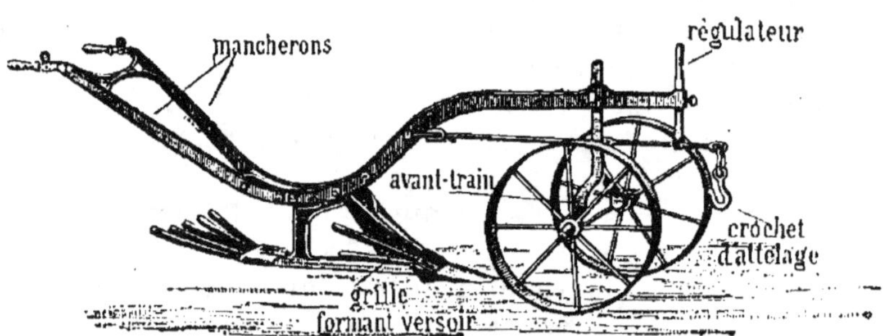

Fig. 56. — Arracheur de pommes de terre.

teraves. — En vue d'économiser la main-d'œuvre dans la récolte des plantes à racines ou à tubercules, on construit

des appareils spéciaux. L'arracheur de pommes de terre est
une sorte de butteur à claire-voie dont le soc passe sous les
rangs de tubercules; la terre traverse les vides des versoirs
et les pommes de terre sont rejetées sur les côtés de la raie;
un second appareil placé à l'arrière complète le travail du
premier (*fig. 56*).

Il existe plusieurs systèmes d'arracheurs de betteraves :
les uns, formés de deux griffes légèrement rétrécies à l'ar-

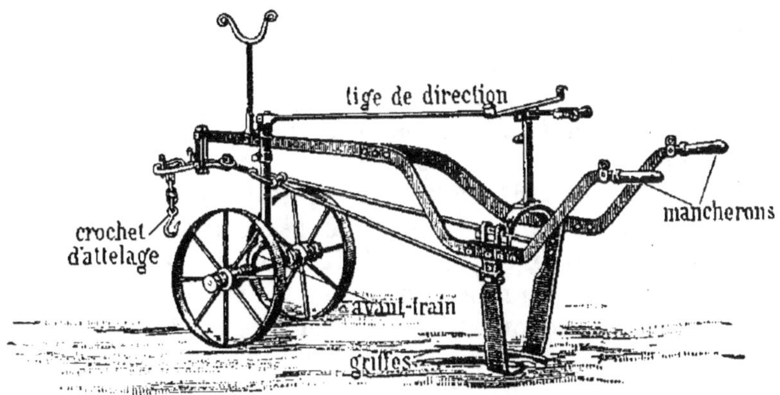

Fig. 57. — Arracheur de betteraves.

rière, saisissent la betterave et la soulèvent; on termine facilement l'arrachage à la main; c'est le système français
qui opère sur un. ou deux rangs (*fig.* 57). Les autres, au
moyen de disques inclinés, pressent la terre contre la betterave et celle-ci se trouve chassée hors du sol; c'est le système belge qui fonctionne bien en terres légères, mais qui
brise les racines dans les terres fortes.

§ II

APPAREILS DE TRANSPORT DES RÉCOLTES

225. Brouette, diable, camion. — Ce sont des véhicules remorqués par des hommes. La *brouette* doit être
construite de manière que la charge soit reportée le plus
possible sur la roue; l'effort de l'ouvrier pour soulever les
brancards ne doit pas dépasser 1/5 de la charge totale. On
construit des brouettes à deux roues, préférables pour les
plus lourdes charges, parce qu'elles dispensent de maintenir
l'équilibre en sens transversal. Le *diable* ou *cabrouet* se rap-

proche des brouettes à deux roues, ainsi que la brouette à sacs ; enfin, on construit de légers *camions* à bras d'homme.

226. Voitures. — Les voitures, remorquées par les animaux, sont à deux roues : *voiture ordinaire*, *charrette*, *fardier*, *haquet*, *tombereau*, ou à quatre roues : *chariots*. Elles servent aux transports des céréales, des fourrages, des plantes-racines et des fumiers. Les charrettes et autres voitures à deux roues sont à deux limons ; on les attelle de chevaux ; elles se font plus ou moins légères suivant les régions, la force des attelages et l'importance de l'exploitation.

Les chariots, traînés souvent par des bœufs, ont quatre roues et un seul timon.

Les tombereaux sont à bascule, ce qui en facilite le déchargement ; aussi on les préfère pour les transports des pommes de terre, des betteraves ainsi que pour les fumiers.

Le nombre des roues d'un véhicule n'exerce aucune action sur l'effort de traction ; celui-ci, au contraire, varie en raison inverse du diamètre des roues. Les véhicules agricoles sont généralement dépourvus de ressorts ; pourtant les ressorts diminuent le tirage en absorbant les chocs.

227. Instruments divers. — Les *chemins de fer agricoles* sont à voie mobile ; les rails sont ordinairement à $0^m,40$ d'écartement ; ils permettent le transport de corps lourds (betteraves, terre, pierres) dans des caisses à bascule montées sur chariots à quatre roues.

A grande distance, on emploie les *transporteurs à câble*, très utilisés dans les pays de montagne où ils suppriment des voyages longs et pénibles. Il en existe deux systèmes principaux : ou bien le câble est mobile et passe sur des poulies, entraînant avec lui le fardeau à transporter ; ou bien le câble est fixe, immobile, et la charge est dirigée dessus au moyen d'un galet de support et d'un câble remorqueur.

Enfin, nous devons signaler les *monte-foin*, qui servent à décharger les voitures. Deux traverses sont placées sur la charrette vide à l'avant et à l'arrière ; des traverses semblables disposées en haut de la charge sont réunies aux premières par des cordes ou des chaînes ; un crochet de forte dimension placé à la partie supérieure permet de suspendre toute la charge qui peut être soulevée ensuite au moyen d'une poulie et d'engrenages. Arrivée à la partie supérieure du fenil, la charge est dirigée sur un rail, à droite ou à gauche du bâtiment pour le déchargement.

§ III

MACHINES SERVANT A LA PRÉPARATION DES RÉCOLTES

228. Batteuses. — Le battage des céréales se pratiquait autrefois au fléau, au moyen du rouleau de pierre, ou par le dépiquage. Aujourd'hui, on adopte partout la machine à battre.

Une batteuse comprend deux parties essentielles : le batteur et les organes accessoires (*fig.* 58).

Le *batteur* est un tambour cylindrique, plein ou à claire-voie, armé de saillies longitudinales ou battes, qui tourne

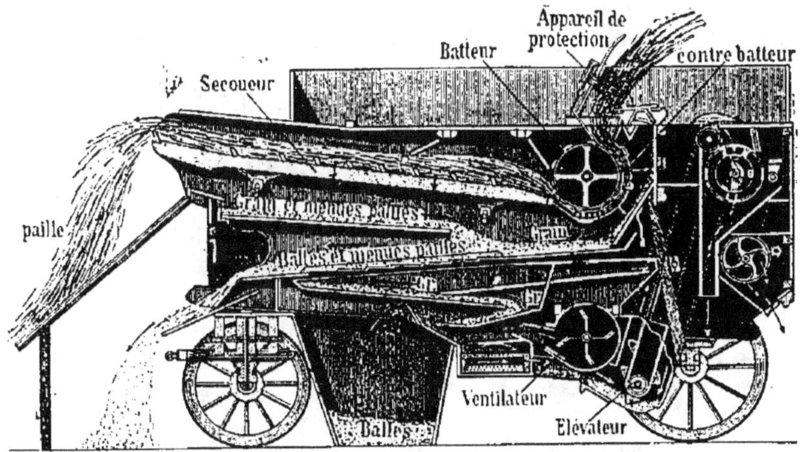

Fig. 58. — Machine à battre (en long).

rapidement à l'entrée de la machine, devant un demi ou un tiers de cylindre à claire-voie, appelé *contre-batteur* (situé dessus, dessous ou à côté). La distance du batteur et du contre-batteur se rétrécit, de l'entrée à la sortie.

Les tiges des céréales peuvent être introduites parallèlement à l'axe du batteur (*batteuses en travers*) ou perpendiculairement à cet axe, l'épi en avant (*batteuses en long*) ; il existe enfin des *batteuses anglaises* qui frappent la paille obliquement. Les batteuses en travers brisent peu la paille, mais peuvent laisser quelques grains ; il leur faut un batteur de grande dimension ($1^m,60$) ; il est de 1 mètre à $1^m,20$ dans les autres batteuses. Dans tous les cas, les grains, chassés de leur enveloppe, traversent la grille du contre-batteur, tandis que la paille est projetée en avant.

Le grain passe généralement dans un *tarare* annexé à la batteuse; la paille, au contraire, est prise par quatre à six *secoueurs*, sortes de cadres à jalousies, animés d'un mouvement alternatif de haut en bas et d'avant en arrière, qui font avancer la paille vers l'orifice de sortie et permettent au grain de traverser la grille et d'être conduit au tarare, par le sasseur.

Dans les batteuses perfectionnées on annexe plusieurs autres appareils aux précédents. Il existe des *engreneuses automatiques* qui exigent un fort supplément de force motrice, mais évitent les accidents; des *chaines à godets* pour monter le grain dans les greniers ou le mettre en sac, des *souffleries* qui débarrassent les balles en les chassant dans un couloir incliné; des *élévateurs de paille;* enfin un *appareil lieur* analogue à celui de la moissonneuse-lieuse. Tous ces appareils réduisent la main-d'œuvre et les chances d'accidents, mais ils sont coûteux.

229. Aplatisseurs et concasseurs. — L'*aplatis-*

Fig. 59. — Aplatisseur avec concasseur.

seur (fig. 59) est formé de deux cylindres à surface unie, l'un à axe fixe, de plus grand diamètre, reçoit le mouvement du moteur; l'autre plus petit, mobile sur un axe à ressorts, peut se rapprocher plus ou moins du premier. Les grains, versés dans une trémie, tombent entre les cylindres et sont ouverts sans être réduits en farine.

Le *concasseur* est un instrument semblable au précédent, dans lequel les cylindres sont de même diamètre et portent des saillies à arêtes tranchantes. Les grains sont grossièrement cassés en morceaux.

230. Hache-paille (*fig.* 60). — Cet appareil sert à couper la paille en menus morceaux pour la mélanger aux racines et aux pulpes de betteraves. On s'en sert plus rarement pour diviser le foin à l'usage des vieux chevaux.

Une caisse horizontale reçoit les matières à couper et se

termine par deux cylindres cannelés ; en avant de ceux-ci
tourne un lourd volant actionné par une manivelle et qui
porte deux ou trois couteaux
tranchants, concaves ou con-
vexes, fixés dans le sens des
rayons. Au moyen d'engre-
nages on peut accroître ou
diminuer la vitesse du volant et couper la paille ou le
foin à des longueurs différentes.

**231. Laveur et coupe-
racines** (*fig.* 61). — En
vue du nettoyage des ra-
cines, on emploie un cy-
lindre à claire - voie qui
tourne sur un axe incliné
dans une auge où l'on fait

Fig. 60. — Hache-paille.

arriver l'eau. Les racines abandonnent la terre adhérente.

Ces racines nettoyées (betteraves, carottes, navets) sont
réduites en cossettes, au moyen du *coupe-racines*. Une tré-

Fig. 61. — Coupe-racines.

mie, qui a la forme d'un demi-cône, conduit les racines devant un disque vertical ou horizontal, muni de couteaux ou
lames inclinés et fixés dans le sens des rayons.

Parfois l'appareil coupeur a la forme d'un cône ; placé au
fond de la trémie, il porte alors les couteaux suivant ses
génératrices.

Les racines sont découpées en tranches ou cossettes que

l'on peut mélanger facilement aux balles, à la paille hachée, etc.

232. Presse à fourrages. — La compression des fourrages facilite les expéditions, évite les moisissures, conserve l'arome, diminue les chances d'incendie .et réduit l'espace nécessaire à leur conservation.

Il existe des presses à bras, sortes de caisses parallélépipédiques en bois, cerclées de fer, avec fond mobile ou piston qui effectue la compression d'un seul coup au moyen de leviers ou d'un treuil.

D'autres presses compriment la balle de foin par couches successives ; des crans maintiennent le foin pressé pendant le retour du piston. On ligature, dans les deux cas, la balle au moyen de fils de fer bouclés que l'on passe dans des rainures spéciales.

Les tarares, cribles, trieurs, etc., déjà étudiés, servent au nettoyage des grains destinés à la vente ou à la consommation.

Les instruments de traitement de la vigne ainsi que les appareils de vinification, de cidrerie et de laiterie seront étudiés avec ces questions spéciales.

QUESTIONNAIRE

220. De quoi se compose la faucheuse ? — 221. Que savez-vous de la faneuse ? — 222. Décrivez le râteau à cheval. — 223. Qu'appelle-t-on moissonneuse-javeleuse ? moissonneuse-lieuse ? Comment fonctionne l'appareil javeleur ? l'appareil lieur ? — 224. En quoi consistent les arracheurs de pommes de terre et de betteraves ? — 225-226. Quels sont les principaux véhicules employés en agriculture ? — 227. Qu'est-ce qu'un transporteur à câble ? un monte-foin ? — 228. Décrivez les organes essentiels d'une batteuse. Quels sont les organes accessoires que l'on peut y annexer ? — 229. Que savez-vous des aplatisseurs, et des concasseurs ? — 230-231. A quoi sert le hache-paille ? le coupe-racines ? — 232. Comment fonctionnent les presses à fourrages ? Montrez leur utilité.

———

LECTURE

La machinerie agricole.

D'admirables inventions. filles du génie de la mécanique, sont venues depuis un siècle seconder l'agriculture, plus nombreuses et plus ingénieuses à mesure que le besoin de remplacer la quantité de la main-d'œuvre par la qualité était rendu plus manifeste.

Ce sont d'abord les machines à battre les grains, puis les semoirs et les houes à sarcler que l'on commence à connaître dès la fin du dix-huitième siècle en Ecosse et en Angleterre. Ce sont ensuite les machines à faucher et à moissonner que la rareté des bras dans les vastes plaines de l'Amérique du Nord, tout d'un coup livrées à la culture des céréales, fait perfectionner à un tel point qu'elles se trouvent prêtes, au milieu du dix-neuvième siècle, pour venir seconder l'agriculture européenne menacée de ne pouvoir plus, faute de bras, couper l'herbe de ses prairies et le blé de ses emblavures.

La machine à vapeur s'est soumise au paysan ; elle est à demeure dans les fermes, ou bien elle va de village en village pour prêter sa force à qui en a besoin.

On avait dit : jamais la machine ne pourra remplacer les bras de l'homme pour le battage des grains ; on a répété ce *jamais* pour le liage des gerbes abattues par la machine à moissonner. L'expérience a réfuté ces prédictions négatives.

L'agriculture progresse en même temps que la civilisation ; elle ne reste stationnaire et routinière que chez les peuples voués à l'immobilisme.

Barral.
(*Dictionnaire d'Agriculture*, t. 1er, p. 114.)

RÉSUMÉ DE LA PREMIÈRE PARTIE

CHAPITRE PREMIER

§ Ier. Les machines agricoles servent à effectuer d'une manière plus économique, plus rapide et plus parfaite les divers travaux de la culture. Des notions de mécanique sont indispensables pour arriver à la connaissance exacte des machines et à leur emploi raisonné.

On mesure les forces au moyen du dynamomètre ; le travail mécanique s'évalue en kilogrammètres ; la puissance se calcule en chevaux-vapeur ou en poncelets. Le rapport entre l'effet utile et l'effort absolu d'une machine s'appelle rendement.

§ II et III. On peut utiliser différents moteurs animés ou inanimés. L'agriculteur doit savoir dans quel cas il est avantageux de recourir aux machines agricoles, veiller à leur choix, à leur achat et à leur bon entretien, car la rouille use plus que le travail.

CHAPITRE II

§ Ier. Les instruments de préparation des semences sont : le tarare qui sépare les grains suivant leur densité, les cribles qui les séparent suivant leur grosseur, et le trieur à alvéoles qui les divise d'après leur forme.

Le décuscuteur débarrasse les graines de légumineuses de la

cuscute, plante parasite à graine très fine. Le broyeur d'engrais permet la pulvérisation des matières à épandre.

§ II. Les semoirs à graines distribuent automatiquement les graines sur le sol, soit à la volée, soit en lignes ; ce dernier système est préféré. Les distributeurs d'engrais facilitent une égale répartition sur le sol et évitent aux ouvriers d'être incommodés.

§ III. Pour l'entretien des récoltes pendant leur végétation, on emploie les houes bineuses qui sont simples ou multiples et dont l'expansion peut être réglée à volonté. Le butteur à double versoir rejette la terre sur les plantes.

CHAPITRE III

§ Ier. On récolte les fourrages au moyen de la faucheuse, de la faneuse et du râteau à cheval ; à la faux on substitue, en vue de la récolte des céréales, la moissonneuse qui peut être javeleuse ou lieuse. Les pommes de terre et les betteraves sont arrachées au moyen d'instruments spéciaux, en voie de perfectionnement.

§ II. Les véhicules utilisés en agriculture sont remorqués par l'homme (brouette, diable, camion) ou par les animaux ; ces derniers sont à deux roues (voiture, charrette, tombereau) ou à quatre roues (chariot). On cherche à utiliser, dans les transports, les chemins de fer à voie mobile, les transporteurs à câbles, les monte-foin à poulie et rail, etc.

§ III. La batteuse est le principal instrument de préparation des récoltes ; elle comprend un organe essentiel, le batteur, et des parties accessoires. En vue de préparer les aliments des animaux, on utilise : le concasseur et l'aplatisseur pour les grains ; le hache-paille pour la paille et les fourrages ; le laveur et le coupe-racines pour les racines et tubercules ; la presse à fourrages facilite l'expédition ou la conservation des foins et des pailles.

DEUXIÈME PARTIE

CULTURES SPÉCIALES

233. Généralités. — Les divers produits végétaux obtenus dans une exploitation agricole peuvent se classer comme suit : 1° *Céréales* ; 2° *Plantes sarclées* ; 3° *Fourrages* ; 4° *Cultures diverses* comprenant les légumineuses à graines, les plantes textiles, oléagineuses, etc.

L'*horticulture* et l'*arboriculture* fruitière feront l'objet d'une troisième partie à laquelle nous joindrons la *viticulture*. La culture de la vigne met en œuvre les procédés généraux de greffage et de taille qui sont étudiés en arboriculture ; il nous a semblé rationnel de renvoyer ce chapitre, d'ailleurs spécial, à la suite de celui qui traite de l'arboriculture fruitière.

CHAPITRE PREMIER

Les céréales.

§ Ier

LE BLÉ ET LE SEIGLE

234. Le blé, sa constitution. — Le blé ou froment est la principale des céréales cultivées en France ; il occupe 7 millions d'hectares, fournit annuellement 100 à 130 millions de quintaux de grain, valant (avec la paille) plus de 3 milliards de francs.

Le blé se compose d'une tige creuse, demi-pleine ou pleine, portant un épi formé d'un *axe* ou *rachis* coudé (*fig.* 62) ; chaque coude sert de point d'insertion à un *épillet* enveloppé, à sa base, par deux *glumes* ; l'épillet porte deux à cinq *fleurs*, rarement plus, enfermées chacune dans deux *glumelles*. Les glumes et les glumelles constituent les *balles* ou menue paille.

Fig. 62. — Rachis et épillet.

9.

Chaque fleur de l'épillet renferme des étamines et un pistil (18) (*fig.* 63), mais toutes les fleurs ne sont pas fertiles : les premières apparaissent sur les épillets du milieu de l'épi, puis la floraison s'opère, de proche en proche, du centre aux extrémités. Dans un épillet, au contraire, ce sont les fleurs de la base qui s'épanouissent les premières et qui sont le plus régulièrement fertiles. En général, la fécondation s'opère, pour le blé, à

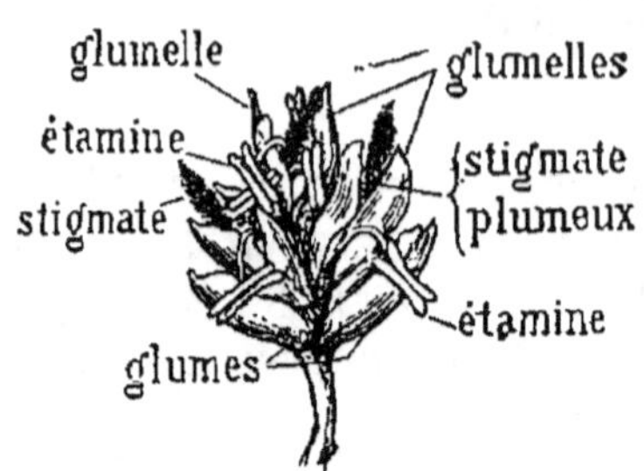

Fig. 63. — Épillet à 3 fleurs, entr'ouvert à la floraison.

l'intérieur des glumelles, avant que celles-ci s'entr'ouvrent pour laisser sortir les étamines (19) (*fig.* 64). C'est ce qui explique pourquoi les nombreuses variétés de blé se conservent avec des caractères fixes ; l'hybridation naturelle y est exceptionnelle.

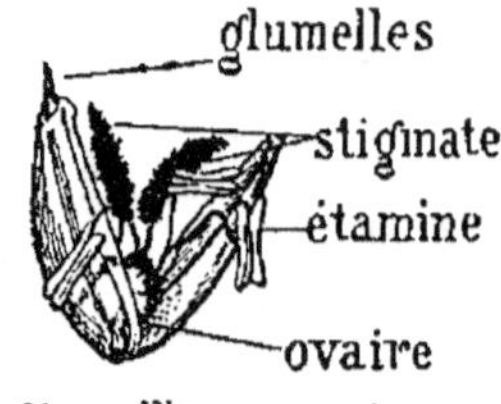

Fig. 64. — Fleur ouverte montrant les diverses parties.

Le *nombre des grains fertiles* de chaque épillet varie avec l'espèce considérée ; si la glumelle extérieure à chaque fleur porte un prolongement ou arête, le blé est dit *barbu*.

A la maturité, le grain de certaines espèces se sépare avec facilité du rachis et des glumelles (*grains nus*), tandis que, dans d'autres, les balles restent adhérentes au grain ainsi qu'une portion du rachis qui est très fragile (*grains vêtus*).

La *cassure du grain* est tantôt blanche, tendre et farineuse, tantôt dure, cornée, vitreuse. Ces divers caractères permettent de classer les blés en espèces.

235. Espèces et variétés de blé. — Les principales espèces de froment peuvent se distinguer comme suit :

1° *Grains vêtus*	1 grain fertile par épillet............		Engrain.
Axe de l'épi cassant.	2 grains —		Epeautre. Amidonnier.
2° *Grains nus.*	3 et 4 grains.	Cassure farineuse.....	Blés tendres.
		Cassure vitreuse......	Blés durs.
Axe de l'épi résistant.	5 grains renflés, et plus.	Epi simple............	Blés Poulards.
		Epi composé, rameux..	Blé Miracle.

Les *blés vêtus* sont très rustiques, mais ils produisent peu ; en outre, il faut employer des moulins spéciaux pour décortiquer les grains. On les cultive dans les plus mauvais sols, sous les climats rigoureux (Allemagne, Bohême, hauts plateaux des Ardennes et du Jura) où les blés tendres gèleraient.

Parmi les *blés* à *grains nus*, les poulards et le blé de miracle sont barbus, tardifs ; leur grain renflé est de qualité inférieure, et la paille grossière ; on les cultive peu. Les plus nombreuses variétés que l'on trouve, en France, appartiennent aux *blés tendres* (*triticum sativum*) et aux *blés durs* (*triticum durum*).

Les *blés durs* se cultivent surtout sous les climats chauds autour de la Méditerranée (Provence, Italie, Algérie, etc.). La paille est pleine, résistante ; l'épi lâche ; les glumes développées, munies de longues barbes ; le grain allongé, glacé, à texture cornée. Les principales variétés sont le blé de Pologne, le blé de Xérès et le blé de Médéah.

Les *blés tendres* sont, de beaucoup, les plus cultivés en France et dans les pays humides ou tempérés. Ils ont la paille creuse, fistuleuse, assez sujette à la verse. Il existe des variétés d'hiver et des variétés de printemps ; des blés barbus et des blés sans barbes ; les épis sont lâches ou compacts, lisses ou velus, blancs, jaunes ou rouges, ainsi que les grains.

Les principales variétés de blés tendres sont :

V. d'hiver.	sans barbes.	Epi blanc.	Grain blanc. — *Bergues* (ou de Flandre), *Hunter, Roseau, Richelle ;*
			Grain rouge ou jaune. — *Saumur, Crépy, Epi carré, Touzelle, Noé* (bleu) ;
		Epi rouge ou jaune.	Grain blanc. — *Chiddam d'automne, Dattel ;*
			Grain rouge ou jaune. — *Alsace, Hallett, Goldendrop, Victoria. Bordeaux ;*
	barbus.	Paille et grain rouge. — *Rouge barbu d'automne.*	
		Paille blanche, grain rouge. — *Champlan.*	
V. de printemps....		Epi blanc.	Grain blanc. — *Chiddam de mars, Richelle ;*
			Grain jaune ou rouge. — *Blé bleu de Noé, Saumur de mars ;*
		Epi rouge, grain rouge. — *Bordeaux, Hérisson, rouge sans barbes.*	

Le blé de Bordeaux, la Richelle et le blé bleu de Noé, qui se sèment principalement à l'automne, peuvent aussi s'employer comme blés de printemps.

Les blés tendres fournissent une farine très blanche, et riche en amidon ; les blés durs, plus riches en gluten (matière azotée), produisent une farine bise ou jaunâtre, qu'on utilise à la production des pâtes alimentaires. Ces blés renferment en moyenne pour 100 :

	Blés tendres.	Blés durs.
Gluten et albumine (matières azotées)	12,5	16 »
Amidon et dextrine (matières amylacées)	67,5	57,5

236. Choix des variétés de blé à cultiver. — Il importe de bien connaître les propriétés culturales des différentes variétés à utiliser : rusticité, résistance aux gelées d'hiver, à la sécheresse et aux chaleurs de l'été, à la verse ; productivité et qualité commerciale des grains, variétés tardives ou hâtives, exigences sur la fertilité des sols, etc.

Telle variété, excellente sous un climat doux, en sol fertile, peut exposer à de durs mécomptes, dans un milieu plus ingrat. Les blés barbus sont en général plus rustiques et plus résistants aux accidents que les blés tendres non barbus, mais leur paille est plus grossière.

Pour arriver à une production intensive destinée à la meunerie, il est préférable de semer en mélange deux ou trois variétés convenant bien dans le pays ; on produit ainsi des blés dits panachés. En choisissant des variétés d'égale époque de maturité, leurs propriétés spéciales s'équilibrent ou se contrebalancent, et la production s'élève en général. Mais, pour ne pas voir se modifier la proportion du mélange entre les divers blés, il faut, fréquemment, recourir aux variétés pures pour régénérer les semences.

237. Semailles et végétation du blé. — La culture du blé succède, dans l'assolement, à la jachère nue ou verte, aux légumineuses fourragères ou à graines, aux plantes sarclées, etc. La préparation du sol varie suivant les cas. Il faut toujours qu'au moment de l'ensemencement, le sol soit assez repris, et rassis ; la terre ne doit pas être soulevée, creuse. L'idéal est que le grain ensemencé trouve au-dessous de lui un sol raffermi et qu'il soit recouvert d'une mince couche de sol meuble, 3 à 6 centimètres ; les dernières façons culturales doivent donc être superficielles.

L'acide phosphorique et l'azote produisent les meilleurs résultats ; on emploie 500 kilogrammes de superphosphate ou 700 kilogrammes de scories avant les semailles, et, en couverture, au printemps, 100 à 160 kilogrammes de

nitrate de soude à l'hectare. Le fumier frais convient peu,
il apporte des germes de mauvaises herbes et de maladies.

La semaille s'effectue, à la volée ou au semoir en lignes,
du 15 septembre au 20 novembre; le blé doit être assez
vigoureux avant l'hiver; les rangs s'espacent à 0^m,15 en
moyenne. Si l'on veut biner, on alterne les interlignes à
0^m,12 et 0^m,18 et on cultive un rang sur deux; parfois, on
distance jusqu'à 0^m,20 et 0^m,25 entre chaque rang et on
bine partout. Il faut de 100 à 250 kilogrammes de semence
à l'hectare, les semailles tardives et les sols pauvres exigent
plus de semence ; les grains employés doivent être passés
au tricur (214) et sulfatés (247). Le semoir en lignes (216)

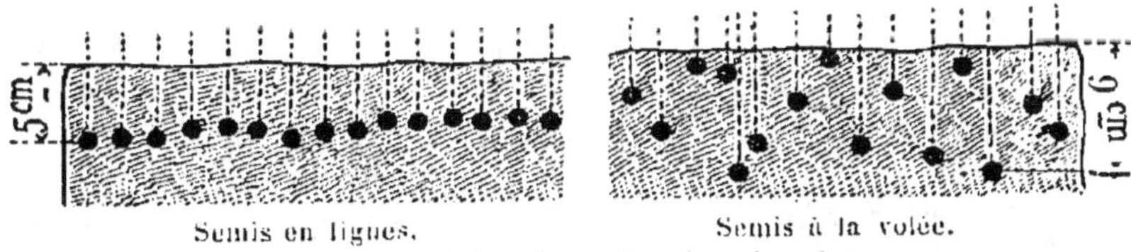

Fig. 65. — Place des grains dans le sol.

réalise une économie de semence qui va de 20 à 35 p. 100,
car tous les grains, déposés à la même profondeur, lèvent
régulièrement (*fig.* 65).

Les premières racines, qui partent du grain pendant la
germination, ont peu de durée ; elles sont bientôt remplacées par d'autres qui naissent au premier nœud souterrain
de la tige. Du même nœud partent plusieurs feuilles engainantes à la tige, ayant chacune, à leur aisselle, un bourgeon qui se développe quand la température est suffisante
(0° au moins). On dit que le blé *talle*, et les talles sont d'autant plus nombreuses que le semis a été effectué plus tôt,
plus clair, et dans un sol plus fertile (*fig.* 66).

Grâce au tallage, un grain a pu produire, dans des circonstances favorables, 60 épis portant 1500 grains; pour
le favoriser au printemps, il est à conseiller de rouler les
blés et d'ajouter, en petite quantité, un engrais azoté soluble
(nitrate, de préférence). Mais il ne faut pas exagérer le tallage, car les divers épis ne mûriraient pas en même temps.

Si, au contraire, le jeune semis est trop dru, on détruit
une partie des plants par un hersage, ou bien on écime les
pousses; on favorise ainsi l'épiage et on évite la verse. A la

fin d'avril et en mai, il faut sarcler avant l'apparition des épis, ou biner les blés semés en lignes.

L'épi, formé dès le mois de mars dans l'intérieur de la gaine des feuilles enroulées ou fourreau, se dégage et monte.

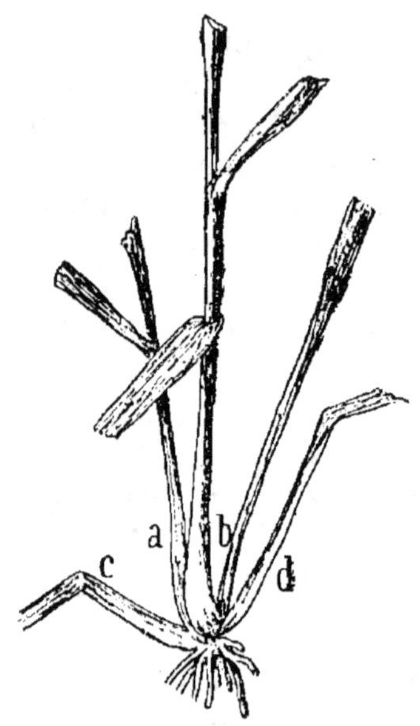

Fig. 66. — Tallage des céréales.
a, b, premières pousses de tallage :
c, d, gaines écartées pour montrer
le point d'insertion des talles.

L'époque de végétation herbacée est à peu près achevée ; les feuilles absorbent dans l'atmosphère des principes hydrocarbonés et élaborent divers composés organiques (amidon, etc.) qui se déposent dans les cellules des feuilles et des tiges et passent ensuite dans l'épi, après la fécondation des fleurs.

Dès que les grains ne sont plus laiteux, et résistent sous la pression du doigt, on peut couper le blé ; il suffit que le premier nœud de chaque chaume, au-dessus du sol, soit desséché, le haut des tiges pouvant rester légèrement vert.

238. Le seigle. — Dès la germination, le seigle se distingue du blé, par la couleur rouge-vineux de sa première tige. A l'inverse du blé qui se sème en sol rassis et frais, le seigle préfère une terre bien ameublie, poudreuse ou sèche.

Il se sème en septembre et talle avant l'hiver, formant un gazon épais qu'on favorise par un roulage. C'est une céréale rustique, qui se défend bien contre l'hiver ; elle est plus exposée aux gelées de printemps qui coïncident parfois avec sa floraison. L'épi barbu et allongé, lâche, apparaît en avril ; il fleurit en mai. La fécondation des fleurs se fait toujours à l'air libre, quand les glumelles sont ouvertes ; aussi, le croisement s'opère avec facilité, ce qui explique pourquoi les variétés sont peu nombreuses et mal caractérisées.

Il existe pour chaque région un seigle commun ou *de pays ;* les variétés de printemps sont peu productives.

Le seigle est la céréale des terres pauvres, légères, siliceuses ou calcaires, il est beaucoup moins exigeant que le froment ; depuis l'emploi courant des engrais complémentaires, son importance diminue, car certains sols médiocres ont pu être améliorés et sont devenus propres à la culture du froment. L'acide phosphorique semble être l'élément préféré du seigle ; il est moins avide d'azote que le blé, pourtant il est utile de lui en procurer, soit à l'automne (sulfate d'ammoniaque), soit au printemps (nitrate de soude).

Le grain du seigle est peu apprécié ; cette culture se continue sur de petites étendues en France, en raison de la qualité de la paille qui est longue, fine et souple ; on l'utilise pour la confection des liens à gerbes, des paillassons, des toits de chaume et du rempaillage des chaises.

Le seigle est mûr en moyenne huit à dix jours avant le blé.

La culture du *méteil* (mélange de blé et de seigle) n'est pas à conseiller, elle est à peu près abandonnée en France ; on remplace avantageusement le méteil par le froment ou le seigle, suivant la fertilité des sols.

§ II

L'ORGE ET L'AVOINE

239. L'orge ; caractères et variétés. — La plante jeune se distingue par la présence, à la base du limbe, de deux stipules blanchâtres, ou oreillettes glabres qui entourent complètement la tige ; l'avoine n'a pas d'oreillettes : la ligule est courte, tronquée, dans l'orge et l'avoine ; plus longue et pointue dans le blé et le seigle en herbe.

L'épi est à deux, quatre ou six rangs d'épillets ; la glumelle inférieure est toujours pourvue d'une barbe longue, dure et fortement dentelée.

Il existe des variétés à grains vêtus, d'hiver ou de printemps, et des variétés à grains nus.

L'orge carrée d'hiver, ou *escourgeon*, est peu cultivée ; elle résiste mal aux gelées, mais elle est très productive. Dans les orges de printemps, à deux rangs, on peut signaler l'*orge commune*, l'*orge Chevalier*, ainsi que des variétés récemment obtenues par sélection méthodique en vue de la brasserie (*Bohémia*, *Princess*, *Hannchen*, etc.). La brasserie recherche des orges riches en matières amylacées saccharifiables, et pauvres en gluten qui donne aux bières une couleur louche.

Les orges de printemps, à six rangs, sont moins nombreuses et peu cultivées (*orge carrée, orge noire*). Enfin, parmi les orges nues, peu répandues, nous pouvons citer l'*orge céleste*.

240. Culture de l'orge. — La végétation de l'orge ne dure que de 13 à 15 semaines; on la sème en mars, avril et jusqu'aux premiers jours de mai; elle se récolte en août. Il faut à l'orge une terre bien meuble et aérée; elle naît régulièrement dès la première humidité. Les orges d'hiver se font en septembre, sous notre climat tempéré; de novembre à janvier sur le littoral méditerranéen. On emploie 110 à 180 kilogrammes de semence à l'hectare; le semis se fait à la volée ou au semoir; un hersage suffit pour enterrer l'orge.

L'orge doit trouver dans le sol les principes fertilisants sous une forme très assimilable pour que son développement soit achevé dans le moins de temps possible. De la sorte, sa maturité se fait mieux et les grains sont plus riches en éléments amylacés.

Les terres pauvres, siliceuses, granitiques ou calcaires, conviennent à la production de l'orge parce qu'il est facile d'apporter les engrais convenables sans craindre que les éléments du sol viennent en modifier les effets; à ce titre, les orges de Champagne, du Velay sont réputées pour la brasserie; le fumier et les engrais organiques à décomposition lente doivent être proscrits d'une telle culture.

L'orge exige une terre bien propre; elle se défend mal contre les mauvaises herbes (sanves, ravenelles, etc.).

241. L'avoine; caractères et variétés. — L'avoine est cultivée en France, sur 4 millions d'hectares; elle est, après le blé, la plus importante de nos céréales. Cette plante porte un grand nombre d'épillets, généralement à deux fleurs, et dont le pédoncule se développe plus ou moins; l'inflorescence est en *panicule* et non en épi, comme dans les céréales précédentes.

Le grain est allongé, et renfermé dans des glumelles adhérentes.

Suivant la disposition des panicules, les avoines sont de deux sortes : les *avoines ordinaires* (*fig.* 67), à panicules étalées dans tous les sens, et les *avoines à grappes* ou *unila-*

térales (*fig*. 68), à panicules en drapeau, dont tous les pédoncules sont dirigés du même côté.

Dans chaque classe, on distingue des variétés à grains noirs ou gris, à grains jaunes ou roux et à grains blancs.

Presque toujours l'avoine se cultive au printemps ; l'avoine d'hiver, très productive, ne convient que dans les pays à hivers doux.

Il existe des variétés précoces et des variétés tardives.

Parmi les avoines de printemps à panicules étalées, on peut citer :

1° VARIÉTÉS A GRAIN NOIR : *Noire de Brie, de Coulommiers, de Beauce ;*

2° VARIÉTÉS A GRAIN GRIS OU ROUSSATRE : *Grise de Houdan, Joannette, hâtive d'Étampes, jaune des Flandres, des Salines ;* 3° VARIÉTÉS A GRAIN BLANC : *de Sibérie, du Canada, de Pologne, de Ligowo, de Géorgie.*

Fig. 67. — Avoine à panicules étalées.

Fig. 68. — Avoine à grappes unilatérales.

Parmi les avoines à grappes ou unilatérales :

L'avoine *noire de Hongrie, de Tartarie ou prolifique de Californie ;* l'avoine *blanche de Hongrie, avoine géante, orientale ;* l'avoine *jaune géante à grappes,* etc.

Comme *variétés d'hiver,* signalons la *noire de Belgique,* la *grise d'hiver* et l'*avoine rousse de Portugal.*

242. Culture de l'avoine. — C'est une culture peu exigeante qui peut succéder à presque toutes les plantes de l'assolement.

L'avoine est une grande consommatrice d'azote ; pour cette raison on la sème sur les défrichements (vieilles prairies, anciens étangs). Après le blé, il faut lui apporter de l'azote ainsi que de l'acide phosphorique et un peu de potasse. Alors les rendements s'élèvent et la culture devient avantageuse.

Parfois, on sème l'avoine sur un seul labour effectué à l'époque de l'ensemencement (mars et avril). Il est très important de bien nettoyer le sol, car l'avoine est une culture salissante ; on laboure avant l'hiver et on complète au printemps par des cultures superficielles (scarifiages, hersages) ; on sème à la herse.

On herse à nouveau quand l'avoine est bien enracinée pour provoquer le tallage (**237**) ; on roule pour écraser les mottes et garder la fraîcheur ; en sol léger cette dernière opération doit suivre immédiatement la semaille.

L'avoine mûrit assez irrégulièrement ; les grains du sommet de la tige, qui mûrissent les premiers, sont plus lourds et plus gros ; ceux de la base sont de qualité inférieure.

§ III

AUTRES CÉRÉALES

243. Le maïs. — Le maïs (*fig.* 69) est une graminée annuelle, monoïque (18), qui est surtout cultivée dans le sud et le sud-ouest de la France et dans la vallée de la Saône ; il est très sensible aux moindres gelées de printemps ou d'automne.

Fig. 69. — Le maïs.

Les diverses variétés se classent d'après leur précocité et la couleur du grain qui est jaune, blanc, rouge, et parfois panaché. Les plus petits (1 mètre à $1^{m},20$ de haut), comme le *Quarantain*, le *maïs à poulet*, sont les plus précoces ; le *jaune hâtif d'Auxonne* et le *jaune de Lorraine* sont un peu moins hâtifs ($1^{m},20$ à $1^{m},50$ de haut). Le *blanc des Landes*, le *maïs de la Bresse*, plus tardifs, s'élèvent à $1^{m},80$. Le *jaune gros* ne mûrit que sous le climat du Midi. Enfin on cultive, comme fourrage vert, des maïs *Dent de cheval*, *Caragua*, *géant*, etc., qui nous viennent d'Amérique ; ils ne mûrissent pas leurs grains sous le climat de la France. Un essai germinatif est indispensable avant leur emploi comme semence (47).

Le maïs se sème en avril-mai, en lignes, à raison de 15 à 20 kilogrammes par hectare, et à la volée avec 50 à 70 kilogrammes. Le semis en ligne permet de biner et de butter les jeunes plants en août, en vue de faciliter le développement des racines adventives qui naissent au premier nœud.

On éclaircit les plants de manière à ménager entre eux un intervalle de 0^m,25 à 0^m,40 ; les lignes sont distantes de 0^m,60 à 0^m,80.

Les fleurs mâles se développent en *panicule* à l'extrémité de la tige (*fig.* 69), tandis que les fleurs femelles sont réunies en *épis* insérés sur les nœuds et entourés de feuilles engainantes appelées spathes qui s'écartent à la maturation.

Après la fécondation qui se reconnaît à la teinte rouge prise par la touffe terminale de l'épi, on écime au-dessus du nœud qui surmonte le dernier épi. On hâte ainsi la maturation ; celle-ci est suffisante quand la tige jaunit et que les spathes blanchissent.

244. Le sarrasin ou blé noir. — Le sarrasin (*fig.* 70) appartient à la famille des polygonées ; on le cultive pour son grain et comme culture dérobée, dans les terres granitiques, pauvres (Bretagne, Morvan, Plateau central). Il redoute les gelées et la grande sécheresse de l'été. Semé en juin, à raison de 40 à 50 kilogrammes par hectare, il achève sa végétation en moins de trois mois. Sa maturité est très inégale ; il porte des fleurs à peine épanouies à côté de grains mûrs qui s'égrènent facilement ; après séchage en poupées (javelles dressées), on le bat de suite, parfois dans le champ même sur une bâche.

Comme culture dérobée, le sarrasin est peu exigeant, mais il est inférieur aux légumineuses.

Fig. 70. — Le sarrasin.

Le *sorgho*, cultivé dans la vallée de la Garonne, est sensible aux froids ; il se sème en mai, en lignes ou à la volée. Ses tiges servent à la confection des balais, et son grain, à la nourriture des volailles. Il s'égrène facilement, aussi faut-il le récolter avant sa complète maturité. Le *couscous* des Arabes est fabriqué avec la farine de sorgho.

Le *millet* est cultivé pour son grain qui sert de nourriture aux oiseaux. Il se sème au printemps; on récolte successivement les divers épis, lorsqu'ils arrivent à maturité.

§ IV

PRÉSERVATION DES CÉRÉALES

245. Plantes adventices. — Les céréales sont des cultures salissantes qui se laissent facilement envahir par les mauvaises herbes ; celles-ci sont annuelles, bisannuelles ou vivaces, et se reproduisent par graines, par stolons ou par racines.

Il faut s'appliquer à employer des semences très pures, débarrassées de mauvaises graines ; la moutarde des champs (*fig.* 71), la ravenelle, les ivraies, le pavot ou coquelicot, le bluet, les chrysanthèmes se séparent au moyen du crible et du tarare ; la nielle (*fig.* 72), les vesces, le mélampyre et la renoncule ne sont extraites qu'avec le tricur.

Parmi les autres mauvaises plantes, citons le chiendent, les agrostis, l'avoine folle, l'avoine à chapelets, le tussilage, le liseron, les chardons, la prêle, etc.

Fig. 71. — Sauve ou moutarde sauvage.

Fig. 72. — Nielle.

On évite leur propagation par des façons culturales appropriées, que facilite au besoin la pratique de la jachère nue.

Si, en cours de végétation, quelques-unes de ces plantes prennent un développement exagéré, il est indispensable de les détruire par un sarclage ou un binage.

On détruit les sanves (*sinapis arvensis*), les ravenelles (*raphanus raphanistrum*), par l'emploi de solutions et de poudres cupriques ou ferrugineuses, répandues quand les plantes commencent à fleurir. Il faut à l'hectare 800 litres de solution à 3 p. 100 de sulfate de cuivre ou d'azotate de cuivre, ou à 10 p. 100 de sulfate de fer. Il est plus facile d'épandre, au moyen du distributeur d'engrais, 300 à 400 kilogrammes de sulfate de fer anhydre en poudre. L'épandage des poudres a lieu le matin de très bonne heure avant la formation de la rosée qui facilite leur dissolution.

246. Animaux et insectes. — Les *souris des champs*, campagnols, mulots, causent souvent des dégâts aux céréales; on a proposé de les détruire au moyen d'un virus contagieux et mortel, par des poisons (noix vomique), des pièges, des fumigations, etc. Tous ces procédés de destruction sont insuffisants dans les années à souris.

Les *corbeaux* dévorent les semences à l'automne; on cherche à les empoisonner à la noix vomique, ou à les tuer suivant divers procédés moyennement efficaces.

Les *moineaux* détruisent beaucoup de grains à proximité des habitations et les épouvantails les éloignent peu. Contre les *limaces* qui mangent les jeunes plantes on recommande l'épandage de chaux vive, de scories ou de cendres, ainsi que le roulage des sols.

Les *insectes* sont en général plus redoutables que les

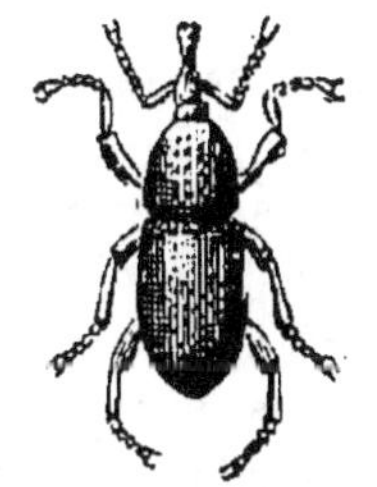

Fig. 73. — Taupin.   Fig. 74. — Charançon.   Fig. 75. — Teigne.

animaux; plus nombreux et plus petits, il est difficile de les atteindre tous; les dégâts sont produits soit par les larves, soit par l'insecte parfait. L'emploi d'insecticides sur les semences peut en détruire.

Le *taupin* (*fig.* 73), le *ver blanc* et le *ver gris* des *hannetons* coupent les plants des céréales; le *charançon* (*fig.* 74), l'*alucite*, la *teigne* (*fig.* 75) consomment l'amidon des grains;

le *céphe* cause la maladie du pied (les épis sèchent avant la maturité); l'*aiguillonnier* coupe le chaume à la base de l'épi qui se détache et tombe.

On a peu de moyens de défense réellement efficaces; le déchaumage aussitôt la moisson et les labours profonds avant l'hiver font périr un très grand nombre de larves.

247. Parasites des céréales. — La *carie (tilletia caries)* est une affection cryptogamique qui transforme l'amidon des grains en une poussière noire, grasse au toucher, à odeur fétide. Les grains cariés sont renflés et courts (*fig.* 76), leurs glumelles s'entr'ouvrent, semblent hérissées; la paille et l'épi restent d'un vert olive jusqu'à la maturité.

La poussière du grain est formée des *spores* reproductrices de la maladie.

Au battage, les spores se disséminent sur les pailles, se fixent sur le sillon longitudinal ou dans le bouquet de poils situé à la pointe des grains. Les spores germent avec le blé, leurs filaments pénètrent dans la tige jeune, puis dans l'ovaire et les grains; tous les épis provenant d'une semence cariée sont eux-mêmes cariés.

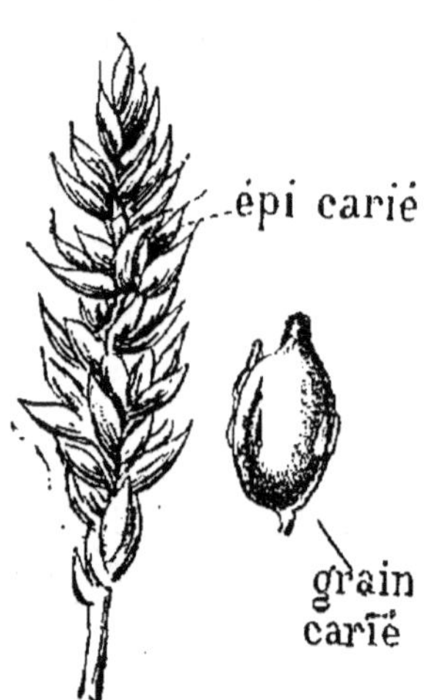

Fig. 76. — Carie du blé.

Le *charbon (ustilago carbo)* des céréales est dû à un champignon analogue au précédent; après l'épiage, il se forme, à la place des épillets, une poussière noire, d'où son nom de charbon. Chaque poussière est une spore qui peut contaminer d'autres plantes, au moment de la floraison. Le charbon attaque le froment, l'orge, l'avoine, le maïs, ainsi que les graminées vivaces des bords des chemins ou des fossés.

Pour éviter les ravages de cette maladie, on doit couper avant leur floraison les herbes vivaces qui avoisinent les champs de blé et assainir le sol, car l'humidité favorise le développement du champignon.

On préserve les semences de la carie et du charbon, grâce au sulfatage; on répand en fines gouttelettes, par hectolitre de grains, 200 à 500 grammes de sulfate de cuivre dissous dans 10 litres d'eau chaude, et on brasse vigoureusement avec une pelle en bois. Ou bien on immerge la semence pendant 12 à 16 heures dans une solution à 500 grammes de sulfate de cuivre par 100 litres d'eau. Le trempage par paniers de 10 litres de grains, dans une solution à 2 p. 100, donne aussi de bons résultats, surtout si on répète deux ou trois fois l'opération.

La *rouille* (*uredo* ou *puccinia graminis*) est causée par un champignon qui attaque tous les organes verts, en détruit la chlorophylle et développe une poussière jaunâtre (d'où le nom de rouille), formée de spores qui disséminent la maladie (*fig.* 77). Presque toutes les graminées sont attaquées par la rouille, ainsi d'ailleurs qu'un grand nombre de plantes de nos jardins; le développement est favorisé par un temps humide et chaud, par la verse des céréales, etc.

On a constaté que l'épine-vinette héberge sur ses feuilles et ses fruits une forme transitoire du parasite. Il est donc à conseiller de détruire ces arbustes dans le voisinage des cultures; de faucher les graminées sauvages (chiendent, etc.) qui maintiennent l'infection; d'éviter la culture dans les vallées humides, à proximité des bois ou des cours d'eau.

L'*ergot* est un parasite qui attaque plus spécialement le seigle; le champignon qui le produit (*claviceps purpurea*) végète sur le grain, aux dépens de l'ovaire. Il

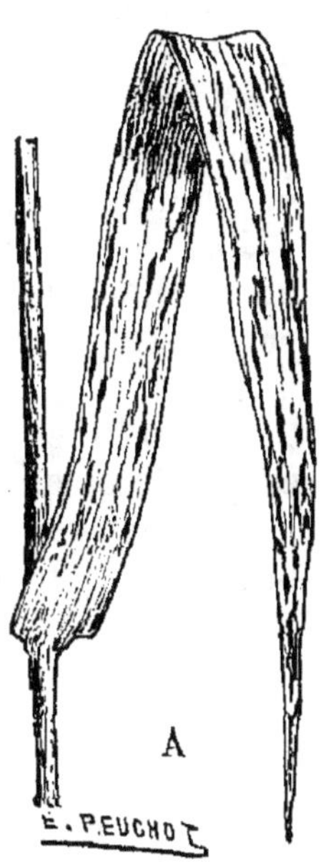

Fig. 77. — Rouille des céréales.

forme, surtout dans les années humides, une excroissance très allongée, ou *sclérote*, d'un noir violacé, qui dépasse beaucoup les glumes. Sa farine est un poison.

L'ergot se rencontre surtout sur les épis isolés au bord des chemins; dans un champ envahi, il faut éviter le retour trop fréquent du seigle. Le sclérote se conserve en hiver et donne naissance au printemps à des champignons chargés de spores que le vent peut disséminer.

248. Accidents des céréales. — La *verse* des céréales se produit dans les semis trop épais, en sols fertiles, riches en azote. Certaines variétés à paille molle, les vents, les pluies favorisent également la verse. Cet accident résulte du manque d'éclairage du pied des tiges et de l'insuffisance des aliments minéraux absorbés. Le semis tardif, en lignes claires, l'emploi de variétés à paille courte, forte, de maturité précoce, l'usage des engrais phosphatés, potassiques et calcaires ; la modération des fumures azotées ; la succession de cultures épuisantes, l'emploi judicieux, au printemps, de la herse et du rouleau ; enfin, l'effeuillage ou l'écimage bien exécuté sont une série de moyens qui presque toujours réussissent à combattre la verse.

L'*échaudage* se produit par un temps sec, brûlant, survenu brusquement pendant la formation du grain. Celui-ci reste atrophié, ne se développe pas.

Il n'y a pas de remède ; mais on prévient l'échaudage par un choix de semences bien acclimatées.

La *coulure* est due à la persistance des pluies ou du froid au moment de la floraison. La fécondation se fait mal, une partie des épillets restent vides. Cet accident est assez fréquent sur le seigle. Il est difficile d'y remédier ; un hersage ou une application de nitrate au printemps peuvent l'éviter en partie en stimulant la vigueur de la plante.

La *chlorose* ou *jaunisse* se produit parfois sur le maïs ; on la combat par l'emploi du sulfate de fer ajouté aux divers engrais. Le froid et les pluies provoquent cette affection.

§ V

RÉCOLTE ET UTILISATION DES CÉRÉALES

249. La moisson. — La récolte des céréales s'opère, en France, pendant les mois de juillet et août. Dès que le grain est capable d'achever sa maturité dans les tiges séparées de leurs racines, on peut moissonner. Pour le blé, le seigle, l'orge, on récolte quand le grain est à l'état pâteux, la paille étant jaune à la base. Pour l'avoine, le sarrasin, on coupe dès que les graines principales sont mûres ; une partie des autres achèvent leur maturité après la coupe.

La faucille, la sape et même la faux sont de moins en moins employées ; les moissonneuses tendent à les remplacer (**223**). Sauf dans le cas où les moissons renferment des herbes abondantes, on lie aussitôt après la coupe et on dresse en *moyettes*. La maturité et la dessiccation du grain s'achèvent ainsi. Si les plantes coupées sont garnies d'herbes adventices, ou d'une jeune légumineuse, on les laisse quelques jours en javelles sur le sol et on les retourne pour hâter la dessiccation. Il est bon de laisser javeler l'avoine ou de faire des gerbes aussi petites que possible pour faciliter le desséchement des tiges.

Le liage se fait soit avec la paille de seigle, soit au moyen de cordelettes en alfa, en aloès, en palmier nain peigné et tordu, ou en chanvre.

Il ne faut pas rentrer les gerbes avant leur complète dessiccation ; les grains pourraient s'échauffer et perdre leur faculté germinative.

Les gerbes sont mises en tas dans les *granges*, ou en *meules* placées dans un endroit sain, protégées contre l'humidité du sol par des matières isolantes : bourrées, pailles, roseaux, bruyères sèches, etc. Un hangar léger, construit dans un endroit propice, est souvent préférable à la confection des meules. Après le battage, les grains sont conservés sur les greniers, en couche mince, et pelletés souvent.

250. Rendement des diverses céréales. — Nous *résumons, dans le tableau qui suit les chiffres se rapportant à la production* en France des diverses céréales :

| CÉRÉALES | PRODUCTION A L'HECTARE | | | POIDS de l'hectolitre Kilog. |
| | GRAIN | | PAILLE (en proportion du grain) | |
	Poids extrêmes en quintaux	Moyenne		
Blé..........	10 à 40 Qtx.	16 Qtx.	1,8 à 3 fois.	76 à 80 kil.
Seigle.......	7 à 21	11	1,7 à 2,5	71 à 74
Orge	10 à 20	12,5	1,2 à 1,4	60 à 65
Avoine......	10 à 20	12	1 à 1,3	40 à 55
Maïs (écimé).	8 à 32	14	1,2 à 2	72 à 75
Sarrasin.....	6 à 25	8,5	1,2 à 1,4	60 à 65
Sorgho.......	20 à 40	25	0,3 à 0,4	64 à 66
Millet	5 à 20	10	»	64 à 70

251. Utilisation des céréales. — Le blé sert à faire le pain ; *on mange encore, dans certaines régions pauvres,* du pain obtenu avec des farines de méteil, de seigle, d'orge, de sarrasin (galettes). La farine de maïs permet de préparer la polente, les gaudes ; l'orge sert aux usages culinaires à l'état de gruau, d'orge mondé ou d'orge perlé. Les pâtes d'Italie (vermicelle, semoules, nouilles, macaroni, etc.), sont fabriquées avec les blés durs, riches en gluten.

Dans l'industrie, le seigle et surtout le maïs s'utilisent pour la distillation ; l'orge pour obtenir le malt, qui sert à la fabrication de la bière ; le blé et le maïs fournissent l'amidon et ses dérivés, dextrine, glucose, etc.

Le seigle, l'orge, l'avoine, le maïs, le sarrasin, le sorgho ainsi que les déchets du blé, constituent des aliments précieux pour l'engraissement des animaux et des volailles. Le sarrasin fournit un miel abondant, mais coloré et de qualité inférieure.

On voit, par cette simple énumération, combien sont nombreux les usages que l'on fait des grains des céréales ; il faut y joindre l'utilisation des pailles, balles, spathes, et autres résidus.

QUESTIONNAIRE

234. Comment est constitué l'épi de blé ? — 235. Quelles sont les principales espèces et variétés de blés ? — 236. Sur quelles considérations repose le choix des variétés à cultiver ? — 237. Décrivez les semailles et la végétation du blé. Qu'est-ce que le tallage ? Comment le provoque-t-on ? — 238. Parlez de la culture du seigle. — 239. Quels sont les caractères de l'orge ? — 240. Comment cultive-t-on l'orge ? — 241. Citez quelques variétés d'avoine. — 242. Décrivez la culture de l'avoine. — 243. Que savez-vous de la culture du maïs ? — 244. Dites comment on cultive le sarrasin, le sorgho, le millet. — 245. Par quels soins préserve-t-on les céréales contre les plantes adventices ? — 246. Quels sont les animaux et les insectes qui s'attaquent aux céréales ? — 247. Qu'est-ce que la carie, le charbon, la rouille, l'ergot ? — Comment se préserve-t-on de ces maladies ? — 248. En quoi consistent la verse, l'échaudage, la coulure, la chlorose ? Comment peut-on éviter ces accidents ? — 249. En quoi consiste la moisson ? Quand et comment y procède-t-on ? — 250. Citez les rendements moyens des principales céréales. — 251. A quoi servent les produits des diverses céréales ?

LECTURES

La verse du blé.

On a longtemps affirmé que la verse du blé était due au défaut de silice ; mais cette assertion ne reposait sur aucun fondement sérieux. On avait négligé de faire des dosages comparatifs de silice dans les blés versés et non versés, et on s'était borné à conclure, de ce que la paille est couverte d'une sorte de vernis siliceux qui lui donne son brillant, que la silice devait jouer un rôle très important dans la consolidation de la tige du blé.

Lorsqu'on a voulu y regarder de près, cette explication s'est évanouie comme toutes celles qui ne reposent que sur des apparences et non sur des faits rigoureusement constatés. On a vu qu'il n'y avait pas moins de silice chez les blés versés que chez les autres, et qu'ils en contenaient même souvent davantage.

La verse se produit surtout dans les saisons humides, pendant lesquelles le ciel est fréquemment couvert.

L'eau abondante met à la disposition des racines de grandes quantités d'éléments utiles et la plante pousse avec une grande rapidité; dans sa partie inférieure, elle reste herbacée. Elle s'étiole même, comme les plantes qui végètent dans l'obscurité.

La partie qui s'étiole le plus est, naturellement, celle qui reçoit le moins de lumière, c'est-à-dire le pied. Il noircit, pourrit même; et, quand il ne présente plus qu'une résistance tout à fait insuffisante, le moindre vent, la moindre pluie qui vient augmenter le poids des parties supérieures suffisent pour coucher la récolte.

La communication entre le sol et la tige se trouvant interrompue, les migrations indispensables à la formation du grain ne peuvent se faire et la récolte est nécessairement perdue.

H. Joulie.
(*Étude sur la culture du blé*, p. 27.)

Préparation des semences de blé.

Il faut avoir soin de n'employer pour semences que des graines aussi saines que possible. Pour être sûr de détruire les spores de carie qui pourraient s'y trouver, on emploie les procédés bien connus du chaulage ou du vitriolage.

Le meilleur, sans contredit, est le vitriolage au sulfate de cuivre (vitriol bleu) à raison d'un kilogramme de ce sel pour quatre cents litres d'eau pure.

Une solution plus concentrée nuirait à la faculté germinative des graines.

On met le blé dans une corbeille d'osier à anse et on le plonge dans cette dissolution. Quand il est égoutté, on le met en tas, prêt à être employé comme semence. En général, on le prépare la veille. Si on le faisait quelques jours avant, le blé pourrait commencer à germer, ce qui peut avoir des inconvénients et obligerait, dans tous les cas, à semer plus épais.

En absorbant le liquide, le volume du grain augmente de 20 à 25 p. 100, en sorte que 100 litres de blé sec font 120 à 125 litres de blé vitriolé.

Eug. Risler.
(*Culture du blé*, p. 85.)

CHAPITRE II

Plantes sarclées.

§ 1er

LES PLANTES RACINES

252. La betterave, sa composition. — La betterave est une plante bisannuelle (55) de la famille des Chénopodées ; sa racine pivotante (*fig.* 1) devient charnue vers la fin de la première année, et accumule le sucre élaboré dans les feuilles (44). C'est alors qu'on utilise la betterave à l'alimentation du bétail ou en vue de sa transformation en sucre ou en alcool. Mais si on replace les racines en terre, après l'hiver (porte-graines), on voit se développer, pendant la deuxième année, une tige qui se ramifie et porte des fleurs hermaphrodites, puis des graines ; celles-ci, petites, brunes, réniformes, sont réunies par deux ou trois dans une enveloppe commune qui constitue un glomérule.

La racine de la betterave renferme 80 à 92 p. 100 d'*eau*; c'est un aliment aqueux ; le supplément ou *matière sèche* est formé pour les 2/3 environ de *sucre*, puis de *matières azotées* ou albuminoïdes, de *cellulose* et de *ma'ières minérales*. Le tableau qui suit montre la variation de composition et de rendement entre les principaux types de betteraves :

PRINCIPAUX ÉLÉMENTS	BETTERAVE ovoïde des Barres	BETTERAVE rose demi-sucrière	BETTERAVE Klein-Wanzleben
Eau. p. 100......	87,90	84,17	81, »
Matières azotées totales........	1,09	1,14	1,17
Sucre...........	6,88	10,12	13, »
Rendement à l'hectare......	35 000 à 60 000 kil.	30 000 à 55 000 kil.	20 000 à 35 000 kil.

253. Variétés de betteraves. — La betterave est surtout cultivée pour le sucre qu'elle renferme ; la matière azotée s'y trouve en faible proportion et sous une forme peu

digestible pour les animaux; dans les betteraves industrielles, un excès de matière azotée nuit à la richesse saccha-
rine et à l'extraction du sucre.

Aussi, les betteraves se classent, *suivant leur teneur en*

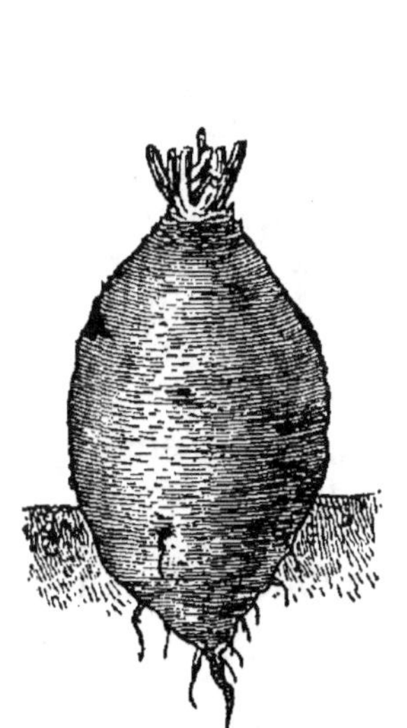

Fig. 78. — Betterave fourragère.
(Jaune ovoïde des Barres.)

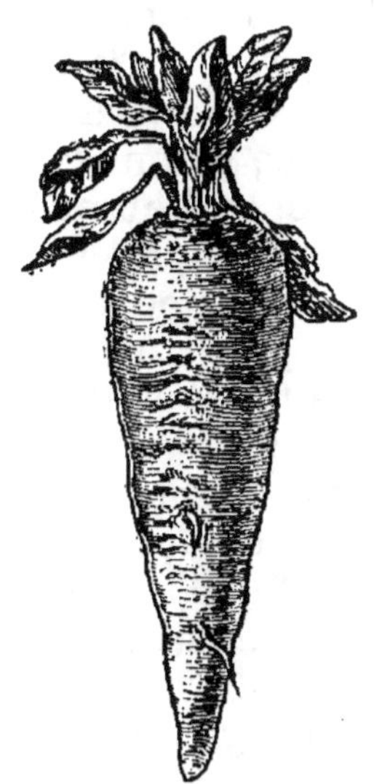

Fig. 79. — Betterave demi-
sucrière.
(Blanche à collet rose.)

Fig. 80. — Betterave
sucrière.
(Vilmorin améliorée.)

sucre, en trois catégories : les *betteraves fourragères* (*fig.* 78)
qui contiennent 4 à 9 p. 100 de sucre; les *betteraves demi-
sucrières* (*fig.* 79) dont la teneur varie ordinairement de 7 à
13 p. 100, et les *betteraves sucrières* (*fig.* 80), qui dosent
10 à 18 p. 100 de sucre.

En vue de la production du sucre, on préfère les variétés
riches, afin de diminuer les frais de fabrication ; pour l'alimentation du bétail, on emploie de plus en plus les demi-
sucrières, tandis qu'on s'adressait exclusivement autrefois
aux variétés fourragères.

La betterave la plus avantageuse à cultiver pour le bétail
est celle qui, à l'hectare, fournit le maximum de principes
nutritifs et non le poids absolu le plus élevé. Or, l'expérience montre qu'à ce titre, les demi-sucrières sont souvent
à préférer.

Les betteraves fourragères sont peu racineuses, faciles à
arracher, elles poussent beaucoup hors du sol. Suivant leur
forme on les distingue en *disettes*, allongées, cylindriques

(D. Mammouth, Corne de Bœuf, Géante de Vauriac, etc.) ; *ovoïdes*, demi-longues (ovoïde des Barres) ; *globes*, courtes, presque sphériques (Globe jaune, Globe rouge, etc.).

Les *demi-sucrières* les plus cultivées sont la Géante blanche et la Géante rose ; les *betteraves sucrières* obtenues par sélection méthodique sont d'origine française ou d'origine allemande ; on peut citer la Simon Legrand, la Vilmorin améliorée, parmi les variétés françaises ; la Klein Wanzleben, la Magdebourg, parmi les variétés allemandes, etc.

254. Culture de la betterave. — La betterave demande de bonnes terres, profondes, riches, fraîches, très bien ameublies. Il est toujours avantageux de défoncer le sol en hiver, afin de permettre le facile développement des racines ; on complète la préparation du sol au printemps par des cultures superficielles.

La betterave est une plante exigeante ; pour atteindre des rendements élevés il lui faut de fortes fumures ; on peut enfouir, à l'hectare, 40 000 à 50 000 kilogrammes de fumier et compléter par des engrais phosphatés (500 kilogrammes de superphosphate ou 800 kilogrammes de scories) et potassiques (200 à 300 kilogrammes de chlorure de potassium ou de sulfate de potasse) (150) ; ce dernier sel est à préférer pour les betteraves industrielles. Enfin, on apporte, en couverture en plusieurs fois, à la levée, au desserrage, etc., 150 à 250 kilogrammes de nitrate de soude à l'hectare.

Le semis a lieu en avril-mai, en lignes ou en poquets, à raison de 5 à 10 kilogrammes de graine à l'hectare. Parfois, on sème en pépinière et on repique en place courant juin ; cette pratique a l'inconvénient de donner des betteraves plus racineuses ; en outre, le repiquage coïncide parfois avec une période de sécheresse, et donne une mauvaise reprise. Il faut n'y recourir que dans les terres fortes où la levée serait irrégulière.

Six semaines après les semailles, on bine et on éclaircit les plants ; on tend à adopter de plus en plus les faibles écartements : $0^m,40$ sur la ligne et $0^m,50$ d'interligne, au lieu de $0^m,80$ comme autrefois. Avec un faible écartement, chaque racine reste plus petite, mais sa proportion de matière sèche est plus élevée. Il est inutile de chercher à obtenir de trop grosses betteraves : elles sont peu nutritives et se conservent difficilement.

On pratique en général trois binages à la houe. Il ne faut

pas effeuiller les betteraves en cours de végétation ; les feuilles, très laxatives, sont peu nutritives, et on prive ainsi la plante des organes destinés à l'enrichir en principes hydrocarbonés.

La récolte des betteraves a lieu en octobre-novembre, soit à la main, soit au moyen d'instruments spéciaux (225) ; les racines sont décolletées et les feuilles restent sur le sol comme engrais. On rentre les racines en cave ou en silo pour servir à l'alimentation du bétail, principalement pour les vaches laitières et les bœufs d'engrais, pendant l'hiver.

255. La betterave industrielle. — La culture de la betterave industrielle est identique à celle de la betterave fourragère. Il est indispensable de préparer le terrain par un défoncement énergique, car la betterave à sucre s'enfonce totalement dans le sol ; en outre, les engrais doivent être apportés sous une forme assimilable (fumier bien décomposé, sulfate de potasse au lieu de chlorure).

La betterave à sucre est à chair dure, craquant sous le couteau ; elle porte un chevelu abondant qui la fixe au sol et rend son arrachage difficile ; on la cultive à très faible écartement, et on remplace en partie les engrais azotés par des engrais phosphatés en vue d'accroître sa richesse en sucre.

Les betteraves industrielles sont le plus souvent expédiées directement à l'usine au fur et à mesure de leur arrachage. Parfois on les met en silo pour les livrer à la sucrerie jusque vers fin décembre. L'ensilage sera étudié à propos des plantes fourragères (293).

256. La carotte fourragère. — La carotte (*daucus carota*) (*fig*. 81) appartient à la famille des Ombellifères. Les variétés rouges, moins productives, sont réservées pour le jardin ; on utilise surtout en agriculture les variétés blanches : à collet vert, des Vosges, etc.

Fig. 81. — Carotte fourragère.

On sème, à l'hectare et en lignes, 3 à 4 kilogrammes de graine. La préparation du sol, les exigences en engrais, les soins d'entretien et la récolte sont les mêmes que pour la betterave. Le rendement peut s'élever à 40 000 kilogrammes à l'hectare. Plus riche en matière sèche que la betterave et moins laxative, la carotte convient plus spécialement pour la nourriture des chevaux, des moutons et des bœufs de travail.

257. Navet, rave ou turneps. — Le navet (*brassica napus*) est une crucifère bisannuelle; on appelle *navets* les

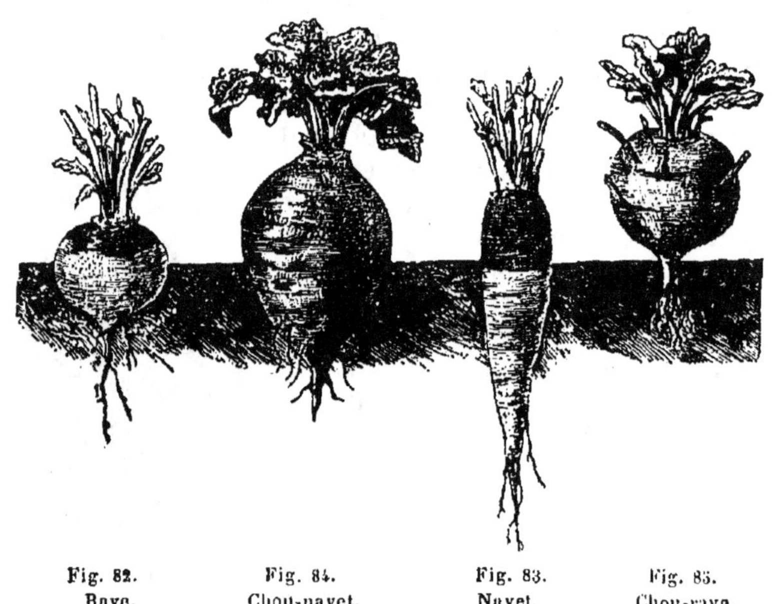

Fig. 82.   Fig. 84.   Fig. 83.   Fig. 85.

Rave.   Chou-navet.   Navet.   Chou-rave.

variétés à racines longues (*fig.* 83), et *raves* ou *turneps*, celles à racines rondes (*fig.* 82). Les principales variétés de navets sont : le *long d'Alsace*, le *rose du Palatinat*, le navet *de Meaux* ; comme raves : les variétés d'*Auvergne*, du *Limousin*, de *Norfolk*, etc.

Quelques variétés hâtives (navet *blanc plat hâtif*, *rouge plat hâtif*, *turneps* ou *rabioule*) peuvent être utilisées pour les cultures dérobées; elles n'occupent le sol que trois à quatre mois.

On sème de mai à juillet, à raison de 4 à 5 kilogrammes de graine à l'hectare, en lignes afin d'éclaircir et de biner, comme pour les betteraves. Le navet est moins exigeant que la betterave; néanmoins, il profite bien des fumures.

Le rendement varie de 15000 à 20000 kilogrammes à l'hectare.

Le *rutabaga*, ou *navet de Suède*, à chair jaune, très rustique, se cultive comme le navet.

258. Chou-navet, chou-rave et panais. — Le chou-navet (*fig.* 84) est une crucifère dont la tige se renfle en partie dans le sol, près de la surface, et atteint le volume d'un navet, tandis que le chou-rave produit son renflement entièrement au-dessus du sol (*fig.* 85). Ces plantes, qui demandent un terrain meuble, se cultivent par semis direct en place, ou par repiquage.

On sème 1 kilogramme à l'hectare en lignes; 3 kilogrammes à la volée. Le semis en pépinière permet de hâter la levée. La culture s'effectue comme celle des plantes-racines qui précèdent. Il en est de même du *panais* qui est surtout très rustique et fournit 35 000 à 40 000 kilogrammes à l'hectare. On le cultive peu, car on lui préfère, selon les cas, les betteraves, les carottes ou les navets.

§ II

PLANTES A TUBERCULES

259. La pomme de terre. Sa composition. — La pomme de terre, qui se cultive en France sur 1 500 000 hectares, soit 1/30° du territoire agricole, est une plante de la famille des solanées. Ses tiges aériennes, herbacées et annuelles, sont rameuses et velues; elles portent des feuilles composées, puis des fleurs, blanches, roses, lilas ou violettes, auxquelles succèdent, pour les fleurs fertiles, des baies globuleuses, vertes au début, puis violacées à la maturité, dans lesquelles se trouvent les graines. Ses tiges souterraines se renflent à l'arrière-saison en tubercules qui se gorgent de fécule, principe hydrocarboné, élaboré dans les feuilles (44). Les tubercules, de différentes grosseurs, sont plus ou moins rassemblés, suivant les variétés; ils renferment 70 à 80 p. 100 d'eau, 10 à 25 p. 100 de fécule et de dextrine, 2 p. 100 de matières azotées et 1 p. 100 de cendres ou matières minérales. Il existe, en outre, surtout dans les tubercules verdis sous l'action de la lumière, une faible proportion d'un principe toxique, la *solanine*, qui est détruit par la cuisson.

Les graines sont employées comme semence, en vue d'obtenir de nouvelles variétés ; au contraire, la plantation des tubercules permet de conserver les caractères des variétés connues.

260. Variétés de pommes de terre. — Les pommes de terre sont dites *de grande culture*, lorsqu'elles produisent un rendement élevé, ou *potagères*, lorsque, peu productives, elles se distinguent surtout par leur qualité.

Les pommes de terre sont de couleur jaune, rose ou rouge, plus rarement violette ; leur forme est ronde ou longue. Ces caractères permettent de grouper entre elles les nombreuses variétés, parmi lesquelles nous citerons : 1° *Jaunes rondes :* Richters Imperator, Chardon ; 2° *Jaunes longues :* Magnum bonum, Saucisse blanche ; 3° *Roses ou rouges rondes :* Merveille d'Amérique, farineuse rouge (Reds Kinned) ; 4° *Roses ou rouges longues :* Early rose, Saucisse ; 5° *Bleues ou violettes longues :* Géante bleue, Institut de Beauvais, etc.

Il faut choisir les variétés qui conviennent le mieux au climat, au sol, au commerce, et qui donnent un produit élevé ; lorsqu'elles sont destinées à l'industrie (amidon ou fécule, alcool, dextrine, sucre), on choisit les variétés nouvelles, riches en fécule (Richters, etc.). Les pommes de terre sont dites précoces, moyennes ou tardives, suivant l'époque de leur maturité ; elles sont plus ou moins résistantes aux maladies.

261. Culture de la pomme de terre. — La pomme de terre réussit dans tous les terrains où l'humidité n'est pas en excès ; dans ce dernier cas, elle est sujette à la pourriture et elle renferme peu de fécule ; sa tige est très sensible aux gelées de printemps.

Pour donner de forts rendements, il lui faut un sol bien fumé et bien ameubli par un défoncement et des labours complémentaires. Il ne faut pas exagérer la dose de fumier, car la pourriture est à craindre ; on complète par des engrais minéraux : 200 kilogrammes de nitrate de soude ; 300 à 400 kilogrammes de superphosphate, que l'on remplace en terres non calcaires par 500 à 700 kilogrammes de scories ; 200 à 300 kilogrammes de sulfate de potasse ou de chlorure de potassium. Le fumier doit être enfoui pendant l'hiver.

La plantation a lieu, de mars en mai, au plantoir ou à la

charrue, au moyen de tubercules moyens et entiers ; si l'on est obligé de sectionner les gros tubercules, la coupe doit se faire dans le sens de la longueur, en raison de la disposition des yeux ; mais il est préférable d'employer des tubercules entiers.

Il faut, à l'hectare, 1 500 à 2 000 kilogrammes de tubercules qui sont placés de 0^m,30 à 0^m,50 l'un de l'autre sur les lignes distantes de 0^m,40 à 0^m,60.

On donne des binages répétés (2 à 4) pendant la végétation et on butte dès que la floraison commence, pour faciliter le développement des tubercules.

La récolte des pommes de terre se fait du 1er août au 15 octobre, quand les fanes sont mortes et que les tubercules ne pèlent plus. L'arrachage s'effectue à la houe, à la fourche, ou au moyen d'instruments spéciaux (225). Les tubercules sains sont conservés, en cave ou en silo, à l'abri de la lumière.

Le rendement est très variable suivant les variétés, la richesse des sols et les conditions de culture ; tandis que la production moyenne, en France, atteint à peine 10 000 kilogrammes à l'hectare, certaines variétés fourragères ou industrielles produisent 30 000 à 40 000 kilogrammes à l'hectare.

262. Maladie de la pomme de terre. — La pomme de terre peut être attaquée, pendant sa végétation, par une maladie analogue au mildiou de la vigne, le *phytophtora infestans*. Ce champignon parasite se développe d'abord sur les feuilles qu'il fait noircir et sécher, puis les spores gagnent les tubercules, germent dessus, les pénètrent de leur mycélium et les font pourrir.

Il est facile d'éviter cette maladie par l'application sur les tiges aériennes, au moment de la floraison, de bouillie bordelaise ou bourguignonne, fabriquée comme pour la vigne et distribuée au moyen du pulvérisateur.

263. Topinambour. — Le topinambour (*fig.* 86) est une plante des terrains médiocres, rustique, à haute tige, qui appartient à la famille des composées. Il fleurit dans les automnes chauds, mais ne mûrit jamais ses graines sous notre climat. Il produit des tubercules irréguliers, mamelonnés, rosés ou jaunes, sucrés, qui sont consommés crus ou cuits par les animaux domestiques ou employés à la distillation de l'alcool.

On plante les topinambours en février-mars, au moyen de tubercules entiers. Cette culture reçoit parfois des binages et un buttage ; elle est moins exigeante que la pomme de terre et elle produit davantage.

En novembre, les feuilles jaunissent, puis noircissent et tombent ; les tubercules ne se conservent pas plus de 15 jours hors de terre ; comme ils ne craignent pas les gelées, on les arrache au fur et à mesure des besoins.

Leur destruction est difficile ; les moindres fragments restés dans le sol donnent naissance à des pousses qui salissent les récoltes pendant plusieurs années ; on s'en débarrasse cependant en faisant suivre le topinambour d'un fourrage.

Fig. 86.
Topinambour.

On cherche à propager la culture de l'*hélianthi*, plante qui appartient à la même famille que le topinambour. Ses tubercules conviendraient à l'alimentation de l'homme et des animaux domestiques ; ses tiges sucrées serviraient de fourrage. Il convient d'attendre pour être fixé sur les mérites réels de cette plante qui sont discutés.

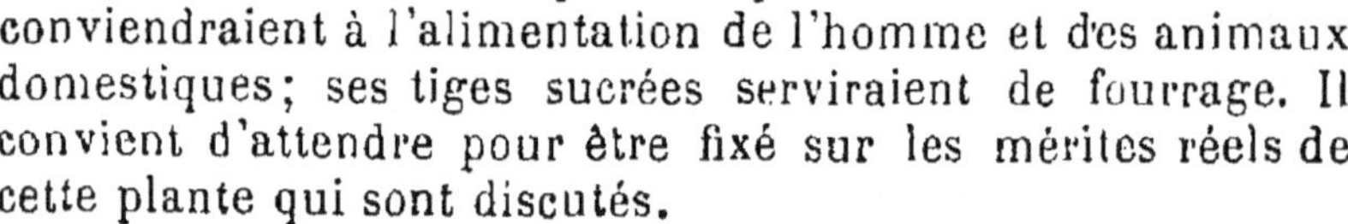

QUESTIONNAIRE

252. Décrivez la végétation de la betterave. — Quelle est sa composition moyenne ? — 253. Qu'appelle-t-on betteraves fourragères ? betteraves demi-sucrières ? betteraves à sucre ? — Citez-en quelques variétés. — 254-255. Que savez-vous de la culture de la betterave ? — Quels sont les engrais à employer ? — Quel écartement convient le mieux à cette culture ? — 256. Parlez de la culture de la carotte fourragère ; — 257. De celle du navet, rave ou turneps. — 258. Quelle différence faites-vous entre le chou-navet et le chou-rave ? — 259. Qu'est-ce que la pomme de terre ? — De quoi se compose un tubercule ? — 260. Citez quelques variétés de pommes de terre. — 261. Comment se cultive la pomme de terre ? — Quelle maladie attaque la pomme de terre ? — Comment la traite-t-on ? — 263. Parlez de la culture du topinambour.

LECTURE

Développement progressif de la pomme de terre.

Lorsque l'on considère la plante dans son ensemble, on observe trois phases principales dans son développement progressif.

C'est d'abord une période de grande activité végétale : toutes les parties de la pomme de terre se développent à la fois ; les tubercules se forment, les tiges s'allongent et se couvrent de feuilles, les radicelles forment un chevelu inextricable.

C'est à l'accroissement des tubercules surtout que cette activité s'applique, mais les tiges et les feuilles y participent également ; bientôt, cependant, l'accroissement de celles-ci s'arrête et leur état devient stationnaire, tandis que, parmi les radicelles, les unes périssent, les autres, au contraire, s'accroissent en longueur et en diamètre.

Mais vers la fin de septembre, tout change : les tiges se dessèchent, les feuilles commencent à faner et à tomber sur le sol : c'est la deuxième phase : les tubercules continuent à croître cependant, mais plus faiblement, et leur accroissement devient proportionnel à la quantité de feuilles vertes que les tiges portent encore ; la vie des radicelles reste la même que précédemment, mais déjà leur altération commence.

Vient ensuite la troisième phase. Les feuilles sont mortes à ce moment et tombées en partie, les tiges se sont desséchées sur pied, les radicelles n'existent plus ; les tubercules sont isolés dans le sol ; ils n'empruntent plus rien ni à l'atmosphère ni à la terre ; aucune transformation sérieuse de la matière ne s'effectue plus dans leurs tissus : le but de la culture est rempli : la fécule a atteint son maximum de production.

Cette fécule, que l'on voit représenter les trois quarts du poids de la matière sèche des tubercules, c'est dans les feuilles qu'il en faut chercher l'origine.

Aimé GIRARD.
(*Recherches sur la culture de la pomme de terre industrielle*, p. 98.)

CHAPITRE III

Plantes fourragères.

GÉNÉRALITÉS

264. Importance des cultures fourragères. — Les plantes fourragères constituent la base de l'alimentation du bétail ; elles sont consommées, en vert ou en sec, à l'étable ou au pâturage. Leur culture prend chaque jour une importance plus considérable; elle est peu épuisante, n'exige qu'une main-d'œuvre réduite et elle est rémunératrice, grâce à l'élévation continuelle du prix des produits animaux.

L'augmentation dans la production des fourrages permet d'entretenir un bétail plus nombreux qui procure des fumiers abondants et riches, capables d'accroître la fertilité des terres. « Veux-tu du blé? — Fais des prés », écrivait Jacques Bujault.

Depuis 1842, l'étendue des prairies, en France, est passée de 5 775 000 hectares à 10 millions d'hectares; pendant le même temps, la production du foin a plus que doublé.

A l'origine, il n'existait que des *prairies naturelles*, ou surfaces qui, abandonnées à elles-mêmes, s'engazonnaient d'un grand nombre d'espèces de plantes capables de produire de l'herbe indéfiniment et naturellement.

Le besoin d'accroître les ressources fourragères suggéra ensuite l'idée de *créer* des *prairies* qui se distinguent entre elles par une flore plus ou moins complexe et par une durée variable.

265. Classification des diverses prairies. — Nous les grouperons comme suit :

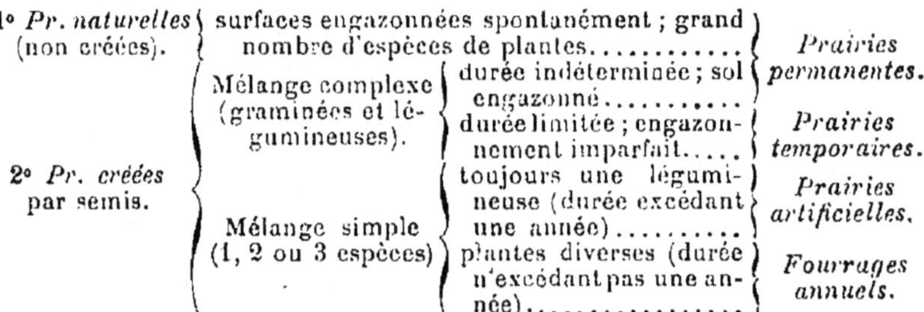

1° *Pr. naturelles* (non créées).	surfaces engazonnées spontanément ; grand nombre d'espèces de plantes............		*Prairies permanentes.*
2° *Pr. créées* par semis.	Mélange complexe (graminées et légumineuses).	durée indéterminée ; sol engazonné...........	*Prairies permanentes.*
		durée limitée ; engazonnement imparfait.....	*Prairies temporaires.*
	Mélange simple (1, 2 ou 3 espèces)	toujours une légumineuse (durée excédant une année)...........	*Prairies artificielles.*
		plantes diverses (durée n'excédant pas une année)...............	*Fourrages annuels.*

Suivant leur destination, les prairies permanentes se distinguent encore en *prairies de fauche*, *herbages* et *pâturages*. Les *prairies de fauche* sont celles dont on récolte le foin au moins à la première coupe, afin de le faire consommer par le bétail ; les *herbages* sont des surfaces engazonnées dont la végétation est pâturée sur place et suffit à assurer l'engraissement des bovidés ; les *pâturages*, plus secs en général, ne se développent pas assez pour permettre l'engraissement des bovidés ; on les fait parcourir par les animaux d'élevage et les moutons.

§ Ier

PRAIRIES PERMANENTES

266. Terres qui conviennent aux prairies permanentes. — L'herbe, pour se développer, exige de grandes quantités d'eau ; il faudra donc préférer, pour la culture des prairies, les terres fraîches à toute époque de l'année ; les terres fortes, dont la culture serait difficile ; les fonds de vallées, qui bordent un cours d'eau et sont sujets aux inondations ; les terrains facilement irrigables ou encore ceux qui, situés sur des pentes abruptes, ne pourraient être cultivés et seraient soumis aux érosions faute d'un gazon protecteur.

267. Procédés d'obtention des prairies permanentes. — Un sol peut se recouvrir d'herbe par *engazonnement naturel*, ou par *ensemencement*. On a aussi proposé la *transplantation des gazons*, mais on utilise peu ce moyen.

L'*engazonnement naturel* consiste à laisser un sol se couvrir d'une végétation spontanée, sans y répandre de graines. Ce moyen peut réussir sous les climats brumeux, dans les sols argileux et frais ; il ne donne que de mauvais résultats en terrains secs. En outre, il présente partout de graves inconvénients : la surface s'engazonne irrégulièrement ; les mauvaises plantes, plus *rustiques et moins exigeantes*, dominent toujours ; comme elles sont délaissées par le bétail qui pâture les prairies, elles mûrissent leurs graines et prennent peu à peu la place des bonnes ; enfin, l'engazonnement naturel fournit une faible production pendant les premières années.

L'*ensemencement* est de beaucoup préférable ; avec un sol parfaitement ameubli et fumé, on obtient de suite un gazon touffu qui se laisse difficilement envahir par les mauvaises herbes. Trop souvent, on sème les prairies au moyen de *fonds de greniers*, ou *fenasses*, graines diverses et débris laissés par les fourrages secs dans les locaux où ils ont été conservés. Il est préférable d'employer des semences de plantes dont on connaît les exigences. Si les frais de création de la prairie sont plus élevés, ils sont largement compensés par la régularité et la qualité de la récolte obtenue dès les premières années.

268. Flore des prairies. — Les plantes qui composent la flore des prairies permanentes ou naturelles varient suivant le climat, la nature du sol, son degré d'humidité, la méthode d'exploitation de la prairie (fauchage ou pâturage), etc. Une bonne prairie doit renfermer 5 à 6 dixièmes de graminées et 2 à 4 dixièmes de légu-mineuses. Mais on trouve un grand nombre d'autres espèces spontanées qui appartiennent à la famille des *composées* : centaurée jacée, chicorée sauvage, pissenlit, grande marguerite, chrysanthème; des *ombellifères*: grande berce, carotte sauvage, etc.; ou à des *familles diverses:* renoncules, coucou, cardamine, pimprenelle, spirée, sauge, rinanthes, carex

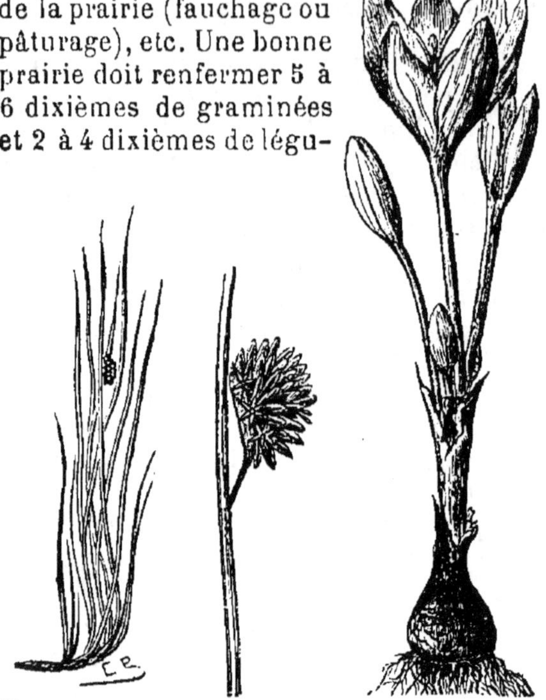

Fig. 87. — Carex.   Fig. 88. — Jonc.   Fig. 89. — Colchique.

(*fig*. 87), joncs (*fig*. 88), rumex, colchique (*fig*. 89), plantain, etc.

Bien que certaines espèces comme les centaurées, la pimprenelle, le plantain, soient acceptées par le bétail, il ne faut jamais les semer; leur fourrage est grossier, de mauvaise qualité.

Il est indispensable de débarrasser les prairies des mauvaises plantes telles que les mousses, les joncs, les carex, les colchiques, en assainissant le sol et par l'apport de calcaire.

269. Les graminées des prairies. — Suivant leur parenté botanique, on peut diviser en trois groupes les principales graminées de prairies. L'inflorescence est formée d'épillets disposés en *épi* ou en *panicule;* dans ce dernier cas, les ramifications sont longues et visibles, ou très courtes, simulant un *faux épi*.

Les ray-grass font partie du premier groupe ; le deuxième comprend les paturins, les fétuques, les bromes, le dactyle, la cretelle, les avoines, la canche, les houlques, les agrostis, etc. ; au troisième groupe se rattachent le vulpin et la fléole.

270. Graminées à inflorescence en épi. — On cultive le *ray-grass anglais* (ivraie vivace) (*fig.* 90) et le *ray-grass d'Italie* (*fig.* 91) ; ce dernier se distingue à la présence d'une arête ou barbe sur la glumelle inférieure de chaque fleur ; tous deux préfèrent les sols frais.

Le ray-grass anglais est vivace, il garnit le sol rapidement et repousse vite dans les pâtures ; il est peu feuillu et moins hâtif que le ray-grass d'Italie ; celui-ci dure peu, mais il est productif et donne un foin de meilleure qualité si on le récolte tôt.

L'hectolitre de graine de ray-grass pèse 25 kilogrammes ; on sème 60 kilogrammes à l'hectare.

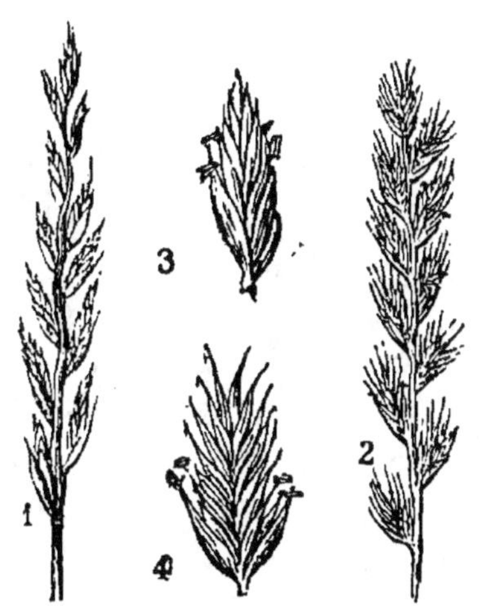

Fig. 90-91. — Ray-grass.
1. Ray-grass anglais ; 2. Ray-grass d'Italie ; 3. Épillet du ray-grass anglais ; 4. Épillet du ray-grass d'Italie.

271. Graminées à inflorescence en panicule. — Les *paturins* sont des graminées hâtives, qui donnent un foin très fin ; elles conviennent mieux dans les herbages à pâturer que dans les prairies de fauche. Le *paturin des prés* (*fig.* 92), très hâtif, se distingue du *paturin commun* par la ligule, courte, tronquée et lisse dans le premier ; longue, pointue et rugueuse dans le second. Les paturins s'enracinent fortement et finissent par former un épais gazon ; la graine, très fine, pèse 14 à 18 kilogrammes à l'hectolitre ; il en faut 20 kilogrammes pour semer un hectare.

Les *fétuques* conviennent surtout dans les herbages et les pâturages ; la *fétuque des prés* (*fig.* 93) est vivace, tardive, productive en sol frais et fertile ; elle repousse bien ; sa graine pèse 18 à 20 kilogrammes à l'hectolitre ; on en met 60 kilogrammes par hectare.

Le *dactyle pelotonné* (*fig.* 94) est une graminée vivace, rustique, précoce et productive, qui vient bien dans tous les

sols, même secs, et repousse vite après la première coupe.
Ses feuilles larges, vert foncé, un peu coupantes, se réunissent en touffes faciles à déraciner ; aussi, il convient peu
dans les pâtures. Il faut le faucher tôt, sans quoi, il donne
un foin grossier. Sa graine pèse 20 kilogrammes à l'hectolitre ; on ne le sème jamais seul (il en faudrait 40 kilo-

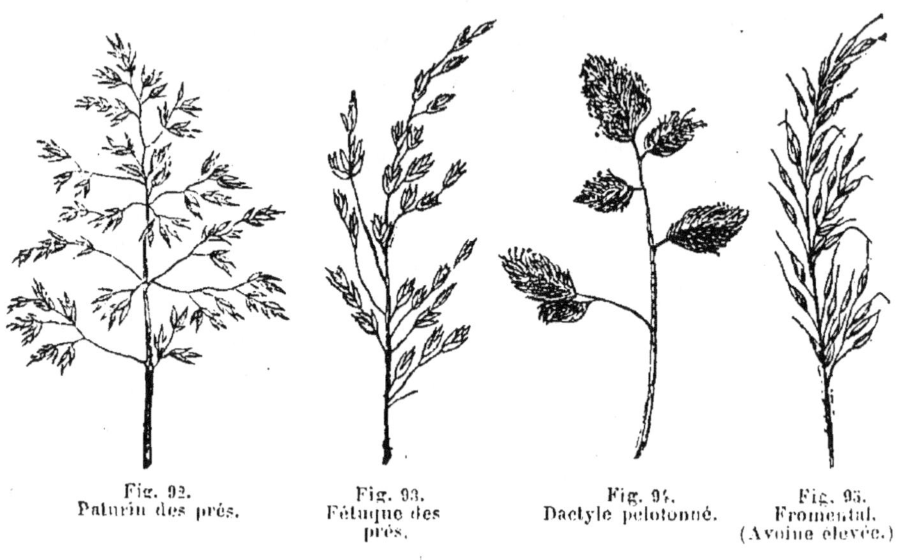

Fig. 92.
Paturin des prés.

Fig. 93.
Fétuque des
prés.

Fig. 94.
Dactyle pelotonné.

Fig. 95.
Fromental.
(Avoine élevée.)

grammes à l'hectare). Il est facile à reconnaitre à ses épillets
agglomérés sur un même côté de l'axe.

Le *fromental* ou *avoine élevée* (*fig.* 95) est une plante excellente pour les prairies à faucher. C'est la plus haute des
graminées des prés ; sa tige dépasse 1^{m},50. Très rustique,
elle vient bien dans les sols maigres, mais redoute les terrains froids ou humides. Elle gazonne peu et repousse assez
vite ; précoce, elle convient surtout en mélange et donne
son plein rendement deux ans après le semis. Sa graine
pèse 16 kilogrammes à l'hectolitre ; on sème 100 kilogrammes à l'hectare.

272. Graminées à inflorescence en faux épi. —
Le *vulpin des prés* (*fig.* 96) est la plus précoce des graminées ; c'est une plante vivace, hâtive, productive, donnant
un bon fourrage, très feuillu. Il repousse bien, surtout dans
les sols frais, humides ou fertiles. Il ne prend possession du
sol qu'après trois ou quatre ans. L'hectolitre de graine
pèse 6 à 7 kilogrammes ; il en faut 25 kilogrammes à l'hec-

tare. Le vulpin entre dans presque tous les mélanges pour prairies.

La *fléole* (*fig.* 97) est la plus tardive de toutes les bonnes graminées de prairies; elle est productive; son foin, d'apparence grossière, est pourtant de bonne qualité. Elle remonte peu et préfère les terres fraîches, froides et humides. Sa graine pèse 55 à 60 kilogrammes à l'hectolitre, et on met 12 kilogrammes de semence à l'hectare. On distingue facilement la fléole du vulpin : dans la fléole, les épillets sont courts, perpendiculaires à l'axe, la plante est tardive; le vulpin, au contraire, est précoce; ses épillets sont obliques et mous.

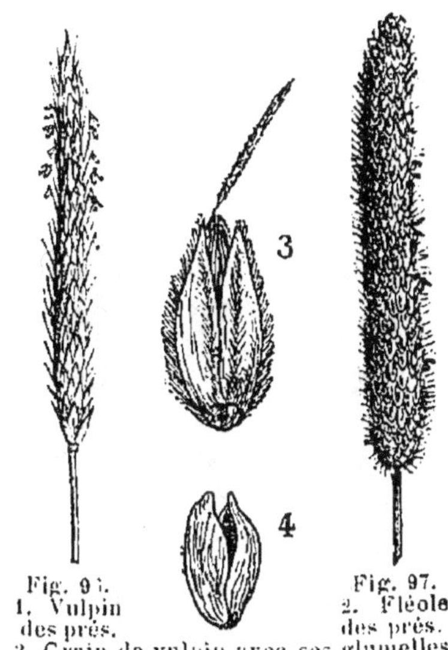

Fig. 96.
1. Vulpin des prés.

Fig. 97.
2. Fléole des prés.

3. Grain de vulpin avec ses glumelles et son arête. 4. Grain de fléole vêtu.

273. Graminées de médiocre valeur. — Nous avons passé sous silence certaines plantes qui pouvaient être rangées dans les groupes précédents, et dont la valeur n'est pas très grande en vue de la constitution des prairies; telles, les bromes, la cretelle, la canche, les agrostis, etc.

Les *bromes* fournissent un fourrage de mauvaise qualité; pourtant, une variété, le *brome des prés* (*fig.* 98), convient dans les sols secs, calcaires, en raison de sa grande rusticité ; il permet de constituer des pâturages temporaires.

La *cretelle* est peu productive; le bétail délaisse ses tiges qui sont dures. Parfois, on remplace, dans les sols pauvres, l'avoine élevée par l'*avoine jaunâtre*, très rustique et peu exigeante; mais le foin qu'elle donne ne vaut pas celui de l'avoine élevée.

La *houlque laineuse* (*fig.* 99) vient en abondance dans les sols frais ou humides, elle est envahissante; son feuillage duveteux donne un foin peu apprécié des animaux; on l'emploie seulement à la création des pâturages.

La *canche flexueuse*, petite graminée dure, est plutôt à rejeter; il en est de même de l'*agrostis* (*fig.* 100), très envahissante en sol frais, qui se propage par stolons et donne un fourrage médiocre.

Enfin, on attribue une valeur exagérée à la *flouve odorante* (*fig.* 101), très précoce, et qui communiquerait au foin un arome spécial ; son foin est peu estimé par les animaux.

En général, ces plantes, très rustiques, ne sont pas à

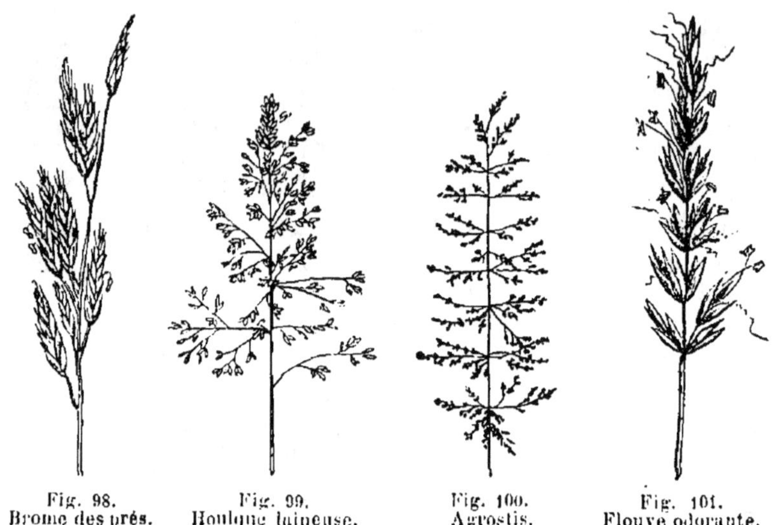

Fig. 98.
Brome des prés.

Fig. 99.
Houlque laineuse.

Fig. 100.
Agrostis.

Fig. 101.
Flouve odorante.

conseiller en mélange avec les bonnes graminées dont elles prennent la place. Certaines d'entre elles peuvent cependant rendre des services en sols pauvres ou secs.

274. Les légumineuses des prairies. — Les *trèfles* occupent le premier rang parmi les légumineuses des prairies permanentes.

Le *trèfle violet* ou *trèfle des prés* est excellent dans les prés de fauche ; on le remplace avantageusement dans les pâtures, par le *trèfle blanc* ou trèfle rampant, et par le *trèfle hybride,* qui donnent un excellent fourrage ; tous deux aiment les sols frais ; le trèfle blanc préfère le calcaire ; le trèfle hybride supporte mieux les terres compactes et argileuses. Les trèfles entrent dans toutes les formules pour prairies.

La *lupuline* ou *minette* et le *sainfoin* peuvent être introduits utilement dans les prairies, surtout en sols calcaires, perméables. Les *lotiers* (*velu* et *corniculé*) sont peu productifs et leurs graines coûtent cher ; ils conviennent surtout pour les pâturages, en faible proportion ; le lotier corniculé doit être préféré. L'*anthyllide* est une légumineuse très rustique, des sols secs, calcaires ou siliceux, perméables. Son fourrage, duveteux, est pourtant accepté par le bétail, surtout par les moutons.

275. Création d'une prairie permanente. — Les mélanges de graines à employer dans la constitution d'une prairie sont déterminés en tenant compte de la destination (prairie à faucher ou à pàturer), de l'humidité du sol, de sa nature physique, de sa fertilité, de son exposition, etc.

Voici quelques formules, données à titre d'exemple, et empruntées aux meilleurs auteurs (Berthault, Boitel) :

PLANTES EMPLOYÉES (QUANTITÉ A L'HECTARE, EN KILOGR.)	PRAIRIES A FAUCHER :			HERBAGES		PATURAGES
	A Argilo-calcaire frais	B Argilo-siliceux compact	C Calcaire pierreux peu fertile	D Alluvions riches (embouches)	E Argilo-siliceux humifère	F Calcaire sec
Ray-grass anglais	13,5	12	10	10	»	»
— d'Italie	10,2	»	»	»	»	»
Paturin des prés	6	4	»	10	4	»
— commun	»	»	»	»	3,3	»
Fétuque des prés	»	9	»	10	9	»
— ovine	»	»	»	»	»	4,5
Dactyle pelotonné	»	»	5	»	»	»
Fromental (avoine élevée)	»	»	10	»	»	15
Avoine jaunàtre	»	»	10	»	»	»
Brome des prés	»	»	»	»	»	9
Vulpin des prés	5,5	»	»	»	1	»
Fléole	»	2,7	»	10	0,9	»
Trèfle blanc	1,25	»	2	10	3	2,1
— hybride	»	2,1	»	»	»	»
— violet (commun)	4	3	4	»	1	»
Sainfoin	»	»	30	»	»	18
Minette	»	»	4	»	2,1	2
Anthyllide	»	»	4	»	»	4,5

D'une manière générale, on doit choisir pour les prairies à faucher des espèces arrivant en même temps à floraison ; il n'y a aucun intérêt à multiplier outre mesure le nombre des plantes qui doivent composer une prairie ; 5 à 8 ou 9 espèces suffisent dans tous les cas.

Les prairies naturelles se sèment généralement au printemps dans une céréale très claire qui évite la sécheresse. Dans le Midi, on sème à l'automne ; le sol doit être en excellent état d'ameublissement.

Il est à conseiller de répandre les semences en deux fois, pour arriver à un semis homogène. Les graines lourdes, légumineuses et fléole, sont d'abord enterrées à la herse, puis on répand les graines de graminées, plus légères, qu'on fait suivre d'un léger hersage ou d'un roulage, suivant la nature du sol.

§ II

PRAIRIES TEMPORAIRES

276. Avantages des prairies temporaires. — Les prairies temporaires sont constituées par le mélange de graminées et de légumineuses ; elles durent deux ou plusieurs années et sont destinées à être fauchées ou pâturées.

Elles permettent d'accroître les ressources fourragères, car les légumineuses cultivées seules (prairies artificielles) ne réussissent pas partout et ne peuvent revenir trop fréquemment sur un même sol.

Les prairies temporaires fournissent un fourrage plus nutritif que celui des graminées seules ; elles exposent moins à la météorisation que les prairies artificielles ; leur foin est facile à sécher.

Dans toutes les régions à sol et à climat secs, les prairies temporaires entrent de plus en plus dans la pratique agricole ; elles sont améliorantes ; elles diminuent la main-d'œuvre et permettent d'augmenter la production du bétail et des fumiers ; toutefois, elles ont l'inconvénient de favoriser la multiplication, dans le sol, des vers, des larves et des insectes.

277. Création d'une prairie temporaire. — Les mélanges de graines à employer sont d'autant plus simples que la prairie doit avoir une durée plus courte. On préfère, en général, les plantes à croissance rapide qui donnent dès le début un produit rémunérateur : ray-grass, paturin des prés, fétuque des prés, dactyle, fléole, trèfles, minette, etc. ; il faut en outre choisir des plantes faciles à extirper pour qu'on puisse facilement s'en débarrasser et mettre le sol en bon état de culture, dès la disparition de la prairie.

Les légumineuses et les ray-grass garnissent le sol dès la première année qui suit le semis ; les autres graminées demandent deux ou plusieurs années pour taller et occuper le terrain.

Voici, d'après les meilleurs auteurs, quelques mélanges à employer dans les prairies temporaires :

PLANTES EMPLOYÉES QUANTITÉS A L'HECTARE, EN KILOGR.	DURÉE 1 OU 2 ANS			DURÉE 3 A 5 ANS		
	Argilo-calcaire frais	Limon calcaire	Terres franches	Calcaire marneux sec	Argilo-siliceux	Crayeux
	1	2	3	4	5	6
Ray-grass anglais........	»	10	20	10	11	15
Paturin des prés.........	»	»	»	»	1,4	»
Fétuque des prés.........	»	»	»	»	2,3	»
Dactyle.................	»	15	»	5	»	»
Fromental..............	»	30	»	5	»	»
Brome des prés..........	»	»	»	6	»	9
Fléole.................	5	»	»	»	2,4	»
Trèfle blanc............	»	5	»	2,5	1,6	»
— hybride............	»	»	»	»	1,4	»
— violet.............	15	5	15	2,5	1,4	»
Sainfoin...............	»	»	»	50	»	21
Minette...............	»	5	»	5	1,4	4
Anthyllide.............	»	»	»	»	»	2

Les prairies temporaires sont semées dans une céréale de printemps ou d'automne ; sur terre nue, peu fertile, mal nettoyée, il faudrait augmenter les quantités indiquées de 20 à 50 p. 100, suivant les cas. Les semences sont répandues et enfouies comme pour les prairies permanentes.

La prairie temporaire est ordinairement fauchée les premières années, puis pâturée ensuite ; elle est défrichée à l'automne et on fait suivre en général une céréale de printemps.

§ III

PRAIRIES ARTIFICIELLES

278. Avantages des prairies artificielles. — Ces prairies peuvent être établies dans les sols et sous les climats les plus divers, ce qui permet d'étendre la production fourragère. Les légumineuses vivaces qui les constituent sont résistantes à la sécheresse ; grâce à leurs racines pivotantes, profondes, elles utilisent les matières alimentaires du sous-sol.

D'après M. Garola, la couche superficielle est augmentée, chaque année, par la culture des légumineuses, des quantités suivantes de principes fertilisants, captés dans l'air (28) ou remontés du sous-sol au profit des autres cultures :

PRINCIPES UTILES	PAR 100 KIL. foin sec	POUR 80 QTX foin de luzerne (3 coupes)	POUR 70 QTX foin de trèfle (2 coupes)
	Kilog.	Kilog.	Kilog.
Azote.................	0,852	68,166	121
Acide phosphorique.	0,186	14,833	18
Potasse.............	0,275	22 »	23
Chaux.............	0,841	66,833	66

Les fourrages des légumineuses sont beaucoup plus riches en azote et en chaux que les fourrages de graminées; ils sont donc plus nutritifs.

279. La luzerne. — La luzerne est une légumineuse vivace, à racines pivotantes, qui préfère les terres fertiles à sous-sols profonds, perméables, chauds, calcaires ou siliceux; elle supporte mal les terrains humides et imperméables. On la cultive surtout dans le midi de l'Europe; sa durée varie de quatre à dix ans, et parfois plus, sur le même terrain; elle redoute peu les froids de l'hiver, sauf dans les sols humides.

La luzerne se sème à l'automne sur le sol nu, dans le midi de la France; plus fréquemment au printemps et dans une céréale, sous le climat de Paris; il faut 25 à 40 kilogrammes de semence par hectare; le sol qu'on lui destine doit être soumis à des labours profonds, dont on profite pour enfouir des engrais minéraux (phosphoriques et potassiques).

La luzerne ne donne tout son produit que la deuxième année qui suit le semis; elle se laisse envahir, en vieillissant, par des mauvaises herbes : bromes, chiendent, pissenlit, etc. On l'en débarrasse par de forts hersages ou même par des scarifiages pratiqués en hiver; les graminées envahissantes sont détruites en grande partie tandis que le collet de la luzerne résiste bien. Il faut éviter sur les luzernes l'emploi du purin ou du fumier en couverture pendant la végétation, car on favoriserait le développement des graminées les plus grossières.

La luzerne donne 3 coupes qui fournissent par hectare 6 000 à 10 000 kilogrammes de fourrage sec, d'excellente qualité. Sa semence s'obtient sur la seconde coupe ; elle peut rendre 300 à 600 kilogrammes.

On défriche les vieilles luzernes qu'on fait suivre en général d'une culture exigeante en azote, comme l'avoine ; avec le blé, on aurait à craindre la verse par excès de développement foliacé.

280. Les trèfles. — Le *trèfle violet* ou *trèfle commun* (*fig.* 102), cultivé comme prairie artificielle, demande un sol profond, frais et riche, de consistance moyenne, à sous-sol perméable ; il redoute les terres humides, acides, trop exclusivement calcaires ou sableuses ; on le cultive jusque sous les climats septentrionaux.

Fig. 102.— Trèfle violet.

Le trèfle se sème en mars-avril, dans une céréale, à raison de 15 à 18 kilogrammes par hectare ; on l'utilise comme fourrage vert ou sec ; dans ce dernier cas, il faut le couper avant la complète floraison et le faner avec grand soin, car il perd ses feuilles plus facilement que la luzerne.

Le tableau suivant indique la composition du foin de·trèfle récolté à diverses époques :

	TRÈFLE tout jeune	TRÈFLE RÉCOLTÉ au 13 juin	TRÈFLE RÉCOLTÉ au 20 juillet
Matières azotées...	21,9 p. 100	13,8 p. 100	9,5 p. 100
Fibres ligneuses....	24,7 »	32,0 »	48,7 »

Comme on le voit, la proportion de matières utiles diminue dans la plante à mesure qu'elle avance en végétation.

Le trèfle violet rend de 5 000 à 7 000 kilogrammes de foin à l'hectare ; l'herbe verte perd à la dessiccation 3/4 à 4/5 de son poids.

La semence se récolte sur la deuxième coupe ; la production, très variable, peut être presque nulle ou monter de 500 à 800 kilogrammes par hectare.

Le *trèfle blanc* ou *trèfle rampant* est rarement cultivé seul ; il convient surtout aux pâturages ; il est gazonnant, rustique, peu exigeant, résiste aux chaleurs et pousse même sur les terrains secs et légers.

Le *trèfle hybride* tient le milieu entre les deux précédents ; il résiste mieux que le trèfle violet à l'humidité et à la sécheresse, mais il produit moins. Il ne trace pas comme le trèfle blanc ; on l'emploie rarement seul.

Le *trèfle incarnat* se distingue du trèfle violet par ses feuilles velues et ses fleurs d'un rouge carmin vif, disposées en épis. On le sème en août sur simple déchaumage, après une céréale par exemple ; il donne une seule coupe, au mois de mai. Il existe des variétés de *trèfle incarnat tardif*, à fleur rouge et à fleur blanche, qui ne sont fauchables qu'un mois plus tard. Ces plantes sont cultivées surtout pour la production du fourrage vert.

281. Le sainfoin. — Le sainfoin est une légumineuse vivace, rustique, qui affectionne les terrains calcaires ou crayeux, et se contente des sols peu fertiles et secs, où la luzerne et le trèfle viendraient mal.

On distingue deux variétés : le *sainfoin ordinaire*, qui ne donne qu'une coupe avec un léger pâturage, et le *sainfoin double* à deux coupes ; celui-ci convient aux terres plus fertiles ; la deuxième coupe peut être récoltée à graine ; on obtient 500 à 1 000 kilogrammes, soit 15 à 30 hectolitres à l'hectare.

On sème 120 kilogrammes de graine à l'hectare, qu'on enterre par un hersage. Le sainfoin a son collet au ras du sol ; il ne doit pas être pâturé jeune par les moutons ou les chevaux, qui l'arracheraient. On le récolte lorsque la floraison est complète ; il produit à la première coupe, 2 000 à 5 000 kilogrammes de foin sec à l'hectare ; il se laisse facilement envahir par les graminées, les bromes principalement.

Le sainfoin peut durer de 4 an à 6 ans ; on préfère le retourner plus jeune, et le faire rentrer dans l'assolement ; son foin est très nourrissant et très sain.

282. Légumineuses diverses. — La *lupuline* ou *minette* est une légumineuse bisannuelle qui vient bien dans les terrains secs, calcaires, peu fertiles ; elle fournit un excellent pâturage hâtif (avril à juin), qui repousse vite sous la dent du bétail, et qui ne produit pas la météorisation chez les ruminants.

Ses tiges rampent sur le sol et s'étiolent; aussi, elle convient peu dans les prairies à faucher. La minette se sème à raison de 15 à 20 kilogrammes de semence par hectare; elle occupe souvent le sol pendant l'année de jachère; on peut la retourner dès juillet, ce qui permet de bien préparer le terrain en vue de la culture du blé qui suit généralement.

L'*anthyllide vulnéraire*, ou *tr fle jaune des sables*, convient aux sols légers et secs, aux pâturages élevés. On le sème au printemps dans une céréale ou en août sur un chaume ameubli par un vigoureux hersage. Dans les terres sèches, calcaires, sablonneuses ou pierrailleuses, il forme un bon pâturage pour les moutons. Son fourrage reste longtemps vert, ce qui permet d'en prolonger la récolte; il ne donne qu'une coupe suivie d'un pâturage. On le conserve deux ans en *général*, puis on le défriche.

L'*ajonc marin* est une plante des climats maritimes; il craint le calcaire; on le sème au printemps à raison de 15 à 20 kilogrammes par hectare; les pousses sont épineuses: on les broie avant de l'utiliser à la nourriture des animaux, plus particulièrement pour les chevaux, en Bretagne.

§ IV

FOURRAGES ANNUELS

283. Principaux fourrages verts; leur utilité. — Les prairies permanentes, temporaires et artificielles sont surtout destinées à être pâturées sur place ou fauchées pour fournir le foin nécessaire aux animaux domestiques en hiver. Pendant toute la belle saison, le cultivateur cherche à produire des fourrages destinés à être consommés en vert par les animaux entretenus à l'étable.

Les plantes ainsi cultivées forment deux catégories, suivant qu'elles appartiennent ou non à la famille des légumineuses.

Parmi les légumineuses, on peut citer les vesces, les pois, les jarosses, le lentillon, la féverole. Les autres plantes les plus utilisées sont, par ordre de précocité : la navette et le colza d'hiver, la moutarde blanche et les choux fourragers, le seigle, le maïs, le sarrasin.

284. Les vesces. — Ce sont des plantes étouffantes qui laissent pousser peu de mauvaises herbes ; leurs tiges, molles, se couchent facilement sur le sol ; aussi on leur adjoint d'ordinaire une autre plante (céréale, féverole, etc.) dont les tiges rigides soutiennent celles de la vesce.

On distingue deux variétés de *vesce commune :* la *vesce d'hiver*, rustique, mais qui gèle parfois sous les climats rigoureux, est précoce et productive ; la variété *de printemps* se sème de février à mai ; elle redoute la sécheresse et produit moins que la première.

Le mélange de seigle et de vesce d'hiver s'appelle *hivernage* ; on nomme *dravière* ou *gravière*, le mélange de vesce de printemps et d'orge ou d'avoine.

Les vesces se sèment en plusieurs parcelles, à 15 jours d'intervalle, de manière à avoir une production continue de fourrage vert. On met 180 à 200 litres de semence à l'hectare, dont 10 à 20 p. 100 de graines de céréales.

La *vesce velue*, très rustique aux gelées d'hiver, se distingue aux nombreux poils qui recouvrent toutes les parties de la plante ; ses graines, rares, coûtent cher, et son fourrage vert est moins estimé du bétail que celui de la vesce commune ; aussi la culture s'en est peu étendue, sauf dans les sols sableux, secs et de médiocre qualité.

285. Autres légumineuses. — Les *pois gris*, ou *bisaille*, constituent un excellent fourrage vert, notamment pour les chevaux ; les graines ont une saveur âcre, désagréable. Ils préfèrent les terrains argilo-calcaires ; il existe une variété d'hiver et une variété de printemps.

La *gesse cultivée* et la *gesse chiche* ou *jarosse* se cultivent également comme plantes fourragères ; la première ne peut être semée à l'automne qu'au sud du Plateau central. Il en est de même du *lentillon*, dont le foin a un arome particulier, très estimé des animaux.

La *féverole* (variétés d'hiver et de printemps) demande des terrains argileux, frais et riches ; parfois on l'associe à l'avoine ou aux vesces et on la récolte en juillet-août. La *serradelle* et le *lupin* sont des légumineuses des terrains légers, sablonneux ; les terres fortes, humides, et les calcaires ne leur conviennent pas.

Le *trèfle incarnat* est surtout cultivé comme fourrage vert de première époque ; il faut le couper un peu prématurément, car il fleurit et sèche rapidement sur pied, ne donnant plus alors qu'un fourrage de médiocre qualité.

286. Crucifères fourragères. — La *navette d'hiver* est le plus précoce de tous les fourrages verts ; on la récolte en avril ; elle résiste bien à l'hiver.

Le *colza* peut être fauché au commencement de mai, il est branchu et fournit plus que la navette, mais il gèle pendant les hivers rigoureux.

La *moutarde blanche* est un fourrage d'arrière-saison, qu'on peut récolter jusqu'en décembre si les fortes gelées ne sont pas trop précoces. Elle croît très rapidement et se sème au 15 août ; en été, elle monte rapidement et n'est pas à conseiller comme fourrage.

Sous les climats maritimes, on cultive les *choux branchus* dont on récolte les feuilles sur pied pour les donner aux animaux jusqu'à l'hiver, au fur et à mesure de leur développement.

287. Céréales fourragères. — Le *seigle* et l'*avoine* peuvent se cultiver comme plantes fourragères, seules ou en mélange. Le seigle est préférable pour les semis d'automne, et l'avoine pour les cultures d'été, car cette dernière gèle pendant l'hiver sous les climats froids.

Le *maïs*, déjà étudié pour la production de ses grains (**243**), produit un abondant fourrage d'arrière-saison que l'on consomme en vert ou que l'on ensile pour l'alimentation hivernale des vaches laitières. Riche en hydrates de carbone et en eau, il contient peu d'azote, mais il peut atteindre 100 000 kilogrammes de fourrage vert à l'hectare.

Le *sarrasin* se cultive de préférence avec la moutarde blanche ou les pois, à l'arrière-saison ; seul, il ne constitue pas un bon fourrage ; on le récolte deux mois après les semailles qui ont lieu du 15 au 30 juillet. Il est très sensible aux gelées.

Le *mohu de Hongrie*, le *sorgho* et la *spergule* sont aussi cultivés comme plantes fourragères.

288. Succession des fourrages verts dans une saison. — Un cultivateur peut avoir du fourrage vert pendant toute la belle saison, en échelonnant comme suit les cultures étudiées plus haut :

1° Navette d'hiver et colza (fin avril) ;

2° Seigle d'hiver et vesce velue (1er au 15 mai) ;

3° Trèfle incarnat; luzerne (15 au 31 mai);
4° Trèfle violet, vesces et céréale (juin);
5° Luzerne (2ᵉ coupe, juillet et août);
6° Maïs, sarrasin et moutarde (août et septembre);
7° Moutarde blanche (octobre et novembre).

§ V

LES ENNEMIS DES PLANTES FOURRAGÈRES

289. Plantes adventices. — Les vieilles prairies sont souvent envahies par les *mousses;* on les détruit, en hiver, par un hersage énergique, suivi d'un épandage, en couverture, d'engrais phosphatés ou potassiques; les scories donnent souvent de bons effets; on peut aussi répandre 300 à 400 kilogrammes de sulfate de fer à l'hectare. Le *colchique d'automne* (*fig.* 89) est une plante vivace, envahissante; on l'extirpe à l'aide d'un instrument spécial qui permet de détruire jusqu'à 3 000 bulbes par jour sans trop endommager le gazon.

Les *prèles*, les *joncs* (*fig.* 88), les *carex* (*fig.* 87) et autres plantes des terrains marécageux, sont détruits, en général, par le drainage et l'apport d'élément calcaire.

290. Parasites. — La *cuscute* (*fig.* 103) est une plante parasite, de la famille des convolvulacées, qui cause de grands dommages aux cultures de luzerne et de trèfle; sa graine, très fine, ronde, entourée d'une enveloppe chagrinée, noirâtre, est mélangée en général aux semences de légumineuses; elle se développe en enroulant ses tiges autour de celles de la plante sur laquelle elle se fixe par de nombreux petits suçoirs.

La cuscute est un végétal qui ne renferme pas de chlorophylle (24), elle emprunte tous ses aliments à la légumineuse qui reste chétive, petite et périt. La plante parasite se reproduit par graines et par fragments de tige, et les taches circulaires qu'elle forme s'étendent progressivement.

Il faut ne semer que des graines décuscutées (215); dès qu'on aperçoit une tache de cuscute, on fauche la partie atteinte et on brûle la récolte sur place; puis on arrose la tache avec une dissolution de sulfate de fer à 4 ou 5 p. 100. On a remarqué que la cuscute ne s'étend pas dans un sol qui porte des graminées ; on pourrait donc semer du ray-grass sur les parties contaminées.

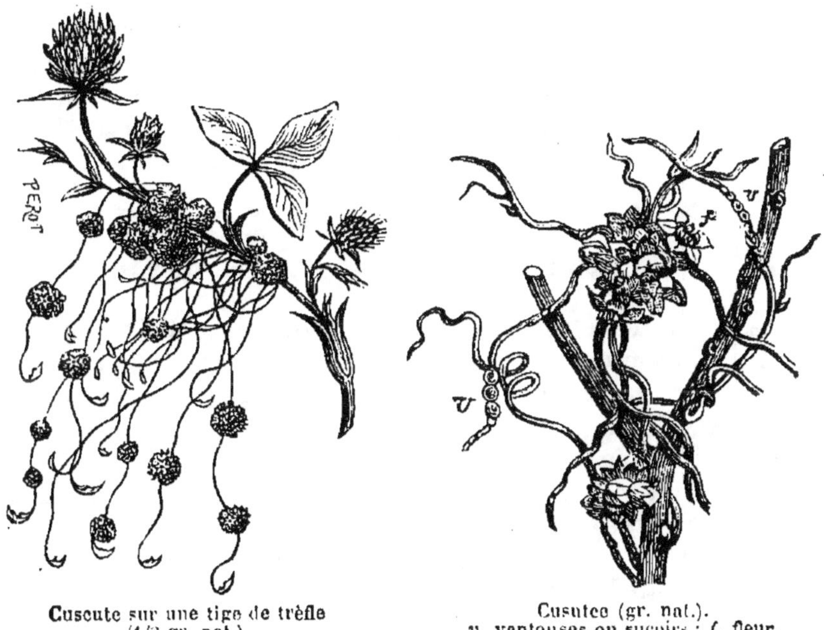

Cuscute sur une tige de trèfle
(1/2 gr. nat.).

Cuscute (gr. nat.).
v, ventouses ou suçoirs : *f*, fleur.

Fig. 103.

La luzerne et le trèfle peuvent porter une autre plante parasite, l'*orobanche*, qui se fixe sur les racines ; il suffit de l'arracher avant qu'elle monte à graines ; un labour profond et la rotation des cultures la font disparaître.

Les *rhinanthes* ou *crétes de coq* sont des parasites qui fixent leurs suçoirs sur les racines des graminées et d'autres plantes dont ils épuisent la végétation. On se débarrasse de ces mauvaises plantes par un fauchage anticipé, avant la maturité des graines de ces parasites.

Le *rhizoctone de la luzerne* se développe sur les racines ; la plante jaunit et se fane ; on doit extirper avec soin tous les pieds malades et les brûler ; un fossé isole la tache que l'on laboure et sur laquelle on peut semer des fourrages annuels.

291. Insectes et animaux qui nuisent aux plantes fourragères. — Le *négril* ou *coluspis* est un petit coléoptère qui s'attaque à la luzerne, ainsi que sa larve ; on conseille de faucher la luzerne quand les larves sont jeunes, celles-ci meurent de faim. Les graines de trèfle sont attaquées par un autre coléoptère, l'*apion du trèfle*, dont on se débarrasse par l'alternance des cultures.

La *taupe* creuse des galeries dans les prés; on fait disparaître les amas de terre accumulés; la *souris* cause également des dégâts dans les luzernes des sols sains; il est assez difficile de les détruire (**246**).

§ VI

RÉCOLTE ET CONSERVATION DES FOURRAGES

292. La fenaison. — Toute plante de prairie destinée à être consommée doit être fauchée au début de la pleine floraison; elle fournit alors le maximum de principes nutritifs digestibles (**55**). On coupe à la faux ou à la faucheuse (**220**); le fanage, qui a pour but de faciliter la dessiccation à l'air, doit se faire avec précaution. Sur 100 kilogrammes de foin sec de légumineuse on compte en moyenne 48 kilogrammes de feuilles et 52 kilogrammes de tiges; or, les feuilles renferment 29 p. 100 de matières azotées, tandis que les tiges n'en contiennent que 16 p. 100. Il importe de conserver la matière azotée qui donne à l'aliment sa plus grande valeur.

Les faneuses mécaniques (**221**) et le râteau à cheval (**222**) conviennent peu pour les légumineuses; on les emploie surtout pour les prés.

Il faut éviter de laisser mouiller les fourrages pendant le fanage, car on perd ainsi sur le poids du foin et sur sa richesse en principes nutritifs.

La dessiccation des prairies artificielles s'opère parfois au moyen de *javelles* ou *poupées* que l'on dresse par petites brassées dont on lie l'extrémité, et dont on étale le pied. Le fourrage sèche ainsi malgré la pluie; une poupée fournit 5 à 6 kilogrammes de foin sec. On peut encore disposer l'herbe, ressuyée un jour ou deux à terre, sur des *perroquets* ou *pyramides*, formés de piquets de bois fixés dans le sol et portant des bras transversaux; une pyramide peut sécher ainsi 150 à 300 kilogrammes de foin.

Dans les pays septentrionaux on convertit les fourrages en *foin brun*; après une dessiccation partielle on forme des meules de 5 à 6 mètres de haut, la température s'y élève à 70° ; puis, après six à sept jours, la meule s'affaisse, toute fermentation a disparu ; le foin brun obtenu est très apprécié des animaux.

Si le fourrage est récolté dans de mauvaises conditions, on le saupoudre de sel dénaturé (3 à 8 kilogrammes de sel pour 1 000 kilogrammes de fourrage), ce qui assure la bonne conservation ; il ne faut pas exagérer la dose de sel, car on augmenterait l'humidité qui ferait naître des moisissures à l'intérieur du fourrage.

Le fourrage sec est conservé en meules, ou bien dans des locaux spéciaux (greniers, hangars), jusqu'au moment de sa consommation.

293. L'ensilage. — Cette méthode de conservation peut être appliquée non seulement à tous les fourrages, mais encore à des plantes de peu de valeur (maïs vert, feuilles et collets de betteraves, herbes des prairies marécageuses, etc.).

Dans des fosses en maçonnerie, spéciales, ayant 2 à 3 mètres de profondeur et 3 à 4 mètres de largeur, — ou, à défaut, dans des locaux ayant à peu près les mêmes dimensions, — on dépose l'herbe verte, fraîchement coupée et chargée de pluie ou de rosée. On tasse fortement en chargeant le tas de 500 à 1 000 kilogrammes par mètre carré ; il se produit une fermentation butyrique, c'est l'*ensilage acide*. Si l'on a laissé ressuyer l'herbe pendant vingt-quatre heures avant la mise en silo et qu'on charge progressivement, on obtient l'*ensilage doux*. Dans les deux cas, les matières ensilées doivent être disposées en couches minces, régulières, et bien tassées surtout sur les bords libres du tas pour éviter l'accès de l'air qui produirait des moisissures. La masse ensilée forme une masse compacte pesant 800 à 1 000 kilogrammes au mètre cube ; on la découpe par tranches verticales successives pour éviter l'accès de l'air sur une grande surface.

L'ensilage peut rendre de grands services dans les années pluvieuses où la fenaison est difficile à pratiquer par les moyens habituels. Le fourrage ensilé, aliment aqueux, est excellent pour les vaches laitières qui l'acceptent volontiers.

L'ensilage se fait à l'air libre ou dans des silos qui peuvent être complètement en terre, à mi-débai, ou hors de terre suivant l'état d'humidité du sol.

264. Que désigne-t-on sous le nom de fourrage? Montrez l'importance de la production fourragère. — **265.** Comment classe-t-on les diverses prairies? — **266.** Quelles sont les terres qui conviennent aux prairies permanentes? — **267.** Comment constitue-t-on une prairie permanente? — **268.** Comment est constituée la flore d'une prairie? — **269, 270, 271, 272.** Citez les bonnes graminées des prairies. — **273.** Citez les graminées médiocres. — **274.** Quelles sont les légumineuses qui entrent dans la flore des prairies? — **275.** Citez quelques formules de création de prairies. — **276.** Montrez les avantages des prairies temporaires. — **277.** Quelles plantes emploie-t-on à la constitution des prairies temporaires? — **278.** Quelle est l'utilité des prairies artificielles? — **279.** Que savez-vous de la culture de la luzerne? — **280.** Comment cultive-t-on le trèfle violet, les autres trèfles? — **281.** Parlez de la culture du sainfoin. — **282.** Qu'est-ce que la minette, l'anthyllide, l'ajonc marin? — **283.** Qu'appelle-t-on fourrages verts? — **284, 285, 286, 287, 288.** Quelles plantes cultive-t-on, comme fourrages verts, parmi les légumineuses, les crucifères, les céréales? — **289, 290, 291.** Quels sont les ennemis des plantes fourragères? — **292.** Décrivez la fenaison; quelles sont les diverses méthodes de conservation du foin? — **293.** Que savez-vous de l'ensilage?

LECTURES

A quelle époque doit-on faucher?

Les analyses montrent que les foins jeunes sont plus riches que ceux qui ont vieilli sur pied; elles font voir aussi qu'après la floraison, la proportion de ligneux augmente très vite et abaisse la digestibilité de l'aliment. De plus, une coupe trop tardive gêne la repousse et, par suite, diminue le regain.

Il y aurait donc intérêt à faucher de très bonne heure, à ce simple point de vue.

Mais les coupes précoces correspondent à de faibles rendements et à un fourrage très aqueux, difficile à faner. Dans cet ordre d'idées, on est poussé à retarder la coupe.

On concilie ces deux considérations en fauchant à la floraison. Les plantes ont atteint, à ce moment, tout leur développement. Le taux de leur matière sèche s'est élevé et le ligneux n'y est encore pas abondant.

Il est bien entendu que, comme toutes les plantes n'arrivent pas en floraison exactement à la même époque, on se base sur les espèces prédominantes. La chose est toujours facile dans les prairies bien constituées.

F. BERTHAULT.
(Les Prairies, t. Ier, p. 201.)

Le trèfle blanc.

Cette légumineuse se plaît partout, que les terres soient calcaires ou non calcaires, que la situation soit basse ou élevée, le
sol sec ou humide; c'est véritablement la plante providentielle
des herbages.

Dans le Charollais, la vallée d'Auge, il n'est aucune plante
qui produise plus de lait et plus de viande et qui supporte
mieux la dent du bétail. Loin d'en souffrir, elle semble, au
contraire, montrer d'autant plus de vigueur qu'elle est broutée
plus près et plus souvent par les animaux. Elle résiste parfaitement à la dent du mouton, si destructive pour d'autres espèces
de plantes.

Quoiqu'on puisse affirmer qu'elle vient partout, il faut reconnaître qu'elle n'est nulle part plus vigoureuse et plus développée que dans les riches herbages du Nivernais, du Charollais, de la Flandre et de la vallée d'Auge. Dans la Somme,
l'Oise et l'Aisne, on s'applaudit de la cultiver seule comme
prairie artificielle et d'en faire un pâturage à moutons qui dure
un ou deux ans. La graine étant fine, il suffit d'en mettre 10 à
12 kilogrammes par hectare, qu'on doit très légèrement enterrer.
On la sème, comme le trèfle, dans une céréale, au printemps,
dans les régions du Nord; à l'automne, sous le climat du Midi.

Dans les meilleurs herbages de France, le trèfle blanc à lui
seul donne plus de matières alimentaires que toutes les autres
légumineuses réunies. Il affectionne les meilleurs fonds de terre,
les terres les plus fertiles et les mieux fumées. Dès qu'il s'est
emparé du terrain en de telles conditions, il y demeure indéfiniment sans faiblir et sans diminuer de vigueur. A cet état
exubérant, il est le signe d'une grande fertilité et d'une qualité
supérieure de l'herbage.

Cette espèce est donc la légumineuse par excellence des herbages et des pâturages. Ses avantages sont moins sensibles pour
les prairies soumises à la faux; dans ce cas, les trèfles à tige
droite et élevée produisent une plus grande quantité de foin sec.

A. BOITEL.

(Herbages et prairies naturelles, p. 704.)

CHAPITRE IV

Cultures diverses.

§ Ier

LÉGUMINEUSES CULTIVÉES POUR LEURS GRAINES

294. Pois. — Il existe deux espèces de pois : le *pois
gris fourrager* ou *bisaille*, à fleur rouge violacée, utilisé sur-

tout à la production du fourrage vert (285); ses grains, de couleur brune, à saveur âcre, sont peu appréciés des ani-

Fig. 104. — Pois.

maux; le *pois des champs* (*fig.* 104), à fleur blanche, est cultivé pour ses grains qui sont consommés par l'homme, en vert ou en sec, conservés ou réduits en farine. Il existe un grand nombre de variétés de pois des champs, de précocité variable, à grains plus ou moins gros, lisses ou ridés, sucrés ou non, de couleur jaune ou verte, après dessiccation.

Tous les pois à graines préfèrent les terres légères ou franches, bien ameublies et fraîches ; les sols compacts, froids, argileux, ne leur conviennent pas. Un climat tempéré leur est nécessaire.

On sème en mars-avril, à la volée, 150 à 200 kilogrammes de grain à l'hectare ; on donne 2 ou 3 binages ; les cultures en lignes distancées de 0ᵐ,40 à 0ᵐ,70 sont à préférer.

Le produit varie de 10 à 15 quintaux de grains à l'hectare ; l'hectolitre pèse 78 à 80 kilogrammes.

Dans certaines régions, on cultive les pois sur de grandes surfaces, dans le but de les cueillir en vert et d'en faire des conserves (variétés Express, Caractacus, Michaut, etc.).

Les pois sont attaqués par un insecte coléoptère de la famille des charançons, la *bruche*. La femelle dépose ses œufs dans les gousses très jeunes (*fig.* 105); l'œuf se développe et donne naissance à une larve qui ronge l'intérieur du grain.

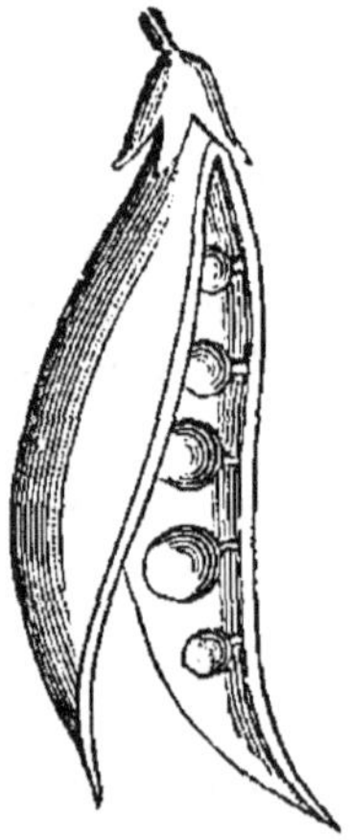

Fig. 105.
Gousse de pois ouverte, montrant les graines.

Pour détruire la bruche, on conseille de soumettre, pendant 1 heure et demie ou 2 heures, dans un tonneau bien bouché, les semences à des vapeurs de sulfure de carbone (un décilitre de sulfure par hectolitre de semences).

295. Lentille. — Cette plante est cultivée pour son grain réservé à l'alimentation de l'homme. Il existe plusieurs variétés, d'automne et de printemps. La lentille aime les terres légères, chaudes, les pierrailles; on la sème en mars-avril à raison de 80 kilogrammes à l'hectare, et on récolte, en août et septembre, 10 à 15 quintaux de grains; l'hectolitre pèse 80 kilogrammes. La paille (10 quintaux à l'hectare, en moyenne) est très nutritive; tous les animaux la recherchent; il est indispensable de récolter la lentille par un beau temps.

La lentille est attaquée par les bruches, comme le pois.

296. Haricot. — En grande culture, on préfère les variétés naines; les haricots à rames se cultivent surtout au jardin. On peut distinguer suivant l'épaisseur des cosses :

Haricots nains	à parchemin	Flageolet blanc; de Bagnolet; noir de Belgique rouge d'Orléans; Chevrier; Soissons nains.
	sans parchemin	Jaune de Canada; Nain mange-tout extra hâtif; d'Alger noir nain; beurre blanc nain.
Haricots à rames	à parchemin	Soissons à rames, Sabre, Rouge de Chartres.
	sans parchemin	Princesse à rames; Beurre (noir, blanc, du Mont d'or); Coco blanc géant.

Le haricot demande des terres saines, riches, peu calcaires; il redoute les gelées; on le sème en avril-mai, en poquets ou en lignes; on emploie 150 à 200 litres à l'hectare; on effectue 2 binages avant la floraison, puis on place les rames aux variétés montantes. La récolte peut s'élever jusqu'à 50 quintaux de haricots verts, et 12 à 15 hectolitres de grains frais ou secs à l'hectare. Les grains secs doivent être conservés dans un endroit sain.

Le haricot est attaqué par la bruche (294); le blanc du haricot est produit par un *érisiphe* analogue à l'oïdium de la vigne; enfin la graisse du haricot est due à une bactérie.

297. Fève et féverole. — Elles sont destinées à l'alimentation du bétail et fournissent des grains très riches en matières albuminoïdes (gluten).

La *fève des marais* donne des tiges qui atteignent 1 mètre de haut; la *féverole* ou *fève de cheval*, plus petite, présente diverses variétés (de Picardie, de Lorraine, de Séville, naine verte de Beck).

Ces plantes aiment les terres fortes, argileuses, les climats frais; elles craignent les sols légers, secs, siliceux ou calcaires. La semaille a lieu au printemps dès que les gelées sont passées; il faut 25 semaines pour que ces légumineuses tardives arrivent à maturité.

Le grain semé à la volée, à raison de 150 à 200 kilogrammes à l'hectare, est enterré à la charrue ou par un fort hersage ; le semis en lignes facilite les binages. L'écimage consiste à couper la partie supérieure des tiges à la floraison ; il augmente le rendement en grain, qui peut s'élever de 20 à 25 quintaux ; l'hectolitre de fèves pèse 70 kilogrammes ; celui de féveroles, de 75 à 80 kilogrammes.

La farine de fève est quelquefois mélangée à raison de 1 ou 2 p. 100 aux farines de blé ; le pain obtenu, d'excellente qualité, se conserve bien frais.

Dans les sols siliceux du nord de l'Allemagne, on cultive le *lupin*, légumineuse à grand développement, comme engrais ou comme fourrage vert et pour son grain.

298. Vesce. — Elle ne sert pas à la nourriture de l'homme ; on l'emploie comme engrais vert ou comme fourrage vert (284). La vesce a besoin de fraîcheur pendant toute sa végétation ; elle redoute les sols secs et brûlants.

On sème à la volée 150 à 200 kilogrammes à l'hectare ; le produit est de 10 à 20 quintaux de grain et 20 à 30 quintaux de paille ; l'hectolitre de grain pèse 80 kilogrammes.

Les insectes attaquent peu les vesces (grain) et les souris les respectent dans les greniers ; ils sont parfois atteints par le charbon et la carie.

La *gesse* ou *jarosse* produit un grain carré, qui renferme un principe toxique ; on ne doit pas la consommer.

§ II

PLANTES OLÉAGINEUSES

299. Colza. — Le colza aime les climats humides, les terres profondes et riches, fraîches, argilo-calcaires, bien ameublies, à sous-sol perméable.

On distingue le *colza d'hiver* et le *colza de printemps*. Le premier est le plus cultivé et le plus productif ; il en existe plusieurs variétés : *colza ordinaire* (*fig.* 106), précoce ; *colza parapluie*, à siliques tombantes (à rabat), plus productif, mais plus tardif ; *colza nain de Hambourg*.

Le semis se fait directement en place (en juillet pour le colza d'hiver) ou en pépinière, et on transplante en septembre ; deux binages sont utiles, l'un à l'automne, l'autre au printemps ; le colza fleurit en avril ; on le récolte fin juin.

Il suffit de 3 à 4 kilogrammes de semence par hectare ;
la production s'élève de
25 à 40 hectolitres à
l'hectare ; un hectolitre
pèse 65 à 67 kilogram-
mes.

Il faut récolter avant
la complète maturité,
car les siliques s'égrè-
nent facilement ; on
laisse sécher sur le sol
en javelles et on bat sur
place. Le colza de prin-
temps, moins cultivé, se
sème en mars, en place.

Les graines renfer-
ment 35 à 45 p. 100
d'huile.

A la levée, le colza est
quelquefois attaqué par

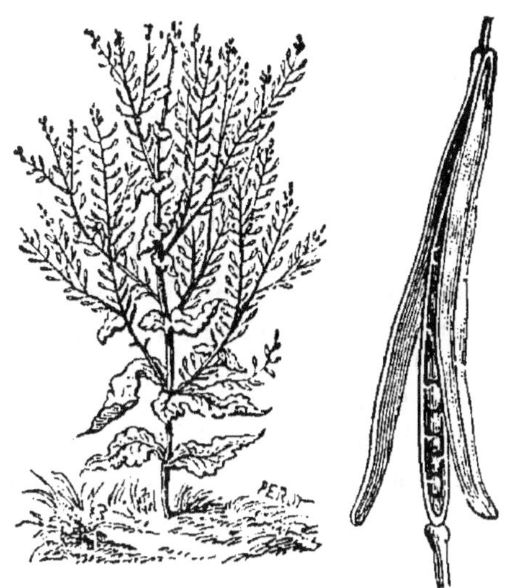

Fig. 106.
Pied de colza. Silique de colza s'ouvrant à la maturité.

un puceron dont on le préserve en pépinière, par des pulvérisations de jus de tabac. Il craint en outre les fortes gelées
et surtout la coulure à la floraison.

300. Navette. — Il existe deux variétés : *navette d'hiver*
et *navette de printemps ;* celle-ci moins productive, mais très
peu exigeante. La navette convient pour les climats secs et
les sols calcaires ; on l'a appelée le colza des terres pauvres.

La navette se distingue du colza par sa taille moindre,
ses tiges plus fines portant des siliques dressées, et sa couleur plus foncée. On sème fin août ; on récolte néanmoins
8 à 10 jours avant le colza ; il faut 4 à 5 kilogrammes de
graines à l'hectare et le rendement varie entre 18 à 25 hectolitres qui pèsent 65 à 67 kilogrammes l'hectolitre. La
graine de navette renferme seulement 30 à 35 p. 100 d'huile.

Le colza et la navette (variétés d'hiver et de printemps)
peuvent être utilisés comme fourrage.

301. Cameline et pavot-œillette. — La *cameline,*
très rustique et peu exigeante, préfère les terres légères,
calcaires ; elle est surtout cultivée en Belgique et dans le
nord de la France.

Les graines, semées en mars ou avril, à raison de 4 à
5 kilogrammes à l'hectare, s'enterrent à la herse ; on récolte,

en juillet-août, 10 à 12 hectolitres de graines, pesant 68 à 70 kilogrammes l'hectolitre. Les siliques sont battues sur un billot de bois, de manière à ne pas casser les tiges dont on fait des balais.

Les tiges fournissent parfois des fibres servant à fabriquer des toiles à sac et du papier d'emballage. La graine renferme 25 à 30 p. 100 d'une huile siccative à odeur forte.

Le *pavot-œillette* se cultive pour ses graines, grises ou bleues, dont on extrait 30 à 35 p. 100 d'une huile blanche comestible. La semaille s'effectue en mars; 2 à 3 kilogrammes de graine produisent 20 à 25 hectolitres à l'hectare. On bine en mai et juin, puis on éclaircit et on butte; on récolte en juillet-août.

L'opium s'extrait du pavot médicinal (à fleurs blanches) ou du pavot oriental (à fleurs rouges); on incise les capsules vertes et le suc s'écoule. Le tourteau de pavot est excellent, mais il moisit avec facilité.

Il existe de nombreuses autres plantes oléagineuses : *arachide, sésame, cocotier, ricin*, etc. Toutes sont exotiques et originaires des pays chauds (Congo, Sénégal, Algérie, Inde, Perse, Turquie, etc.).

§ III

PLANTES TEXTILES

302. Chanvre. — Le chanvre est une plante dioïque (18), qui ne prospère que sur un sol profond, meuble et très fertile (chènevière). Il craint les gelées; on le sème en mai, à raison de 100 à 150 kilogrammes de graine à l'hectare, et d'autant plus épais qu'on veut obtenir de la filasse plus fine.

Fig. 107. — Le chanvre.

Le chanvre mâle (*fig.* 107, A) se récolte en août; on le sèche au soleil; un mois plus tard, on arrache les pieds femelles (*fig.* 107, B) qu'on fait sécher en moyettes ; puis on les bat sur place ; le rendement varie de 5 à 10 quintaux de graine, ou *chènevis,* par hectare ; l'hectolitre pèse 50 à 53 kilogrammes. Les tiges sèches donnent 2 000 à 4 000 kilogrammes à l'hectare, dont on extrait un quart en poids de *filasse* (500 à 1 000 kilogrammes).

Pour retirer les fibres de l'écorce, il faut faire subir aux tiges sèches du chanvre l'opération du *rouissage :* on dépose les bottes pendant 8 à 10 jours dans une eau dormante ; un microbe, le *bacillus amylobacter*, détruit une partie des tissus tendres ou cellulose qui réunissent les fibres entre elles ; celles-ci s'enlèvent après séchage, par le *teillage*, puis on *peigne* les filaments grossiers obtenus qui donnent la *filasse.*

100 kilogrammes de chènevis fournissent 27 kilogrammes d'huile et 40 kilogrammes de tourteau.

La culture du chanvre se spécialise aujourd'hui dans les vallées fertiles (Anjou). Le chanvre, comme le lin du reste, a deux parasites végétaux : la cuscute et l'orobanche.

303. Lin. — On le cultive pour ses graines qui fournissent une huile siccative et un tourteau d'excellente qualité, ainsi que pour sa filasse utilisée à la confection des toiles fines, des dentelles, etc.

Le lin (*fig.* 108) demande un climat tempéré et un sol très fertile ; il existe en France des *variétés d'hiver* et des *variétés de printemps*, ou *lins froids;* ces derniers sont les plus répandus.

On sème en septembre ou en mars-avril ; 150 à 300 kilogrammes de graines, répandues au semoir ou à la volée, fournissent 3 à 12 hectolitres de grain et 30 à 80 quintaux de tiges qui perdent 1/5 à 1/4 de

Fig. 108. — Lin.

leur poids au rouissage et rendent ensuite 1/5 à 1/4 de filasse peignée. La graine, laxative, s'emploie en médecine.

§ IV

PLANTES A FEUILLES

304. Tabac. — Sa culture est réglementée en France ; elle n'est autorisée que dans certains départements ; le nombre des feuilles par pied et des pieds par hectare est déterminé. Le tabac demande des terres très profondes, fertiles, fortement fumées et bien ameublies ; il profite beaucoup de l'apport d'engrais chimiques.

Le semis a lieu sur couche, en janvier-février ; on transplante en mai-juin ; l'Administration surveille ensuite la destruction des semis. On donne trois binages, puis on *étête* en supprimant le sommet de la tige et on *ébourgeonne* les pousses latérales ; enfin, les feuilles touchant le sol sont supprimées. Les feuilles sont récoltées dès qu'elles jaunissent sur les bords, puis séchées en guirlandes et livrées à la régie après un triage minutieux.

Un hectare fournit 1 000 à 2 000 kilogrammes de feuilles sèches marchandes, qui sont payées en moyenne 1 franc le kilogramme.

Le tabac redoute énormément la grêle ; l'Administration a organisé une association mutuelle entre les planteurs.

305. Chou à choucroute. — Dans le nord-est de la France, en Alsace, on cultive les *choux cabus* en vue de la fabrication de la *choucroute*.

Les principales variétés sont : le *chou quintal d'Alsace*, le *chou Brunswick*.

On sème en pépinière et on repique en juin dans une terre riche, abondamment pourvue en principes fertilisants. Des binages sont indispensables au début de la végétation, car les choux se défendent mal contre les mauvaises herbes ; on termine par un buttage.

La récolte a lieu de septembre à novembre suivant la précocité de la variété cultivée ; le rendement en têtes, débarrassées des feuilles extérieures qui restent sur le champ, varie de 20 000 à 50 000 kilogrammes.

On les vend aux choucrouteries, 2,50 à 4 francs les 100 kilogrammes.

§ V

PLANTES AROMATIQUES

306. Houblon. — C'est une plante dioïque (18), vivace, grimpante; on ne cultive que les pieds femelles, dont les fleurs sécrètent un principe résineux jaune aromatique et amer, la *lupuline*, substance qui donne à la bière son parfum et son goût caractéristiques.

Le houblon demande des terres riches et meubles; on plante au printemps des pousses annuelles, véritables boutures élevées en pépinière; au printemps suivant, on taille et on échalasse les belles pousses seules conservées, puis on met des perches; on commence à récolter à l'automne de la troisième année. Dès que les feuilles jaunissent, on arrache les perches, puis on cueille les cônes qui sont séchés au grenier ou à l'étuve et vendus. Un hectare fournit 1 000 à 1 200 kilogrammes de cônes qui se vendent en moyenne 2 francs le kilogramme.

Une plantation peut durer quinze à vingt ans.

307. Plantes diverses. — Nous ne pouvons examiner en détail la culture de toutes les plantes aromatiques dont on fait *l'objet* d'une production spéciale dans certaines régions de la France. Il nous suffira de citer *l'angélique*, *l'anis*, *l'absinthe*, le *cumin*, *l'estragon*, le *fenouil*, la *chicorée à café*; toutes ces plantes sont utilisées pour la confiserie, la pâtisserie, la fabrication des liqueurs et des essences qu'on emploie en pharmacie, en parfumerie, dans la cuisine, etc.

Les *plantes à parfum* du littoral de la Méditerranée pourraient se ranger dans cette catégorie; nous renvoyons, pour l'étude de leur culture, aux traités spéciaux.

QUESTIONNAIRE

294. Parlez de la culture des pois. — Qu'est-ce que la bruche? — 295-296. Comment cultive-t-on la lentille? — le haricot? — 297. Parlez de la culture de la fève; — de la féverole. — 298. Que savez-vous de la culture de la vesce? — 299. Décrivez la culture du colza. — Comment récolte-t-on le colza? — 300. Comparez la culture de la navette à celle du colza. — 301. Dites ce que vous savez de la caméline; — du pavot-œillette. — 302. Qu'appelle-t-on chènevière? — Parlez de la récolte du chanvre. — En quoi consiste le rouissage? — 303. Comparez la culture du lin à celle du chanvre. — 304. Que savez-vous de la

culture du tabac? — 305. Comment cultive-t-on le chou à choucroute?
— 306. Qu'est-ce que le houblon? parlez de sa culture. — 307. Citez
diverses plantes aromatiques.

LECTURE

La récolte du colza.

La facilité avec laquelle s'entr'ouvrent les siliques du colza, dès
qu'il arrive à maturité, fait qu'on le coupe à la faucille avant
qu'il soit complètement mûr. Le moment est indiqué par la chute
des feuilles inférieures et par la couleur jaunâtre que prennent
la tige et les siliques. Si l'on attendait davantage, on s'expo-
serait à perdre une partie des graines.

Les tiges coupées sont placées en javelles sur le champ pour
qu'elles se dessèchent; quand le dessus a blanchi, on les retourne
avec précaution pour faire blanchir le dessous. On les met
ensuite en petites meules, les siliques en dedans. Les semences
achèvent d'y mûrir, malgré la fermentation qui s'établit et qu'il
ne faut pas craindre.

On bat ordinairement sur le terrain même où s'est opérée la
récolte. Pour cela, on enlève avec précaution les tiges des meules,
on les transporte, avec deux bâtons en guise de brancard, sur
un drap grossier où elles sont battues.

On rentre la graine mêlée aux débris de siliques et on l'en
sépare au moyen du tarare.

De Gasparin,
(*Cours d'agriculture*, tome IV, p. 147.)

RÉSUMÉ DE LA DEUXIÈME PARTIE

CHAPITRE PREMIER

§ 1er. Le blé comprend des variétés d'automne et des variétés
de printemps; ses grains vêtus ou nus sont à cassure farineuse
ou cornée et vitreuse. Les semences, triées et sulfatées, sont
répandues au semoir en lignes ou à la volée; le blé talle au
printemps; on favorise cette opération par le hersage, le roulage
et l'emploi d'engrais appropriés.

Le seigle est la céréale des terres pauvres, légères; on le cultive surtout pour sa paille, qui sert à faire des liens, des paillassons, des toits de chaume, etc.

§ II. L'orge et l'avoine sont plutôt des céréales de printemps,
à végétation courte. Il leur faut des principes nutritifs sous une
forme assimilable. Avec l'orge on fabrique le malt et la bière;
l'orge et l'avoine servent à l'alimentation des animaux domestiques.

III. Le maïs, plante monoïque, se sème au printemps. Seules, les petites variétés mûrissent leurs grains en France. Le sarrasin, cultivé dans les pays pauvres, craint les températures extrêmes; son grain est utilisé pour la nourriture du bétail. Le sorgho et le millet sont peu cultivés.

§ IV. Les céréales doivent être protégées contre les plantes adventices qui les envahissent à diverses époques de leur végétation; contre les rongeurs, les oiseaux, les insectes ou leurs larves; enfin on doit les préserver des parasites végétaux dont la carie et le charbon sont les plus redoutables. Quelques soins peuvent éviter la verse, l'échaudage, la coulure, etc.

§ V. La moisson peut se faire dès que le pied des chaumes se dessèche et que le grain, coupé à l'ongle, cesse d'être laiteux. On récolte à la faux armée, à la moissonneuse javeleuse ou lieuse. Les céréales sont conservées en tas en attendant le battage, puis les grains sont placés dans un grenier aéré.

Chapitre II

§ Ier. La betterave est une plante bisannuelle cultivée pour l'alimentation des animaux ou pour la production du sucre; les semailles s'effectuent en avril-mai; la récolte a lieu à l'automne. En hiver les betteraves sont conservées dans des silos. La carotte fourragère se cultive comme la betterave. Le navet et le rutabaga sont obtenus soit en culture principale, soit en culture dérobée à la suite d'une récolte de céréale. La culture du chou-navet et celle du chou-rave sont analogues aux précédentes.

§ II. On plante la pomme de terre au printemps; cette culture reçoit divers binages, et un buttage pour favoriser le développement des tubercules. La pomme de terre est atteinte par le *phytophthora infestans*, dont on la préserve par un traitement préventif à la bouillie bordelaise. Le topinambour est cultivé pour ses tubercules qui, crus ou cuits, sont utilisés pour la nourriture des animaux.

Chapitre III

§ Ier. Les meilleures graminées des prairies naturelles sont : les ray-grass, les pâturins, les fétuques, le dactyle, le fromental, la fléole et le vulpin. Ces graminées, associées à quelques légumineuses, parmi lesquelles il faut citer les trèfles, donnent un excellent foin. Il faut éviter de semer des graminées telles que la crételle, l'avoine jaunâtre, le brome, la flouve, etc., qui produisent un foin grossier et qui ont surtout l'inconvénient de prendre la place des bonnes plantes.

§ II. Les prairies temporaires sont constituées pour 2 à 5 ans, au moyen d'un mélange de plantes analogue à la flore des prairies permanentes, ce qui permet d'obtenir des cultures fourragères dans des sols secs, de médiocre qualité.

§ III. La luzerne, semée généralement dans une céréale de printemps, dure sept ou huit ans; le trèfle est une plante bisannuelle; le trèfle incarnat est cultivé comme fourrage vert; le sainfoin, moins exigeant que la luzerne sur la nature du sol, dure trois ou quatre ans. La lupuline et l'anthyllide s'emploient comme plantes à pâturage.

§ IV. Les principales plantes cultivées pour la production du fourrage vert sont : les vesces, le pois, la jarosse, la navette et la moutarde blanche; le seigle, l'avoine, le maïs, le sarrasin, le moha et le chou fourrager.

§ V. Les plantes fourragères sont parfois envahies par des plantes adventices, mousses, colchiques, prêles, joncs, etc.; la cuscute, l'orobanche et les rhinanthes sont des parasites végétaux dont il faut éviter le développement; quelques insectes attaquent les légumineuses fourragères, négril, apion, etc.

§ VI. La fenaison consiste à couper le foin au moment de la floraison, à la faux ou à la faucheuse; le fanage se fait à la main ou par des faneuses mécaniques; il existe diverses méthodes de dessiccation des fourrages, employées surtout dans les pays septentrionaux. Les fourrages grossiers peuvent être conservés par l'ensilage doux ou acide. L'ensilage doux est préféré en général.

Chapitre IV

§ Ier. Le pois, la lentille et le haricot sont cultivés surtout pour l'alimentation de l'homme; le haricot craint les gelées printanières. Leurs grains sont parfois attaqués par la bruche. Les grains de fève et de féverole constituent un aliment très riche pour les animaux domestiques. La vesce est peu cultivée pour ses grains.

§ II. Le colza et la navette se cultivent à l'automne ou au printemps; le colza, plus productif, est plus exigeant sur la nature du sol. Leurs graines fournissent respectivement 40 et 30 p. 100 d'huile. La cameline et le pavot-œillette sont surtout cultivés au nord de la France. Toutes ces graines oléagineuses laissent comme résidu des tourteaux qui servent à la nourriture du bétail.

§ III. Le chanvre et le lin sont des plantes dioïques qui aiment les sols fertiles. On les cultive pour l'écorce de leurs tiges dont on extrait, après teillage, la filasse, plus grossière dans le chanvre, plus fine avec le lin; les graines donnent des huiles siccatives et d'excellents tourteaux.

§ IV. Le tabac est une culture réglementée par l'Administration. Elle exige de bonnes terres et de fortes fumures. Le chou à choucroute peut donner de forts rendements en sols sains, profonds et fertiles. On le sème en pépinière et on transplante; des binages et un buttage sont nécessaires.

§ V. Le houblon se cultive en vue de la fabrication de la bière. Il faut trois ans pour élever une houblonnière dont on récolte les cônes des pieds femelles à l'automne. Un grand nombre d'autres plantes sont cultivées pour leur arome ou leur parfum; on s'en sert dans la distillerie, la confiserie, la parfumerie, etc.

TROISIÈME PARTIE

HORTICULTURE ET CULTURES ARBUSTIVES FRUITIÈRES

308. Généralités. — L'*horticulture*, qui s'occupe de l'installation et de la culture des jardins, se divise en trois branches principales : 1° le *jardinage* ou *culture potagère*, qui a pour objet la production des légumes ; on y rattache la *culture forcée* pour les *primeurs;* 2° l'*arboriculture*, qui comprend la *culture fruitière* (production des fruits comestibles) et la culture des *arbres d'ornement;* 3° la *floriculture* ou culture des plantes herbacées d'ornement.

Le jardin de l'agriculteur doit renfermer des légumes, des fruits et quelques fleurs. Nous limiterons notre étude à ces parties essentielles.

La culture des arbres et arbustes faisant l'objet de productions spéciales (*vigne, pommier* et *poirier à cidre, olivier*, etc.), se rattache par bien des points à l'arboriculture fruitière; nous l'étudierons à la suite de ce chapitre.

CHAPITRE PREMIER

Culture potagère.

§ Ier

LE JARDIN POTAGER

309. Installation du jardin ; préparation du sol. — Le jardin, situé à proximité de l'habitation, doit être pourvu d'eau, bien exposé, abrité des vents froids et des rafales de l'ouest, clos de murs ou de haies.

Un sol perméable, sans excès, est toujours à préférer, bien qu'on puisse améliorer celui dont on dispose par des amendements ou des fumures. A un terrain trop léger, on supplée par de fréquents arrosages; il est plus difficile de faire du jardinage dans un sol trop compact.

Chaque hiver, on effectue, à la bêche ou à la fourche à dents plates, un labour profond dans toutes les parties libres ; le sol est ainsi ameubli ; on donne aux allées une forme bombée pour faciliter l'écoulement des eaux de pluie.

310. Les engrais du potager. — Les diverses matières fertilisantes étudiées en agriculture générale (III° partie), judicieusement associées, peuvent être utilisées dans le jardin potager ; les engrais organiques sont surtout précieux, parce qu'ils donnent de l'humus ou *terreau,* qui améliore les propriétés physiques du sol et retient une grande quantité d'eau (89,93). L'humus met à la disposition des plantes les deux facteurs essentiels à la végétation : l'eau et la chaleur ; un sol riche en humus reste plus frais et s'échauffe plus vite.

Le fumier doit donc former la base de la fumure du jardin ; il faut préférer les fumiers chauds (de cheval, de mouton), bien décomposés. On accroît encore la provision d'humus par les composts et autres débris organiques, purgés de mauvaises graines.

Les cendres de bois, la suie, constituent d'excellents engrais minéraux, qui divisent les sols compacts. Enfin, on peut ajouter utilement au jardin des engrais chimiques ou commerciaux, en choisissant les plus rapidement assimilables pour les cultures de courte durée. Ces engrais sont enterrés au moment des semis ou répandus en couverture avant un arrosage.

Les légumes cultivés pour leurs feuilles sont à dominante d'azote (155) ; ils réussissent bien à la suite d'une forte fumure au fumier ; l'acide phosphorique et la potasse conviennent particulièrement aux légumineuses, dont on consomme les graines, et aux plantes cultivées pour leurs fruits ; enfin, la potasse est préférée des légumes à racines, à bulbes ou à tubercules.

Les quantités d'engrais indiquées en grande culture doivent être augmentées, car le jardin est soumis sans cesse à une production intensive.

311. Assolement du potager. — La culture répétée d'un même légume sur une même terre a pour conséquence une diminution de récolte et de précocité. Il est avantageux d'alterner les cultures sur les différents carrés, en divisant le potager en plusieurs parties ou *soles. L'assolement triennal* semble à conseiller ; il permet de cultiver successivement un légume à production foliacée, puis une plante à racine ou à tubercules, et enfin des légumes récoltés pour leurs fruits ou leurs graines.

Le fumier est appliqué à haute dose, pendant l'hiver, sur la sole destinée aux productions foliacées; il revient ainsi tous les trois ans; les autres soles reçoivent, suivant les besoins, des engrais minéraux.

Une telle répartition permet d'assurer, sans travaux exceptionnels, le bon entretien du sol en parfait état de propreté, ce qui est indispensable en culture potagère.

312. Travaux du potager. — Les *labours* profonds s'effectuent en hiver pour faciliter l'ameublissement du sol; au printemps, on enfouit le fumier dans toute l'épaisseur de la terre au lieu de le déposer au fond des jauges.

Le terrain bien ameubli est divisé en planches séparées par des sentiers. Les *semis* s'effectuent à la volée ou en lignes; il faut toujours semer clair, car les cultures du jardin reçoivent des soins particuliers. Le semis a lieu souvent sur couches et sous châssis; la *mise en place* s'effectue en pleine terre au moyen du plantoir. Les *sarclages* et les *binages* ne doivent pas être épargnés; enfin, les *arrosages* sont indispensables; ils se pratiquent le soir, en été, avec de l'eau exposée à l'air pendant la journée, et au moyen d'arrosoirs munis d'une pomme ou d'un brise-jet pour ne pas battre la surface du sol. Un arrosage doit mouiller copieusement le sol.

313. Cultures dérobées; cultures forcées. — Certaines cultures du potager n'occupent pas le sol pendant toute l'année, et l'on peut aisément obtenir sur un même carré deux récoltes successives. Ainsi, la pomme de terre hâtive peut être suivie de choux; à des haricots récoltés en vert, on fait succéder des carottes ou des navets. La seconde récolte, toujours avantageuse à obtenir au jardin, prend alors le nom de *culture dérobée* (188).

Enfin, si une plante est à développement lent (choux, par exemple), on peut intercaler d'autres légumes à végétation rapide, comme des salades, qui disparaissent quand la récolte principale a besoin de toute la surface du sol. On effectue alors des *contreplantations;* mais il faut restituer des fumures d'autant plus copieuses que les récoltes ont davantage épuisé le sol.

Pour obtenir les *primeurs*, ou légumes développés hâtivement avant la saison normale, on accumule du fumier chaud (de cheval, par exemple) sous la couche de terre, dans laquelle végètent les plantes; le fumier fermente et élève la température de la terre placée au-dessus; en outre, les légumes sont protégés de l'air extérieur par un *coffre* de bois

Fig. 109. — Couche et châssis.

recouvert d'un *châssis* (*fig*. 109). On produit alors les *cultures forcées*.

Parfois, les *cultures de primeurs* s'effectuent en *serres*, chauffées par un *appareil à thermosiphon* (eau qui circule dans une conduite fermée). L'eau se chauffe en contact avec un foyer où l'on brûle du coke ou tout autre combustible.

§ II

ÉTUDE DES PRINCIPAUX LÉGUMES

314. Classification des légumes. — On cultive pour leurs *feuilles* les choux et les salades dont les variétés sont très nombreuses, les épinards, l'oseille; nous en rapprocherons les asperges dont on consomme les jeunes pousses ou *turions*, et certaines plantes condimentaires, le persil, le cerfeuil, l'appétit, etc.

Les légumes à *racines*, à *bulbes* ou à *tubercules* sont le chou-navet, le chou-rave, le céleri-rave, les radis, les carottes, la betterave, les scorsonères, les salsifis, l'ail, l'échalote, l'oignon, le poireau, les pommes de terre, etc.

Les récoltes dont on consomme les *graines* sont le haricot, le pois, la lentille et la fève; on produit, en vue de leurs *fruits*, le cornichon, le concombre, le melon, le potiron, le piment, l'aubergine et la tomate; enfin, nous rattacherons à cette catégorie le fraisier, cultivé pour le réceptacle épaissi de ses fruits, et l'artichaut, dont on mange la partie charnue des bractées de l'involucre.

315. Légumes dont on consomme les feuilles.
— Les *choux* comprennent diverses espèces : les choux *cabus* ou *pommés* sont à *feuilles lisses* ou à *feuilles cloquées;* le

Fig. 110. — Chou quintal.   Fig. 111. — Chou milan.

chou de Bruxelles donne, en hiver, de nombreux bourgeons latéraux développés sur sa tige; les *choux-fleurs* fournissent une inflorescence globuleuse, comestible; les *choux verts* sont utilisés en vue de la production fourragère (286).

On cultive surtout les *choux cabus* ou pommés. Les principales variétés *à feuilles lisses* sont : le chou d'York, le chou Cœur de bœuf (précoces), le chou Quintal (*fig.* 110), le chou d'Aubervilliers (tardifs). Les choux *à feuilles cloquées* ou frisées craignent plus le froid que les précédents; à citer : chou de Milan (*fig.* 111), chou hâtif des Vertus, etc.

Les *salades* sont très nombreuses. Les *laitues* se divisent en trois groupes : *laitues pommées*, de printemps ou d'été, à forme basse et à feuilles tendres; *laitues romaines*, de printemps, d'été ou d'hiver, à pomme allongée et à feuilles croquantes; *laitues qui ne pomment pas*. — Les *chicorées*, salades d'arrière-saison, sont à feuilles amples (*chicorée sca-*

role), ou à feuilles fines, découpées (*chicorée frisée*); la *chicorée sauvage*, dont les racines torréfiées donnent la chicorée à café, est voisine des précédentes; les racines, mises à la cave en hiver, dans du sable humide, produisent des pousses

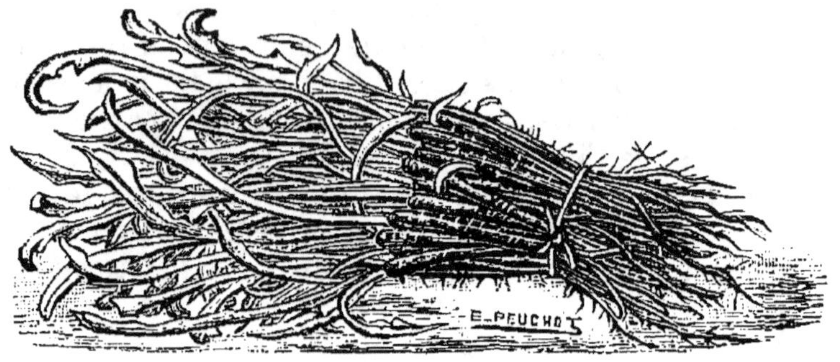

Fig. 112. — Barbe de capucin.

blanches, étiolées et amères, qui se mangent en salade sous le nom de barbe de capucin (*fig.* 112).

La *mâche* ou *doucette*, le *pissenlit* et le *céleri à côtes* fournissent des salades d'arrière-saison et d'hiver. Le *cardon* et les *cardes* ou *bettes* donnent de longs pétioles que l'on fait blanchir en attachant les feuilles ou en rentrant les pieds à la cave; ces légumes se mangent cuits.

L'*épinard*, plante dioïque, et l'*oseille*, placée souvent en bordure, se cultivent pour leurs feuilles qui se mangent cuites. L'oseille se multiplie par touffes (rhizomes), ou par semis; l'épinard se reproduit seulement par semis.

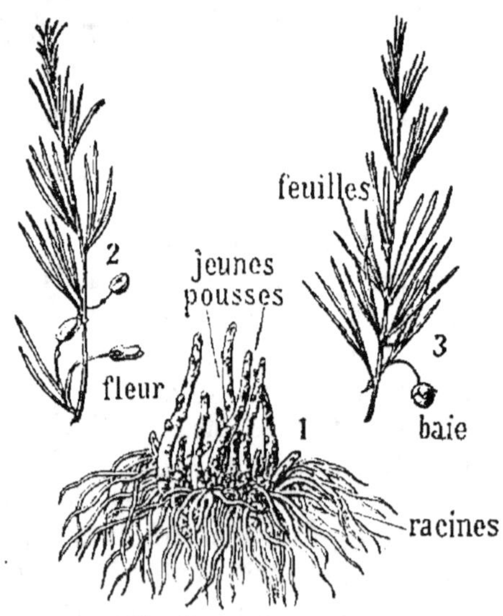

Fig. 113. — Asperges.
1, griffe; **2**, tige avec fleurs; **3**, tige avec fruit.

L'*asperge* vient de préférence dans les terres meubles et bien fumées. Un semis sur couche fournit des griffes (*fig.* 113) qui, mises en place au printemps suivant, donnent, à la troisième année, une première production.

Les principales variétés sont à pousses vertes ou à pousses violettes (asperge commune, d'Argenteuil, d'Aubervilliers, etc.).

Les feuilles du *persil* et du *cerfeuil* sont utilisées comme condiments, ainsi que l'*appétit*, civette ou ciboulette.

316. Légumes-racines. — Ils comprennent les plantes dont on consomme les racines, les tubercules ou les bulbes.

Les *carottes* se classent suivant leur forme en *courtes* ou *grelots*, *demi-longues* et *longues;* on ne cultive au jardin que les variétés à chair rouge (**256**). La *betterave rouge* se mange en salade, après cuisson. Le *panais*, les *navets*, le *chou-rave* et le *chou-navet* se cultivent comme en pleine terre. Tous ces légumes, rentrés en cave, se consomment pendant tout l'hiver (*fig.* 82 à 85).

Les *radis* comprennent les *petits radis de tous les mois* (roses, blancs ou gris), et le *radis d'hiver*, à écorce noire, à racine grosse, fibreuse, qui se récolte à l'automne.

Les *scorsonères* et les *salsifis* fournissent des racines renflées, comestibles.

Le *céleri-rave* produit un gros rhizome qui, rentré en cave, se consomme en hiver.

On ne produit au potager que les variétés de *pommes de terre* précoces (Quarantaine de la Halle, Marjolaine, jaune de Hollande, etc.). Les *crosnes du Japon*, l'*igname* et la *patate* fournissent des renflements comestibles de tiges souterraines.

L'ail, l'échalote, la ciboule se reproduisent par une portion de bulbe ou *caïeu*. Les *oignons* se divisent en *oignons blancs*, précoces, et *oignons de couleur*, récoltés en août-septembre; on conserve ces bulbes dans un local sec et aéré.

Le *poireau* est surtout produit comme légume d'hiver; très résistant à la gelée, on le conserve en pleine terre après l'avoir butté pour le faire blanchir, ou à la cave.

317. Légumes cultivés pour leurs graines ou leurs fruits. — Les *pois* cultivés au potager sont à *cosse dure* (à parchemin) ou *tendre* (sans parchemin, pois mange-tout). Les grains des premiers, *pois de Clamart, Prince-Albert*, etc., se consomment en vert ou en sec; on en fait des conserves; les *pois mange-tout* peuvent être mangés en gousses, à l'état vert. Il existe des variétés naines et des variétés à rames (**294**).

Le *haricot* a été étudié précédemment (**296**) ainsi que la *lentille* (295) et la *fève* (297) ; la culture de toutes ces plantes au potager se fait exactement comme en plein champ.

Le *cornichon*, le *concombre* et le *potiron* s'obtiennent au potager ou en pleine terre ; ils craignent beaucoup les gelées ; on sème sur couche et on repique en mai, ou bien on sème sous cloche. Les concombres et les potirons se taillent (pincement en vert) pour limiter le nombre des fruits qui deviennent plus gros ; on ne pratique aucune taille sur le cornichon ; de juin à septembre on récolte fréquemment (tous les deux ou trois jours).

Le *melon* est dit *cantaloup* (*fig.* 114) lorsque les côtes sont apparentes et l'épicarpe verruqueux ; *brodé*, si l'épicarpe est presque lisse, et les côtes peu apparentes. Au premier groupe appartiennent : les *prescott*, le *noir des Carmes*, le *sucrin* ; au second, on rattache le melon de *Cavaillon* (à chair verte ou jaune, le *sucrin de Tours*, etc.

Semé sur couche, on met en place dès que les jeunes plants ont développé quatre feuilles et on rabat à deux

Fig. 114. — Cantaloup.

feuilles ; les deux rameaux latéraux qui naissent sont ensuite pincés à huit feuilles ; les fruits apparaissent sur les branches qui partent de ces deux rameaux, il suffit d'en laisser deux par pied.

La *tomate*, l'*aubergine* et le *piment* exigent une terre et une exposition chaudes et de nombreux arrosages ; on limite le nombre des fruits par la taille ; les tomates doivent être palissées.

Le *fraisier* émet des filets qui s'enracinent et produisent ainsi des *stolons* (*fig.* 115) servant à la multiplication. Il faut supprimer ces filets pour favoriser le développement des fruits sur les rameaux fertiles. Le fraisier *des quatre saisons* (belle de Meaux, de Montrouge, etc.) donne des produits de juin à septembre ; le *fraisier à gros fruits* (Dr Moreire, Reine de Mai, etc.) possède de très nombreuses variétés que l'on cultive en planche ou en bordure.

L'*artichaut* se reproduit par drageons ou *œilletons* qui sont recueillis à l'automne sur les pieds adultes. Il faut butter

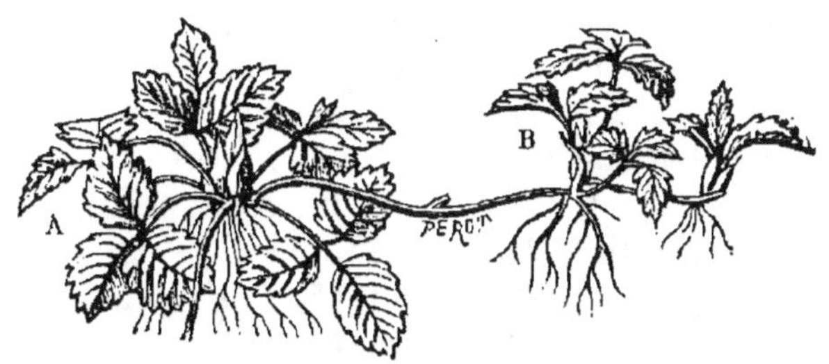

Fig. 115. — Fraisier. A, pied-mère ; B, stolon.

les pieds pendant l'hiver ; cette plante donne des produits pendant trois ou quatre ans, puis on renouvelle la plantation.

§ III

LES PLANTES D'ORNEMENT

318. Quelques plantes à cultiver. — Les plantes d'agrément sont cultivées pour leur parfum, pour charmer la vue et donner au jardin un aspect agréable. On doit tou-

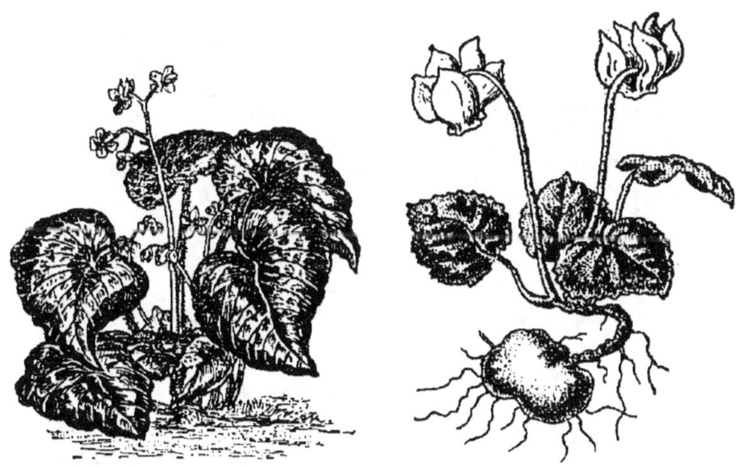

Fig. 116. — Bégonia.   Fig. 117. — Cyclamen.

jours en trouver dans un jardin bien tenu. Sans être indispensable, leur culture constitue un passe-temps intéressant pour les heures de loisir.

Les plantes d'ornement comprennent les *fleurs*, qui s'obtiennent en pleine terre ou en pots, et les *arbustes*. Il convient de borner la collection aux seules plantes rustiques, peu exigeantes et faciles à se procurer.

Nous citerons parmi les *fleurs de pleine terre :* les œillets, les phlox, la pivoine, la giroflée, la violette, la renoncule, la tulipe, les jacinthes, les reines-marguerites, les zinnias, la campanule, la capucine, la rose trémière, les anémones, les dahlias, la balsamine, l'iris et le lis ; on obtiendra en *pots* les bégonias (*fig.* 116), les pélargoniums, les cinéraires, les cyclamens (*fig.* 117), les caladiums, les calcéolaires, etc.

Comme *arbustes d'ornement*, on cultivera les rosiers, le lilas et quelques arbrisseaux toujours verts : aucuba, fusain, laurier de Portugal, etc.

La culture de toutes ces plantes est facile ; il suffit d'un peu de goût et de soins vigilants.

QUESTIONNAIRE

308. Comment se divise l'horticulture? — 309. Parlez de la situation du jardin potager; de la préparation du sol. — 310. Quel rôle joue le fumier dans le potager? — Peut-on employer d'autres engrais? — 311. Est-il avantageux d'adopter un assolement? — 312. Décrivez les divers travaux à effectuer au jardin. — 313. Qu'appelle-t-on culture dérobée? — contreplantation? — culture forcée? — 314. Comment classe-t-on les légumes? — 315. Parlez de la culture des choux, des salades, de l'asperge. Citez-en des variétés. — 316-317. Quels sont les légumes cultivés pour leurs racines, leurs bulbes, leurs graines? — Parlez de la taille du melon. — Que savez-vous de la tomate, du fraisier, de l'artichaut? — 318. Citez des plantes d'ornement (fleurs et arbustes) faciles à cultiver au jardin.

LECTURE

La fumure de l'asperge.

Certains cultivateurs nous ont manifesté la crainte d'avoir des aspergeries de moindre durée s'ils faisaient usage d'engrais chimiques pour augmenter leur récolte. Cette appréhension ne repose sur aucune base sérieuse, ni sur aucun fait d'observation. Au contraire, la culture intensive, loin d'épuiser les griffes, met continuellement à leur disposition une copieuse nourriture

qui accroît encore, s'il est possible, leur développement naturel.
Il n'y a donc pas lieu de s'arrêter à cette objection.

L'emploi judicieux des engrais chimiques complémentaires
est susceptible de procurer des bénéfices élevés, en augmentant notablement le rendement des aspergeries, et, dans une
certaine mesure, la beauté et la précocité des produits récoltés.
Mais ce n'est pas l'unique condition de succès.

Au lieu de se préoccuper uniquement d'augmenter sa récolte
ou la surface de ses aspergeries, le planteur doit aussi chercher à obtenir des asperges précoces et de belle grosseur; il
arrivera à ce résultat à la fois par l'emploi judicieux des engrais
chimiques et par la sélection.

E. ROUSSEAUX,　　　　　　　　Ch. BRIOUX,
Directeur　　　　　　　　　　　Préparateur
de la Station agronomique de l'Yonne.

(Recherches sur la culture de l'asperge dans l'Auxerrois.)

CHAPITRE II

Arboriculture fruitière.

§ 1ᵉʳ

MULTIPLICATION DES ARBRES FRUITIERS

319. Divers modes de multiplication : le semis.
— Les arbres se reproduisent par *graines* (semis) ou au
moyen de *fragments* ou *gemmes* détachés d'un arbre préexis-
tant. La multiplication par fragments constitue suivant les
divers cas l'*éclatage*, le *drageonnage*, le *marcottage*, le *bouturage* ou le *greffage*.

Le *semis*, étudié en agriculture générale (46 à 52), est
commode à pratiquer ; il donne des arbres vigoureux mais
non complètement identiques à celui qui a fourni la graine;
il expose à la variation. Un jeune arbre issu de semis se
nomme *sauvageon* ou *franc*.

Au contraire, la multiplication par *gemmes* permet d'obtenir des sujets identiques à ceux qui ont fourni les fragments ; elle permet ainsi de conserver les caractères des
variétés.

320. Multiplication par fragments. — *L'éclatage*

consiste à détacher d'un arbuste en touffe un certain nombre de brins enracinés ; un *drageon* est un rameau né sur une racine d'un arbre et portant lui-même à sa base un certain nombre de racines ; on le sépare du pied-mère et on le plante.

Le *marcottage* a pour objet de provoquer l'émission de racines adventives sur un rameau dont on place quelques bourgeons en terre ; le rameau enraciné ou *marcotte* peut former un nouvel arbre identique au premier. Le marcottage se pratique par *buttage en cépée* (cognassier, pommier) ou par *couchage* ; c'est par ce dernier mode qu'on remplace, dans une vigne, les pieds manquants.

Bouture à Bouture Bouture crossette. à talon. simple.
Fig. 118. — Diverses boutures.

La *bouture* est une portion de végétal, tige, bourgeon, racine ou feuille, que l'on détache du pied-mère pour la faire enraciner dans un autre milieu. Tous les bois tendres (saule, peuplier, vigne) se multiplient facilement par le bouturage. On distingue la bouture simple, la bouture à talon et la bouture à crossette (*fig.* 118).

321. Le greffage. — Le greffage consiste à transporter sur un végétal appelé *sujet* une portion d'un autre végétal qu'on nomme *greffon*. Le sujet continue à puiser dans le sol, par ses racines, la nourriture qu'il fournit au greffon ; celui-ci, en se développant, portera des feuilles et fournira des fruits en conservant ses caractères propres.

La soudure du sujet et du greffon se fait par le *cambium* (13), ou partie essentiellement vivante de la tige ; il est donc indispensable de mettre en contact intime les cambiums des deux végétaux à greffer, en pratiquant des sections très nettes sur les parties entaillées et en réunissant celles-ci par une ligature.

Il doit exister une certaine *affinité* entre le sujet et le greffon ; l'affinité est en corrélation avec la parenté, mais on ne peut cependant donner l'explication exacte de toutes les sympathies et des antipathies constatées.

Les deux végétaux doivent avoir à peu près la même vigueur ; il est préférable que le sujet soit en avance de végétation sur le greffon.

Le greffage se pratique au printemps ou à la fin de l'été ; les greffons sont choisis sur des arbres sains, vigoureux, en pleine période de production.

322. Avantages du greffage. — Le greffage permet d'utiliser les racines d'un végétal vigoureux donnant de mauvais fruits, en vue de la nourriture d'un arbre fournissant des fruits de meilleure qualité. Il est possible ainsi de faire vivre dans des terrains médiocres, superficiels, des arbres qui exigent un sol profond pour se développer, le poirier sur cognassier, par exemple. Par le greffage, on multiplie les végétaux plus rapidement que par le semis, on hâte et on accroît la fructification ; on régularise la charpente des arbres ; on change le sexe des plantes monoïques ; enfin, on peut fixer les modifications accidentelles qui surviennent sur un végétal, en vue d'obtenir de nouvelles *variétés* d'arbres fruitiers.

Le seul inconvénient du greffage est d'abréger la vie du sujet.

323. Quelques espèces de greffes. — 1° *Greffe par approche ou en placage.* — Dans cette greffe, on pratique sur les rameaux de deux végétaux, placés à proximité l'un de l'autre, une entaille d'égale surface qui intéresse l'écorce et l'aubier, puis on réunit les cambiums des deux entailles. Quand la soudure est complète, on détache le greffon de l'arbre qui le portait ; ces greffages se font en juin ou au mois d'août.

Avec de légères modifications dans la forme de l'entaille, on obtient la *greffe en incrustation,* la *greffe à encoche* et la *greffe en arc-boutant.*

2° *Greffe en fente.* — Le greffon, taillé en biseau (*fig.* 119), est introduit dans une fente pratiquée sur le sujet qui a été coupé horizontalement à une certaine hauteur au moyen d'un instrument bien tranchant. On doit faire coïncider les deux couches génératrices. Si on introduit deux rameaux aux deux extrémités de la fente du sujet, on effectue la *greffe en fente double* (*fig.* 120).

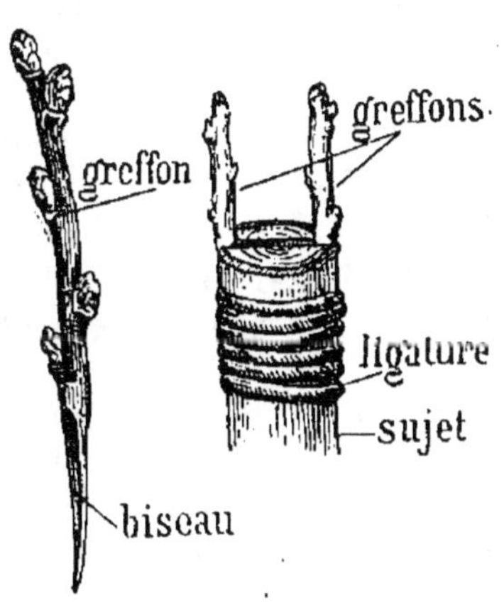

Fig. 119.
Greffon en biseau.

Fig. 120.
Greffe en fente double.

La *greffe en fente anglaise*, utilisée dans le greffage de la vigne, consiste à couper en biseau, sujet et greffon, choisis d'égal diamètre, puis à pratiquer sur chaque coupe une languette qui, assemblée, augmente la solidité et favorise la soudure (*fig.* 134).

Le noyer et les résineux se greffent *en fente terminale*, en introduisant un rameau taillé en double biseau dans une fente pratiquée sur le bourgeon terminal du sujet non étêté. La greffe en fente s'effectue encore avec un grand nombre de variations.

3° *Greffe en couronne* (*fig.* 121). — Les rameaux, taillés en biseau, sont placés en couronne autour de la section de la tige en sève. On les introduit sous l'écorce soulevée par une spatule en os ou en buis ; l'écorce n'est pas fendue, sauf dans les sujets de trop faible diamètre.

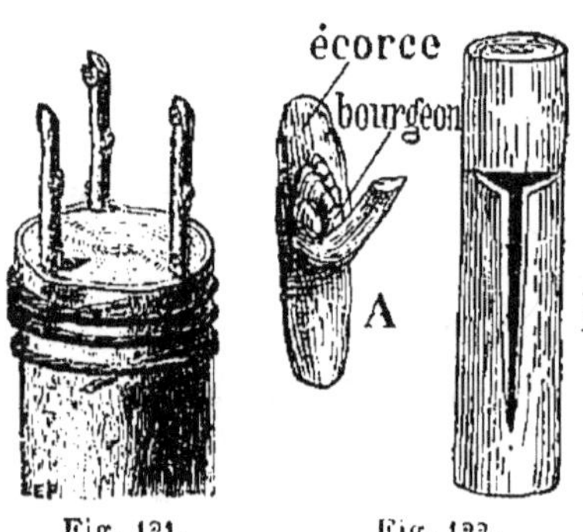

Fig. 121.
Greffe en cou-
ronne.

Fig. 122.
Greffe en écusson.
A, écusson ; B, sujet.

4° *Greffe par yeux ou bourgeons*. — Le greffon est réduit à un œil ou bourgeon porté par une légère couche d'écorce et de bois sous-jacent (*fig.* 122, A), c'est l'écusson qu'on introduit dans une incision en forme de T, pratiquée sur l'écorce du sujet (*fig.* 122, B). Si la greffe est effectuée en août (*à œil dormant*), l'écusson est pris sur une pousse de l'année et on ne coupe la tige du sujet qu'au printemps suivant; si, au contraire, elle se fait au printemps (*à œil poussant*), le greffon est pris sur le bois d'un an et on étête le sujet de suite.

Dans la *greffe en flûte*, l'œil ou écusson consiste en un cylindre d'écorce, portant deux ou trois bourgeons, qui se pose sur un sujet d'égal diamètre, étêté, et auquel on a enlevé une zone d'écorce de même longueur; on l'appelle encore *greffe en sifflet*.

Toutes les greffes sont *ligaturées* au moyen de laine, de coton, de chanvre ou de raphia. Il est bon de recouvrir les entailles et les fentes laissées à nu, d'un *engluement* (mastic à greffer, onguent de Saint-Fiacre) qui préserve les greffes de la sécheresse, de la pluie, des insectes, etc.

§ II

SOINS A DONNER AUX ARBRES FRUITIERS

324. Choix et plantation des arbres fruitiers. — Il faut choisir les essences et les variétés d'arbres qui permettent d'avoir des fruits mûrs en toute saison.

Dans le jardin, on dispose à l'exposition du *nord*, les groseilliers, les framboisiers, les cerisiers tardifs, le prunier ; au *sud*, le pêcher, la vigne, le cerisier hâtif, quelques poiriers et pommiers délicats ; à l'*est*, la vigne, le pêcher, l'abricotier, les poires et les pommes sujettes à la tavelure ; à l'*ouest*, le pêcher, le prunier, le cerisier, les poires et les pommes non sujettes à la maladie.

Les arbres jeunes, à écorce lisse, bien racinés, sont plantés à l'automne après l'habillage (suppression des racines mutilées). Dans une tranchée cubique de 1 mètre de côté, on dispose sur une butte de terre fine, les racines que l'on tasse bien ; on remplit et on tuteure ; la soudure de la greffe doit rester au niveau du sol.

325. Formes à donner aux arbres fruitiers. —

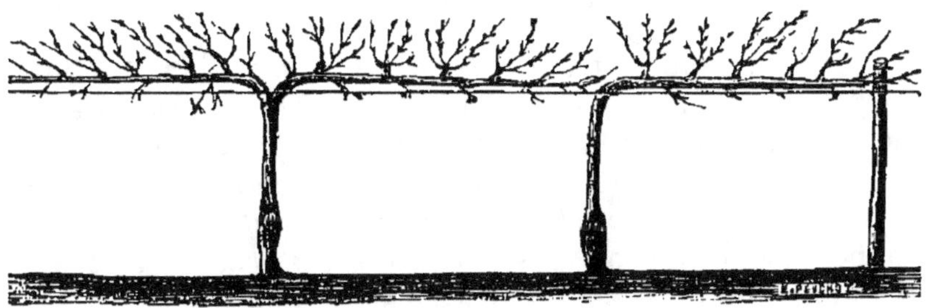

Fig. 123. — Pommiers en cordon.

Les arbres disposés le long des murs sont soumis à des *formes plates* ou *espaliers* ; en bordure des plates-bandes, on constitue des *contre-espaliers* palissés sur des *treillages* de fil de fer, ou des *cordons* (*fig.* 123) qui prennent diverses formes ou directions : en V, en U, en U double ; verticaux, ondulés, obliques, horizontaux ; simples, doubles ou superposés ; en grils ou candélabres.

Les *palmettes* (*fig.* 124) sont des formes plates palissées, plus compliquées, mais conduites d'après les mêmes principes.

Les principales *formes libres*, obtenues en pleine terre sont le *fuseau*, le *vase*, la *pyramide* ou cône (étagée ou ailée), le *gobelet* et la *haute-tige*.

Quelle que soit la forme qu'on lui donne, un arbre fruitier se compose du *tronc* (partie sans branches), de la *tige*,

Fig. 124. — Palmette.

des *branches charpentières* (réduites parfois à une seule) ou axes principaux qui portent les branches latérales ou *coursonnes*, courtes, plus faibles, auxquelles on applique la taille.

Les coursonnes résultent de l'accumulation des tailles successives ; elles portent, comme les branches charpentières, diverses productions : *yeux* ou bourgeons à bois ; *boutons* ou bourgeons à fruit et *rameaux*; ces derniers peuvent être des *productions à bois* (rameau à bois, gourmand, brindille), ou des *productions à fruit* qui prennent des noms différents suivant les espèces considérées.

326. Taille des arbres fruitiers. — La taille désigne l'ensemble des opérations que l'on fait subir aux parties aériennes des arbres fruitiers, en vue d'obtenir une production abondante, soutenue et de bonne qualité.

Les diverses opérations s'effectuent, les unes en hiver (*taille en sec*), les autres en été (*taille en vert*). La taille d'hiver consiste à couper les rameaux et à pratiquer des entailles, des incisions, des arcures, des cassements ou des éborgnages en vue de maintenir l'équilibre entre les diverses parties du végétal. La taille d'été, bien pratiquée, est la plus importante : l'*ébourgeonnement* consiste à supprimer les pousses inutiles ; le *pincement* (*fig.* 125) se pra-

Fig. 125. — Résultat du pincement.

tique en juin-juillet sur l'extrémité des jeunes rameaux, on le renouvelle sur les rameaux secondaires qui peuvent se développer en août (*fig.* 126).

Toutes ces opérations visent un double but : former la charpente de l'arbre (elles sont alors semblables pour toutes les essences), et provoquer la fructification (à ce point de vue, la taille varie avec chaque espèce).

Il n'est donc pas possible de faire une étude générale et rationnelle de la taille ; néanmoins, certains principes sont applicables à tous les arbres

Fig. 126. — Pincement court. (Développement de rameaux secondaires.

fruitiers : ainsi, la sève tend toujours à se diriger verticalement, de bas en haut vers les extrémités ; la végétation d'une branche varie en raison directe de la longueur de taille, de l'éclairement et en raison inverse du nombre des yeux qu'elle porte.

§ III

ÉTUDE DE QUELQUES ARBRES FRUITIERS

327. Classification des arbres fruitiers. — D'après l'organisation de leurs fruits, les arbres fruitiers forment trois divisions principales :

Les fruits à pépins : poirier, pommier, cognassier, etc. ;

Les fruits à noyau : pêcher, abricotier, prunier, etc. ;

Les fruits à baies : vigne, groseillier, framboisier, etc.

328. Arbres à fruits à pépins. — Le *poirier* se greffe surtout en fente, sur *franc*, c'est-à-dire sur sauvageon (**319**), sur *cognassier* ou sur *aubépine*. Les sujets sur franc sont les plus vigoureux ; ils permettent de grandes formes, mais ils exigent des sols profonds. Les poiriers sur cognassier aiment un sol frais et riche ; ils donnent une fructification précoce, abondante, de bonne qualité ; ils craignent le calcaire. Le poirier sur aubépine, peu vigoureux, et de faible durée, est le plus résistant à la sécheresse et à la craie. Il existe plus de 2 000 variétés de poires, classées suivant leur forme et leur époque de maturité. On peut récolter, en été : *Doyenné de juillet, Beurré Giffard* et *Bon Chrétien William* (la plus répandue) ; en automne : *Beurré Hardy, Beurré Clairgeau, Louise-Bonne, Doyenné du Comice;* au commencement de l'hiver : *Beurré d'Aremberg, Doyenné d'hiver, Passe-Crassane, Curé, Catillac.* Les fruits des variétés d'hiver mûrissent dans le fruitier.

Le *pommier* se greffe sur *franc* ou sauvageon, sur *doucin* et sur *paradis;* ces deux derniers porte-greffes sont des variétés de pommiers obtenus par marcottage ; ils donnent des arbres peu vigoureux (cordons), mais ils fructifient bien et se contentent de sols pauvres, superficiels ou calcaires.

On connaît plus de 4 000 variétés de pommiers, qui se divisent en deux groupes suivant qu'ils donnent des *fruits de table* ou des *pommes à cidre.*

Les meilleures variétés à couteau sont : *Borowisky, Rambour d'été, Transparente de Croncels,* mûres en septembre ; *Grand Alexandre, Jeanne-Hardy, Calville Saint-Sauveur, Reine des Reinettes,* un peu plus tardives ; on récolte à la veille de l'hiver pour les faire mûrir au fruitier : *Reinette du Canada, Api rose, Calville blanc et rouge,* etc.

Le *cognassier* se multiplie surtout par marcottage et greffage à écusson dormant. On connaît le *cognassier commun* ou d'Angers et le *cognassier du Portugal*.

329. Taille fruitière du poirier et du pommier. — Les rameaux latéraux ou coursonnes (**325**) portent deux sortes de bourgeons : les *boutons à fleur*, globuleux, duveteux, et les *yeux à bois*, menus, effilés, pointus (*fig.* 127, *a* et *b*). Les fruits naissent exclusivement sur du bois de plusieurs années, trois ans au moins. Par suite, on distingue des yeux ou rameaux à divers degrés d'évolution vers la production fruitière (*fig.* 128). Le *rameau à bois* et la *brindille* sont des productions à bois; on les taille généralement à trois yeux. Quand les rameaux prennent une vigueur exagérée, ils constituent des *gourmands* que l'on taille à trois yeux et que l'on casse en été pour les affaiblir; parfois, on les supprime sur l'empâtement de la branche charpentière; plusieurs gourmands réunis donnent une *tête de saule*.

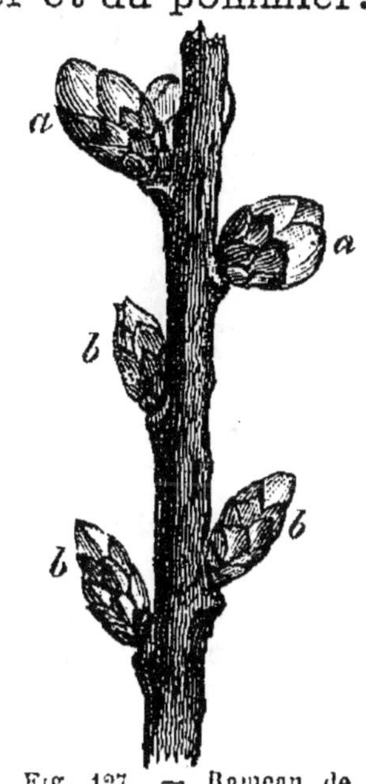

Fig. 127. — Rameau de poirier. *a*, bourgeon à fruit; *b*, bourgeon à bois.

Le *dard* (*fig.* 129) est un petit rameau terminé par un

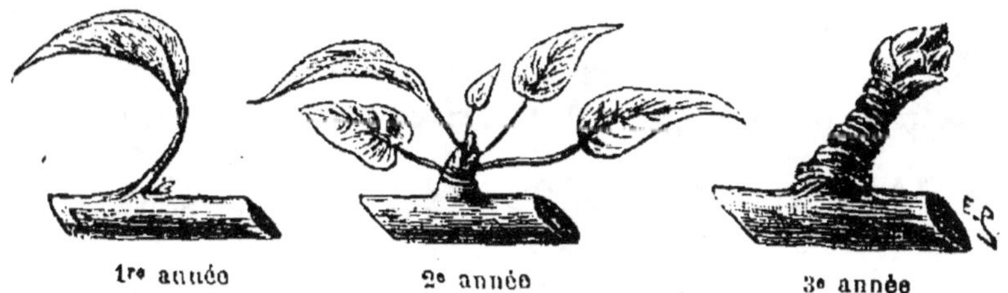

Fig. 128. — Formation d'un bourgeon à fruit.

œil à bois; il se transforme généralement en bouton à fleur, et produit du fruit à la quatrième année. Il forme alors une *lambourde* (*fig.* 130) à écorce ridée, cassante; on ne taille pas le dard, mais on peut tailler la lambourde qui, parfois, donne naissance à un dard. On appelle *bourse* (*fig.* 131) une lambourde qui a fructifié, elle est simple ou ramifiée, portant des dards; on la rafraîchit à la taille.

Fig. 129. — Dard.   Fig. 130. — Lambourde   Fig. 131. — Bourse
                          avec dard.   avec dards.

330. Arbres à fruits à noyau. — Le pêcher se greffe surtout en écusson sur *franc*, sur *amandier*, sur *prunier* ou sur *abricotier*. La vigueur décroît avec les exigences des porte-greffes, dans l'ordre où nous les avons cités.

Le pêcher en plein vent, pêcher commun ou *pêcher à vigne*, n'est généralement pas soumis à la taille; on l'obtient par semis direct ou transplantation; il ne vit que 12 à 15 ans. Le pêcher de jardin se conduit le plus souvent en espalier (palmette ou éventail); il reçoit une taille d'hiver et une taille d'été.

Le pêcher donne ses fruits uniquement sur le bois accomplissant sa deuxième année de végétation; les rameaux portent des *yeux* à bois et des *boutons* à fruit (*fig.* 132), qui sont simples, doubles ou triples; tout rameau ayant donné du fruit n'en produira plus à l'avenir. La taille doit donc favoriser l'émission de jeunes rameaux capables de fournir des fruits l'année suivante.

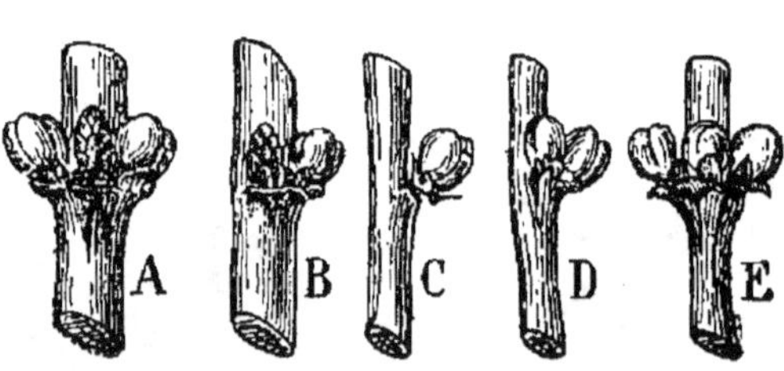

Fig. 132. — Bourgeons du pêcher.
A, B, bourgeons à fleur accompagnés d'yeux à bois;
C, D, E, bourgeons à fleur non accompagnés d'yeux à bois.

La *pêche* est à surface duveteuse; d'après leur ordre de maturité, les principales variétés sont : *Amsden, Précoce de la Halle, Grosse Mignonne, Bonouvrier*, etc.; on cultive également les *Brugnons* et les *nectarines*, à surface lisse, intermédiaires entre la pêche et la prune ou l'abricot.

L'*abricotier* s'obtient par semis ou par greffage sur amandier et sur prunier. Ses fleurs, printanières, craignent beaucoup les gelées. Il préfère la pleine terre à l'espalier; il se taille comme le pêcher.

Le *prunier* est un arbre de plein vent; il se multiplie par semis ou par greffage sur prunier Saint-Julien (grandes formes) ou sur Mirobolan (basses tiges). Principales variétés : *Reine-Claude, Mirabelle, Quetsche;* pour le séchage en pruneaux : *Prune d'Agen* ou *prune d'Ente, Quetsche, Reine-Claude de Bavay, Perdrigon.*

Le *cerisier* se multiplie par greffage sur bois de Sainte-Lucie (*prunus Mahaleb*) ou sur merisier lorsqu'on veut obtenir de grands arbres. On distingue plusieurs groupes dans les variétés de cerises : la *cerise commune* (Anglaise, Montmorency, Reine Hortense); la *guigne* allongée, à chair molle, précoce; la *griotte*, le *bigarreau*, à chair croquante.

331. Arbres à fruits à baie. — La *vigne* se conduit en treille ou en *palmette* en vue de la production des variétés de table : *Gamay précoces* (des Vosges, de Juillet), *Précoce de Malingre, Chasselas* (de Fontainebleau, rose), *Frankental, Muscats*.

Nous étudierons la multiplication, la taille et la culture de la vigne dans un chapitre spécial (Viticulture).

Le *groseillier* se reproduit par boutures, par drageons ou par éclats, il se conduit en vase ou en touffe. Il porte son fruit sur le bois de deuxième année; on cultive, le *groseillier à grappes* (variétés rouges et blanches); le *groseillier épineux* (à maquereau), et le *groseillier noir* ou *cassissier*.

Le *framboisier* se multiplie par drageons ou divisions de touffes; on ébourgeonne au printemps, ne laissant par touffe que trois à cinq brins qui sont taillés à 0^m,30, tuteurés et palissés. Les branches à fruit ne durent qu'un an; on les supprime à l'automne.

332. Ennemis et maladies des arbres fruitiers. — Les poiriers et les pommiers sont attaqués par plusieurs insectes : le *tigre*, l'*anthonome*, le *kermès*, le *puceron lanigère*. On prévient leurs dégâts en râclant et en brûlant en hiver les vieilles écorces sous lesquelles se trouvent les larves, puis on badigeonne le tronc et les tiges avec un lait de chaux concentré.

Le puceron lanigère du pommier, très difficile à détruire, se traite par une dissolution de savon additionnée d'alcool à brûler (35 gr. de savon et 60 gr. d'alcool pour 1 litre d'eau). Les pucerons du pêcher se détruisent par des pulvérisations du feuillage à l'aide du jus de tabac, étendu d'autant de litres d'eau qu'il marque de degrés à l'aréomètre Baumé.

Les arbres à pépins portent parfois des plaies ou *chancres*; on rase la partie malade à la serpette, puis on la badigeonne avec une solution concentrée de sulfate de fer (35 parties) et d'acide sulfurique (3 parties) dans 100 litres d'eau.

La *tavelure des poires* et la *cloque du pêcher* sont dues à des champignons microscopiques qui envahissent le fruit (tavelure) ou les feuilles (cloque). On les prévient au moyen de la bouillie bordelaise ou bourguignonne à 1 p. 100 seulement pour le pêcher, plus concentrée pour les poiriers (2 et 3 p. 100).

Enfin, la *gomme* des arbres à noyau se prévient en évitant les plaies pendant la végétation et en pratiquant des incisions longitudinales de l'écorce.

333. Conservation des fruits. — Avant sa maturité, un fruit est formé d'amidon, d'acides et de tanin. L'amidon d'abord, puis les acides se transforment en sucres, quand les fruits mûrissent. Le tanin s'oxyde ensuite sous l'effet de l'oxygène de la respiration; quand cette oxydation est achevée, la cellule devient *anaérobie*, et son sucre fermente pour lui procurer l'oxygène nécessaire à sa respiration, le fruit se ramollit; c'est le blettissement.

Ces faits nous montrent quels sont les divers facteurs qui règlent la conservation des fruits; il y en a quatre : température, humidité, aération, éclairage. La *température* du fruitier doit rester comprise entre 2° et 7° centigrades; l'*humidité*, réglée par l'apport de chlorure de calcium, doit indiquer 40 à 50 à l'hygromètre; il convient d'*aérer* le plus possible, sans toutefois exposer la température à des variations, enfin le local doit être *peu éclairé*, car les fruits se flétrissent à la lumière.

Les raisins sont conservés adhérents à une portion de mérithalle qui plonge dans l'eau, rendue imputrescible par de la poussière de charbon de bois et du sel marin; on cachette à la cire la coupe supérieure du mérithalle.

319. 320. Quels sont les divers modes de multiplication des arbres fruitiers ? — Quelle différence faites-vous entre le bouturage et le marcottage ? — 321. En quoi consiste le greffage ? — 322. Montrez les avantages du greffage. — 323. Décrivez quelques espèces de greffes. — 324. Comment répartit-on les diverses essences suivant l'orientation ? — 325. Quelles formes donne-t-on aux arbres fruitiers ? — 326. Sur quels principes repose la taille des arbres fruitiers ? — 327. Comment classe-t-on les arbres fruitiers ? — 328. Dites ce que vous savez des arbres à fruits à pépins. — 329. En quoi consiste la taille fruitière du poirier et du pommier ? — 330. 331. Parlez de la culture du pêcher, de l'abricotier, du prunier, du cerisier, des fruits à baie. — 332. Quels sont les divers ennemis ou maladies des arbres fruitiers ? — 333. Quelles sont les règles à observer pour la bonne conservation des fruits ?

CHAPITRE III

La vigne. Cultures arbustives diverses.

§ Ier

CRÉATION DU VIGNOBLE

334. Culture de la vigne ; son importance. — La vigne est cultivée, en France, dans soixante-douze départements ; elle occupe presque 2 millions d'hectares, et fournit un produit brut élevé, mais très variable. La vigne est, est effet, un arbrisseau délicat ; elle craint les gelées d'hiver et de printemps, les pluies au moment de la floraison, la grêle pendant toute sa végétation ; elle a besoin d'être protégée contre de nombreux parasites, insectes ou accidents.

Les principales régions viticoles de la France sont : le *Midi* (Hérault, Gard, Aude, etc.) ; le *Bordelais* (Graves, Sauternes, Saint-Emilion, etc.) ; la *Bourgogne* et le *Beaujolais* (Pommard, Chambertin, Clos Vougeot, Chablis, Moulin-à-Vent, etc.) ; la *Champagne* (Epernay, Ay, etc.) ; les *Charentes*, la *Touraine*, etc.

On peut classer les principaux cépages cultivés en France, suivant leur époque de maturité ; ceux de 1re et 2e époque sont plus spéciaux aux vignobles situés au nord du Plateau Central; ceux de 3ᵉ et 4° époque se trouvent surtout dans les vignobles du Midi (sud, sud-ouest, vallée du Rhône).

1ʳᵉ époque : Malingre, Madeleine angevine, Gamay hâtif, portugais bleu, etc.

2ᵉ époque : Pinots, Gamay, Meslier, Chasselas, Aligoté, Chenin, etc.

3ᵉ époque : Cabernet, Sauvignon, Cot, Syrah, Folle-Blanche, etc.

4ᵉ époque : Aramon, Alicante, Bouschet, Muscats, Carignan, etc.

La vigne vient à peu près dans tous les sols, pourvu qu'ils soient suffisamment perméables. Toutefois, les grands crus se rencontrent plus particulièrement sur les marnes argilo-calcaires, caillouteuses, en coteaux à l'exposition du sud et du sud-est.

335. Procédés de multiplication de la vigne. — La vigne peut se reproduire par *semis* de graines ou pépins; mais ce procédé, très lent, expose à des variations (46, 319). Il est surtout utilisé en vue de l'hybridation qui a joué et joue encore un rôle considérable dans la création des vignobles, à la suite de l'invasion phylloxérique.

L'*hybridation* (19) permet, par le croisement de deux espèces ou de deux variétés différentes, d'obtenir des types nouveaux, à caractères plus ou moins déterminés. L'opération consiste à saupoudrer du pollen d'une fleur servant de père sur d'autres fleurs choisies comme mères et débarrassées, avant leur épanouissement, de leurs corolles et de leurs étamines.

On produit ainsi une *fécondation croisée, artificielle;* les pépins qui en proviennent, semés en pépinière, donnent naissance à des cépages offrant tous les types intermédiaires entre les ascendants, cumulant leurs qualités ou leurs défauts. Les meilleurs sujets, sélectionnés, sont multipliés par le greffage ou le bouturage, procédés qui ne modifient plus leurs caractères.

Ces hybrides sont dits *américo-américains* ou *franco-américains*, selon que les antécédents sont deux espèces américaines, ou une vigne française et une vigne américaine.

Le *bouturage*, le *marcottage* et le *greffage*, étudiés en arboriculture (320), sont couramment employés en viticulture. **Avant** l'invasion phylloxérique, la vigne se multipliait surtout par *boutures;* on utilise aujourd'hui la *greffe-bouture,* c'est-à-dire un rameau formé d'un *porte-greffe* (*fig.* 133), émettant des racines résistantes au phylloxéra sur lequel on a greffé une variété française productive.

Le *marcottage, provignage* ou *couchage* (*fig.* 133), était

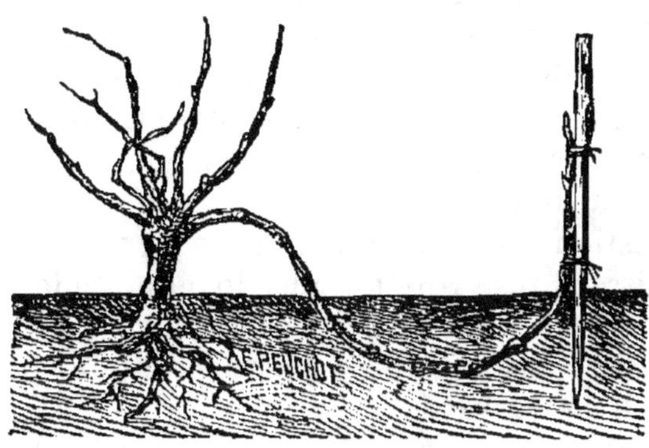

Fig. 133. — Marcottage de la vigne.

employé dans certaines régions avant la reconstitution, pour créer ou rajeunir un vignoble; il peut encore servir à remplacer les pieds manquants dans les plantations greffées.

Dans ce cas, la marcotte n'est pas séparée du pied-mère, car les racines qui naissent dessus sont détruites par le phylloxéra; c'est le pied-mère, choisi vigoureux à dessein, qui nourrit les deux souches.

Le mode de *greffage* le plus utilisé est la *greffe en fente anglaise* (*fig.* 134) exécutée sur table, en avril (**323**). Les greffes-boutures assemblées et ligaturées sont conservées en *stratification* (par lits ou strates), dans du sable maintenu frais jusqu'en mai, époque de la mise en pépinière.

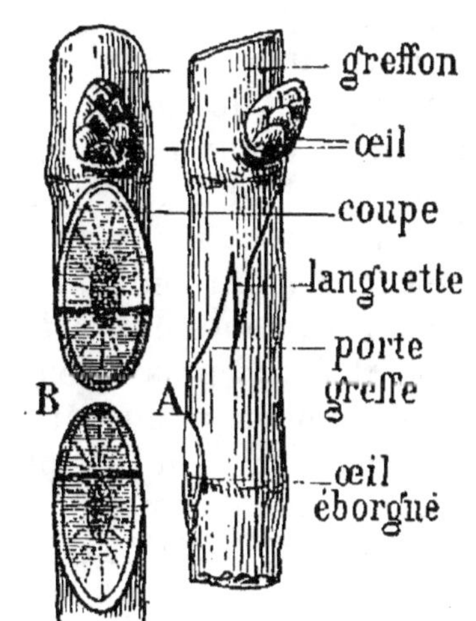

Fig. 134. — Greffe en fente anglaise. A, assemblée; B, montrant les deux coupes et les languettes.

La *pépinière* est établie dans un sol meuble, riche, bien défoncé avant l'hiver; les greffes-boutures y sont placées, quand les gelées ne sont plus à craindre, de façon que les coupes arrivent au niveau du sol; on recouvre de sable les greffons pour empêcher leur dessiccation. La pépinière doit être sulfatée souvent. Les greffes-boutures s'enracinent; on peut les planter en place au printemps suivant.

336. Méthodes de constitution du vignoble. — Certains cépages américains donnent des fruits qui peuvent mûrir sous notre climat; on les appelle *producteurs directs,* parce qu'ils se reproduisent directement par bouturage sans avoir besoin de recourir au greffage. En général, les producteurs directs venus d'Amérique produisent un vin de qualité médiocre, à goût foxé; aussi on a songé à en améliorer la qualité par l'hybridation.

La question est encore à l'étude; on recherche un producteur direct résistant au phylloxéra, s'adaptant bien au sol, produisant un vin de qualité acceptable et résistant suffisamment aux maladies cryptogamiques pour éviter les traitements préservatifs.

La reconstitution s'est effectuée, pour les 9/10 au moins de l'étendue des vignobles, à l'aide des *cépages américains greffés.*

Les greffes-boutures, racinées et soudées, sont mises en place soit à l'automne, soit à la fin de l'hiver (en mars); trois ou quatre ans après, la jeune vigne peut donner une première récolte.

Cette méthode exige, par suite, la connaissance exacte des espèces devant fournir les sujets ou *porte-greffes*, et un choix judicieux des *greffons*.

337. Choix des porte-greffes et des greffons. — Les *vignes américaines* nous ont fourni plusieurs familles de cépages qui peuvent vivre avec le phylloxéra. En outre, parmi les nombreux *individus nés de l'hybridation*, certains restent à peu près insensibles aux attaques de l'insecte; on les désigne par leur numéro d'obtention suivi de deux ou plusieurs noms qui rappellent en général les ascendants. Le premier nom désigne la mère; dans les hybrides franco-américains, les cépages français servent toujours de mère parce qu'ils assurent une fructification plus régulière. La question de *résistance phylloxérique*, la plus essentielle au début de la reconstitution du vignoble, est aujourd'hui résolue.

Le porte-greffe doit avoir une bonne *adaptation* avec le sol. Les cépages américains se *chlorosent* à divers degrés (88, 348) et périssent dans les sols trop calcaires; l'hybridation, par l'infusion aux cépages américains des qualités des cépages français, est parvenue à fournir des hybrides ayant une adaptation beaucoup plus étendue que les vignes américaines.

Enfin, un porte-greffe doit présenter de l'*affinité* à l'égard du greffon qu'il porte, et cette affinité est très variable d'une espèce à une autre.

En tenant compte de leur résistance phylloxérique et de leur affinité, voici quels sont les porte-greffes les plus recommandés, quant à l'adaptation :

Richesse en calcaire	PRINCIPAUX PORTE-GREFFES	NATURE DES SOLS leur convenant.
0 à 15 p. 100	Riparia (Gloire de Montpellier, grand glabre)............... Rupestris (Martin, Ganzin, métallique).....................	Meubles, profonds et fertiles. secs ou compacts, peu fertiles.
15 à 35 p. 100	Riparia-Rupestris : 101^{14}, 3 306, 3 309..................... Rupestris du Lot............ Solonis-riparia 1 616...........	101^{14}, sols à riparia ; 3 309, sols secs ; 3 306, sols compacts, pauvres, marneux. légers, frais.
35 à 50 p. 100	Aramon-Rupestris Ganzin n° 1.	compacts ou caillouteux, marnes profondes.
35 à 70 p. 100	Mourvèdre-Rupestris 1 202.... Chasselas-Berlandieri 41^B...... Riparia-Berlandieri........... Rupestris-Berlandieri.........	sols très calcaires ; 1 202 pour marnes, 41^B, craies sèches.

Il faut *sélectionner* avec grand soin les *greffons*. Dans ce but, on marque, à l'époque des vendanges, les ceps vigoureux et productifs, et les boutures qui portent les plus beaux fruits ; on renouvelle cette opération pendant plusieurs années consécutives ; le choix des greffons est limité ensuite entre les ceps ayant été marqués à chaque fois.

De la sorte, on peut accroître dans de grandes proportions le rendement d'un vignoble en quantité et en qualité.

§ II

ENTRETIEN DU VIGNOBLE

338. Les façons culturales. — La vigne possède un système radiculaire puissant, qui s'enfonce profondément dans le sous-sol ; elle émet en outre, pendant l'été, de fines radicelles ou *chevelu* qui vivent à la surface du sol, et qui contribuent puissamment à sa nourriture.

Par suite, on ne doit effectuer de *labour profond* qu'à la veille de l'hiver, de manière à ameublir le sol en favorisant la circulation de l'air et de l'eau, ainsi que l'action des gelées ; il n'y a aucun inconvénient, à cette époque, à détruire le chevelu qui serait toujours appelé à disparaître. En été on ne doit opérer que des *binages* ou labours légers, superficiels, de simples grattages destinés à maintenir le sol très propre et à éviter une évaporation trop considérable.

Fig. 135.
Ruelleuse.

Fig. 136.
Socs de houe bineuse.

Le labour d'hiver s'effectue à la main ou au moyen d'une charrue à deux oreilles, sorte de buttoir, appelée *ruelleuse* (*fig.* 135), qui accumule la terre au pied des souches ; en été, on remplace la ruelleuse par des *houes* très légères, dont le nombre des pièces et la forme varient avec les régions (*fig.* 136). Généralement on exécute les labours d'été à des époques déterminées : le premier après la taille (sombrage ou débuttage), un autre après la floraison ; le dernier quand les grains de raisin sont bien formés ; suivant les besoins, on complète par des sarclages.

339. Conduite de la vigne. — La vigne se conduit généralement en *treilles*. Dans certaines régions (Savoie, Pyrénées), les treilles sont hautes de 2 à 3 mètres : on les appelle *hautains* ; éloignées de 5 à 8 mètres, on exécute entre elles des cultures intercalaires. Plus souvent, la vigne est conduite en *souches basses* sur treilles rapprochées, occupant toute la surface du sol. Les treilles sont palissées sur fils de fer ou sur échalas.

L'établissement d'un vignoble sur *fils de fer* exige une première mise de fonds assez élevée ; mais il est économique en raison de sa longue durée ; il facilite en outre la bonne exécution des traitements anticryptogamiques.

Les *échalas*, peu coûteux dans certaines régions, exigent

beaucoup d'entretien. Enfin, on laisse parfois les rameaux de la vigne s'étaler sur le sol, dans tous les sens, ce qui évite le grillage.

Les fils de fer (n°ˢ 14 à 16) sont fixés sur des piquets en bois ou en fer à T ; le piquet de l'extrémité des rangs est incliné à 45° ; les fils réunis vont s'attacher à une masse pesante enfoncée dans le sol. C'est la disposition la plus solide et la plus économique (*fig.* 137).

Les meilleurs échalas (comme aussi les piquets) sont ceux de chêne, de châtaignier, de robinier et de pin ; il faut les employer bien secs ; on

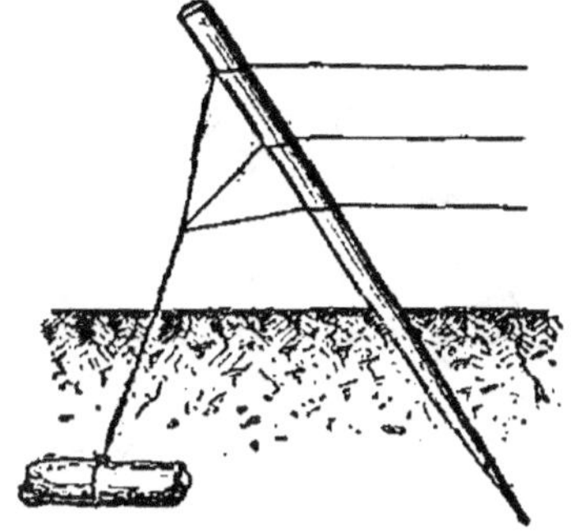

Fig. 137. — Vigne sur fils de fer. (Piquet de tête.)

augmente leur durée, par le sulfatage, la carbonisation, le goudronnage et le créosotage. La créosote et aussi le carbonyle gênent les jeunes pousses et communiquent au raisin un goût et une odeur désagréables.

340. Taille de la vigne. — Comme tous les arbres fruitiers (**326**), la vigne reçoit une taille d'hiver et une taille d'été. La taille d'hiver doit avoir lieu avant la reprise de la végétation ; elle est dite *courte* lorsqu'on laisse seulement deux ou trois yeux par sarment, et *longue*, avec un plus grand nombre d'yeux. Chaque rameau de l'année se nomme *courson* (taille courte) ou *long bois* (taille longue).

La taille doit être courte ou longue suivant qu'elle s'applique à des cépages plus ou moins vigoureux, produisant de préférence des fruits sur les pousses de la base du sarment ou sur celles du milieu. Ainsi, on taille court les gamay, le meslier, l'aramon, le chasselas ; on taille long, au contraire, les pinots, le côt, le Carignan.

Il existe plusieurs *systèmes de taille*, qui diffèrent entre eux par le nombre et la situation relative des bras, des coursons et des longs bois. Le *cordon annuel* est formé d'un long bois que l'on rabat horizontalement pour favoriser la fructification. Si on laisse à la base du long bois un courson destiné à fournir le bois de remplacement, c'est alors la *taille Guyot* qui peut être simple ou double.

Avec deux ou trois sarments situés dans un même plan vertical, on obtient l'*éventail*, tandis qu'on forme le *gobelet* quand les sarments sont dans des plans différents (*fig.* 138).

Le *cordon unilatéral* peut devenir *permanent* et recevoir une direction verticale, oblique ou horizontale (espaliers). Ce cordon permanent reçoit seulement des coursons dans la *taille de Royat*; on opère la *taille Cazenave* en associant un

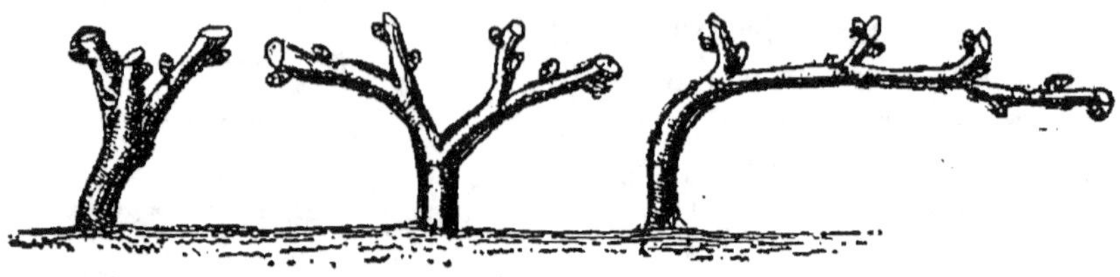

Fig. 138. — Divers systèmes de taille.

long bois à chaque courson et la *taille Silvoz* en ne laissant sur chaque bras, avec des coursons, qu'un seul long bois que l'on recourbe pour le palisser. La section doit se faire aussi nette que possible, sur le mérithalle (*fig.* 139), à un centimètre au-dessus du dernier œil conservé. Cette règle est nécessaire dans la taille des greffons; si on taille trop court, l'eau pénètre par la moelle du mérithalle, arrive jusque dans le porte-greffe qui peut être endommagé.

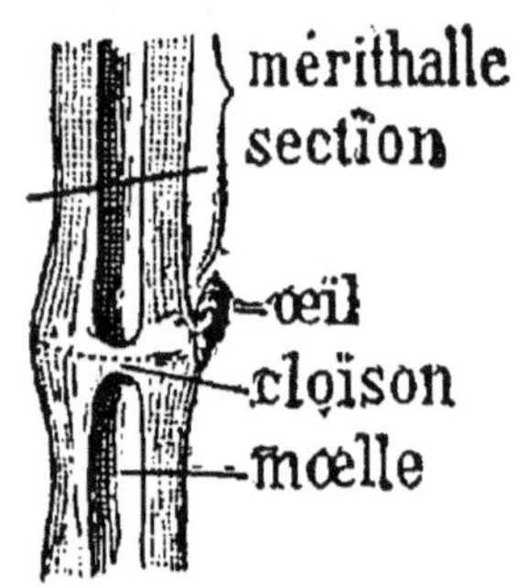

Fig. 139. — Coupe d'un sarment de vigne montrant la cloison au niveau du bourgeon.

Les *tailles d'été* comprennent : l'*ébourgeonnement* qui consiste à enlever au printemps tous les rameaux ne portant pas de fruits ou ne devant pas concourir à la taille de l'année suivante. On concentre ainsi la sève vers les seules pousses utiles. Le *palissage* ou *accolage* a pour effet de modérer la végétation en attachant les jeunes rameaux aux fils de fer ou aux échalas. Sur les longs bois on pratique un *pincement* destiné à équilibrer la végétation entre les pousses des extrémités et les intermédiaires moins favorisées.

Dans les vignes à taille courte, le pincement est remplacé par le *rognage* ou *écimage*. On exalte la production fruitière des longs bois en opérant à la base, au-dessous du premier rameau portant des raisins, une *incision annulaire*, ou *décortiquage*, qui retient vers les fruits de la sève élaborée.

L'*effeuillage* pratiqué graduellement en septembre, dans les années pluvieuses, hâte la maturité et prévient la pourriture des fruits ; enfin, le *cisellement* se pratique sur les raisins destinés à la table ; on enlève les grains mal placés ou trop serrés en vue de favoriser le développement des autres grains et d'avancer leur maturité.

341. Fumure de la vigne. — Le fumier de ferme bien décomposé peut être ajouté au sol tous les cinq ou six ans, et enfoui au labour d'hiver; dans l'intervalle des fumures organiques, on peut employer des engrais chimiques, en se conformant aux besoins du sol et aux exigences de la vigne.

Il faudra alors tenir compte des règles suivantes :

L'azote stimule la végétation au détriment de la fructification; appliqué en moment inopportun, il peut provoquer la gelée, la coulure ou retarder l'aoûtement des bois, surtout dans les sols humides.

L'acide phosphorique favorise un bon aoûtement, la résistance à la coulure et surtout améliore les produits par la constitution de matières albuminoïdes (pulpe).

La potasse, très utile à la vigne, maintient la santé du feuillage et augmente la fructification. Le plâtre est souvent avantageux.

Les formules à employer varieront d'après ces principes généraux.

§ III

INSECTES, PARASITES ET ACCIDENTS DE LA VIGNE

342. Les Coléoptères. — Un grand nombre de *coléoptères* causent des dégâts à la vigne ou aux jeunes pépinières, à l'état d'insectes parfaits ou à l'état de larves. L'*eumolpe*, *gribouri* ou *écrivain* dévore les feuilles, produisant des incisions caractéristiques , sa larve vit sur les jeunes racines dont elle paralyse la végétation ; l'*altise* (*fig.* 140) ou puce de terre, ronge les jeunes pousses et les feuilles entre les nervures; le *hanneton commun* (*fig.* 141) est surtout nuisible par sa larve, le *ver blanc* (*fig.* 142),

Fig 140.— Altise.

qui produit de graves dégàts dans les pépinières de greffes et les jeunes plantations; l'*urbec* ou *cigareur* se roule dans

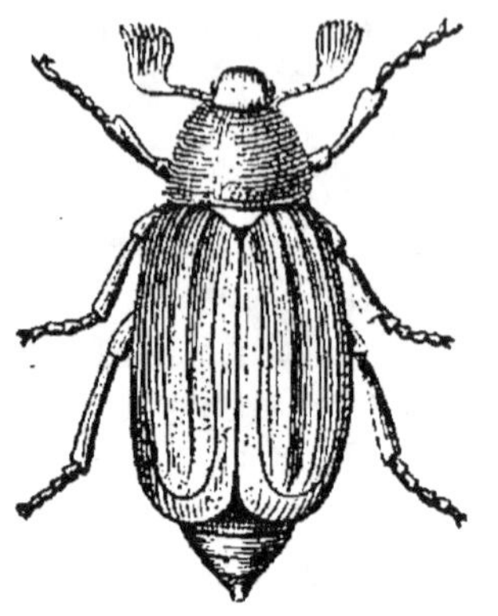

Fig. 141. — Hanneton.　　　Fig. 142. — Ver blanc.

la feuille, après avoir incisé partiellement le pétiole afin d'obtenir l'amollissement des tissus. Citons encore divers charançons aériens ou souterrains, appelés *coupe-bourgeons*, les *cétoines*, etc.

On lutte contre eux : 1° en recueillant les insectes parfaits le matin pendant qu'ils sont engourdis; 2° en injectant 30 grammes par mètre carré de sulfure de carbone dans le sol à l'époque où les larves se développent; 3° par l'emploi des produits arsenicaux, en pulvérisations.

343. Les Papillons. — Deux lépidoptères sont à signaler :

La *pyrale* (*fig.* 143) passe l'hiver sous les vieilles écorces et dans les fentes des échalas, à l'état de larve engourdie, protégée par un cocon. La chenille se réveille au printemps; elle se nourrit des jeunes feuilles qu'elle chiffonne ou

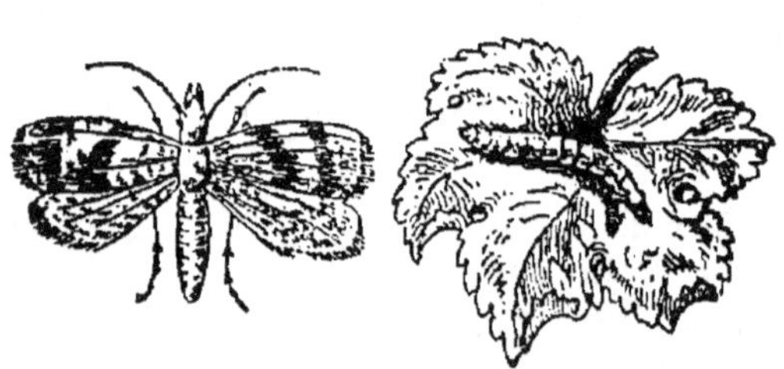

Fig. 143. — La pyrale et sa chenille.

bien des grappes dans lesquelles elle s'enferme par des fils soyeux. La chenille, adulte en juin, donne naissance, en juillet, à un papillon inoffensif, de courte durée, qui ne vit que pour la ponte des œufs, après accouplement. Pour détruire la pyrale on arrose, pendant l'hiver, les vieux bois des ceps et les échalas avec de l'*eau bouillante*.

La *cochylis* (*fig.* 144) diffère de la pyrale en ce qu'elle donne deux générations par an. Les premiers papillons apparaissent au printemps avant la floraison des raisins ; ils s'accouplent, pondent sur les jeunes grappes et meurent sans avoir rien consommé. Les chenilles nées de ces œufs entourent les boutons floraux non encore épanouis, à l'aide de fils soyeux, et, protégées dans cette

Fig. 144. — La cochylis.

sorte de bourse, elles font disparaître ovaire et étamines, détruisant ainsi une bonne partie de la récolte. Fin juin, les larves deviennent chrysalides, puis donnent en juillet une deuxième génération de papillons. Ceux-ci pondent des œufs d'où sortent, peu avant la vendange, de jeunes larves ou *vers de vendange* qui pénètrent dans les grains et s'en nourrissent. Les dégâts sont parfois considérables.

On combat la cochylis soit par l'ébouillantage des souches pratiqué en hiver, soit par la capture des papillons qui s'opère en juillet, à l'époque de la deuxième génération, au moyen de lanternes-pièges munies d'une substance gluante. Les papillons, attirés la nuit par la lumière, restent englués. Enfin, on conseille la destruction des chenilles par la pulvérisation d'un mélange de 3 kilogrammes de savon noir et 1 kilogramme de poudre de pyrèthre dans 100 litres d'eau.

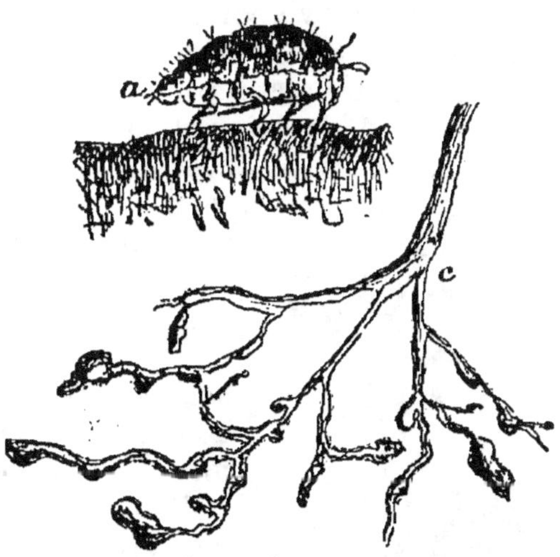

Fig. 145. — Phylloxéra suçant la sève sur une radicelle (très grossi).

344. Le Phylloxéra. — Le phylloxéra (*fig.* 145, *a*) est un insecte hémiptère, qui vit sur les jeunes racines de la vigne. Sa tête présente un long suçoir, sorte de bec ou *rostre*, qu'il enfonce dans l'écorce et au moyen duquel il suce la sève. Les radicelles atteintes se boursouflent sous l'afflux de sève ainsi provoqué, et forment des renflements ou *nodosités* qui bientôt se dessèchent, noircissent et meurent (*fig.* 145, *c*).

La souche, privée des organes qui la nourrissent, diminue de vigueur et périt à son tour ; alors, les insectes se transportent sur les ceps voisins, produisant dans les vignobles des taches circulaires.

Le phylloxéra est un puceron aptère qui se reproduit par parthénogénèse (les œufs donnent des insectes féconds sans l'intervention du mâle). Sa propagation est très rapide, car il pond, dans la belle saison, dix à treize œufs par jour et ceux-ci éclosent en huit jours. Une forme ailée se différencie en été, qui pond deux sortes d'œufs ; les plus gros donnent naissance à des phylloxéras sexués ; la femelle pond un seul *œuf d'hiver*, résistant, qui au printemps suivant, reproduit des phylloxéras aptères très féconds. Ces derniers gagnent les racines où ils retrouvent d'ailleurs d'autres phylloxéras aptères non détruits par l'hiver et les dégâts se propagent, très rapides.

Le phylloxéra nous vient d'Amérique ; constaté en France pour la première fois en 1863, il est répandu aujourd'hui dans tout le vignoble français et il a imposé la reconstitution au moyen de cépages sur les racines desquels il peut vivre sans trop les incommoder.

En vue de la *destruction* du phylloxéra, on a expérimenté de nombreux procédés. La *submersion* consiste à inonder le vignoble en hiver, pendant 40 à 45 jours ; le phylloxéra périt par asphyxie. Le moyen est sûr, mais très coûteux, et il ne peut malheureusement être appliqué partout. Parmi les insecticides, le plus efficace est le *sulfure de carbone*, liquide très volatil, dont les vapeurs tuent le phylloxéra mais gênent aussi la vigne. Pour un traitement cultural, on injecte 20 grammes de liquide, répartis dans quatre trous par mètre carré. Il faut effectuer deux ou trois traitements annuels.

Aujourd'hui, on renonce à détruire le phylloxéra et nous avons vu que, pour tourner la difficulté, on recourait au greffage des vignes françaises sur des sujets américains ou hybrides qui ne sont pas tués par le parasite.

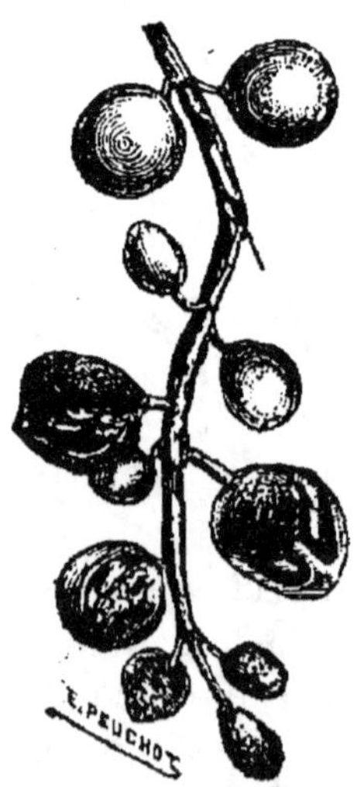

Fig. 146. — Raisin attaqué par l'oïdium.

345. L'oïdium et l'anthracnose.— L'*oïdium* (*oïdium*

turkeri) (*fig.* 146) est une maladie parasitaire due à un champignon cryptogamique qui envahit les parties vertes de la vigne.

Il forme sur les feuilles, les tiges et les raisins des plaques blanchâtres, grasses au toucher, et donne aux parties contaminées une odeur de moisi ; à l'arrière-saison, ces taches deviennent brunes.

La portion de l'épiderme du grain, qui est attaquée, durcit et devient inextensible ; la partie opposée, distendue à l'excès, se fend ; les pépins sont mis à nu et le grain se dessèche.

Le *soufre en poudre*, *trituré* ou *sublimé* (ce dernier, plus fin, est préférable) paraît être le meilleur remède contre l'oïdium ; on le saupoudre

Fig. 147. — Soufreuse torpille (Vermorel).

sur les organes verts de la vigne à l'aide d'un *soufflet* ou d'une *soufreuse à hotte* (*fig.* 147). Les vapeurs sulfurées qui se dégagent désorganisent les filaments et tuent les spores du parasite ; elles auraient en outre l'effet d'empêcher la coulure, à la floraison.

Les bouillies soufrées et les polysulfures (foie de soufre), employés liquides au pulvérisateur, se mélangent parfois à la bouillie bordelaise (voir mildiou). Elles sont en général moins efficaces que le soufre. Enfin, le permanganate de potasse, à la dose de 125 grammes par hectolitre, constitue un traitement curatif ; son effet dure peu ; on l'emploie sur certains cépages que le soufre grille.

On effectue deux ou trois traitements par an, dont un au début de la floraison ; le soufre se répand après la chute de rosée par temps calme ; on évite la grosse chaleur.

L'anthracnose, maladie due à un champignon de la même famille que le précédent, produit des taches ou des plaies noirâtres sur les rameaux, les feuilles et les racines. On ne connaît pas de remède certain ; le badigeonnage des souches avec une solution à 50 kilogrammes de sulfate de fer et 1 litre d'acide sulfurique dans 100 litres d'eau a donné de bons résultats.

346. Mildiou et black-rot. — Le *mildiou de la vigne*

(*fig.* 148) (*peronospora viticola*) est produit par un champignon cryptogamique qui atteint tous les organes herbacés. La feuille atteinte devient jaune par transparence; sur la face supérieure, il se forme des taches jaunâtres, puis brunes, de formes irrégulières, dues à la pénétration, dans les tissus du parenchyme, d'un mycélium à filaments non cloisonnés, qui puise sa nourriture dans les cellules du parenchyme au moyen de suçoirs.

Les fructifications sortent par les stomates de la face inférieure de la feuille, sous forme d'efflorescences

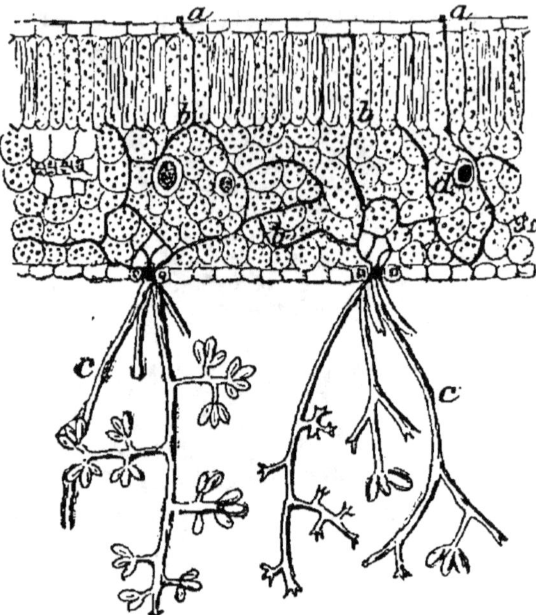

Fig. 148. — Coupe d'une feuille atteinte de mildiou. *a*, spore ; *b*, mycélium ; *c*, rameaux fructifères sortant par l'ostiole ; *d*, œuf d'hiver.

blanchâtres ramifiées à angle droit, qui portent des *spores*. Ces taches duveteuses prennent bientôt une coloration roussâtre; la feuille est grillée dans ses parties atteintes; elle peut même mourir et tomber. Dès que les spores arrivent sur d'autres feuilles jeunes par un temps chaud et humide, elles germent et contaminent la vigne de proche en proche.

Les rameaux, et surtout les fleurs, peuvent être recouverts de ces moisissures caractéristiques, produisant le *rot gris*; parfois les taches deviennent brunes, livides, et altèrent toute la masse; c'est le *rot brun*.

Le mildiou émet, à la fin de l'été, des spores ou œufs très résistants qui passent l'hiver et reproduisent la maladie au printemps suivant.

Le *black-rot* atteint les organes herbacés de la vigne; il produit sur les feuilles des taches circulaires brunes entourées d'un liseré plus foncé et recouvertes de fines ponctuations noires, concentriques. Les grains envahis se flétrissent, se couvrent de pustules et se dessèchent ; le pédicelle reste adhérent au grain (*fig.* 149).

Ce champignon parasite (*Guignardia Bidwellii*) développe dans les tissus un filament mycélien cloisonné qui se ramifie surtout entre la cuticule et les cellules épidermiques, et donne naissance à des formations multiples : pycnides avec stylospores ; périthèces et ascospores ; spermogonies et spermaties ; conidiophores.

Le mildiou et le black-rot se traitent au moyen des bouillies cupriques employées *préventivement*, car les sels de cuivre à faible dose constituent un poison

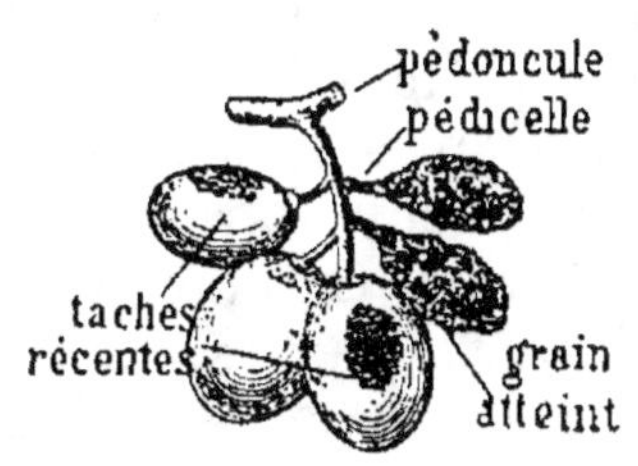

Fig. 149. — Portion de grappe atteinte du black-rot.

violent *pour les spores en germination*. Il importe d'empêcher la première invasion, car toutes les autres en découlent ; dans les vignobles envahis, si les conditions de développement du parasite sont favorables, il faut effectuer trois à cinq traitements, dont les époques seront déterminées par les conditions atmosphériques.

Les bouillies ne doivent pas être trop concentrées (il suffit de 1^{kg},500 à 2 kg. par 100 litres d'eau) ; mieux vaut répandre plus de liquide, en très fines gouttelettes, pour que tous les organes verts, et surtout les plus jeunes, en soient recouverts. Les bouillies doivent être neutralisées au moyen d'une base qui est la *chaux* (bouillie bordelaise) ou la *soude* (bouillie bourguignonne). On utilise aussi des poudres formées d'un sel de cuivre (acétate ou verdet), dont la dissolution se fait instantanément.

Pour accroître l'adhérence des bouillies, il a été conseillé de les additionner de savon, de mélasse, de colophane, etc. ; l'efficacité n'est que relative, et d'ailleurs les produits ajoutés ont l'inconvénient d'engorger les pulvérisateurs.

Le *pourridié* se développe en sols humides sur les racines de la vigne ; il faut, pour l'éviter, assainir le terrain. La *pourriture grise* (*botrytis cinerea*) attaque parfois les raisins après la véraison ; on conseille de traiter avec des bouillies cupriques adhérentes, en visant spécialement les raisins ; enfin, l'emploi sur les grappes d'un mélange en poudre, de 40 kilogrammes de *sulfostéatite cuprique* (à 20 p. 100) avec 60 kilogrammes de plâtre donne de bons résultats. Il faut aussi effeuiller et faciliter l'évaporation de l'eau en excès, qui est la cause initiale de la maladie.

347. Gelée, grêle, coulure. — Nous avons étudié (**63, 64**) comment se produisent ces accidents météoriques et quels sont les moyens proposés pour chercher à en enrayer les fâcheux effets. Les jeunes rameaux herbacés de la vigne, dont l'extrémité a été grillée par les gelées printanières ou qui portent des meurtrissures dues à des grêlons, doivent être taillés en dessous de la cicatrice pour favoriser le développement de rameaux sains, utiles à la taille de l'année suivante. On aide au relèvement du vignoble par une bonne fumure. Parfois, le reflux de sève qui résulte de ces accidents détermine sur les souches, au niveau de la soudure de la greffe, une concrétion ou excroissance que l'on nomme *broussin*.

Au moment de la floraison de la vigne, il arrive que des fleurs, au lieu de fructifier normalement, se transforment peu à peu en vrilles ou disparaissent totalement : elles *coulent*, ou bien elles ne sont qu'incomplètement fécondées et donnent des grappes à grains rares et chétifs ; c'est le *millerandage*.

La coulure est due à diverses causes : accident climatérique (froid ou pluie), maladie physiologique (mauvaise constitution de l'inflorescence, absence de l'ovaire ou du pollen, excès ou manque de vigueur).

Certaines variétés de vigne, à *fleurs coulardes*, transmettent héréditairement cette maladie physiologique ; il importe donc de bien sélectionner les greffons. On combat la coulure due à un excès de vigueur par les tailles en vert : pincement, arcure, incision annulaire et aussi par le soufrage opéré au début de la floraison. Le vigneron a peu d'action contre le froid et la pluie.

348. Chlorose. — La chlorose est une maladie physiologique qui se caractérise par le *jaunissement* progressif des feuilles et des rameaux jeunes de la vigne ; c'est une véritable *anémie*, qui fait disparaître la chlorophylle des tissus ; les ceps végètent mal, se rabougrissent ; si la chlorose va jusqu'au *cottis*, les pieds meurent.

Cette maladie semble due à plusieurs causes : présence dans le sol de calcaire assimilable à dose élevée ; excès d'humidité ou de sécheresse ; absence de fer ; affaiblissement des souches par suite de mauvaise adaptation, de soudure défectueuse des greffes, etc.

La chlorose se produit de préférence dans les jeunes plantations, n'ayant pas encore de racines profondes capables de résister aux agents atmosphériques. Le traitement le plus efficace est le badigeonnage des plaies de taille, au moyen d'une solution de sulfate de fer à raison de 25 à 40 p. 100, suivant le bon aoûtement des bois ; c'est le *traitement Rassignier* qui se pratique au début de l'hiver, après la chute des feuilles. L'épandage à la volée, sur le sol, de 250 à 300 kilogrammes à l'hectare, de sulfate de fer, complète la précédente opération, mais se montre moins énergique lorsqu'on l'emploie seul.

§ IV

VINIFICATION

349. Le raisin ; sa composition. — Une grappe de raisin se compose d'une charpente ou *râfle* supportant les *grains*. La râfle est formée d'un *pédoncule* ramifié qui se termine par les *pédicelles* ; le grain comprend la *peau*, enveloppe ou pellicule, renfermant la *pulpe* ou partie charnue gorgée de liquide, et les *pépins* ou graines.

Les différentes parties du raisin sont constituées par les principes suivants : *eau, sucres, acides, tanin, huiles, résines, matières azotées, matières minérales, ligneux,* etc. La proportion de ces éléments varie avec l'année, la région et le cépage cultivé.

Le *sucre* se forme exclusivement dans la pulpe, il est constitué d'abord par du glucose, puis par du glucose et du lévulose en parties à peu près égales vers la fin de la maturation. La *matière colorante*, élaborée par les feuilles, émigre dans les peaux après la véraison, ainsi que les *principes odorants* (foxé, musqué, etc.).

Les *matières azotées*, l'*acide tartrique* et l'*acide malique* se localisent dans la pulpe, mais toutes les parties du raisin contiennent des acides divers (libres ou volatils) ; le *tanin* est abondant dans les pépins, les peaux et les râfles ; les pépins renferment des *huiles* à goût âcre qu'il faut éviter d'incorporer au vin ; les *résines* sont plus spéciales aux pépins et aux râfles, tandis qu'on trouve des *matières minérales* partout. Enfin, il faut signaler l'existence, sur les pellicules, d'une poussière, appelée *pruine* ou *fleur de raisin*, qui contient les *levures*, germes de la fermentation.

350. La vendange. — La récolte du raisin s'opère quand la maturation est suffisante. La maturation comprend un ensemble de phénomènes très complexes qui s'opèrent dans le raisin à la suite de la véraison : les acides, abondants dans le verjus, se transforment en sucres ; les principes colorants et odorants se localisent dans les tissus des pellicules ; les grains s'accroissent en poids et en volume.

Pratiquement, la maturité se reconnaît aux caractères suivants : les grains sont mous, translucides ; le pédoncule se lignifie ; le pédicelle se détache facilement du grain en formant un pinceau gluant et coloré. Mais le moyen le plus sûr consiste dans le dosage du moût à l'aide d'instruments spéciaux ou muslimètres.

La vendange doit se faire à la complète maturité dans les vignobles à climat froid ou tempéré (Bourgogne, Champagne) ; avant la maturité complète sous les climats chauds (Midi, Algérie) pour conserver au raisin un peu d'acidité.

Il faut préférer, pour la vendange, un beau temps, sec et chaud ; on évite la rosée, sauf dans le Midi.

351. Le moût ; sa préparation. — On désigne, sous le nom de moût, le *liquide sucré* provenant du raisin. Les raisins sont parfois *triés* à la vendange, en vue de traiter à part ceux de bonne qualité, et d'éliminer les raisins pourris ou trop verts ; ils sont ensuite *foulés*, afin d'extraire des grains le jus, qui se trouve mis en contact direct avec l'air et les levures ; on peut encore, par l'*égrappage*, séparer les grains de la râfle lorsque les vins sont naturellement âpres ou astringents, ou bien si la maturité est insuffisante. Au contraire, il est préférable de laisser les râfles à la cuve lorsque la récolte est bien mûre, riche en sucre ou pauvre en tanin et en acides. Le foulage s'opère aux pieds ou à l'aide de fouloirs mécaniques ; l'égrappage se fait à l'aide d'un râteau en bois ou d'un appareil spécial, puis on presse avec des *pressoirs* de divers systèmes (*fig.* 150) (pressoirs hydrauliques, continus, etc.).

Le moût renferme à peu près tous les principes trouvés dans le raisin : eau, sucres (glucose et lévulose), acides (tartrique, malique, citrique, bitartrate de potasse), tanin, matières albuminoïdes, corps gras (huiles à essences), éléments minéraux, etc. C'est un milieu complexe, car la proportion des constituants est très variable. Ainsi, un moût peut renfermer 100 à 300 grammes de sucre par litre ; il est pauvre s'il en contient moins de 150 grammes (9° au pèse-moût).

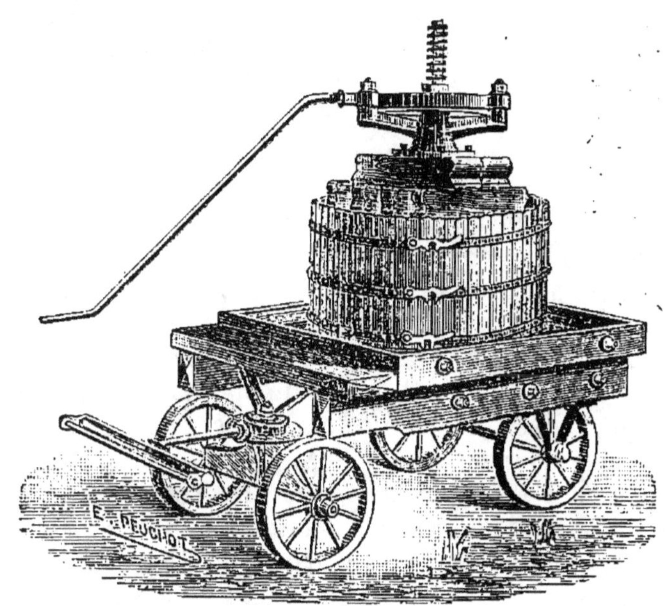

Fig. 150. — Pressoir ordinaire.

A la suite d'une maturité incomplète ou de maladies, il est avantageux d'ajouter au moût les substances qui lui manquent pour le rapprocher de sa composition normale. Le *sucrage* consiste à additionner $1^{kg},950$ de sucre par hectolitre de moût pour relever le titre alcoolique du vin de 1 degré ; de même, certains vins blancs, dans les années humides où le raisin pourrit, se trouvent bien de recevoir du *tanin* dissous dans l'alcool à la dose de 5 à 10 grammes par hectolitre. Dans le Midi, l'acidité fait défaut ; on ajoute du *plâtre*, du *phosphate de chaux* ou d'*ammoniaque*, etc.

En outre, il est utile bien souvent d'*aérer* les moûts, de les *refroidir* ou de les *réchauffer*, afin de les rapprocher le plus possible des conditions nécessaires à une bonne fermentation.

352. Vins blancs, vins rosés, vins rouges. — Pour obtenir les *vins blancs*, le moût est séparé immédiatement, après le foulage des râfles, des peaux et des pépins ; quelquefois, on presse sans fouler. Il est indispensable d'opérer rapidement cette séparation sans écraser les pellicules pour vinifier en blanc des raisins rouges, afin d'éviter que le moût se colore. La fermentation s'opère uniquement dans les tonneaux.

Les *vins rosés*, *vins gris* subissent un commencement de fermentation en contact avec les peaux (de couleur rouge ou rosée), et achèvent de fermenter dans les fûts; la teinte du vin est proportionnelle à la durée du contact (vins d'une nuit ou de vingt-quatre heures).

Le moût destiné à produire des *vins rouges* fermente entièrement en contact de la partie solide des fruits, à l'exception des râfles que l'on enlève parfois (égrappage).

Nous dirons à la suite de la fermentation quelles sont les propriétés spéciales à chacune de ces catégories de vins.

353. La fermentation; les levures. — Si le moût est abandonné à l'air, il fermente spontanément; le sucre qu'il renferme se transforme en alcool et en acide carbonique qui se dégage dans l'atmosphère. Ce phénomène est dû au développement de *ferments* ou *levures* (68), dont les principales espèces, étudiées par Pasteur, sont : *saccharomyces ellipsoïdeus, pastorianus, apiculatus*, etc. Les levures sont des cryptogames qui vivent aux dépens du sucre, des principes minéraux et azotés du moût; elles se reproduisent par bourgeonnement et ne peuvent se développer qu'en milieu acide.

Chaque espèce de levure atteint son développement maximum à une température particulière; la *levure elliptique*, qui est la meilleure en vue de la fermentation alcoolique du moût de raisin, a son optimum vers 25°.

Les levures sont *aérobies* ou *anaérobies;* en présence de l'air, elles prolifèrent très activement, mais elles détruisent complètement le sucre pour donner de l'eau et du gaz carbonique; si au contraire elles sont privées d'oxygène libre, les levures perdent de leur activité, deviennent un véritable ferment qui emprunte l'oxygène nécessaire au sucre; celui-ci se transforme en alcool. Pour réaliser la *fermentation alcoolique* dans les meilleures conditions, il faut donc au début favoriser, par l'accès de l'air, le développement des levures, puis obliger ensuite ces levures à vivre dans un milieu peu oxygéné, riche en sucre, en matières azotées et en sels minéraux; l'alcool paralyse leur action.

Chaque région viticole a ses levures spéciales qui commu-

niquent aux vins une partie de leur bouquet caractéristique ;
en outre, il existe, dans une même région, des variétés de
levures plus ou moins vigoureuses, capables de donner un
rendement plus ou moins élevé en alcool, par une transformation plus ou moins complète des moûts. On a ainsi été
amené à l'emploi de *levures sélectionnées* qui, ensemencées
dans un *moût stérilisé* (c'est-à-dire débarrassé au préalable de
ses propres levures naturelles), donnent un *pied de cuve* ou
milieu riche en ferments ; ce pied de cuve, ajouté à la vendange, en assure la bonne fermentation. Toutefois, il faut
de préférence choisir les levures sélectionnées dans une
région voisine de celle qui fournit les vendanges à traiter.

Théoriquement, 100 grammes de sucre de raisin (*lévulose*
et *glucose*) produiraient 48^g,45 d'alcool ; 46^g,75 de gaz carbonique ; 3^g,2 de glycérine, le supplément étant réparti
entre les acides succinique, acétique, les alcools supérieurs
et la formation de levures nouvelles. Cette transformation
s'opère grâce à la *zymase*, diastase sécrétée par la levure.

Le *saccharose* ou sucre de betterave ne subit pas directement la fermentation alcoolique ; la levure sécrète une diastase (la sucrase) qui dédouble le saccharose en glucose et en
lévulose, sucres fermentescibles dits *sucres invertis*.

354. Procédés de vinification. — La vinification,
ou transformation du moût en vin, s'opère d'après divers
procédés suivant que l'on veut obtenir des vins blancs, rosés
ou rouges ; dès que le sucre est transformé partiellement en
alcool, les râfles, les pellicules et les pépins cèdent au
liquide leur couleur, leur tanin, leurs matières minérales,
leurs acides ; ils contribuent à lui donner du bouquet et de
la saveur.

Si on prolonge le *cuvage* après achèvement de la fermentation tumultueuse, c'est-à-dire quand la presque totalité du
sucre est transformée en alcool, on obtient la *macération*.
La dissolution des acides, du tanin, des principes colorants,
est beaucoup plus complète, car ces matières insolubles dans
le moût deviennent solubles dans l'alcool.

Le *cuvage* s'opère dans des *cuves ouvertes* ou *fermées*, et
dans des *foudres*. La cuve ouverte est dite *à chapeau flottant*,
si on laisse les râfles monter à la surface ; il faut alors
fouler fréquemment la cuve et diffuser les ferments, en
enfonçant le chapeau dans la masse liquide, puis soutirer du
moût à la partie inférieure de la cuve pour le rejeter à la

partie supérieure (remontage du moût). Parfois, on maintient le *chapeau submergé* sous une couche de moût par des claies fixées aux parois de la cuve (*fig.* 151); les cuves à étages, dites de Michel Perret, portent plusieurs claies superposées.

Les *cuves fermées* ont l'avantage de réduire les soins d'en-

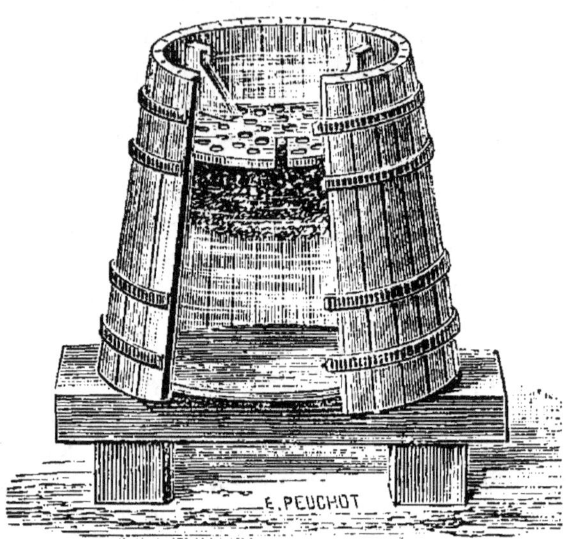

Fig. 151. — Cuve à chapeau submergé.

tretien et les dangers d'acétification ; une bonde à soupape permet l'échappement de l'acide carbonique à la partie supérieure de la cuve; pour activer la fermentation si elle se ralentit, on insuffle de l'air ou on remonte le moût.

La durée de la fermentation est très variable ; en cuve elle dure en moyenne de six à douze jours; dans les fûts (vin blanc), elle est plus longue; elle dure plusieurs mois pour les vins de macération. Pour les vins rouges ou rosés, un cuvage court donne un vin léger, fin, délicat ; un cuvage prolongé donne du corps et de la couleur.

Le vin soutiré à la cuve est le *vin de goutte*; le marc, porté au pressoir, fournit le *vin de presse*, moins coloré, moins délicat, plus riche en tanin et en acide que le premier. Dans les grands vignobles du Midi, on remplace depuis peu le *pressurage* par la *diffusion*, procédé analogue à celui employé pour extraire le sucre des betteraves.

Le marc conservé après le pressurage est utilisé à la distillation des *eaux-de-vie*; dans le Midi, on fabrique des *piquettes* en provoquant une nouvelle fermentation après addition d'eau et parfois de sucre.

355. Soins à donner aux vins. — Dans les tonneaux, le vin subit, pendant plusieurs mois, une *fermentation lente* ou *complémentaire*; ensuite il devient limpide, brillant et laisse précipiter les matières impures qu'il tenait en suspension. On l'en débarrasse par des *soutirages*, pratiqués de préférence à chaque changement de saison; pour les vins vieux, il suffit d'un soutirage au printemps; fréquemment, on visite les tonneaux, tenus bien pleins par les *ouillages* en vue d'éviter l'accès de l'air.

Si le vin reste *trouble*, on le *colle* en ajoutant une matière albuminoïde (blanc d'œuf, gélatine, lait de beurre, colle de poisson) qui, en s'unissant au tanin, forme un réseau à mailles serrées, lequel précipite au fond du tonneau entraînant toutes les particules impures.

Avant de coller un vin, il faut s'assurer s'il est suffisamment riche en tanin, car la matière albuminoïde ne précipiterait pas; on ajoute souvent aux vins blancs 10 grammes de tanin par hectolitre. Le *méchage* arrète toute fermentation dans le vin; il avive la couleur, mais en diminue un peu l'intensité.

Dans les grandes installations vinicoles, on complète ces diverses opérations par le *filtrage* et la *pasteurisation* qui précèdent la *mise en bouteilles*. Mais un vin normal, bien constitué, doit se conserver facilement avec quelques soins et une grande propreté; en vieillissant, il perd de l'acidité par suite de l'oxydation lente qui se produit à travers les parois du tonneau, et un bouquet spécial se forme.

356. Maladies des vins. — Les vins provenant de vendanges médiocres ou vinifiées dans de mauvaises conditions renferment une grande quantité de ferments de maladies. Lorsque ces ferments trouvent des conditions favorables, ils se développent, amenant dans la masse du vin des troubles considérables; leur activité ne se manifeste qu'entre 12° et 65°; les uns sont aérobies, les autres anaérobies.

La fleur du vin et la piqure ou acescence sont dues à des microbes aérobies. La *fleur* est caractérisée par le développement du *mycoderma vini*, qui produit à la surface du vin de petites pellicules blanchâtres, et brûle complètement l'alcool, le transformant en eau et en acide carbonique; on prévient cette maladie par les ouillages.

Le *mycoderma aceti*, voisin du précédent, forme à la surface du vin un voile irisé, très léger et transparent qui se plisse et tombe au fond du tonneau.

C'est la *mère du vinaigre*; il transforme l'alcool en eau et en acide acétique. On prévient la maladie en tenant les fûts bien pleins; on la guérit difficilement : si l'addition de tartrate neutre de potasse neutralise l'acide acétique formé, elle ne supprime pas la cause du mal; il faudrait pasteuriser pour tuer les ferments.

Les ferments anaérobies peuvent provoquer dans le vin diverses maladies. La *graisse* atteint surtout les vins blancs pauvres en tanin, qui deviennent visqueux et *filent* comme de l'huile; on y remédie par l'addition de 10 à 15 grammes de tanin par hectolitre. L'*amertume* est une maladie spéciale aux vins vieux, qui semble s'attaquer à la glycérine. Il est difficile de la guérir. La *tourne* est due au manque d'acidité d'un vin (vendanges pourries, mildiousées); le vin se décompose et donne de l'acide carbonique qui forme pression dans les tonneaux; on dit que le vin *pousse*; la couleur précipite; le goût devient amer et piquant. Il est possible de prévenir la maladie par addition d'acide tartrique et de tanin; il est difficile de la guérir.

La *casse* est due à un défaut constitutionnel du vin; sa couleur se trouble et vire au jaune pour les vins blancs, au bleu ou au brun pour les vins rouges. On conseille d'incorporer au vin 2 à 6 grammes d'acide sulfureux par hectolitre, au moyen de mèches soufrées ou de bisulfite de potasse, à la dose de 4 à 12 grammes par hectolitre.

Par la *pasteurisation* ou chauffage du vin, à l'abri de l'air entre 55° et 60°, tous les microbes sont détruits; mais il faut éviter ensuite l'accès de l'air.

§ V

CULTURES ARBUSTIVES DIVERSES

357. Le pommier à cidre. — Dans le nord de la France, où la vigne craindrait les gelées (Bretagne, Normandie, Picardie), on cultive le pommier à cidre qui se propage par semis et greffage en pépinière (**319, 321**), et transplantation en place.

Le verger doit être cultivé autant que possible; le fumier et les engrais chimiques peuvent être employés, en ayant soin de les répartir sur toute la surface du sol correspondant au développement des branches.

Les nombreuses variétés de pommes à cidre se distinguent en *douces, améres* et *acides;* on les récolte de septembre à novembre. Les fruits sont mis en tas jusqu'à ce qu'ils soient bien mûrs, puis les pommes sont broyées au moyen de meules ou de cylindres ; la pulpe est laissée à *macérer* pendant 12 à 15 heures et brassée en vue de ramollir les tissus, de faciliter l'extraction du jus, d'augmenter la coloration du moût et de développer le bouquet. Un premier pressurage donne le *pur jus;* le marc arrosé d'eau (20 à 30 litres d'eau pour le marc de 100 kilogrammes de pommes) subit une deuxième macération ou *rémiage* de 24 heures; un nouveau pressurage donne le *cidre de consommation courante.* Un *trempage* ou deuxième rémiage donne la *boisson* ordinaire qui se mélange généralement avec le pur jus.

Depuis quelques années on fabrique aussi le cidre *par diffusion*, comme on procède pour la vinification; il faut alors découper les pommes en *cossettes*, que l'on épuise par l'eau dans des *diffuseurs* ou cuves disposées en *batterie* de 8 à 10. Toutes les eaux utilisées à fabriquer le cidre doivent être bien propres.

Le cidre sortant du pressoir ou du diffuseur est du *cidre doux;* il est mis en tonneaux, où il fermente sous l'action des *levures apiculées;* quand la fermentation est achevée, on le soutire et on le livre à la consommation.

Le cidre peut être atteint par des maladies analogues à celles du vin, (acétification, fleur, graisse, amertume, noircissement). On les traite de la même façon.

358. Olivier, châtaignier, etc. — L'olivier, très sensible au froid, ne peut être cultivé que dans le midi de la France; ses fruits se consomment en vert et fournissent, après dessiccation, une excellente huile comestible.

L'olivier redoute l'humidité; il est peu exigeant sur la nature du sol; les vergers ou olivettes s'établissent jusque sur les pentes abruptes des montagnes de la Provence.

Les arbres sont ordinairement abandonnés à eux-mêmes;

il serait avantageux de les tailler en gobelet, de leur donner des soins d'entretien (labours, fumures, irrigations).

La récolte des fruits se fait à la main, de novembre à janvier; les fruits sont écrasés sous des moulins, puis pressés pour en extraire l'huile.

Le *châtaignier* préfère les terrains granitiques, sablonneux, frais; il craint l'argile et la craie; greffé, il donne des fruits de belle qualité (marron de Lyon, de Luc, Dauphinoise) qui se vendent pour l'alimentation de l'homme; dans le Limousin, les petites variétés de châtaignes servent à l'engraissement des porcs.

Le *noyer*, cultivé dans le Grésivaudan (Isère) pour la production des fruits de table, craint beaucoup les gelées printanières. Il se greffe en flûte ou en fente terminale. Les variétés à coque tendre (de Tullins, Saint-Jean, Parisienne) s'obtiennent pour la table; la Chaberte convient mieux pour sa transformation en huile.

L'*amandier*, le *figuier* et l'*oranger* se cultivent dans le midi de la France.

QUESTIONNAIRE

334. Citez les principales régions viticoles de France; — les principales vignes cultivées. — **335.** Quels sont les procédés de multiplication de la vigne? — Décrivez l'hybridation, le greffage. — **336.** Comment peut-on constituer un vignoble résistant au phylloxéra. — **337.** Sur quels principes repose le choix d'un porte-greffe? — d'un greffon? — **338.** Parlez des façons culturales à donner à la vigne. — **339.** Comment conduit-on la vigne? — **340.** Dites ce que vous savez de la taille: — des systèmes de taille. — **341.** Doit-on fumer la vigne? — **342, 343, 344.** Quels sont les dégâts causés à la vigne par les coléoptères, les papillons, le phylloxéra? — **345, 346.** Parlez de l'oïdium, du mildiou, du black-rot; — comment prévient-on l'apparition de ces maladies? — **347, 348.** Qu'est-ce que la coulure, le millerandage, la chlorose? — **349.** Quelle est la composition du raisin? — **350.** Quand doit-on vendanger? — **351, 352.** Qu'est-ce que le moût? — Quelles préparations lui fait-on subir? — D'où proviennent les vins blancs, les vins rosés, les vins rouges? — **353.** Comment se produit la fermentation alcoolique? — **354.** Citez les divers procédés de vinification. — **355.** Énumérez les soins principaux à donner aux vins. — **356.** Parlez des maladies des vins et de leur traitement. — **357, 358.** Que savez-vous de la culture du pommier à cidre, de l'olivier, du châtaignier, du noyer? — Comment fabrique-t-on le cidre?

LECTURE

La vie du vin.

Ce produit, comme toutes les substances organiques complexes, n'est pas d'une stabilité complète et indéfinie. Il va évoluer sous deux influences : 1° les réactions mutuelles des différents principes qui le composent; 2° l'action des levures ou des ferments qu'il peut contenir.

La première source de modifications constitue son évolution normale, ce qu'on appelle *vieillissement* du vin. Tout d'abord, les acides que renferme le vin réagissent sur l'alcool et les bases pour former des éthers et des aldéhydes complexes, en quantités variables selon la composition du vin et toujours très difficiles à apprécier autrement que par la dégustation. C'est à eux que sont dus le développement de la saveur du vin et la formation du bouquet.

Puis, avec le temps, l'alcool, de plus en plus oxydé, diminue, le vin perd son corps, les éthers se résolvent en produits insipides et la couleur se précipite; le vin est entré dans sa période de décadence.

Mais, outre cette évolution normale, le vin peut être exposé à des actions plus rapides et plus redoutables qu'il faut connaître pour les prévoir, les diriger ou les éviter. D'une part, le vin renferme toujours une petite quantité de lévulose non transformée, qui le sera lentement par une sorte de fermentation obscure dans les vases vinaires, sous l'action de levures particulières. De plus, les produits de la fermentation vinique ne sont pas tous également stables. La plupart, au contraire, sont capables de subir de nouvelles fermentations sous l'action de ferments particuliers qui accompagnent généralement les levures de vin. C'est à eux que sont dues les *fermentations secondaires*.

Adrien BERGET,
La pratique des vins, p. 42.

RÉSUMÉ DE LA TROISIÈME PARTIE

CHAPITRE PREMIER

§ Ier. Le terrain du potager doit être perméable sans excès; on le défonce en hiver. Le fumier est l'engrais essentiel dans la culture maraîchère; on le complète au moyen du compost, des cendres et des engrais chimiques. Il est avantageux d'adopter un assolement et d'alterner les cultures destinées à produire des feuilles, des graines ou des racines, tubercules et bulbes; cette répartition facilite la bonne exécution des travaux. On utilise au maximum le sol du potager au moyen des cultures dérobées et des contreplantations. Les légumes appelés primeurs s'obtiennent par culture forcée au moyen de couches et de châssis produisant une source de chaleur artificielle.

§ II. Les choux, les salades, l'épinard, l'oseille sont cultivés en vue de leur récolte en feuilles; les carottes, les radis, les scorsonères, pour leurs racines, la pomme de terre pour ses tubercules; l'ail, l'échalote, l'oignon produisent des bulbes; les pois, les haricots, les lentilles, leurs graines. On pratique au jardin diverses cultures : melon, cornichon, tomate, fraisier, artichaut, etc.

§ III. La culture des plantes d'ornement n'est pas indispensable pour l'agriculteur, mais elle accroît le charme de la vie à la campagne; elle comprend la culture des fleurs qui se fait en pleine terre ou en pots et des arbustes ou arbrisseaux d'ornement.

CHAPITRE II

§ Ier. Les arbres fruitiers se multiplient par semis ou par fragments. Ce dernier mode se pratique suivant divers procédés : éclatage, marcottage, bouturage, greffage. Les principales espèces de greffes se font : par approche, en fente, en couronne, en flûte; la greffe offre de grands avantages en vue de la production fruitière.

§ II. Les diverses essences d'arbres fruitiers ont des préférences quant à leur orientation; on les dirige en formes variées : cordon, palmette, placés en espaliers ou en contre-espaliers, ou bien en formes libres : vase, fuseau, pyramide. La taille des arbres doit avoir en vue : 1° la constitution de la charpente; 2° la production fruitière qui s'obtient en provoquant la végétation de rameaux à bois et de boutons à fruit.

§ III. Les arbres fruitiers se classent en fruits à pépins, fruits à noyau et fruits à baie. Le poirier et le pommier portent leurs fruits sur le bois de trois ans au moins; le pêcher, sur le bois de la seconde année. Les autres arbres ne se taillent pas ordinairement. Plusieurs insectes ou champignons attaquent les arbres fruitiers. Les fruits se conservent au cellier, dont il faut pouvoir régler l'humidité, la température, l'aération et l'éclairage.

CHAPITRE III

§ Ier. Le vignoble français, très important, donne une production qui varie beaucoup d'une année à l'autre. La vigne se multiplie par semis en vue de l'hybridation qui a fourni des variétés très utiles; la bouture, la greffe-bouture, la marcotte et la greffe conservent les qualités des espèces reproduites. On reconstitue au moyen de producteurs directs ou de plants greffés; dans ce dernier cas il faut bien sélectionner les greffons en vue d'une production abondante, saine et régulière, et les porte-greffes, quant à leur résistance phylloxérique, leur adaptation au sol et leur affinité avec le greffon qu'ils portent.

§ II. Le vignoble reçoit différents labours dont un plus profond en hiver; on le conduit en treilles élevées ou basses, formées sur fil de fer ou sur échalas. La taille de la vigne se pratique suivant un grand nombre de méthodes qui se rattachent à deux groupes : taille courte, à coursons, et taille longue; diverses opérations d'été complètent la taille d'hiver : ébourgeonnement, pincement, rognage. On fume la vigne au moyen du fumier et des engrais chimiques.

§ III. La vigne est attaquée par un grand nombre d'insectes : coléoptères, lépidoptères ou papillons; le phylloxéra est un ennemi redoutable qui a détruit tous les anciens vignobles français. Parmi les champignons cryptogamiques, l'oïdium se traite par le soufre en fleur; le mildiou et le black-rot, par les bouillies cupriques; les divers traitements doivent être préventifs. La coulure et la chlorose sont des accidents de végétation dus à diverses causes; il est possible d'en enrayer l'extension.

§ IV. Le raisin, formé d'une râfle et de grains, est constitué de corps organiques divers, dont les principaux sont le sucre, les acides et le tanin. On le coupe dès qu'il arrive à maturité; son jus ou moût sert à obtenir des vins blancs, rosés ou rouges, par l'acte de la fermentation alcoolique. Ce phénomène s'accomplit grâce à des microbes ou levures dont il faut favoriser le développement rationnel par les divers procédés de vinification. Le vin doit recevoir des soins fréquents : ouillages, soutirages, collage, filtrage; il est sujet à de nombreuses maladies qu'il vaut mieux prévenir que guérir : fleur, acescence, pousse ou tourne, graisse, casse.

§ V. Le pommier à cidre est cultivé dans les régions où la vigne gèlerait trop souvent. Les variétés de pommes à cidre sont très nombreuses; un bon cidre en exige plusieurs en mélange : douces, amères et acides. Le cidre se fabrique par broyage, cuvage et pressurages multiples, après rémiage ou trempage. L'olivier est une culture méridionale; le châtaignier vient dans les régions granitiques; le noyer fournit des fruits de table ou de l'huile.

PRODUCTION ANIMALE

PREMIÈRE PARTIE

ZOOTECHNIE GÉNÉRALE

CHAPITRE PREMIER

Production et hygiène du bétail.

§ Ier

FONCTIONS DES ANIMAUX DOMESTIQUES

359. But de l'exploitation animale. — La *zootechnie* a pour but de produire et d'exploiter les animaux domestiques de la manière la plus simple et la plus parfaite.

Pendant très longtemps, le bétail fut considéré comme un *mal nécessaire;* il n'était entretenu qu'en vue de produire du fumier et d'exécuter les travaux de la ferme. C'était alors la production des céréales qui dominait toutes les autres; aussi, dès qu'on sut remplacer le fumier par les engrais minéraux, et le travail des animaux par celui des machines, on en arriva à *la ferme sans bétail.*

L'erreur d'une telle conception économique ne tarda pas à être reconnue : tandis qu'une baisse se produisait sur le cours des céréales, par suite de la concurrence de l'Amérique, de la Russie, etc., le bétail était en hausse continuelle. D'une part, la consommation de la viande augmente sans cesse, et, d'autre part, les animaux moteurs se recherchent de plus en plus pour conduire les machines agricoles et effectuer les transports industriels.

Il existe d'ailleurs des rapports étroits entre la production végétale et la production animale d'une exploitation, rapports que montre le schéma suivant :

Végétaux
- Vendus .... : Grains, pailles, fourrages, tubercules, etc.
- Utilisés
  - Aliments { Produits : Viande, lait, laine, travail, etc.
  - Litières .... { Déjections } : Fumier.

Ainsi comprise, la *zootechnie* est une *exploitation industrielle;* les animaux domestiques sont considérés comme des *machines de transformation* des produits végétaux; mais ce sont des *machines vivantes*, à *aptitudes multiples;* il s'agit d'en tirer le maximum de bénéfice, ce qui rend le problème complexe et délicat.

360. Diverses fonctions des animaux domestiques. — Le cheval, l'âne, le mulet, le bœuf et parfois la vache sont utilisés comme *moteurs animés*, par l'agriculture, par l'industrie et par la défense nationale; ils produisent du *travail.* — La vache, la brebis, la chèvre, nous donnent leur *lait;* le mouton, sa *laine.* Presque tous les animaux finissent leur vie à l'abattoir; nous en consommons la *viande;* les *débris*, poils, cornes, suif, os, peaux, sang, alimentent diverses industries.

Enfin, pendant la *période de croissance*, les jeunes animaux représentent chaque année un capital plus considérable; la *plus-value* ainsi acquise constitue une véritable production en échange des soins et de la nourriture qu'ils reçoivent. Les animaux d'élevage sont alors dits *créateurs de capital;* c'est une fonction importante, qui ne saurait échapper à l'agriculteur.

Il vient un moment où l'animal cesse de grandir : il est *adulte.* Sa valeur reste alors *stationnaire* pendant un certain temps et sa production atteint le maximum.

Puis vient une troisième période : l'animal *vieillit*, sa production diminue ainsi que sa valeur.

Les animaux domestiques ont donc plusieurs fonctions ou aptitudes à donner des produits: au voisinage des villes, des usines, il peut être avantageux de n'envisager qu'une fonction unique, dominante; mais en général — et surtout en petite culture, — il est préférable de poursuivre simultanément diverses productions en utilisant des aptitudes parallèles : lait et élevage; laine et viande; travail et engraissement, etc. Dans tous les cas, les meilleures conditions d'une exploitation doivent se vérifier par le profit qui en résulte.

361. Renouvellement du bétail. — Quelle que soit la méthode choisie pour l'exploitation des animaux domestiques, il est à conseiller de s'en défaire avant la vieillesse. C'est ce que met en évidence la figure ci-contre (*fig.* 152), l'exemple étant pris sur la vache laitière. Au-dessus d'une ligne horizontale XZ, nous figurons la valeur de l'animal, et, au dessous, les diverses productions annuelles (veau et lait). Le calcul du produit annuel brut donne :

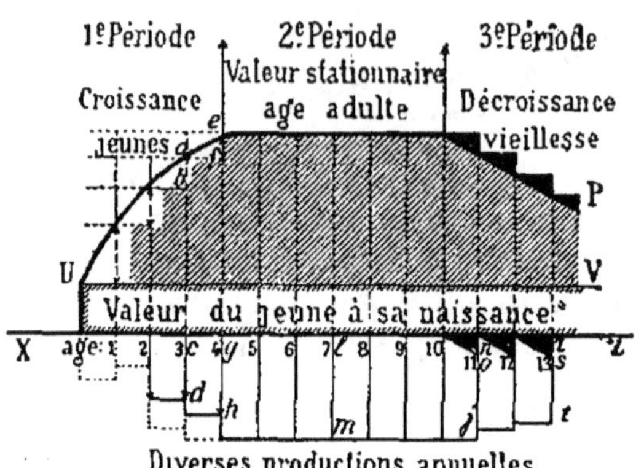

Fig. 152. — Exploitation de la vache laitière.
UV, valeur du veau à sa naissance ; UP, courbe de la valeur de l'animal, de 0 à 13 ans.

1ʳᵉ période,   3ᵉ année : production (*cd*) $+$ croît (*ab*) ;

2ᵉ   —   7ᵉ   —   —   (*lm*) ;

3ᵉ   —   13ᵉ   —   —   (*rt*) — perte de valeur (*rs*).

Les dépenses pour soins et nourriture étant sensiblement égales, à ces trois époques, il est facile de comprendre que le bénéfice net est plus élevé pendant les deux premières périodes que pendant la troisième.

Le même raisonnement pourrait être fait à propos de l'exploitation du cheval comme moteur, du mouton, comme producteur de laine et de viande, etc. Il y a donc lieu de se défaire des animaux domestiques — quelles que soient d'ailleurs leurs aptitudes particulières, — dès que leur valeur diminue.

Le tableau qui suit indique, pour chaque espèce animale, l'âge du passage de l'une à l'autre période.

Dans une région où l'élevage du bétail est possible, l'agriculteur doit chercher à produire des jeunes et à exécuter tous les travaux au moyen d'animaux en voie de croissance ; ceux-ci sont vendus dès qu'ils arrivent à l'âge adulte et à leur maximum de valeur.

L'exploitation ainsi comprise est toujours avantageuse, mais elle réclame des ménagements et des soins particuliers.

ESPÈCE	ARRÊT DE LA CROISSANCE Age adulte.	VALEUR MAXIMUM se conserve jusqu'à :
Cheval..........	5 ans.	7 à 10 ans.
Vache...........	3 à 4 ans 1/2.	8 à 9 ans.
Mouton..........	2 1/2 à 4 ans.	5 à 6 ans.
Porc............	2 ans.	3 ans.
Poule, lapin.....	1 an.	2 ans.

§ II

REPRODUCTION ET AMÉLIORATION DU BÉTAIL

362. Hérédité. Livres généalogiques. — Les jeunes animaux héritent en grande partie des qualités et des défauts de leurs parents ; pourtant les individus ne sont jamais exactement semblables entre eux. La transmission des caractères, des ascendants aux descendants, a lieu plus régulièrement chez certains animaux ; ils sont dits *bons reproducteurs* ou *bons raceurs*, et leur faculté constitue l'*hérédité*.

L'hérédité est *directe* ou *individuelle* quand la transmission se fait directement d'une génération à la génération suivante.

Mais un animal peut hériter de qualités ou de défauts qui appartenaient à ses grands-parents ou ascendants plus ou moins éloignés ; dans ce cas, il y a *hérédité ancestrale, atavisme* ou *réversion*.

En vue d'élever l'hérédité à son maximum de puissance, on accouple parfois de proches parents. Les deux reproducteurs possédant les mêmes particularités les lèguent plus facilement et plus sûrement à leurs descendants. C'est alors la *consanguinité* ou *hérédité de famille*. Il ne faut pas oublier que les défauts se communiquent aussi facilement que les qualités ; la consanguinité n'est donc pas toujours avantageuse à opérer.

Il convient d'apporter le plus grand soin dans le choix des animaux reproducteurs ; il faut tenir compte non seulement des caractères individuels ou *performances*, des reproducteurs eux-mêmes, mais aussi des caractères ancestraux ou *pedigree*. Dans les races améliorées méthodiquement, on crée des *livres généalogiques* appelés *stud-book* (livre d'écurie) pour les chevaux et *herd-book* (livre d'étable) pour l'espèce bovine. Il est possible, grâce à ces livres généalogiques, de connaître les caractères de toute la famille.

363. Méthodes de reproduction. — Deux animaux sont de la même *espèce* lorsqu'ils peuvent se reproduire indéfiniment, comme l'étalon et la jument; ils sont d'espèces différentes s'ils ne peuvent se reproduire entre eux ou si leurs produits sont inféconds, comme le mulet dérivé de l'âne et de la jument.

Dans une même espèce, il existe plusieurs *races*, présentant entre elles des caractères distinctifs de taille, d'aptitudes, de couleur, de conformation générale. Ainsi, dans l'espèce bovine, on distingue la race normande, la race charolaise, la race montbéliarde, etc.

Ces simples notions vont nous permettre d'étudier les méthodes de reproduction.

La *sélection* consiste à choisir, *dans une même race*, les meilleurs sujets, jeunes, exempts de vices ou de tares, pour les livrer à la reproduction; les sujets éliminés sont utilisés pour le trait ou vendus à la boucherie après engraissement. C'est une méthode sûre, peu coûteuse, excellente pour maintenir les qualités acquises, mais elle se montre parfois insuffisante ou trop lente pour réaliser une amélioration sérieuse. Elle est très employée.

Le *croisement* a pour but d'unir deux animaux de *races différentes*, mais de même espèce; il permet d'accélérer l'amélioration d'une race locale ou d'introduire un caractère nouveau. En opérant le *croisement continu* entre les femelles d'une race et les mâles d'une autre race, il est possible d'arriver, à peu de frais, à la *substitution* ou *implantation*. Mais le croisement provoque l'atavisme; il est nécessaire de compléter cette opération par une sélection rigoureuse.

Si on emploie comme reproducteurs deux individus issus de croisement, ou *métis*, on fait du *métissage*; c'est une méthode aléatoire, dont les mérites sont discutés. — Enfin, l'*hybridation* est la reproduction entre individus d'*espèces différentes*. Les hybrides sont ordinairement inféconds; c'est le cas du *mulet*, provenant de la jument et de l'âne, et du *bardot*, issu de l'ânesse et du cheval. Le *chabin*, fourni par le bélier et la chèvre, le *léporide* que donnent le lièvre et la lapine ne seraient pas de véritables hybrides ; ils se reproduisent directement.

364. Gymnastique fonctionnelle. — Les animaux domestiques naissent avec certaines aptitudes ou fonctions (360), mais il est possible à l'éleveur d'augmenter les qualités et de diminuer les défauts par un exercice habituel et méthodique des organes, qu'on appelle *gymnastique fonctionnelle*.

Par une alimentation riche et abondante on accroît la disposition d'un animal adulte à l'engraissement, ou bien on arrive à obtenir le développement complet d'un jeune dans un temps plus court que le temps moyen : l'animal est dit *précoce*. En *entrainant*, dès leur jeune âge, les chevaux à la course ou à l'exercice du trait, on augmente leur vitesse ou leur force ; l'usage d'une nourriture excitante agit sur leur système nerveux et leur donne du *sang* ; enfin, le *dressage* consiste à habituer les animaux à fournir, avec obéissance et docilité, un travail régulier, tout en les traitant avec douceur.

La gymnastique des organes a aussi une action sur la production du *lait* ; il est préférable de pratiquer trois traites par jour au lieu de deux et de vider la mamelle à fond ; la sécrétion est stimulée et la production augmente.

C'est dans leur jeunesse que les organes sont le plus souples et qu'il est le plus facile d'exalter une fonction. La gymnastique fonctionnelle doit donc être pratiquée sur des animaux jeunes, pendant la période de croissance.

365. Choix d'une entreprise zootechnique. — Les conditions du milieu où se trouve chaque exploitation déterminent quelles sont les espèces animales à préférer. Un pays d'herbages, frais ou humide, convient aux bovins et surtout à la vache laitière ; dans une région de culture de la betterave, au voisinage des sucreries ou des distilleries, on se livre à l'engraissement des bovins et des moutons en utilisant les résidus de ces industries.

Sur des coteaux sains, peu fertiles, produisant des pâturages maigres et secs, la production du mouton est indiquée. Enfin, l'élevage du cheval exige des herbages sains, de bonne qualité, ainsi que de l'avoine et des pailles.

Avec chaque espèce animale, on peut se livrer à des entreprises diverses (360) ; la production à préférer doit être choisie d'après la facilité des débouchés, les cours des produits sur le marché, la concurrence possible. Un bon choix nécessite la réflexion.

Obéir à sa fantaisie, et vouloir braver les conditions naturelles de l'exploitation animale, énoncées plus haut, c'est courir à un échec coûteux et qui décourage.

<h2 style="text-align:center">§ III</h2>

HYGIÈNE DU BÉTAIL

366. Logement des animaux. — Les animaux domestiques sont sensibles aux variations atmosphériques et sujets aux maladies ; il faut donc les loger convenablement. Le logement doit être approprié à chaque espèce animale et à l'entreprise poursuivie.

Les jeunes animaux d'élevage ainsi que les chevaux ont

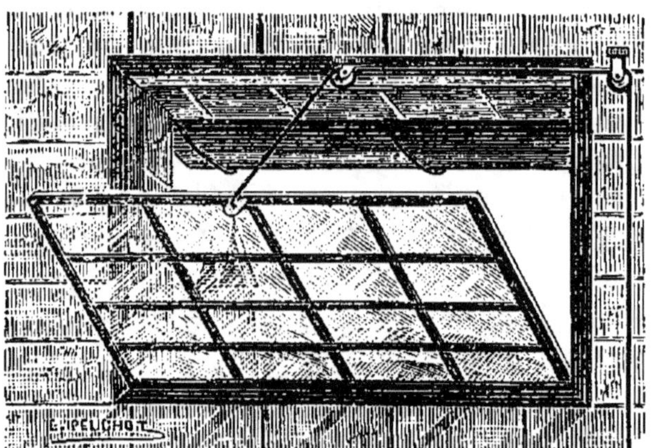

Fig. 153. — Fenêtre d'écurie avec vasistas à bascule.

besoin d'air et de lumière ; l'écurie doit être spacieuse, saine, bien aérée au moyen de fenêtres avec vasistas à bascule (*fig.* 153) s'ouvrant assez haut pour renouveler l'air sans que celui-ci frappe directement les animaux. Des *bat-flancs*, formés de planches de séparation mobiles ou fixes, séparent les chevaux qui sont disposés les uns à côté des autres sur un ou deux rangs. Les râteliers (*fig.* 154) sont à bord vertical et à fond plat, pour éviter la chute des poussières dans les yeux des animaux.

Les bœufs à l'engrais et les vaches laitières craignent le froid et l'excès de lumière. La température de l'étable doit se rapprocher de 15°; la pièce est généralement basse de plafond, à demi obscure; on l'aère beaucoup moins que l'écurie des chevaux, et les animaux y sont placés en rangs serrés. Une atmosphère chaude et humide évite les pertes de l'organisme par la peau (367) et accroît la sécrétion du lait ou l'aptitude à l'engraissement.

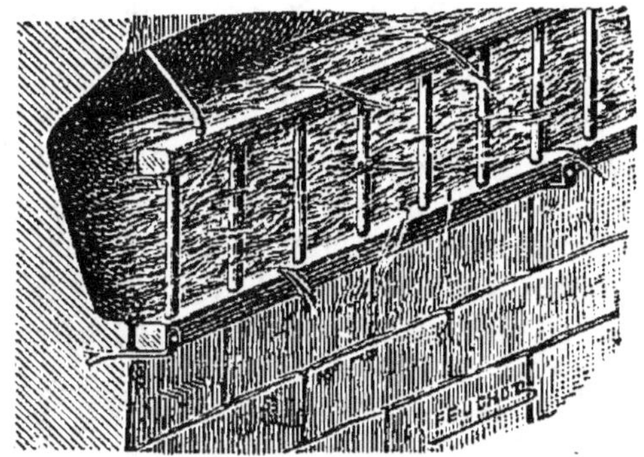
Fig. 154. — Râtelier droit.

Les moutons, étant protégés contre le froid par leur toison, préfèrent un local vaste et aéré; ils craignent l'excès de chaleur, surtout en été, avant la tonte.

Le logement des porcs doit être bien aéré, les murs et le

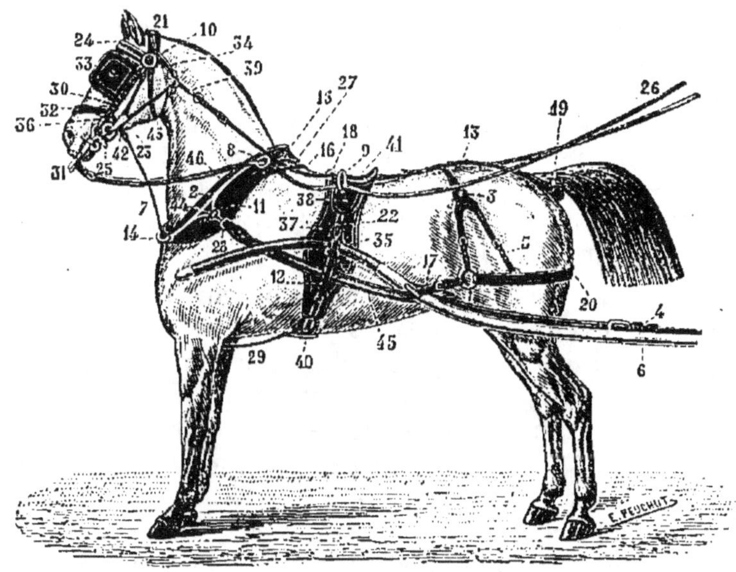

Fig. 155. — Le harnais.

1. Anneau de reculement. — 2. Attelles. — 3. Barre à fourche de reculement. — 4. Boucleteau de bas trait. — 5. Boucleteau de reculement. — 6. Brancard. — 7. Branche de martingale. — 8. Clefs d'attelles. — 9. Clefs de sellette. — 10. Cocarde. — 11. Collier. — 12. Contre-sanglon de porte-brancards. — 13. Corps de croupière. — 14. Coulant de bas d'attelles. — 15. Courroie d'attelles. — 16. Courroie de hausse-col. — 17. Courroie de reculement. — 18. Crochet de sellette. — 19. Cuieron. — 20. Derrière de reculement. — 21. Dessus de tête. — 22. Dossière. — 23. Filet à Panurge. — 24. Frontal. — 25. Gourmette. — 26. Guides. — 27. Haussecol. — 28. Main de trait. — 29. Martingale. — 30. Montant de bride. — 31. Mors. — 32. Muserolle. — 33. Œillère. — 34. Panurge. — 35. Porte-brancard. — 36. Porte-mors. — 37. Quartier de sellette (grand). — 38. — Quartier de sellette (petit). — 39. Rêne. — 40. Sangle. — 41. Sellette. — 42. Sous-barbe. — 43. Sous-gorge. — 44. — Tirage. — 45. Trait. — 46. Verge du collier.

plancher cimentés avec soin, permettant de fréquents lavages. Les crèches, râteliers, mangeoires doivent être nettoyés souvent, les litières abondantes et fréquemment renouvelées, sauf à la bergerie; le sol pavé, imperméable, et en pente légère, tenu en parfait état de propreté, afin de laisser écouler les urines. Tous les logements des animaux doivent être désinfectés chaque année et blanchis avec un lait de chaux.

Si le grenier à fourrage est installé au-dessus des écuries ou étables, le plafond doit être imperméable, car les dégagements ammoniacaux du fumier imprègnent le foin et le détériorent. Les harnais rangés à proximité des écuries doivent être entretenus en très bon état (*fig.* 155).

367. Hygiène de la peau, le pansage. — Les soins de propreté sont indispensables aux animaux en vue de favoriser les fonctions de la peau. Celle-ci remplit, à un degré beaucoup moindre, la même fonction que le poumon : elle rejette, par ses ouvertures ou *pores*, de l'*acide carbonique* et de l'eau ou *sueur*. Or, l'exhalation de la sueur est un phénomène nécessaire à la vie de l'animal; elle entraîne les déchets accumulés dans le sang par la combustion, véritables poisons pour l'organisme; en outre, elle produit, en s'évaporant, un abaissement de température qui modère l'échauffement dû au travail; elle agit comme un régulateur de la chaleur de l'animal.

Il faut donc veiller au bon fonctionnement de la peau; les pores peuvent être obstrués par des poussières, des débris de cellules de l'épiderme que retiennent d'ailleurs les poils. Le *pansage* désigne toutes les opérations destinées à nettoyer la peau et à favoriser les sécrétions; il s'effectue au moyen de l'étrille, de la brosse en chiendent, d'un bouchon de paille, de l'éponge.

Pendant la saison chaude, les *lavages* sont complétés par des *bains*; enfin, on *tond* les chevaux et les moutons au moins une fois par an pour faciliter ces divers soins de propreté et d'hygiène et diminuer la transpiration excessive; la tonte est moins régulièrement pratiquée sur les bovidés, pourtant elle est avantageuse. Le pansage est indispensable aux animaux de trait et surtout aux chevaux; le frictionnement qu'il produit agit comme un massage et stimule la circulation du sang ainsi que les fonctions digestives; à ce titre, il favorise l'engraissement et la sécrétion du lait.

368. Symptômes des maladies. Les premiers soins. — Les personnes qui sont habituées à donner des soins aux animaux s'aperçoivent de suite de leurs moindres malaises, ce qui permet de prévenir les accidents ou les pertes onéreuses. Les symptômes sont nombreux ; ils indiquent un mauvais état général ou bien ils se manifestent sur les organes où se localise la maladie. Parmi ces caractères extérieurs on peut signaler : le manque d'appétit, l'abattement, les troubles intestinaux, la toux, les boiteries, etc.

Pour se rendre compte de la cause et de la gravité du malaise, on examine la *circulation sanguine :* pressant sous les doigts une artère superficielle, on compte le nombre des pulsations à la minute, le nombre correspondant chez l'animal sain étant connu. La *température* de l'animal caractérise également son état de santé, ainsi que l'accélération des *mouvements respiratoires* qui se constate par l'auscultation et l'observation du flanc.

Un éleveur expérimenté doit savoir préparer un breuvage, un cataplasme, administrer un purgatif ou pratiquer une saignée. Mais, à la moindre complication, il faut appeler immédiatement le vétérinaire.

En cas de *maladie contagieuse*, il faut *isoler* l'animal et *désinfecter le local ;* la loi impose d'ailleurs, avec la *déclaration à la mairie*, un certain nombre de mesures à prendre.

QUESTIONNAIRE

359. Quel est le but de l'exploitation des animaux domestiques ? — 360. Citez les diverses fonctions du bétail. — 361. A quelle époque de sa vie doit-on se défaire d'un animal ? — 362. Parlez de l'hérédité, de l'atavisme, de la consanguinité, des livres généalogiques. — 363. Qu'est-ce que la sélection, le croisement, le métissage ? — 364. En quoi consiste la gymnastique fonctionnelle ? — 365. Quelles sont les règles à observer dans le choix d'une entreprise zootechnique ? — 366. Comment doit être installée l'écurie, la vacherie, la bergerie, la porcherie ? — 367. Qu'appelle-t-on pansage ? — en quoi consiste-t-il ? — quel est son but ? — 368. A quels symptômes reconnaît-on un animal malade ?

LECTURE

L'avortement épizootique.

Contre l'avortement épizootique de la vache laitière, on peut lutter :

1° Par l'isolement des avortées et par leur désinfection génitale à l'aide des préparations iodées;

2° Par l'antiseptie vaginale prolongée chez les bêtes pleines;

3° Par la désinfection soignée des étables communes, qui est de toute nécessité lorsqu'un ou plusieurs cas d'avortement épizootique se sont produits à intervalles rapprochés.

Cette désinfection des étables ne demande pas de mesures spéciales; il sufût de la signaler pour savoir ce qu'il y a à faire.

Je dirai enfin que, pour se soustraire à toutes ces obligations désagréables et dispendieuses, il est un moyen qui représente la simplicité même lorsque les conditions et la saison le permettent. C'est celui qui consiste, après un premier cas d'avortement infectieux, à mettre tout le bétail contaminé au pâturage permanent. La vie au grand air restreint considérablement les chances de contamination et de contagion, et la série des accidents se clôt d'ordinaire pour ainsi dire instantanément.

G. Moussu,
Professeur à l'Ecole nationale vétérinaire d'Alfort.

(Concours beurrier de Rouen en 1907. — Compte rendu, p. 142.)

CHAPITRE II

Alimentation des animaux.

§ Ier

COMPOSITION ET DIGESTIBILITÉ DES ALIMENTS

369. Besoins nutritifs de l'animal. Les aliments. — Les végétaux se nourrissent de matières minérales et constituent par synthèse des produits organiques très complexes : sucre, amidon, protéine, etc. (43). Les animaux sont incapables d'exécuter un tel travail; ils vivent à peu près exclusivement au moyen des substances fabriquées par les plantes (45).

A l'exception du porc qui est *omnivore*, nos grandes espèces domestiques sont *herbivores;* leurs aptitudes à utiliser les produits végétaux varient suivant qu'elles possèdent un estomac simple (*monogastrique*), comme le cheval, ou multiple (*polygastrique*), comme les ruminants.

Tout agent introduit dans l'organisme d'un animal, pour remplacer les substances détruites par suite du fonctionnement de ses tissus, est un *aliment*. Si les produits végétaux suffisent à assurer les besoins de l'organisme des animaux domestiques, c'est qu'ils renferment tous les principes que l'on trouve dans le corps de ces derniers. Nous sommes ainsi amenés à l'étude comparée de leur composition chimique.

370. Composition chimique des aliments et des animaux. — Tout aliment est formé d'*eau*, en quantité variable (fourrage vert ou sec, betterave, son); le supplément est la *matière sèche* qui renferme des *composés minéraux* (phosphate et carbonate de chaux, de soude, de potasse, de fer, etc.) et des *matières organiques*. Ces dernières sont les plus importantes à étudier dans l'alimentation parce qu'elles seules fournissent de l'énergie à l'organisme, par les combustions qu'elles entretiennent.

D'après les chimistes, les *principes organiques* des aliments se distinguent en trois catégories :

1° Les *matières azotées* (MA), caractérisées par la présence de l'*azote* [1] (Az) et qui renferment en outre trois autres principes essentiels : le carbone (C), l'hydrogène (II) et l'oxygène (O). Elles se distinguent en *albuminoïdes* (digestibles) et en *amides*, ou non albuminoïdes, digestibles en partie seulement ;

2° Les *matières grasses* (MG), solubles dans l'éther : huiles, graisses, résines, etc. ;

3° Les *matières hydrocarbonées* (MH), qui comprennent les *extractifs non azotés*, sucre, amidon, fécule, etc., et la *cellulose digestible*.

---

1. On suppose que les MA digestibles qui entrent dans les aliments ont une composition analogue à l'albumine du blanc d'œuf et qu'elles renferment 16 p. 100 d'azote. Par suite, on obtient la quantité de MA en multipliant la teneur en Az par $\frac{100}{16} = 6{,}25$.

Ces deux dernières catégories sont formées exclusivement de C, H, O ; elles ne comprennent jamais d'Az ; leur ensemble constitue les matières non azotées (MNA).

Les MG contiennent plus de C et d'H, tandis que les MH renferment davantage d'O ; leur rôle diffère dans l'alimentation, aussi on en fait deux groupes distincts.

Les recherches des savants ont montré, d'autre part, que le corps des animaux était composé des mêmes séries d'éléments. C'est ce que met en relief le tableau suivant :

COMPOSITION CHIMIQUE p. 100 DES ALIMENTS ET DU CORPS DES ANIMAUX	VÉGÉTAUX				ANIMAUX			
	TRÈFLE		ORGE		MOUTONS		PORCS	
	en vert	sec	grains	Pommes de terre	maigres	gras	maigres	gras
Eau	81,0	16.5	14.3	75,0	57,3	43.5	55,1	41.3
Matière sèche. — Matière minérale (MM)	1,7	6,0	2.4	1,1	3.2	2,8	2.7	1,7
Matière sèche. — Matière organique. MA	3,4	13.5	9,4	2,1	14,8	12,2	13.7	10.9
Matière organique. MNA — MG	0,7	2,9	2.1	0,1	18,7	35,6	23,3	42,1
Matière organique. MNA — MH	13,1	61,1	71,7	21,7	»	»	»	»
Contenu du tube digestif	»	»	»	»	6,0	6,0	5,2	4,0

La teneur en eau varie beaucoup dans les aliments (verts ou secs) ; elle diminue, dans le corps des animaux, avec leur état d'engraissement. Les MM (cendres) sont en faible proportion ; elles n'excèdent jamais 5 à 10 p. 100. Dans les MNA, on observe une différence essentielle : tandis que les MH dominent dans les végétaux, il n'en existe que des traces dans les animaux, à l'état de glucose ou de glycogène ; par contre, ces derniers renferment une proportion élevée de MG formées avec les MH des aliments.

371. Principes digestibles des aliments. — Le tableau qui précède donne la composition chimique moyenne de quelques aliments, en *principes organiques bruts*. Mais, seule, la partie de ces principes que l'animal digère et absorbe est réellement utilisable pour la nutrition ; il faut donc connaître quelle est la part des *principes nutritifs digestibles*. C'est le but du tableau de la page 327 (colonnes 2 à 4 et 5 à 7).

Composition moyenne des principaux aliments du bétail et leur teneur en matières digestibles
(d'après les Tables de O. KELLNER)

ALIMENTS	Matière sèche	100 PARTIES RENFERMENT :						Coefficient nutritif par rapport à l'amidon	Unités nutritives exprimées en amidon
		Principes bruts			Principes digestibles				
		MA totale	MG	MH	MA	MG	MH		
	1	2	3	4	5	6	7	8	9
Fourrages verts :									
Pâturage ordinaire.....	20,0	3,5	0,8	13,7	2,5	0,4	9,9	0,91	11,1
Maïs moyen, en vert...	19,4	1,7	0,5	16,0	1,0	0,3	9,8	0,83	9,1
Luzerne, à la floraison.	24,0	4,5	0,8	16,4	3,2	0,4	9,2	0,79	9,1
Sainfoin — .	19,0	3,6	0,6	13,4	2,6	0,1	8,7	0,85	9,5
Maïs ensilé..........	18,5	1,6	0,8	14,7	0,8	0,4	9,4	0,82	8,6
Foins :									
Foin de pré, bon......	85,7	9,7	2,5	67,7	3,8	1,0	10,7	0,67	31,0
— trèfle.........	83,5	13,5	2,9	61,1	8,5	1,7	37,3	0,70	31,9
— luzerne........	83,5	14,2	2,6	58,7	9,7	1,2	31,3	0,57	22,4
— sainfoin.......	83,5	13,2	2,5	60,5	9,6	1,6	37,1	0,66	31,1
Pailles :									
Avoine...........	85,7	3,8	1,6	71,6	1,3	0,5	37,4	0,43	17,0
Orge	85,7	3,5	1,4	75,4	0,9	0,5	40,3	0,46	19,0
Blé	85,7	3,0	1,2	76,7	0,2	0,1	33,7	0,32	10,9
Balles de froment......	84,0	4,7	1,7	67,5	1,4	0,5	34,3	0,74	24,3
Racines :									
Pommes de terre.......	25,0	2,1	0,1	21,7	1,1	»	18,9	1,00	19,0
Carottes..........	13,0	1,2	0,2	10,6	0,8	0,1	9,6	0,87	8,7
Betteraves fourragères..	12,0	1,2	0,1	9,6	0,8	»	8,6	0,72	6,3
— à sucre.....	25,0	1,3	0,1	22,9	0,9	»	20,8	0,75	15,8
Grains :									
Avoine...........	86,7	10,3	1,8	68,5	8,0	1,0	47,4	0,95	59,7
Orge.............	85,7	9,4	2,1	71,7	6,6	1,9	63,7	0,99	73,2
Maïs.............	87,0	9,9	4,1	71,4	7,4	3,9	67,0	1,00	81,5
Blé (petit)...........	86,6	14,2	2,2	66,7	12,5	1,4	58,6	0,92	65,8
Seigle moyen....	86,6	11,5	1,7	71,4	9,6	1,1	64,9	0,95	71,3
Féveroles...........	85,7	25,4	1,5	55,6	22,1	1,2	48,2	0,97	66,6
Vesce.............	86,7	26,0	1,7	55,8	22,9	1,5	49,7	0,98	69,7
Résidus :									
Farine d'orge.........	86,8	12,6	2,9	68,4	10,2	2,0	55,8	0,99	67,3
Son de blé, gros......	87,8	14,3	4,2	62,4	11,3	3,0	39,7	0,77	42,6
— fin	87,8	15,5	4,8	62,0	12,9	3,7	42,6	0,79	48,1
Gluten de maïs.......	91,9	23,7	2,5	65,6	19,9	1,9	49,6	0,90	63,8
Mélasse ordinaire	78,1	10,5	»	60,4	5,4	»	54,9	0,87	48,0
Germes de malt.........	88,0	23,1	1,5	55,9	18,5	1,1	38,6	0,75	38,7
Tourteau de coton. ...	91,2	49,2	9,7	25,5	42,3	9,4	14,7	0,98	73,1
— d'arachides...	90,2	44,5	9,2	29,0	40,0	8,3	20,8	0,98	75,7
— de lin......	89,0	33,5	8,6	40,4	28,8	7,9	29,7	0,97	74,8
— de colza.....	90,0	33,1	10,2	39,0	27,4	8,1	23,2	0,95	61,1
Lait :									
Lait entier...........	12,3	3,5	3,4	4,6	3,3	3,4	4,6	1,00	14,7
Lait centrifugé..........	9,7	4,0	0,2	4,7	3,8	0,2	4,7	1,00	7,6

Les principes digérés subissent, dans le corps de l'animal, une *combustion*, par oxydation de leurs divers éléments : C donne CO_2 ; H devient H_2O ; Az fournit l'*urée*. Il s'ensuit que plus est élevée la teneur en C, H, Az dans un principe absorbé, plus est grande la *quantité d'énergie* livrée à l'organisme, car cette énergie résulte des combustions qui s'opèrent en empruntant à l'air par la respiration l'O nécessaire.

Les trois grandes classes de principes organiques digestibles (MA, MG et MH) ne jouent pas toujours le même rôle dans la nutrition. Elles peuvent néanmoins, dans de très larges limites, se substituer les unes aux autres pour assurer l'accomplissement des diverses fonctions zootechniques (360).

Dans ces limites, la substitution a lieu proportionnellement à la quantité d'énergie que chaque principe est capable de livrer à l'organisme [1].

Des expériences poursuivies sur les bovidés et les moutons ont établi que des poids égaux de MA et de MH ont à peu près le même effet nutritif, tandis que les MG renferment 2 à 2,4 fois plus d'énergie disponible. Ainsi,

---

1. On peut se rendre compte de l'énergie disponible d'un aliment. Soit la teneur suivante en principes élémentaires des MA, MG, MH (sucre et amidon) :

P. 100 :	Az.	C.	H.	O.
MA (Albumine)...	16,1	54,1	7,3	21,4
MG (Graisse).....	»	76,6	12	11,4
MH { Sucre.....	»	42,1	6,5	51,4
{ Amidon...	»	44,4	6,2	49,4

Les poids atomiques de C, H et O étant respectivement 12, puis 1 et 16, il s'ensuit que, pour transformer 1 gramme de C en C_2O, il faut : $\dfrac{16 \times 2}{12} = \dfrac{8}{3}$ d'oxygène ;

et pour 1 gramme d'H transformé en $H_2O = \dfrac{16}{1 \times 2} = 8$ d'oxygène.

Si nous appliquons ces données aux chiffres du tableau ci-dessus, on trouve que, pour brûler totalement leur C et leur H, 100 grammes de substance exigent :

$$\text{MG :} \quad [(76,6 \times \tfrac{8}{3}) + (12 \times 8)] - 11,4 = 288^g,86 \text{ d'O de l'air ;}$$

$$\text{Sucre :} \quad [(42,1 \times \tfrac{8}{3}) + (6,5 \times 8)] - 51,4 = 112^g,86 \quad —$$

$$\text{Amidon :} \quad [(44,4 \times \tfrac{8}{3}) + (6,2 \times 8)] - 49,4 = 118^g,60 \quad —$$

L'énergie développée est proportionnelle à l'oxygène utilisé dans la combustion ; la quantité nécessaire à l'amidon étant prise pour unité, celle utile au sucre lui est sensiblement égale, tandis que, pour les MG, elle est de : $\dfrac{288.8}{118,6} = 2,4$ fois plus forte.

l'amidon étant pris pour unité, un poids égal de MA aurait un effet nutritif de 0,94; pour les MG, cet effet varierait de 2,41, dans les graines oléagineuses et les tourteaux, à 2,12 dans les autres graines, les sons, etc., et 1,91 pour les foins, les pailles, les racines et les tubercules. On voit que l'expérience contrôle bien les données de la chimie. Dès lors, il devient possible d'*exprimer par un nombre* (l'amidon étant représenté par 100) la valeur nutritive des autres aliments en vue de leur comparaison ou de leur substitution possible.

La formule de cette expression serait :

$$\text{Val. nutrit.} = (MA \times 0,94) + \left(MG \times \lessgtr \begin{matrix} 2,4 \\ 2,12 \\ 1,91 \end{matrix}\right) + (MH \times 1).$$

MA, MG et MH représentent les *principes digestibles* de l'aliment considéré (voir colonnes 5, 6 et 7 du tableau, page 327).

Pourtant un tel calcul ne serait pas exact pour tous les aliments.

372. Valeur nutritive des aliments; coefficient; unité nutritive. — Le travail de digestion et d'assimilation, pour une quantité égale de principes nutritifs digestibles, est très variable suivant qu'il s'agit d'aliments concentrés ou d'aliments grossiers. L'organisme doit faire une certaine dépense d'énergie, qui équivaut à une perte de substance. Un exemple le fera comprendre aisément.

On peut servir à un animal, sous forme de sciure de bois, de ramilles d'arbres, de pailles de mauvaise qualité (aliments grossiers), un poids tel que la somme de *cellulose digestible* atteigne un chiffre donné. On peut donner, d'autre part, la même quantité d'*amidon digestible* au moyen de farine d'orge.

Quand la cellulose digestible est extraite de l'aliment qui la contenait, elle produit le même effet nutritif qu'un poids égal d'amidon. Mais le travail d'extraction varie considérablement avec la nature de l'aliment; presque nul dans l'amidon servi sous forme de farine, il devient tel dans la sciure de bois que la dépense se montre supérieure à la recette. De la sorte la valeur nutritive nette d'une telle substance est négative.

Il est donc indispensable de tenir compte du travail de

digestion et d'assimilation dans l'évaluation numérique de la *valeur nutritive nette*. On affecte chaque aliment d'un nombre fixé par rapport à l'amidon, et d'autant plus faible au-dessous de l'unité que le travail est plus grand. C'est le *coefficient nutritif*; il varie comme suit entre les aliments (colonne 8 du tableau) :

1   à 0,80   pour les graines, les tourteaux ;
1   à 0,70   —   tubercules, les racines, les sons ;
0,95 à 0,60   —   fourrages verts ;
0,80 à 0,50   —   foins et balles ;
0,50 à 0,20   —   pailles.

Ainsi, la valeur nutritive de l'amidon étant représentée par 100, et son *coefficient nutritif* par l'unité, le foin de pré vaudait, en unités nutritives :

$$[(3,8 \times 0,94) + (1 \times 1,91) + (40,7 \times 1)] \times 0,67 = 30,95$$

L'orge (grain) :

$$[(6,6 \times 0,94) + (1,9 \times 2,12) + (63,7 \times 1)] \times 0,99 = 73,19$$

Si nous supposons le foin à 8 francs et l'orge à 18 francs les 100 kilogrammes, l'*unité nutritive* revient à 0^f,261 dans le foin et 0^f,246 dans l'orge.

On ne saurait cependant opérer la comparaison ou la substitution des aliments en tenant compte seulement des unités nutritives ; il faut envisager en outre la *relation nutritive* que nous étudierons plus loin (374).

D'autre part, le *coefficient nutritif* varie, pour un même aliment, avec les diverses espèces animales. Ainsi, les ruminants utilisent mieux les pailles (aliments grossiers), grâce à leur estomac multiple ; au contraire, les sucres et les matières sucrées (à l'exception de la mélasse) sont plus avantageux pour les chevaux, les porcs ou les tout jeunes ruminants (veaux, agneaux) que pour les bovidés ou les moutons adultes.

Sous ces réserves, la colonne 9 du tableau (page 327) indique le nombre d'*unités nutritives* pour chacun des principaux aliments.

§ II

RATIONNEMENT DES ANIMAUX DOMESTIQUES

373. La ration. — La ration est la quantité d'aliments qu'un animal consomme par 24 heures. Elle comprend deux parties : la *ration d'entretien* qui sert pour entretenir, sans augmentation ni diminution de poids, un animal adulte, au repos, et la *ration de production*, c'est-à-dire la partie qui est transformée en *produit*, lait chez les vaches laitières, viande grasse chez les bêtes à l'engrais, travail chez les animaux d'attelage, etc.

La ration d'entretien est fixe pour un animal donné; si on augmente sa ration journalière, c'est la ration de production qui s'accroît. Cette simple notion montre qu'il est avantageux de *nourrir au maximum* les animaux domestiques, en vue d'en tirer de plus grands profits.

L'effet nutritif des aliments étant, en règle générale, proportionnel au nombre d'unités nutritives qu'ils renferment, il est évident que le mélange d'aliments constituant la ration journalière devra contenir une quantité suffisante de ces unités nutritives. On suppose que des animaux de même espèce et de même âge, soumis à la même méthode d'exploitation, ont des besoins sensiblement proportionnels à leur poids vif. Il existe des tables fixant en kilogrammes par 24 heures et pour 1 000 kilogrammes de poids vif la quantité d'unités nutritives nécessaires aux diverses catégories d'animaux domestiques. Nous en donnons quelques exemples, page 333, voir colonne 5.

La quantité d'unités nutritives est d'autant plus grande, pour 1 000 kilogrammes de poids vif, que les animaux sont plus jeunes ou la production zootechnique plus élevée.

Ainsi, des veaux d'élevage, des animaux à l'engrais, des vaches laitières demandent des rations plus riches que des bœufs de trait non soumis à l'engraissement.

Les porcs ont une capacité digestive plus grande que les herbivores; la ration doit en tenir compte.

374. Proportion des matières azotées dans la ration; relation nutritive. — Nous avons dit (371) que la substitution des trois grandes classes de principes digestibles, azotés, gras et hydrocarbonés, n'était possible que dans certaines limites. Pour les MH et les MG, la substitution peut être à peu près totale, sans inconvénient pour la nutrition. Il n'en est pas de même des substitutions à opérer entre les principes azotés et non azotés, MA et MNA.

Quel que soit le but visé, en zootechnie, *l'animal doit toujours recevoir une certaine quantité de MA* (protéine digestible) ; on ne saurait donc remplacer totalement les MA par des MNA ; l'inverse serait possible, mais non avantageux, car on aboutirait à un gaspillage d'azote et les aliments azotés sont de beaucoup les plus coûteux.

On tient compte de ce fait fondamental dans le calcul des rations au moyen de la *relation nutritive*, qui exprime le rapport entre les quantités de MA et de MNA contenues dans la ration.

La relation nutritive (RN) s'exprime sous la forme d'une fraction dont le premier terme est toujours l'unité ; le deuxième terme s'obtient en faisant la somme des MG digestibles, multipliées au préalable par 2,4 et des MH (matières hydrocarbonées), puis en divisant cette somme par la protéine digestible (MA). Ainsi, la relation nutritive d'une ration composée de 2 de MA ; 0,5 de MG et 12,7 de MH serait :

$$\text{RN} = \frac{2}{(0,5 \times 2,4) + 12,7} = \frac{1}{6,95} \text{ ou } \frac{1}{7},$$

ce qui signifie que la ration renferme 7 parties de MNA pour une de MA digestibles. La relation nutritive n'est qu'approximative ; elle est néanmoins précieuse en vue du calcul des rations.

La relation nutritive est dite *étroite* quand le deuxième terme du rapport est faible, par exemple 1/4, car l'écart est faible ou étroit entre les deux termes ; elle est *large* quand le second terme est plus élevé : 1/8, 1/10, 1/13.

Les relations nutritives étroites sont nécessaires aux jeunes animaux pendant la période de croissance et aux bêtes exploitées pour le lait, parce que leurs besoins en principes azotés sont plus élevés. Par contre, une relation large suffit aux animaux adultes ou presque adultes qu'on garde à l'entretien ou qu'on soumet soit à l'engraissement, soit à la production du travail.

375. Calcul des rations. — Une bonne ration doit associer les aliments de telle façon que le mélange obtenu renferme des quantités suffisantes : 1° d'*unités nutritives*

(372); 2° de *protéine digestible* (374), et 3° de *matière sèche*.

Pour assurer le fonctionnement normal de l'appareil digestif, l'ensemble des aliments qui composent la ration doit être adapté à la conformation anatomique de cet appareil ; il doit donc varier avec l'espèce et même avec l'âge des animaux.

Ainsi, les porcs utilisent surtout avec profit les aliments concentrés, peu riches en ligneux (grains, tubercules); au contraire, les herbivores, après le sevrage, et surtout les ruminants, réclament une proportion assez considérable d'aliments grossiers (foins, pailles, fourrages verts). Un estomac multiple, spacieux, demande une nourriture plus volumineuse; or, le volume d'une ration dépend de la *matière sèche* qu'elle renferme.

Pour une même somme d'unités nutritives, les quantités de matière sèche doivent être faibles pour les porcs, moyennes pour les chevaux, plus fortes pour les ruminants.

Le tableau qui suit indique les quantités, pour 1 000 kilogrammes de poids vif, que doit renfermer la ration, en matière sèche (colonne 1), en principes digestibles (colonnes 2, 3, 4) et en unités nutritives (colonne 5); enfin, la colonne 6 donne la relation nutritive.

DÉSIGNATION des ANIMAUX	POUR 1 000 KIL. DE POIDS VIF ET PAR JOUR :					
	Matière sèche	PRINCIPES nutritifs digestibles			Unités nutritives	Relation nutritive
		MA	MG	HC		
	1	2	3	4	5	6
	Kilos.	Kil.	Kil.	Kil.	Kil.	Kil.
A. *Animaux adultes*						
Bœufs à l'entretien, au repos......	15 à 21	0,6	0,1	8,0	6,0	1 / 13,7
Bovidés à l'engrais...............	21 à 32	1,6	0,7	16,0	14,5	1 / 11,»
Vache de 500 kil. donnant 10 lit. de lait.	25 à 29	2,0	0,5	12,7	10,5	1 / 7,»
Brebis mères, allaitant..........	23 à 30	2,9	0,5	15,0	13,0	1 / 5,6
Moutons à l'engrais..............	24 à 32	1,6	0,7	16,0	14,5	1 / 11,»
Chevaux (travail moyen)..........	21 à 26	1,4	0,6	11,3	11,6	1 / 9,1
Porcs à l'engrais (âge moyen).....	28 à 33	3,3	0,5	25,0	26,1	1 / 7,9
B. *Animaux jeunes*.						
Bovidés de 210 kil. (6 à 12 mois)..	26	2,3	0,6	12,7	12,5	1 / 6,1
Veau gras de 240 kil. (3 à 6 mois)..	21	3,5	2,0	13,0	17,4	1 / 5,1
Agneaux de 30 kil. (4 à 6 mois)....	28	4,5	1,0	15,8	17,2	1 / 4,»
Jeunes porcs de 50 kil. (à l'engrais).	36	5,6	0,9	23,5	32,0	1 / 4,6

Pratiquement, le calcul des rations des diverses espèces domestiques s'établit suivant deux méthodes différentes : 1° par *répartition* et *complément;* 2° par *substitution*.

Quand les récoltes sont rentrées, au début de l'hiver, on estime d'une part le poids vif des animaux à nourrir, d'autre part, le poids des substances alimentaires dont on dispose et que le bétail doit mettre en valeur.

On *répartit* les quantités entre les catégories d'animaux pour arriver à la ration journalière; puis on calcule la teneur de celle-ci en matière sèche, protéine digestible et unités nutritives. Si les nombres trouvés s'éloignent trop des moyennes indiquées dans le tableau (page 333) pour la catégorie considérée, on *complète* la ration par un aliment capable de rétablir l'équilibre.

Si au cours de l'année un aliment sur lequel on compte vient à manquer (pourriture des betteraves, hausse de l'avoine, etc.), il est possible de le remplacer dans la ration par un autre qui satisfasse aux conditions étudiées; on procède alors par *substitution*.

Dans les deux cas, le calcul s'établit par tâtonnement. D'ailleurs, les chiffres obtenus ne sont que de simples indications, très utiles sans doute, mais qui doivent toujours être contrôlées ou précisées par l'expérience et l'observation. En effet, chaque animal intervient avec un caractère propre (individualité) qui modifie souvent les moyennes adoptées dans les calculs.

§ III

PRATIQUE DE L'ALIMENTATION

376. Préparation des aliments. — Avant de les servir au bétail, on fait subir aux aliments certaines préparations, en vue d'en obtenir une utilisation meilleure. Le *lavage* et le *nettoyage* ont pour but d'éviter les accidents ou les maladies en débarrassant les aliments des parties nuisibles. La *division* facilite les mélanges, augmente la digestibilité ou supplée à la mastication; elle s'effectue par le *hachage* (hache-paille, hache-maïs), le *broyage* (broyeur de tourteaux, broyeur d'ajonc), l'*aplatissage* et le *concassage* (grains), le *découpage* (coupe-racines).

Toutes les préparations qui précèdent sont mécaniques, elles ne font que changer l'état physique des aliments pour faciliter leur mélange ou leur digestibilité; celles qui suivent interviennent sur la composition chimique des substances qui y sont soumises.

La *fermentation* est à conseiller pour les mélanges d'aliments riches en eau et en sucre (betteraves); elle doit développer une légère odeur alcoolique appréciée par le bétail, surtout par les vaches laitières.

La *cuisson* convient pour les aliments riches en fécule et et amidon (tubercules, grains); il ne faut pas trop la généraliser, car elle diminue la digestibilité des matières azotées. La cuisson est très avantageuse pour l'alimentation des porcs et des bovidés d'engrais, l'amidon ou la fécule étant plus digestibles à l'état cuit; il faut alors servir l'aliment avec l'eau de cuisson qui a dissous une partie des principes digestibles.

Enfin, la cuisson détruit certains poisons ou principes âcres, et diminue l'effet nuisible de quelques aliments (marrons d'Inde). L'*ensilage* (**293**) est une véritable **préparation** des fourrages verts, de médiocre qualité; on peut encore citer le *trempage* ou *macération* (féveroles, lin).

Les *mélanges* excitent l'appétit des animaux, parce qu'ils apportent de la variété dans l'alimentation. Ils permettent d'utiliser des matières grossières comme les pailles hachées.

Il ne faut pas exagérer la préparation des aliments, surtout pour les chevaux et les bœufs de trait, ainsi que pour les animaux d'élevage. Les premiers sont rendus moins nerveux, moins excitables; les jeunes doivent être habitués à supporter les aliments grossiers; ils profitent mieux ensuite des rations plus riches ou du pâturage.

En résumé, ces diverses opérations sont surtout utiles pour les vieux chevaux, les vaches laitières et les animaux soumis à l'engraissement.

377. Nutrition minérale; condiments. — Les animaux en période de croissance fixent de grandes quantités de chaux et d'acide phosphorique qu'ils trouvent habituellement dans leur ration, la chaux dans les foins et les pailles, l'acide phosphorique dans les graines, les tourteaux,

En cas de pénurie de fourrages, on peut saupoudrer les aliments de craie pulvérisée; l'addition d'os de veau, râpés, est aussi à conseiller pour les animaux d'élevage.

Les *condiments* sont des substances capables d'exciter l'appétit ou de favoriser la digestion ; les principaux sont le sel, le sucre, diverses graines aromatiques, etc. Ils agissent sur le goût et l'odorat comme stimulant, et sur la sécrétion de la salive et du suc gastrique.

Le sel marin est un aliment et un condiment ; il entre dans la constitution des tissus et la sueur en rejette ; on l'ajoute sur les fourrages au moment de les rentrer dans les greniers, sur les aliments fades (pulpes, etc.) ; la dose par jour varie de 15 à 80 grammes par bœuf, 15 à 60 grammes par vache laitière ; 8 à 20 grammes par cheval et 4 à 8 grammes par mouton ou porc.

A la bergerie, au pâturage, on dispose des pierres de sel gemme, que les animaux lèchent à volonté.

Certains aliments sont dits *rafraichissants* par les sels ou les principes contenus (sels de la betterave, des fourrages verts, mucilages des tourteaux) ; d'autres sont *échauffants* par excès d'azote et manque d'eau. Il faut tenir compte de ces propriétés particulières en vue de l'établissement des rations.

378. Distribution des rations ; boissons. — Il faut distribuer les aliments à des heures régulières ; l'animal s'y accoutume volontiers, et il attend sans impatience l'heure du repas ; lorsqu'on ne procède pas ainsi, l'animal s'agite ; il utilise moins bien les aliments qu'il a ingérés.

On fait ordinairement trois repas par jour ; il faut varier la composition des mélanges servis aux divers repas, afin d'exciter l'appétit des animaux. Dans tous les cas, il vaut mieux commencer par un aliment peu riche, quand l'animal a faim, et continuer par les plus concentrés (avoine, sons, tourteaux, grains) ; ensuite, on laisse à la disposition des chevaux et des ruminants un aliment grossier, de la paille par exemple ; l'animal en consomme à sa volonté.

Il faut éviter des changements brusques et complets dans le régime alimentaire des animaux ; ainsi, au printemps, le régime vert doit être substitué graduellement au régime sec. On procède par transition lente ; sans quoi, l'animal souffre, maigrit, la production du lait diminue.

Le *sevrage* est un changement d'alimentation ; on doit donc l'opérer progressivement, sans à-coup, pour créer à l'animal de nouvelles habitudes.

L'eau destinée à l'abreuvement des animaux doit être aérée, non trop chargée de sels de chaux et suffisamment

pure : la meilleure est celle qni est propre à la boisson de
l'homme.

Un cheval adulte, de taille moyenne, absorbe par jour
30 litres d'eau environ; un bœuf adulte, 25 litres; avec le
régime du vert ou des aliments aqueux, les animaux exigent
moins d'eau. Le mieux est de mettre l'eau en permanence à
leur disposition, afin qu'ils puissent boire à volonté.

En hiver, il est avantageux de servir l'eau à la température du local où sont logés les animaux; il suffit de disposer
dans ce local un récipient pouvant contenir l'eau nécessaire
à un service; l'eau s'y échauffe d'elle-même d'un service à
l'autre.

QUESTIONNAIRE

369. — Qu'appelle-t-on aliment? — 370. De quoi se composent les
aliments ? — Montrez la ressemblance qu'ils présentent avec le corps
des animaux. — 371. Que deviennent les principes nutritifs digestibles
dans le corps de l'animal? — Expliquez comment ils produisent de
l'énergie. — Peuvent-ils se substituer indistinctement? — 372. Parlez
du coefficient nutritif des aliments; de leur valeur exprimée en unités
nutritives. — 373. Définissez la ration, la ration d'entretien, la ration
de production. — 374. Comment s'établit la relation nutritive d'un
aliment? — Qu'est-ce qu'une relation nutritive étroite ? — large? —
375. Quelles sont les conditions auxquelles doit satisfaire une bonne
ration ? — Montrez ce qu'on appelle substitution. — 376. Que savez-
vous de la préparation mécanique des aliments? — de la fermentation?
— de la cuisson? — des mélanges? — 377. Parlez des condiments
dans l'alimentation du bétail. — 378. Énumérez les règles de distribution des aliments et des boissons.

———

LECTURE

L'individualité des vaches laitières.

Donnez la même nourriture, la même ration à des vaches
aussi comparables qu'on puisse l'imaginer : de même race, de
même âge, de même poids, ayant vêlé le même jour. Elles n'en
fourniront pas pour cela nécessairement des quantités de lait
égales, ni un lait d'égale teneur en matière grasse. Presque toujours, sinon toujours, on constatera des différences, et ces différences seront même souvent très accentuées. D'une vache à
l'autre, le nombre de litres de lait pourra varier du simple au
double, ou plus encore, et la teneur centésimale en matière
butyreuse presque dans les mêmes proportions.

L'alimentation étant uniforme, c'est là une preuve irréfutable que les aptitudes laitière et beurrière sont dominées au plus haut degré par l'individualité. Aussi a-t-on grandement raison de recommander avant tout la sélection des vaches douées de ces deux aptitudes, aussi bien dans le but de les exploiter comme laitières que dans celui de les livrer à la reproduction. Dans certains pays, en Danemark par exemple, on va même plus loin. On cherche à sélectionner les bêtes fournissant la plus grande quantité de lait, ou plus exactement de beurre, pour la moindre quantité, et par conséquent pour la moindre dépense de nourriture.

A. MALLÈVRE,
Professeur de Zootechnie à l'Institut national agronomique.

(*Concours beurrier de Rouen en* 1907. *Compte rendu*, page 126.)

RÉSUMÉ DE LA ZOOTECHNIE GÉNÉRALE

CHAPITRE PREMIER

§ Ier. La Zootechnie a pour but de mettre en valeur les produits végétaux en utilisant les machines animales à leur transformation. Les animaux domestiques ont des fonctions multiples : ils sont producteurs de lait, de viande, de laine, de travail. On distingue trois périodes dans la vie d'un animal : la jeunesse, l'âge adulte et la vieillesse; il faut toujours s'en défaire avant la troisième période, car à ce moment sa valeur et sa production décroissent.

§ II. Pour choisir les reproducteurs, il faut tenir compte de l'hérédité, qui peut être individuelle ou directe, ancestrale (atavisme). On opère par sélection, par croisement, par métissage ou par hybridation; la sélection est la méthode la plus sûre et la plus employée. Il est possible d'exalter les fonctions d'un animal par un exercice méthodique ou gymnastique fonctionnelle.

§ III. Les animaux domestiques demandent à être logés dans certaines conditions d'aération, de température et d'éclairage. Ils exigent des soins de propreté, ayant en vue le bon fonctionnement de la peau; le pansage s'effectue au moyen de la brosse, de l'étrille; on complète par les lavages, les bains, la tonte. Il importe de prévenir les maladies et les accidents chez les animaux par un diagnostic que tout éleveur doit connaître.

CHAPITRE II

§ Ier. Tous les animaux domestiques sont tributaires du règne végétal pour leur nourriture. Un bon aliment renferme toujours de l'eau, puis des matières minérales, azotées ou protéiques, grasses et hydrocarbonées dont l'ensemble constitue la matière sèche. Il y a analogie avec la composition du corps des animaux. Une partie des principes digestibles brûle dans le corps de l'animal, produisant la nutrition. On arrive à comparer la valeur nutritive des aliments en représentant chacune d'elles par une expression numérique.

§ II. La ration se divise en deux parties destinées, l'une à l'entretien de l'animal, l'autre aux diverses productions. Toute ration doit contenir une certaine proportion d'azote qui s'exprime par la relation nutritive ; celle-ci est étroite (1 : 4) ou large (1 : 13). Une bonne ration doit être établie en envisageant les quantités d'unités nutritives, de protéine digestible et de matière sèche qu'elle contient. Elle s'établit par tâtonnement suivant les deux méthodes de répartition et de complément, ou de substitution.

§ III. Les aliments subissent certaines préparations mécaniques, lavage, découpage, broyage, etc. ; il en est d'autres comme la fermentation, la cuisson, l'ensilage, qui agissent sur la composition chimique des substances qui en sont l'objet. Les condiments, sels, sucre, etc., stimulent l'appétit. On doit distribuer les rations et les boissons avec régularité et méthode, afin de tirer des aliments le plus grand profit possible.

DEUXIÈME PARTIE

ZOOTECHNIE SPÉCIALE

379. Généralités. — On exploite en France plusieurs espèces (363) d'animaux domestiques : les *équidés* (chevaux), auxquels se rattachent l'âne et le mulet ; les *bovidés* (vache, bœuf), les *ovidés* (moutons et chèvres), les *suidés* (porcs). Enfin, l'agriculteur entretient à son profit les *animaux de basse-cour* (poule, oie, canard, dinde, lapin), et les *abeilles*.

Nous nous bornerons à quelques notions indispensables d'aviculture et d'apiculture, et renverrons, pour l'étude plus complète de ces questions, aux ouvrages spéciaux.

CHAPITRE PREMIER

Les équidés.

§ Ier

ÉLEVAGE ET APTITUDES DU CHEVAL

380. Elevage du cheval ; sevrage. — Le jeune poulain est laissé dans un boxe avec sa mère pendant les premières semaines ; il tète à volonté et le lait contient un principe laxatif, le collostrum, qui nettoie l'intestin. Ensuite, le nombre des tétées est limité à quatre par jour ; si on dispose d'un pâturage, il est bon d'y mettre les poulains pendant la belle saison ; ainsi ils prennent rapidement l'herbe et se sèvrent seuls vers cinq mois. De plus, leur développement est favorisé par le régime libre du pâturage.

Si le sevrage se fait à l'écurie, il a lieu méthodiquement de six à sept mois. Pendant une première semaine, on remplace une tétée par une bouillie de farine d'orge ou de maïs ; et ainsi de suite jusqu'à ce que le sevrage soit complet. Le son, le foin (regain), les aliments grossiers sont introduits progressivement dans la ration, de façon à élargir la relation nutritive tout en nourrissant au maximum.

A dix-huit mois, on commence à dresser le jeune cheval au travail, progressivement, en évitant tout effort; c'est à ce moment qu'on applique la première ferrure.

381. Aptitudes du cheval. — Le cheval est avant tout un *moteur*, un animal de travail. Pourtant, sa chair est d'excellente qualité ; un préjugé que rien ne justifie empêche seul d'en faire un usage courant; elle est même plus saine que celle du bœuf, parce que le cheval n'est pas sujet à la tuberculose. Mais le cheval n'est livré à la boucherie qu'au moment où il ne peut plus être utilisé comme moteur.

Sa nourriture est surtout composée d'éléments hydrocar-

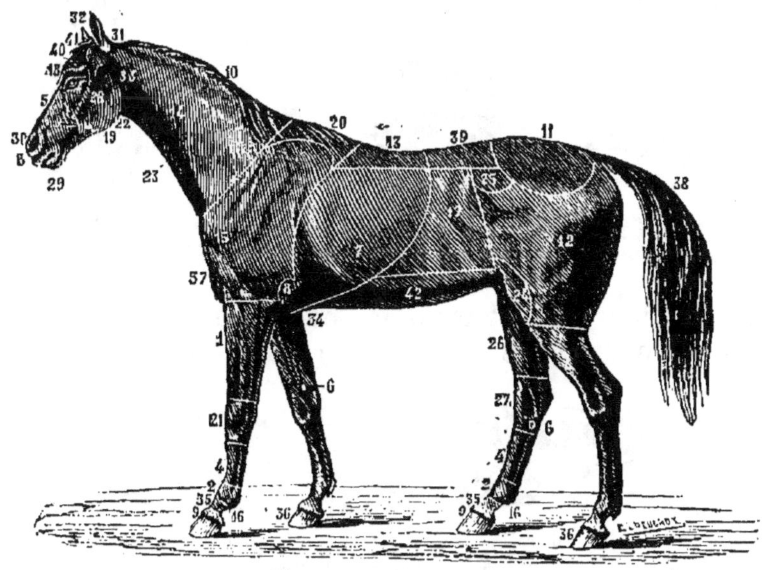

Fig. 156. — Le cheval.

1. Avant-bras. — 2. Boulet. — 3. Bout de nez. — 4. Canon. — 5. Chanfrein. — 6. Châtaigne. — 7. Côtes. — 8. Coude. — 9. Couronne. — 10. Crinière. — 11. Croupe. — 12. Cuisse. — 13. Dos. — 14. Encolure. — 15. Épaule. — 16. Ergot. — 17. Flanc. — 18. Front. — 19. Ganache. — 20. Garrot. — 21. Genou. — 22. Gorge. — 23. Gouttière de la jugulaire. — 24. Grasset. — 25. Hanche. — 26. Jambe. — 27. Jarret. — 28. Joue. — 29. Lèvres. — 30. Naseau. — 31. Nuque. — 32. Oreilles. — 33. Parotides. — 34. Passage des sangles. — 35. Paturon. — 36. Pied. — 37. Poitrail. — 38. Queue. — 39. Reins. — 40. Salière. — 41. Toupet. — 42. Ventre.

bonés; la relation nutritive de sa ration varie de 1/8 à 1/12.

Le cheval est employé à différents services : le *cheval de selle* porte un cavalier; le *cheval de trait léger* traîne au trot de légères voitures peu chargées; le *cheval de gros trait* traîne au pas de lourds fardeaux.

Quel que soit l'usage auquel on le destine, il doit être bien conformé, exempt de tares ou de maladies. Avant d'acheter un cheval, il est indispensable de l'examiner avec soin, afin de voir s'il est propre à fournir le service qu'on exige de lui ; l'examen porte sur certains *caractères extérieurs*, qui nécessitent la connaissance exacte de la conformation des diverses parties du corps (*fig.* 156) et principalement des *membres* et de la *tête*.

§ II

EXAMEN EXTÉRIEUR DU CHEVAL

382. Les membres. — L'étude doit porter en premier lieu sur le *pied;* on a dit très justement *pas de pied, pas de*

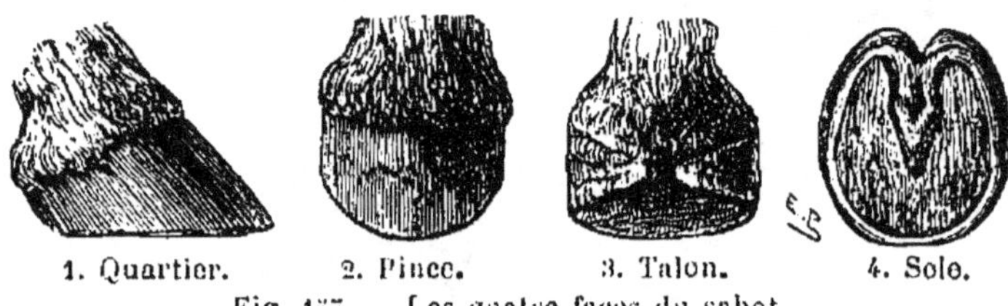

1. Quartier.   2. Pince.   3. Talon.   4. Sole.

Fig. 157. — Les quatre faces du sabot.

cheval; il faut donc éviter le moindre défaut. Le *sabot* est vu d'abord sous ses quatre faces (*fig.* 157), puis dans chacune

1. Muraille.   2. Sole.   3. Fourchette.

Fig. 158. — Les trois parties du sabot.

de ses parties (*fig.* 158) ; la *paroi* ou *muraille* doit être lisse et luisante, exempte de fentes longitudinales qu'on appelle des *seimes* ; la *sole* ou surface plantaire, sans contusions ou *bleimes;* la *fourchette*, saine et bien développée, non endommagée par la ferrure.

Les membres sont examinés dans leur ensemble, pour juger des *aplombs*, puis palpés isolément en vue de rechercher s'il existe des *tares*.

Chez l'animal jeune, les os sont formés de tissus élastiques, cartilagineux, qui se gorgent peu à peu de matière minérale, dure et résistante (os proprement dits). Quand l'ossification est complète, l'animal est adulte.

Si l'on soumet les jeunes chevaux à un effort immodéré ou violent, le tissu cartilagineux se déforme, et les membres perdent leurs aplombs réguliers. Parfois, ils contractent des *tares* qui sont *dures* ou *osseuses* lorsqu'elles présentent des rugosités ou des excroissances du tissu osseux; *molles*, si elles résultent d'un épanchement trop abondant de liquide (synovie) au niveau des articulations (genou, jarret, pâturon ou boulet).

Les *aplombs* du cheval sont *réguliers* quand les membres sont perpendiculaires au sol et que la base de sustentation

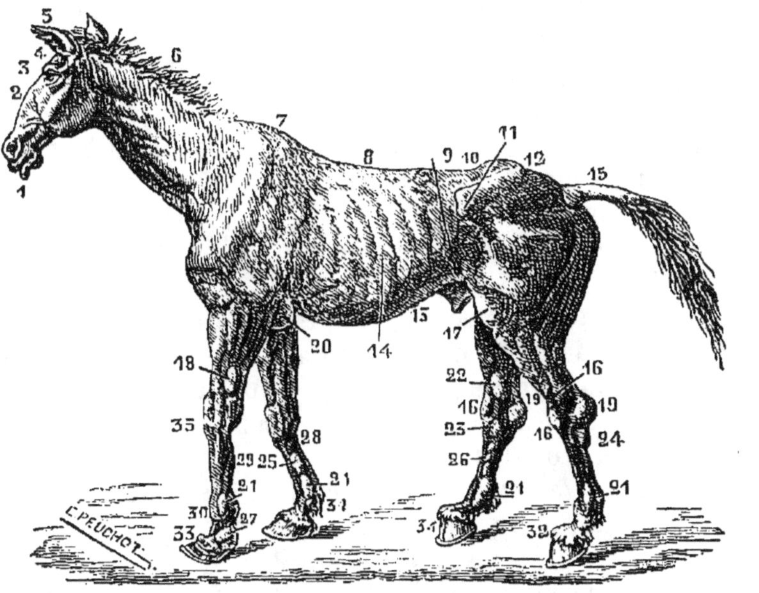

Fig. 159. — Les tares du cheval.

1. Lèvres pendantes. — 2. Chanfrein busqué. — 3. Cataracte amaurose. — 4. Salières creuses. — 5. Oreilles de cochon. — 6. Gale, roux vieux. — 7. Mal de garrot. — 8. Dos ensellé. — 9. Flanc cordé. — 10. Rein mal attaché. — 11. Hanches cornues. — 12. Croupe de mulet. — 13. Ventre levretté. — 14. Côtes plates. — 15. Queue de rat. — 16. Vessigons du jarret. — 17. Vessigon rotulien. — 18. Vessigon de la gaine carpienne. — 19. Capelet. — 20. Éponge. — 21. Molettes. — 22. Courbe. — 23. — Éparvin. — 24. Jarde. — 25. Suros simple. — 26. Suros en chapelet. — 27. Forme. — 28. Tendon failli. — 29. Tendon forcé, nerf ferme. — 30. Bouleté. — 31. Boulets plongeants. — 32. Pied pincard. — 33. Pied déformé par la fourbure. — 34. Seime en pince. — 35. Genou couronné.

(quadrilatère ayant pour sommet les points où les pieds reposent sur le sol) a ses deux côtés latéraux parallèles.

Les faux aplombs sont désignés par les expressions suivantes : *sous lui, campé, brassicourt* ou *arqué* (angle prononcé en avant du genou antérieur) ; *genou creux, effacé* ou *de mouton* (angle rentrant), *long* ou *court jointé* (longueur du pâturon), *serré* ou *ouvert* (les deux membres se rapprochent ou s'éloignent), *bouleté, panard, cagneux*, etc.

Les principales *tares dures* sont les *formes*, les *suros* (au canon), la *courbe*, l'*éparvin* et la *jarde* (au jarret). Les *tares molles* sont *articulaires* ou *tendineuses;* citons les *molettes*, au boulet, et les *vessigons*, au jarret ou au genou (*fig.* 159).

383. La tête et le corps. — Les *naseaux* doivent être tapissés d'une muqueuse rosée, et laisser échapper un liquide clair et transparent, L'*œil* exige un examen attentif : si on le recouvre de la main, la pupille se dilate à l'obscurité ; retirant alors la main, on doit voir la pupille se contracter régulièrement. Vu dans un endroit sombre, l'œil ne doit porter aucune tache. Un *front large* indique un animal intelligent, facile à conduire.

Si les *oreilles* sont mobiles à l'excès, le cheval est craintif ou il a mauvaise vue. Celui qui couche ses oreilles sur l'encolure est méchant ; il faut se méfier des coups de pieds et des coups de dents.

Le corps du cheval renferme les appareils de la respiration et de la digestion.

La *poitrine* doit être ample, ce qui suppose un sternum long ; les premières côtes arquées, arrondies, la dernière côte rejetée en arrière ; on dit alors que le *flanc* est *court*. Le *ventre* ou *abdomen* doit être régulièrement cylindrique ; ses dimensions étant peu différentes de celles de la poitrine.

Un ventre *levretté* ou *retroussé*, brusquement relevé à l'arrière, indique que le cheval se nourrit mal ; au contraire, un abdomen volumineux est dit *ballonné*.

On s'assure si la respiration est puissante et régulière en soumettant l'animal à un exercice rapide suivi d'un arrêt brusque ; l'observation des mouvements respiratoires et du flanc renseigne au sujet de la pousse et du cornage (386). Enfin, l'examen se termine par la bouche et les dents.

384. L'âge du cheval. — La dentition du cheval caractérise approximativement son âge. Selon l'époque de leur apparition, on distingue : les *dents de lait* ou *dents caduques* qui tombent après le premier âge, et les *dents de remplacement* ou *permanentes*.

D'après leur forme, les dents se divisent en *incisives, canines* ou crochets pour les mâles, et *molaires*. Les incisives, qui seules servent à la détermination de l'âge, existent à chaque mâchoire, au nombre de six : les *pinces* au milieu,

les *mitoyennes* au rang intermédiaire, et les *coins* (*fig.* 160);
on examine seulement celles de la mâchoire inférieure.

Les incisives caduques, puis les remplaçantes, apparaissent toujours dans
l'ordre suivant : pinces, mitoyennes,
coins. Comme les époques d'*éruption*
sont à peu près fixes dans la vie de
l'animal, elles fournissent autant de
repères utiles dans le jeune âge.

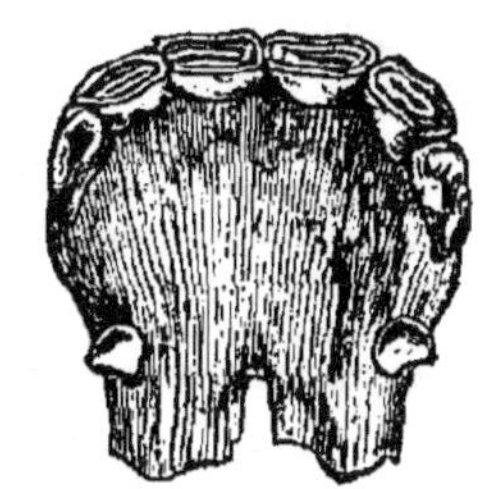

Fig. 160. — Mâchoire inférieure du cheval.

Ensuite, l'usure qui se produit par
le frottement à l'extrémité des incisives
permanentes permet, grâce à l'examen
de la coupe ou *table dentaire*, de découvrir de nouveaux
indices.

Dans ce but, il faut bien connaître la constitution d'une
dent incisive (*fig.* 161). Sur une coupe
longitudinale, elle présente à la partie
supérieure une poche remplie de *cément*
et qu'on appelle *cornet dentaire*. Cette
poche est séparée de l'*ivoire* par une
mince couche d'*émail* qui couvre la surface externe. A la base de la dent, près
de la mâchoire et au centre de l'ivoire,
se trouve la *cavité dentaire*, d'abord remplie de *pulpe dentaire* (vaisseaux san-
guins), mais qui s'incruste d'ivoire
quand l'animal vieillit et que la dent
s'allonge. La couleur jaune foncé ou gris
de ce dépôt tardif tranche avec l'ivoire
blanc qui entoure, et produit sur la
table dentaire une sorte de dessin appelé
étoile dentaire.

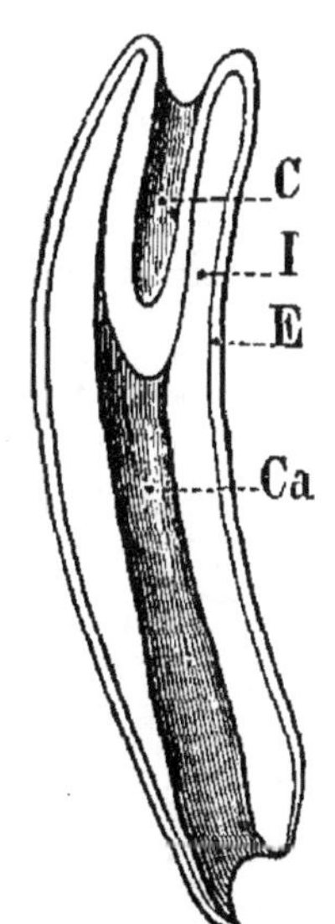

Fig. 161. — Coupe lon-
gitudinale d'une dent
incisive. C, cornet den-
taire; I, ivoire; E,
émail; Ca, cavité den-
taire.

Si donc nous supposons dans l'incisive
des coupes transversales successives ou
tables dentaires qui se produisent d'elles-
mêmes avec le frottement, en C le cornet
dentaire est visible; en I, il disparaît presque (la dent est
alors dite *rasée*); en E, l'*étoile dentaire* apparaît, d'abord
étroite, à la partie antérieure de la table, puis, plus grande,
et au milieu de celle-ci (*Ca*).

Comme les mêmes phénomènes se produisent à tour de
rôle sur les pinces, sur les mitoyennes et sur les coins, on

peut suivre l'âge avec assez de précision jusqu'à 12 ou 13 ans. Après cela, on observe la forme de la coupe des dents; ce caractère est beaucoup moins précis, mais la détermination de l'âge offre alors moins d'intérêt.

Le tableau qui suit, dressé par M. Baudoin, maître de conférences à l'Institut national agronomique, résume les données servant à l'examen de la dentition :

j = jours; m = mois; a = années		PINCES	MITOYÉNNES	COINS
Incisives inférieures	Caduques	Eruption...............	5 à 10 j.	30 à 40 j.	7 à 10 m.
		Rasement...............	1 an	15 m.	Irrégulier
	Remplaçantes	Eruption	2 a. 1/2	3 a. 1/2	4 a. 1/2
		Usure commence........	3 a.	4 a.	5 a.
		Rasement...............	5 a. 1/2	6 a. 1/2	8
		Etoile dentaire (apparaît)	7	8	9
		Table arrondie..........	9	10	11
		Etoile dentaire au centre.	10	11	12
		Dent rasée (cornet disparu).................	11	12	13
		Tables triangulaires....	14	15	16 à 18
		— biangulaires.....	18	19	21

385. La robe du cheval; signalement. — La couleur d'un cheval n'influe nullement sur ses qualités; mais les différentes dénominations sous lesquelles on la désigne permettent de distinguer ce cheval des autres et d'établir son signalement.

La peau du cheval et les poils qui la tapissent constituent ce qu'on appelle sa *robe*. La coloration générale de la robe peut être formée de quatre couleurs, isolées ou diversement combinées : le blanc, le noir, le rouge et le jaune.

La *robe blanche* peut avoir les nuances du blanc mat, du blanc sale, du blanc argenté.

La *robe noire* est noir jais ou noir mal teint.

Avec la *robe rouge*, il faut examiner les *crins* : s'ils sont *rouges*, le cheval est dit *alezan*, clair ou doré, foncé ou brûlé; s'ils sont *noirs*, le cheval est dit *bai*, bai brun, bai clair.

La *robe jaune* s'accompagne de *crins* noirs (*isabelle*) ou blancs (*café au lait*).

Le mélange de poils *noirs* et de poils *blancs* diversement associés donne le *gris* (pommelé, truité ou moucheté). La robe *aubère* est un mélange de poils blancs et de poils rouges.

Si la robe est formée de larges taches noires ou rouges sur un fond blanc, le cheval est *pie-noir* ou *pie-alezan*.

L'association de poils blancs, de poils rouges et de poils noirs donne la robe *rouan*.

Il peut exister certaines *particularités* dans la robe des chevaux, soit à la tête, soit aux membres ; on les définit suivant leur forme et leur dimension : marque, pelote, liste en tête, belle face, etc. ; une tache blanche à la partie inférieure de la jambe porte le nom de *balzane*.

Pour établir le signalement d'un cheval, on indique : le nom, le sexe, la race ou variété, le service, la robe et les particularités, l'âge, la taille, les performances, la provenance et le prix d'achat.

Exemple : *Vigoureux*, cheval hongre, percheron, de gros trait, bai avec balzane au pied antérieur droit, âgé de quatre ans neuf mois, taille 1^m,54, par *Oscar*, étalon percheron, et *Sultane*, acheté à Dreux, 1 000 francs.

386. Les maladies du cheval. — Le cheval est sujet à un grand nombre de maladies ; les plus graves sont : le cornage et la pousse ou emphysème pulmonaire, la fluxion périodique, la gourme, la morve, le farcin, le tic et l'immobilité.

Le *cornage*, dû à un rétrécissement des naseaux, et la *pousse*, localisée au poumon, se manifestent par une respiration sifflante qui, dans la pousse, se fait en deux temps, par soubresauts.

Les animaux atteints de ces maladies de l'appareil respiratoire fatiguent vite.

La *fluxion périodique* est une maladie de l'œil qui finit presque toujours par rendre l'animal aveugle.

La *morve*, le *farcin* et la *gourme* sont des maladies contagieuses. La morve, transmissible à l'homme, se caractérise par un jetage abondant qui s'écoule des naseaux, et la formation de lésions et de chancres sur les muqueuses et le poumon ou bien sur la peau ; dans ce dernier cas, c'est le *farcin*. On les guérit difficilement ; on peut déceler leur présence par inoculation d'un sérum, la *malléine* (décret du 4 août 1907).

La *gourme* atteint surtout les jeunes chevaux ; elle produit un jetage sérieux et l'engorgement des ganglions. On la traite par vaccination préventive.

Le *tic* et l'*immobilité* sont des maladies nerveuses difficiles à guérir.

Le cornage chronique, l'emphysème pulmonaire, la fluxion périodique, le tic et l'immobilité, les boiteries intermittentes sont des *vices rédhibitoires* (426).

Les animaux atteints de morve ou de farcin doivent être abattus immédiatement; il est interdit de les vendre (loi du 21 juin 1898, art. 36 et 41).

§ III

QUELQUES RACES DE CHEVAUX

387. Chevaux de selle. — Les chevaux de selle sont surtout produits pour les besoins de la défense nationale (cavalerie légère); les chevaux de luxe disparaissent de plus en plus devant l'automobile.

On recherche des chevaux à squelette fin, à peau fine et soyeuse, sobres, vigoureux et excitables.

Le *cheval arabe* est le type qui a fourni toutes les variétés actuellement exploitées en France, en *Auvergne*, aux environs de *Tarbes*, en *Camargue*. On peut en rapprocher les *poneys* de *Corse*, des *Landes*, d'*Ecosse* et de *Norvége* et les chevaux *bretons*, de petite taille, rustiques, bien musclés et vigoureux.

388. Chevaux de trait léger. — Le *percheron* est le plus connu dans ce groupe. Il se caractérise par un squelette fort et des muscles bien développés; il est robuste, vigoureux et très excitable. La robe gris pommelé domine; il est surtout produit dans le Perche (Eure-et-Loir, Orne, Calvados et Eure). C'est une race de haute valeur qui s'étend de plus en plus, parfois à l'état de croisement ou de métissage.

La Normandie (plaine de Caen) se livre à la production du métis *anglo-normand*, croisement de la race arabe et de la race locale; on le désigne sous le nom de *demi-sang*. Ces chevaux sont peu homogènes, parfois faibles des articulations; on les utilise comme carrossiers (bidets); ils sont de haute taille, de robe baie ou noire. Les sujets de choix atteignent des prix élevés.

389. Chevaux de gros trait. — Le *boulonnais* caractérise cette catégorie; c'est un gros cheval, de grande taille (1^m,60 à 1^m,65 au garrot), à l'apparence trapue, fortement musclé. Sa conformation est régulière et son tempérament énergique; on l'élève surtout aux environs de Boulogne (Pas-de-Calais). Il tend de plus en plus à remplacer la race *Picarde*, dans la Somme et l'Oise, où il est souvent croisé au percheron. La robe varie du gris ardoisé ou pommelé au rouan et au noir mal teint.

Le cheval *belge* a les extrémités larges, la tête à profil concave, et une ossature anguleuse. C'est un cheval très robuste, à robe aubère ou rouan balzané; on l'emploie dans la région du Nord, la Brie, etc.

Le cheval *ardennais*, de taille moyenne ($1^m,60$), à robe rouan, gris fer ou brun, se distingue surtout par son tempérament robuste et énergique. Dans les petites exploitations, il rend des services, car il est propre aux allures vives.

Enfin, le cheval *nivernais* provient de croisements opérés avec la race percheronne et sélectionnés vers la robe noire.

QUESTIONNAIRE

380. Quelle doit être l'alimentation du cheval pendant son jeune âge ? — lorsqu'il atteint l'âge adulte? — Parlez du sevrage. — 381. Quelles sont les diverses aptitudes du cheval ? — 382. Définir les mots suivants : seime, sole, bleime, fourchette, tare dure, tare molle. — Que savez-vous des aplombs du cheval ? — 383. Comment examine-t-on l'œil ? — Quelle doit être la conformation de la poitrine, du ventre du cheval ? — 384. Comment détermine-t-on l'âge du cheval ? — Définir le cornet, l'étoile dentaire. — 385. Citez quelques dénominations de la robe du cheval; — qu'appelle-t-on signalement ? — 386. Qu'est-ce que le cornage ? — la pousse ? — Quelles sont les principales maladies contagieuses du cheval ? — 387. Décrivez le cheval arabe. — 388. Que savez-vous du percheron? — du métis anglo-normand? — 389. Citez quelques races de chevaux de gros trait.

LECTURE

L'âne et le mulet.

L'âne est remarquable par sa sobriété, sa patience, sa force et sa longévité. Il est d'un tempérament qui résiste à tout. Il n'y a point de machine animale d'un plus fort rendement.

Il endure la faim et la soif, vivant de tout et même presque de rien, digérant le bois aussi bien que l'herbe tendre sans jamais refuser le service.

En considérant bien les choses, on est conduit à reconnaître qu'il n'y a point de race animale plus précieuse et plus estimable, qui ait rendu et qui rende encore à l'humanité plus de services qu'elle n'en doit à celle de l'âne, à cause de ce qu'on peut bien nommer les vertus de son espèce qui, cependant, est assez généralement méprisée et maltraitée.

Monture, bête de somme, moteur de traction, l'âne est propre à tout. Il est d'une adresse et d'une solidité incomparables sur les chemins les plus difficiles et les plus escarpés. Jamais il ne fait un faux pas. Sa santé est aussi à toute épreuve. Il va lentement, mais sûrement, et sans jamais se lasser.

Fig. 162. — L'âne.

— Les mulets, par leur tempérament, leurs aptitudes et leur longévité, tiennent beaucoup plus de l'âne que du cheval. Ils sont d'une sobriété qui les rend précieux, et leur rendement mécanique est très élevé. Ils portent ou traînent des charges auxquelles ne pourraient point suffire les chevaux du même poids, et ils trouvent l'énergie nécessaire au déploiement d'un tel travail dans des matières alimentaires que les chevaux ne digéreraient point : exemple, les roseaux dont vivent les mules travailleuses dans le sud-est de la France. Ils ont le pied sûr et le pas régulier des ânes et, avec cela, souvent les allures vives aussi rapides que celles des chevaux les plus légers. Ces qualités les approprient surtout aux climats méridionaux où règne la sécheresse et où, en effet, ils sont surtout répandus et utilisés.

La voix des mulets n'est exactement ni celle de l'âne ni celle du cheval. On ne peut point dire qu'ils hennissent, non plus qu'ils braient. Cependant, pour l'ordinaire, elle se module plutôt de façon à rappeler le braiement que le hennissement, sur un registre bas et voilé.

A. Sanson,
(*Traité de zootechnie*, t. III, p. 131 et 147.)

CHAPITRE II

Les Bovidés.

§ Ier

ÉLEVAGE ET APTITUDES DES BOVIDÉS

390. Le veau ; élevage des bovidés. — Les premiers soins à donner au veau sont identiques à ceux étudiés pour le jeune cheval (380). Le lait seul lui sert de nourriture pendant les premières semaines ; aucun autre aliment n'est assez riche et assez digestible pour le remplacer. Dans les centres d'élevage, si la mère est jeune et produit peu de lait, on donne au veau un supplément de lait au moyen d'un biberon ; une nourriture intensive, dès le jeune âge, influe sur le développement de l'animal et sa précocité. Les repas, au nombre de quatre par jour, doivent être réguliers.

On distingue ensuite, selon que le veau est destiné à la boucherie ou à l'élevage.

Pour la boucherie, il faut obtenir une viande blanche, présentant un certain degré d'engraissement. L'animal est logé dans une pièce obscure et tranquille, où il s'anémie rapidement. En outre, on ajoute aux repas de lait des bouillies de farines, de fécule, de gluten, de maïs, et de lait écrémé.

Les *veaux gras* sont vendus vers l'âge de trois mois à la boucherie : on estime que, pendant l'engraissement, 8 à 10 litres de lait produisent 1 kilogramme de poids vif.

Le *veau d'élevage* est sevré graduellement (**380**) vers l'âge de 2 à 4 mois, parfois même plus tard ; les bouillies de remplacement sont d'abord très fluides ; en même temps, on habitue le jeune à mastiquer et à digérer l'herbe verte du pâturage, les fourrages verts ou les foins de bonne qualité (regains de légumineuses).

Vers six mois, le jeune est au régime végétal complet. C'est alors le pâturage qui convient le mieux, par la qualité de la nourriture et par la liberté qu'il procure. Si on les garde à l'étable, les jeunes doivent être logés plusieurs ensemble dans un local vaste, aéré et bien éclairé ; ils ne sont pas attachés.

Les aliments grossiers et aqueux sont introduits peu à peu dans la ration, mais la relation nutritive doit rester étroite (**375**), grâce à l'emploi de grains, de sons, de tourteaux et autres aliments concentrés.

391. La rumination ; la météorisation. — L'estomac des bovidés est composé de quatre renflements successifs du tube digestif : la *panse*, le *bonnet*, le *feuillet* et la *caillette* (*fig.* 163).

Les aliments, grossièrement mastiqués et roulés en pelotes, s'accumulent dans la panse et le bonnet pendant que l'animal effectue son repas ; ensuite, ils sont ramenés dans la bouche et mastiqués longuement, de façon à les réduire en une véritable bouillie : c'est ce qu'on appelle la *rumination*.

Les pelotes d'herbe avalées en premier lieu ont un poids et un volume suffisants pour faire s'entr'ouvrir la gouttière de l'œsophage, sorte de boutonnière, donnant accès dans la panse; tandis que la bouillie liquide passe sur la gouttière sans l'ouvrir, tombe dans le feuillet et arrive à la caillette où se produit la digestion stomacale.

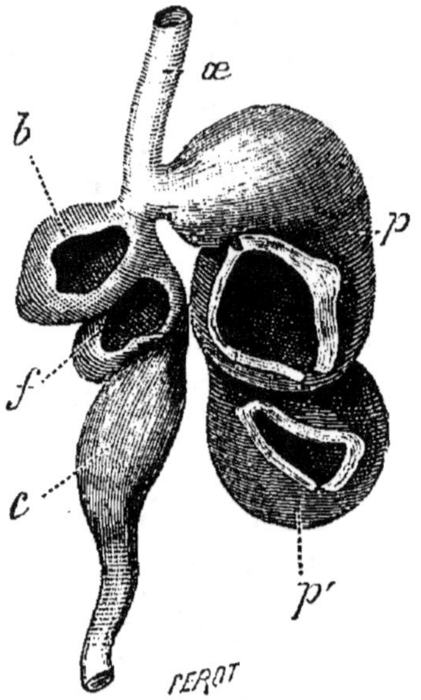

Si l'acte de la rumination ne s'effectue pas assez vite, pour certains aliments consommés en vert (trèfle, luzerne), il se produit une fermentation et un dégagement de gaz qui gonfle la panse. Celle-ci comprime les organes respiratoires au point que la mort peut survenir par asphyxie. Cet accident, spécial aux bovidés et aux moutons, s'appelle la *météorisation*. On le prévient en rationnant le pâturage des animaux dans les prairies artificielles, ou en mélangeant de la paille aux fourrages verts distribués à l'étable.

Fig. 163. — L'estomac d'un ruminant. *œ*, œsophage; *pp'*, panse; *b*, bonnet; *f*, feuillet; *c*, caillette.

Quand un animal est météorisé, il faut lui faire prendre une substance capable d'absorber les gaz développés : eau ammoniacale (une cuillerée à bouche d'ammoniaque dans 1 litre d'eau pure), acétate d'ammoniaque (50 à 100 grammes dans 1 litre d'eau tiède), sel marin (250 à 400 grammes ou 30 à 40 grammes pour un mouton).

On sauve enfin l'animal par la ponction du rumen, qui consiste à percer le flanc gauche à l'extrémité des vertèbres lombaires et de la dernière côte, au moyen d'un instrument appelé trocart. Les gaz s'échappent par l'ouverture produite.

392. Age des bovidés. — L'appréciation de l'âge des bovidés se fait surtout en vue de déterminer leur précocité.

Les bovidés ne portent pas d'incisives à la mâchoire supérieure; il existe un bourrelet cartilagineux, recouvert d'une lèvre épaisse et qui forme, avec celle-ci, le *mufle*. La mâchoire inférieure porte *huit incisives* : deux *pinces*, deux *premières mitoyennes*, deux *secondes mitoyennes* et deux *coins ;* leur volume diminue de la pince au coin.

L'examen de la dentition sera fait conformément aux données du tableau qui suit (M. Baudoin) :

j = jour ; m = mois		PINCES	1res Mitoyennes	2es Mitoyennes	COINS
Incisives — Caduques	Éruption.........	Avant la naissance			8 à 15 j.
	Usure...........	Très irrégulière (dépend de l'alimentation).			
Remplaçantes	Éruption.........	20 à 22 m.	30 à 32 m.	38 à 40 m.	50 à 54 m.
	Usure commence.	25 à 28 m.	35 à 38 m.	43 à 46 m.	5 ans
	Nivellement......	7 ans	8 ans	9 ans	10 ans
	Table se creuse..	9 ans	9 ans	10 ans	»
	— carrée.....	10 ans	10 ans	11 ans	»
	— ronde.....	11 à 12	11 à 12	12 à 13	12 à 13

On peut aussi déterminer approximativement l'âge des bovidés par l'examen des cornes. Vers l'âge de quinze jours chez le veau, on sent avec le doigt, à chaque angle du sommet du front, une sorte de tubérosité ou germe de la future corne. A 2 mois, le petit cornillon s'aperçoit entre les poils ; il s'allonge d'abord assez régulièrement de 1 centimètre par mois dans toutes les races, puis à partir d'un an il pousse plus ou moins vite suivant les races. A 3 ans, un premier sillon circulaire se marque à la base de la corne ; puis un nouveau sillon apparaît chaque année.

Chez un animal adulte, l'âge en années est donc égal au nombre des sillons augmenté de 3 unités.

393. Précocité. — En général, les bovidés ont leur dentition permanente complète entre 50 à 54 mois, ce qui correspond au développement maximum de leur squelette ; ils sont alors adultes (**360**).

Grâce au régime du forçage, en servant continuellement aux jeunes animaux une ration riche et abondante, on les amène à l'état adulte beaucoup plus tôt ; on dit que ces animaux sont *précoces*. Dans ce cas, l'évolution des dents de remplacement est accélérée ; les incisives chevauchent souvent l'une sur l'autre, faute de place dans le maxillaire qui se trouve un peu rétréci.

Les chiffres du tableau ci-dessous, comparés à ceux de l'âge moyen des bovidés (**392**), font ressortir l'importance de la précocité.

APPARITION DES DENTS DE REMPLACEMENT	PINCES	1res Mitoyennes	2es Mitoyennes	COINS
Bovidés précoces au 3e degré....	19 à 20 m.	28 à 30 m.	35 à 37 m.	40 à 45 m.
au 2e degré....	18 mois	24 mois	28 à 30 m.	37 à 39 m.
au 1er degré....	14 à 15 m.	18 mois	24 mois	29 mois

La précocité est surtout avantageuse à réaliser dans la production des animaux de boucherie; non seulement on obtient un même poids de viande nette en moins de temps, mais encore la qualité de la viande est accrue. La dépense consentie pour une alimentation copieuse pendant 2 ans 1/2 à 3 ans n'est souvent pas plus élevée que celle destinée à fournir une ration parcimonieuse à l'animal pendant 4 ans et demi; il y a, d'autre part, économie de soins et de risques.

Pour devenir précoce, un animal doit toujours manger à satiété; il faut stimuler son appétit par de grands soins de propreté, de la variété dans la ration; enfin, la nourriture de la saison d'hiver doit être calculée de façon que la relation nutritive se maintienne égale à celle de l'herbe d'un bon pâturage pendant l'été. Le développement de l'animal ne subit aucun ralentissement.

394. Maladies des bovidés. — Les bovidés sont atteints par un certain nombre de maladies infectieuses ou contagieuses; la *fièvre aphteuse* et la *tuberculose* sont les plus répandues; l'*avortement épizootique* (lecture, page 324) et la *fièvre vitulaire* précèdent ou accompagnent la parturition.

La *fièvre aphteuse* produit, dans la bouche, autour des onglons et aux mamelles, une éruption de vésicules ou *aphtes* qui crèvent et forment des plaies douloureuses.

La vaccination n'a pas donné de résultats pratiques; on se contente de soigner les plaies pour aider à leur cicatrisation. La maladie crée souvent une immunité de deux ans chez l'animal guéri.

La déclaration de fièvre aphteuse doit être faite à l'autorité locale qui prescrit les mesures de désinfection.

La *tuberculose* est due à des microbes qui se développent dans les poumons et dans certaines autres parties de l'organisme; elle est contagieuse et transmissible directement ou par le lait.

On peut déceler la présence de la maladie par une injection de *tuberculine*, liquide spécialement préparé à cet effet. On relève à de fréquents intervalles la température de l'animal, pendant les 24 heures qui suivent l'injection.

Si la température s'élève d'au moins 1°,5, il y a présomption de tuberculose; si elle varie peu, l'animal est considéré comme sain.

Dès qu'un animal est atteint, on l'isole et on désinfecte l'étable pour préserver les autres animaux qui ne peuvent être vendus ailleurs qu'au boucher.

§ II

TRAVAIL ET ENGRAISSEMENT

395. Le bœuf de trait. — Plus que toute autre espèce domestique, les bovidés ont des fonctions multiples (**360**). Le bœuf est employé, ainsi que la vache des régions pauvres, comme animal de trait; la production du lait prend de jour en jour une importance plus grande; enfin, la fonction dominante pour tous les bovidés est l'engraissement. Nous envisagerons successivement ces diverses productions.

Le bœuf est utilisé aux travaux agricoles et aux transports industriels dans les pays de culture intensive et au voisinage des usines. Son allure est lente, mais, en raison de sa grande force, il produit un travail moteur d'autant plus économique qu'on le prépare en même temps en vue de la boucherie.

Les bœufs de trait sont attelés au *joug* ou au *collier*. Le joug a l'avantage de coûter beaucoup moins cher que le collier; celui-ci, de grandes dimensions à cause du développement du cou, blesse parfois les animaux au poitrail ou à l'épaule, les gêne dans la marche et ralentit leur allure.

Dans les pays d'élevage (Morvan, Plateau central), on *dresse* les bœufs dès l'âge de 20 mois à 2 ans; les travaux sont exécutés avec des animaux en voie de croissance qui sont vendus à l'âge adulte. Les sucreries, les distilleries en emploient continuellement, qui effectuent les transports de betteraves, puis sont engraissés au moyen des pulpes et livrés à la boucherie, de 4 à 6 ans.

Le bœuf a le pied sensible; on lui adapte une ferrure spéciale.

396. Engraissement des bovidés. — Le veau peut être préparé, dès son jeune âge, pour la boucherie (390); les autres bovidés sont engraissés à un âge très variable.

Autrefois, on ne conduisait à l'abattoir que les animaux hors d'âge, devenus impropres à tout service; aujourd'hui, on pratique l'engraissement sur des bêtes jeunes et précoces (génisses, bouvillons), encore en voie de croissance.

L'engraissement s'obtient au pâturage ou à l'étable.

Dans les régions de riches herbages (Nivernais, Charolais), il suffit de laisser en permanence les animaux *au pâturage* pendant la belle saison pour obtenir l'engraissement.

A *l'étable,* il faut servir des aliments très nourrissants, variés, additionnés de condiments et bien préparés. Les principes hydrocarbonés conviennent surtout aux bêtes à l'engrais; la relation nutritive peut donc être large : 1/9 à 1/11 (375). Le meilleur logement est à demi obscur, modérément aéré, d'une température douce et régulière; les animaux doivent y jouir d'un tranquillité parfaite et d'un repos complet. Enfin, par des soins hygiéniques bien compris (367), on stimule encore l'engraissement.

Il ne faut pas attendre la troisième période de la vie d'un animal pour tenter de l'engraisser. Alors sa dentition devient mauvaise, ses fonctions digestives perdent de leur activité; l'assimilation est défectueuse et le résultat économique reste rarement avantageux.

397. Conformation des animaux de boucherie. — Un bon animal de boucherie renferme dans ses muscles une certaine quantité de graisse dite *persillée,* qu'il est assez difficile d'apprécier au toucher sur l'animal vivant. Mais, en même temps que la graisse se produit dans les tissus, il s'en accumule, par localisation ou dépôts successifs, dans certaines régions du corps.

L'exploration de ces diverses parties ou *maniements* sert à reconnaître l'état de l'engraissement; elle se fait dans l'ordre même où les dépôts se forment (*fig.* 164) : le *cordon* s'étend

de la vulve à la mamelle ; le *bord* ou *abord* entre la base de
la queue et la pointe interne de la fesse ; la *lampe, hampe* ou
grasset, repli de peau qui va de la cuisse au ventre ; le *travers*
ou *aloyau* sur les vertèbres lombaires ; la *côte*, au niveau des
dernières fausses-côtes et en avant du flanc, le *cœur*, au-
dessous du bord arrière de l'épaule, la *poitrine*, le *paleron*, la *hanche*, le *flanc*, le *collier*, l'*oreillette*, le *dessous de
langue*, etc.

L'animal est dit *en bon état* dès qu'il possède les trois
premiers maniements ; il est *gras* quand la graisse se forme

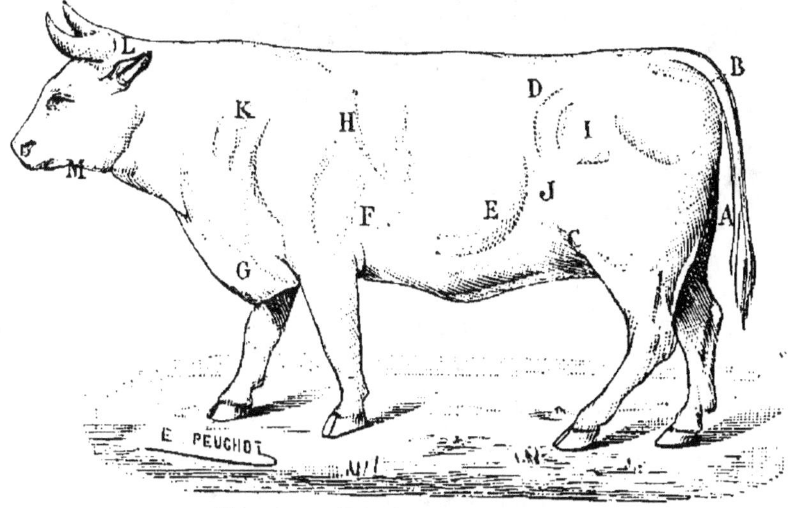

Fig. 164. — Principaux maniements.

A. Cordon. — B. Bord. — C. Hampe. — D. Travers. — E. Côte. — F. Cœur. — G.
Poitrine. — H. Paleron. — I. Hanche. — J. Flanc. — K. Collier. — L. Oreillette.
M. Dessous de langue.

sur la côte, *fin gras* lorsqu'on trouve les maniements qui
suivent.

La viande de choix se trouve surtout dans la région postérieure et supérieure du corps : aloyau, filet, culotte, gîte
à la noix, etc. (*fig.* 165). Le paleron, la poitrine, le cou, le
pis proviennent de l'avant et du dessous du corps ; ils sont
de qualité inférieure.

Le meilleur animal de boucherie est celui qui fournit le
plus de viande de première catégorie ; par suite, il doit avoir
la croupe longue et arrondie, les hanches écartées, les cuisses
larges, la ligne du dos (colonne vertébrale) rectiligne ; par
contre, il faut une tête et un cou petits et courts, un squelette et des membres réduits, peu volumineux.

Il y a lieu de rechercher cette conformation même pour les bœufs de trait et les vaches laitières, qui sont tous destinés à finir à la boucherie.

Le *rendement* de l'animal de boucherie, c'est-à-dire la

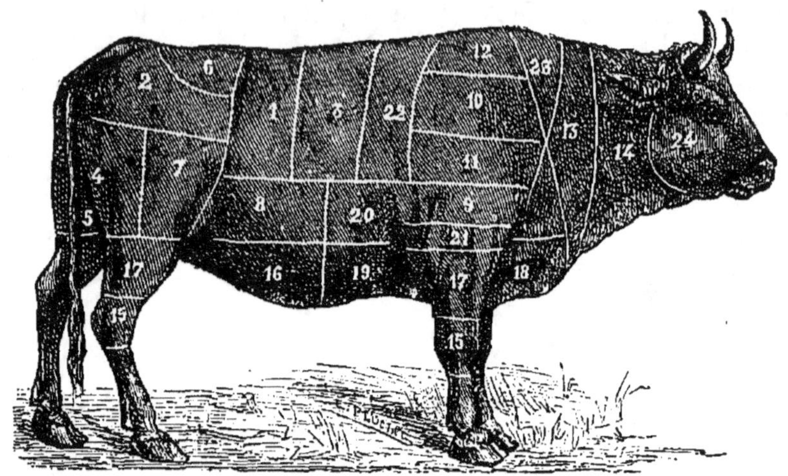

Fig. 165. — Catégories de viande.

1re *Catégorie*. — 1. Aloyau et filet. — 2. Culotte. — 3. Faux filet. — 4. Gite à la noix. — 5. Quasi ou tendron de tranche. — 6. Romsteck. — 7. Tranche grasse. — 2e *Catégorie*. — 8. Bavette d'aloyau. — 9. Boîte à moelle. — 10. Paleron. — 11. Macreuse dans le paleron. — 12. Pointe de paleron. — 13. — Talon de collier. — 3e *Catégorie*. — 14. Collier. — 15. Crosse. — 16. Flanchet. — 17. Gite ou trumeau — 18. Grosse poitrine. — 19. Moyenne poitrine. — 20. Plates côtes. — 21. Queue de gite. — 4e *Catégorie*. — 22. Côtes couvertes à la noix. — 23. Surlonge.— 24. Tête.

quantité de viande nette que l'on obtient pour 100 du poids vif, varie avec l'âge, la race et l'état d'engraissement. Il est de 50 à 56 pour le bœuf, 55 à 80 pour le veau. De même, 100 de viande nette donne, en moyenne, 35 de viande de 1re catégorie, 31 de 2e et 34 de 3e lorsqu'il s'agit du bœuf.

Pour le veau, on aurait respectivement 39, 41 et 20 pour 100.

§ III

PRODUCTION DU LAIT

398. Sécrétion du lait; la traite. — Le lait est un aliment complet, puisque le jeune s'en nourrit exclusivement pendant son premier âge. Il joue un rôle fort important dans l'alimentation humaine.

Le lait est sécrété par les *glandes mammaires*, qui sont renfermées dans le *pis* (mamelles). Ces glandes, irriguées par le sang, en extraient le lait qui se réunit dans des anaux débouchant à l'extrémité des *trayons* ou mamelons.

La jeune vache, qu'on appelle *génisse*, peut être accouplée vers l'âge de quinze à dix-huit mois ; la durée de gestation étant de neuf à dix mois, elle donne son premier veau vers deux ans environ. C'est alors que commence la sécrétion du lait. La durée de lactation est en moyenne de trois cents jours après chaque vêlage, mais elle varie beaucoup avec les races et les individus.

La quantité de lait sécrétée diminue du commencement à la fin de la lactation, non pas régulièrement, mais par périodes ou échelons, la première étant de 1 mois et les suivantes de 3 mois environ.

En général, la production laitière augmente avec l'âge jusque vers huit ans, puis, à partir de ce moment, elle diminue jusqu'à la vieillesse ; à douze ans, la vache n'est plus apte à la reproduction.

Le lait s'extrait du pis par mulsion : c'est l'opération de la *traite*. Au début de la lactation, le nombre des traites est de trois par jour ; plus tard on le réduit à deux. L'augmentation du nombre des traites permet de recueillir un lait plus abondant et plus riche.

Il faut vider complètement la mamelle à chaque traite, car la glande, mise à nu, est excitée dans son activité ; en outre, l'expérience montre que les dernières parties de la traite sont plus riches en beurre que les premières. Ainsi Boussingault a trouvé que six échantillons de lait, prélevés à différents moments d'une même traite, contenaient des quantités de matière grasse dont les extrêmes variaient de 1,8 p. 100 au début à 6,6 p. 100 à la fin.

399. Caractères d'une bonne vache laitière. — Les qualités d'une bonne vache laitière se reconnaissent à un ensemble de signes ou caractères extérieurs dont l'usage a consacré la valeur. On examine : la conformation de l'animal ; la finesse et la souplesse de la peau ; le pis, les veines et les signes particuliers (écusson, épis).

La vache spécialisée pour la production du lait doit avoir des *caractères dits féminins* : tête distinguée, encolure svelte, ligne du dos droite et longue, abdomen ample, bassin large, queue mince, membres écartés, mais fins et réduits, ainsi que le squelette. La vache doit avoir un caractère doux et se laisser toucher facilement.

La *peau* doit être fine, souple, mobile, douce au toucher, roulant bien entre les doigts ; l'épaisseur est moins importante : elle est toujours plus grande pour les bêtes qui séjournent à l'herbage.

Le *pis*, organe essentiel, mérite un examen complet et méthodique. Il doit être ample, pour que les glandes soient bien développées, globuleux, régulier, bien avancé sous le ventre, connexe en arrière, puis légèrement infléchi (*fig.* 167)

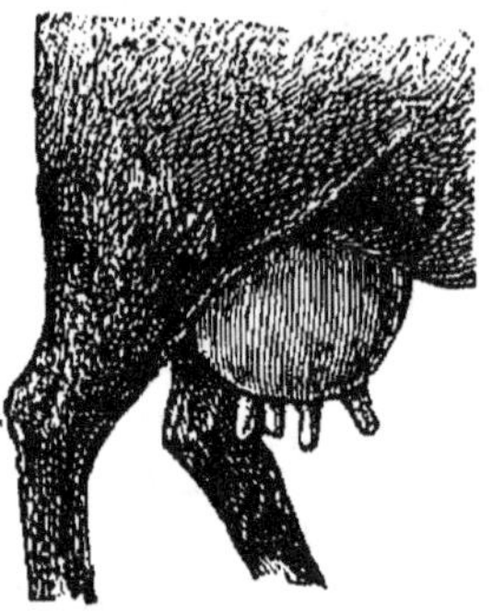

Fig. 166.
Pis mal fait.

Fig. 167.
Pis bien fait.

et non tronqué brusquement en avant (*fig.* 166). Sa masse, douce au toucher, molle et élastique, est revêtue d'une peau fine et souple, formant en arrière des plis nombreux, parallèles et serrés.

Si le pis est charnu, constitué surtout par des masses musculaires ou graisseuses, il manque d'élasticité et son volume n'est presque pas diminué après la traite.

Le pis porte quatre trayons qui doivent être régulièrement disposés et bien écartés. La présence de mamelons supplémentaires (un, deux, trois ou quatre) est toujours considérée comme un bon caractère laitier.

L'examen des *veines* a beaucoup d'importance, car la sécrétion du lait dans la mamelle est en rapport direct avec l'abondance de l'afflux sanguin. Ces vaisseaux forment sous la peau du pis des canaux flexueux ; tous ceux qui desservent la partie antérieure de la mamelle se réunissent en deux troncs veineux, sinueux et dilatés comme des varices, faciles à suivre en passant la main à plat sous l'abdomen. Ces veines, parallèles au sternum, pénètrent dans le corps par deux orifices qu'on appelle les portes inférieures ou *fontaines* du lait. La première phalange de l'index, introduite dans l'orifice, en indique la dimension relative.

Le réseau veineux qui ramène au cœur le sang de la
partie postérieure du pis remonte à l'arrière, entre les cuisses
de l'animal jusqu'à l'attache de la queue.

Tous les poils situés sur ce réseau sont dirigés de bas en
haut, tandis que ceux des régions voisines vont de haut en
bas, et se soulèvent contre les pre-
miers. La figure ainsi délimitée a reçu
le nom d'*écusson* (*fig.* 168).

Guénon, éleveur du Bordelais, qui
le premier a signalé l'importance de
ce caractère dans la production laitière,
classait les écussons d'après leur forme.
Ce qui importe, c'est l'étendue de l'é-
cusson bien plus que sa forme.

Enfin, on nomme *épis* de petits tour-
billons de poils, dirigés dans divers
sens, de forme généralement étroite
et allongée en épi. Les épis qui sont en

Fig. 168. — Écusson.

dedans de l'écusson en augmentent la valeur; ceux qui sont
en dehors la diminuent.

Tous les caractères qui précèdent nous renseignent sur la
quantité du lait; il nous reste à examiner les signes se rapportant à la qualité, c'est-à-dire à la richesse de ce liquide
en extrait sec et plus particulièrement en matière grasse
destinée à être transformée en beurre.

400. Caractères beurriers. — L'aptitude à donner
un lait riche ou un lait pauvre en beurre est héréditaire; il
importe donc de sélectionner les génisses d'élevage dans la
descendance des bonnes vaches beurrières.

Le choix est guidé en outre par les caractères suivants :
poil brillant, peau souple et onctueuse, sécrétion abondante
des glandes sébacées de la peau et du pis, et aussi des
glandes à cérumen accumulées dans le conduit de l'o-
reille.

Il y a une corrélation étroite entre les diverses glandes de
l'organisme; si la matière grasse est sécrétée abondamment
par les glandes sébacées de la peau, la glande mammaire
doit avoir une propriété analogue. L'expérience, d'ailleurs,
confirme cette observation.

Mentionnons encore la couleur jaune que revêt la peau
au pourtour des ouvertures naturelles (visible dans les races
à muqueuses claires) et l'abondance, sur l'étendue de l'écus-

son, de pellicules épidermiques se détachant en lamelles brunâtres, semblables à des écailles de gros son de blé.

401. Nourriture des vaches laitières. — Le lait renferme 85 à 90 p. 100 d'eau; la nourriture des vaches, pendant la période de lactation, doit donc être très aqueuse, surtout quand l'animal vit sous un climat sec et chaud.

Constamment, la vache laitière a besoin d'une bonne nourriture; ou bien elle est en état de gestation, ou bien elle est dans la période de lactation. Dans les deux cas, à côté de sa ration d'entretien, une large part des aliments assimilés est destinée aux produits.

Les aliments aqueux (fourrages verts en été, betteraves fermentées en hiver), doivent toujours former la base de la ration. On complète par du foin et des aliments concentrés, son, farines, tourteaux, de façon à rétrécir la relation nutritive (**375**).

Une laitière peut absorber 40 litres de liquide par jour; il faut donc s'appliquer à lui faire accepter cette quantité, même en hiver, sous forme de buvées tièdes, et aussi en servant l'eau de boisson à une température convenable.

Tous les tourteaux ne sont pas également recommandables pour les vaches laitières; ceux des graines de crucifères ont souvent un goût fort qui se transmet au lait; les tourteaux de lin, de coton décortiqué, de sésame, d'arachide, de chanvre ou d'œillette conviennent mieux.

A titre d'exemple, voici, d'après M. Mallèvre, ce que pourraient être les rations journalières pour des vaches laitières, dans une exploitation bien pourvue en paille et betteraves, ayant une provision moyenne de foin. Il y a lieu de remarquer que la relation nutritive devient plus étroite avec l'intensité de la production.

RATION PAR TÊTE DE 500 KILOS DONNANT :	10 litres lait	16 litres lait	22 litres lait
	Kil.	Kil.	Kil.
Foin de pré......................	5.	5	5
Paille	3	3	3
Menue paille.....................	2	2	2
Betteraves à 12 %/₀ mat. sèche...	31	42	50
Tourteau riche en azote..........	1	2	3
	RN = 1/7	RN = 1/6	RN = 1/5

§ IV

UTILISATION DU LAIT

402. Composition du lait. — Le lait est un liquide blanc, légèrement alcalin, dont la densité varie de 1,023 à 1,040.

Sa composition moyenne, analogue à celle des aliments (370), est la suivante :

POUR 100 :				VACHE	CHÈVRE	BREBIS
Eau				87,25	88,36	84.12
Matière sèche	orga-nique	MA, caséine, albumine		3,97	3,74	5.50
		MG, beurre		3,62	1,90	6,14
		Lactose (sucre de lait)		4,40	5.13	4,14
	miné-rale	Phosphate de chaux		0,38	0,44	0,34
		Sels solubles		0,38	0,43	0,33

La *caséine* constitue la plus grande partie de la matière azotée du lait; elle s'y trouve en dissolution et en suspension, et se coagule sous l'action d'un acide (petit-lait, présure); cette action est aidée par la chaleur.

La *matière grasse* est formée de fins globules ronds, visibles au microscope, qui sont en suspension dans le lait. Ces corpuscules ont une densité plus faible que celle du milieu dans lequel ils nagent; aussi, ils s'en séparent facilement et constituent la crème.

Le sucre de lait ou *lactose* est en solution dans le lait; il subit difficilement la fermentation alcoolique et donne directement de l'acide lactique (petit-lait).

L'*acide phosphorique* et la *chaux* entrent pour moitié environ dans la composition des matières minérales; le supplément est formé de *chlorures* (de sodium, de potassium, etc.) dissous dans le liquide.

Le lait est un milieu très altérable; sa matière grasse absorbe les odeurs avec facilité. Il est indispensable d'apporter de grands soins à sa manipulation, de tenir bien propre le pis de la vache, de laver à l'eau bouillante tous les vases à lait, etc.

Sans ces précautions, le lait est envahi par des microbes

ou ferments qui déterminent des maladies ou nuisent à sa bonne transformation (lait bleu, lait acide), etc. Les mêmes soins sont nécessaires en vue de la fabrication du beurre et du fromage.

403. Ecrémage du lait. — Le lait se vend *en nature*, près des centres importants ; mais la plus grande partie de la production sert à la fabrication du beurre et du fromage.

La préparation du *beurre* nécessite la séparation de la crème ou matière grasse du lait.

L'*écrémage* est *spontané*, lorsqu'il s'opère de lui-même dans du lait au repos ; ou *forcé,* si on l'effectue au moyen d'appareils spéciaux.

1° La *méthode courante* consiste à laisser le *lait au repos* dans des *vases larges* et *peu profonds,* pour faciliter la montée des globules gras ; les vases sont en bois, en poterie vernissée, ou, de préférence, en fer étamé ou émaillé.

Dans un *local frais*, à la température de 12 à 15 degrés, il faut environ 36 heures à la crème pour se séparer. Toute secousse, opérée dans la masse du lait, retarde la montée et diminue le rendement.

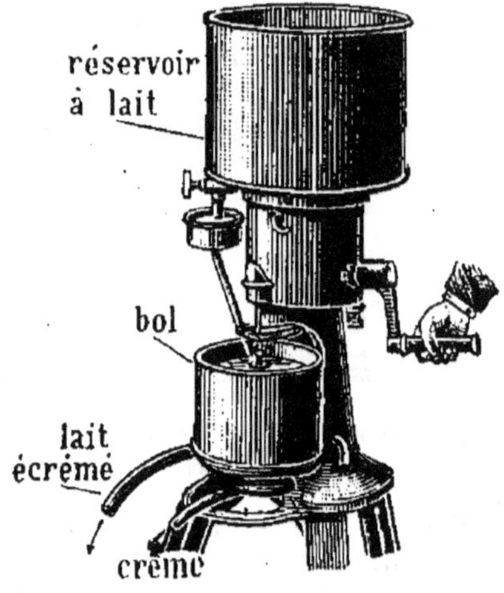

Fig. 169. — Ecrémeuse centrifuge.

On perfectionne cette vieille pratique en plongeant les récipients à lait dans une eau courante, très fraîche, additionnée de glace en été ; la séparation est achevée en 24 heures à la température de 6 degrés, et en 12 heures à 2 degrés.

2° La crème peut s'extraire du lait, immédiatement après la traite, en utilisant la force centrifuge. Une *écrémeuse centrifuge (fig.* 169) se compose essentiellement d'un *bol* en acier (*fig.* 170), espèce de tambour arrondi dans lequel le lait arrive peu à peu à la température de 25 à 30 degrés. Ce bol peut être mis

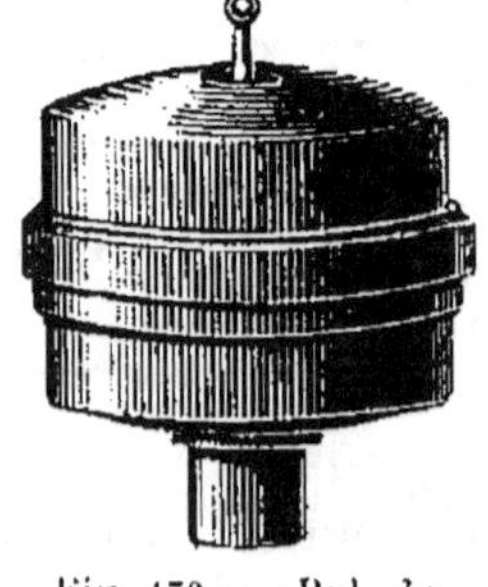

Fig. 170. — Bol de l'écrémeuse.

en mouvement sur lui-même avec une vitesse considérable 2 000 à 7 000 tours par minute).

Il s'établit alors, dans la masse du lait, des courants de sens différents : en vertu de la force centrifuge, la crème plus légère se réunit au centre (*fig.* 171), tandis que le lait écrémé se rapproche des parois du vase. Des conduits prenant naissance dans le bol, l'un vers la périphérie, l'autre vers le centre, recueillent séparément les deux parties du lait et les déposent dans des récipients différents.

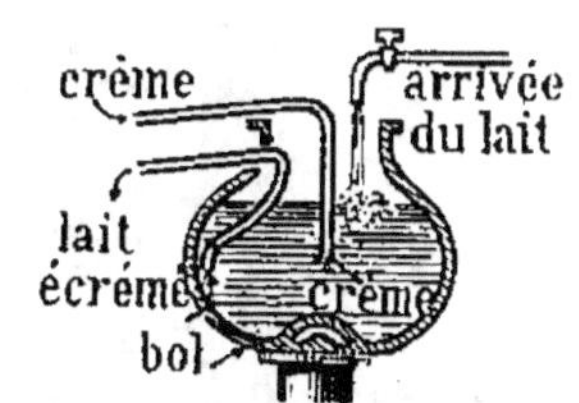

Fig. 171. — Séparation de la matière grasse du lait (schéma).

Dans certaines écrémeuses, le bol est garni d'*appareils cloisonnés* destinés à faciliter cette séparation.

Le *lait écrémé* reste doux ; on peut l'employer aux usages domestiques. La crème contient, avec les globules gras, de l'eau et une petite quantité de lait maigre entraîné ; le rendement en crème varie de 10 à 16 p. 100 du lait suivant les races, les saisons, la nourriture, etc.

L'écrémage centrifuge permet d'extraire en bien plus forte proportion la crème du lait ; on obtient 76 à 77 p. 100 de la matière grasse totale par l'écrémage spontané à 12 degrés, 83 à 84 p. 100 par refroidissement à la glace, et jusqu'à 96 et 99 p. 100 par écrémage centrifuge.

404. Fabrication du beurre. — La crème obtenue spontanément ou par écrémage centrifuge est dite *crème douce* ou *crème fraîche*. Il ne faut pas la baratter de suite, car le beurre n'aurait pas de saveur ; il est préférable de laisser fermenter ou *mûrir* la crème pendant 12 à 24 heures. On conseille d'y ensemencer, après l'avoir stérilisée, des ferments spéciaux capables de développer un arome agréable, désigné, dans le bon beurre, par l'expression de *goût de noisette*.

La crème est brassée doucement toutes les six heures et conservée dans des récipients non complètement clos, à la température de 12 à 15 degrés.

La *crème fermentée* ou *acidifiée* est ensuite soumise au *barattage*. La *baratte* (*fig.* 172) a généralement la forme d'un tonneau ; elle est construite en bois dur et doit permettre l'enlèvement rapide du beurre et l'écoulement facile du petit-lait. Les modèles de barattes sont nombreux : elles sont *tournantes* ou *fixes* ; dans ce dernier cas, la crème est mise en mouvement par un agitateur à ailettes, horizontal ou vertical (piston).

Quelle que soit la baratte employée, les globules gras qui

constituent la crème sont soumis à des chocs répétés ; ils se soudent en une masse globuleuse qu'on appelle le *beurre*.

Fig. 172. — Baratte fixe.

La crème doit avoir une température d'environ 13 degrés, un peu plus en hiver, un peu moins en été. Trop froide, elle empêche les globules de se souder, en augmentant la viscosité du liquide ; le beurre est dur, cassant, le barattage long et incomplet. Trop chaude, elle ramollit la matière grasse ; l'opération est courte, mais le beurre reste mou.

La baratte se manœuvre avec régularité ; à la fin, quand le beurre se granule, on ralentit le mouvement puis on fait écouler le liquide appelé *lait de beurre*. La durée du barattage doit être comprise entre 30 et 45 minutes.

Le *délaitage*, auquel on procède ensuite, consiste à débarrasser le beurre du petit-lait qu'ont emprisonné les globules butyreux en se soudant, afin d'éviter le rancissement. On verse à plusieurs reprises de l'eau fraîche dans

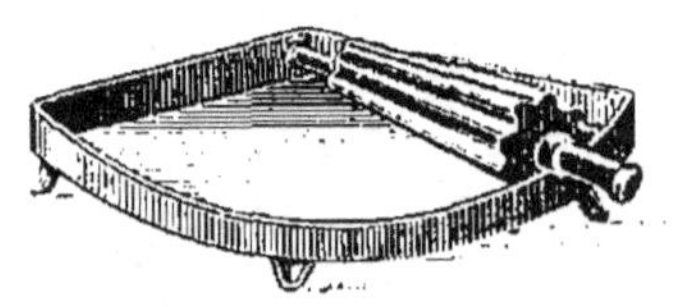

Fig. 173. — Malaxeur.

Fig. 174. — Malaxeur.

la baratte, on tourne doucement et on fait écouler les eaux de lavage. Un beurre bien fait contient 9 à 14 p. 100 d'eau.

Le *malaxage* a pour but d'expulser le petit-lait qui peut rester après le délaitage et de donner de l'homogénéité à la pâte du beurre. Le malaxage à la main est fort imparfait ; il est préférable d'employer un appareil spécial (*fig.* 173 et

174) sur lequel le beurre est laminé entre une table et un rouleau cannelé. Le beurre, manœuvré au moyen de spatules, est mis en pains ou en mottes, de forme et de poids déterminés, puis livré à la vente, comme *beurre frais*, ou conservé suivant divers moyens : salaison, fusion, procédé Appert, etc.

405. Fabrication du fromage. — Si on abandonne du lait à l'air, il est envahi par des *ferments* qui transforment le sucre ou lactose en *acide lactique* (402) ; en présence de cet acide, la *caséine* ou matière azotée du lait se *coagule* en un réseau à mailles très serrées qui emprisonne les autres éléments : matières grasses, matières minérales, petit-lait, etc.

Cette masse coagulée est le *caillé*. Elle s'obtient spontanément, avec le temps, par la seule action de l'acide lactique développé dans le milieu, ou, promptement, lorsqu'on ajoute au lait un liquide acide nommé *présure*.

Suivant que le lait est coagulé pur, entier, ou qu'on l'a, au préalable, écrémé partiellement ou totalement (404), le caillé a une composition différente qui permet d'obtenir le fromage *gras*, *demi-gras* ou *maigre*. Si le lait est chauffé pour aider à sa coagulation, on obtient le *fromage cuit*.

La *présure* est un liquide obtenu en faisant macérer la *caillette* (391) du veau soumis au régime exclusif du lait, dans du vin blanc ou du petit-lait additionné de sel de cuisine. Cette caillette sécrète des acides destinés à la digestion du lait ingéré par le jeune animal ; la présure qu'on en obtient a la propriété de coaguler en peu de temps le lait frais. L'action coagulante d'un acide ou d'une présure s'accroît avec l'élévation de température ; cette notion explique pourquoi le lait non frais *tourne*, c'est-à-dire se coagule lorsqu'on le chauffe : la quantité d'acide lactique qu'il renferme, insuffisante pour déterminer sa coagulation à la température ordinaire, devient assez active pour la produire au voisinage de l'ébullition.

La présure s'ajoute, aussitôt la traite, dans le lait encore tiède ; on emploie le minimum indispensable pour assurer en quelques heures la prise du caillé ; un excès donnerait au fromage un goût piquant ou amer. Le caillé formé par coagulation spontanée peut prendre un goût aigre, désagréable, pendant son séjour prolongé dans l'acide lactique, aussi on préfère en général coaguler au moyen de la présure.

Le caillé est mis à *égoutter* dans des moules en bois, en terre vernissée, en fer battu étamé, percés d'ouvertures par où s'écoule le petit-lait. On obtient alors le *fromage frais* qui est dit *fromage à la pie*, s'il provient de lait écrémé, *fromage double crème*, lorsqu'on fait coaguler le caillé d'un lait entier mélangé avec un supplément de crème.

Les fromages *demi-sels*, analogues aux précédents, sont un peu plus égouttés et salés.

Mais, en général, les fromages subissent une préparation plus longue ; on les classe, suivant leur consistance et le mode de fabrication, en *fromages affinés, à pâte molle*, et *fromages à pâte ferme* qui sont *pressés et salés* ou *cuits et fermentés*.

Les *fromages affinés* (Brie, Camembert, etc.) sont d'abord égouttés comme les fromages frais, puis séchés dans un local très aéré pour les débarrasser de l'excès de petit-lait qu'ils contiennent, et mis en cave où commence l'*affinage*. Des *bactéries* attaquent la caséine et lui donnent une consistance fluide, crémeuse (caséone). Si le séchage a été incomplet, le fromage *coule* à la surface tandis que la caséine du centre n'est pas transformée. Des produits odorants se développent, qui donnent à chaque fromage une odeur et une saveur particulières.

Si les fromages sont lavés de temps en temps pendant l'affinage, il se forme, à l'extérieur, une croûte jaune rougeâtre due à des bactéries (Saint-Florentin, Epoisses); dans le cas contraire, ce sont les moisissures (pénicillium) qui envahissent la surface (Brie, Coulommiers, etc.).

Les *fromages à pâte ferme* utilisent en général de grandes quantités de lait.

Le *Roquefort*, fait avec du lait de brebis, est pressé puis ensemencé de moisissures et affiné lentement dans des caves spéciales, sortes de grottes naturelles.

Le *Gruyère* exige 500 à 1 000 litres de lait par fromage, la mise en présure a lieu vers 38° à 40°, puis on brasse le caillé en le chauffant à 55°. On presse progressivement, et, après salage, on met en cave froide puis en cave chaude pour assurer la fermentation qui dure environ trois mois.

Le petit-lait et le lait de beurre, sous-produits de la fabrication du beurre et du fromage, servent de nourriture aux veaux et surtout aux porcs. Le lait doux, sortant de l'écrémeuse, convient à l'élevage et à l'engraissement des veaux ainsi qu'aux vaches laitières, sous forme de buvées.

§ V

QUELQUES RACES DE BOVIDÉS

406. Races à viande. — La race *Durham*, originaire du comté de Durham, en Angleterre, est très perfectionnée sous le rapport des formes corporelles, de la précocité et de l'aptitude à l'engraissement. Mais le rendement de ces animaux en viande comestible est faible, car la graisse produite, accumulée sous la peau, donne du déchet (suif).

Répandue sur divers points de la France, la race Durham a été la base de nombreux croisements avec nos meilleures races françaises.

La race *charolaise*, considérablement améliorée depuis quelques années, est devenue la race à viande par excellence. Ses animaux, au pelage blanc uniforme, sont très précoces et leur chair est savoureuse. Les bœufs charolais, de grande taille, sont exploités comme bœufs de travail et régulièrement soumis à l'engraissement.

Les génisses et les jeunes bœufs s'engraissent dans les herbages. La population bovine du *Nivernais* ne diffère de celle du Charolais que par la robe, jaune clair (café au lait); elle résulte du croisement de la race charolaise avec la race Durham et présente les mêmes qualités.

La race *limousine* comprend des animaux à pelage rouge clair (froment), qui ont une remarquable aptitude à la production de la viande sous le double rapport de la quantité et de la qualité : leur chair est très savoureuse. Les femelles employées pour le travail sont de médiocres laitières.

La race de *Salers* (Cantal, Puy-de-Dôme) se distingue par le pelage uniformément rouge foncé de ses animaux. Ceux-ci sont robustes, vigoureux, de grande taille, durs au travail; les vaches sont médiocres laitières. Leur engraissement est difficile, mais la viande est d'excellente qualité, très savoureuse.

407. Races laitières. — Les grandes races laitières se rencontrent surtout au voisinage de la mer, où le climat favorise une abondante production du lait. Les vaches *hollandaises*, au pelage pie-noir, sont d'excellentes laitières, mais leur lait, pauvre en extrait sec, est surtout avantageux aux environs des villes pour la vente en nature.

La race *normande* habite les riches herbages du pays

d'Auge et du Cotentin ; c'est une excellente race laitière et beurrière qui donne jusqu'à 6 p. 100 de matière grasse (beurre d'Isigny, de Gournay). Le pelage est bringé (légères rayures noires sur fond rouge ou jaune) ou caille-bringé.

La race *flamande*, de grande taille, a le pelage rouge acajou, très uniforme ; ses vaches donnent un lait abondant, tenant le milieu comme richesse entre celui des normandes et celui des hollandaises.

La race *bretonne*, pie-noire, se distingue par la richesse de son lait (jusqu'à 7 p. 100 de matière grasse) et sa rusticité. Elle est de très petite taille.

408. Races mixtes. — La région de l'Est de la France (montagnes des Alpes et du Jura) est habitée par une population bovine divisée en races assez nombreuses, qu'on peut rattacher à deux types, suivant la couleur des muqueuses, de la pointe des cornes et des onglons : les races *brunes* et les races *blondes*.

La race de *Schwitz* ou *Suisse brune* a le pelage qui varie du gris souris au jaune fauve, avec une raie plus claire au milieu du dos. Elle donne de bons travailleurs rustiques ; le lait des vaches, abondant, est riche en extrait sec et sert à fabriquer le fromage de Gruyère ; la viande est considérée comme médiocre. Rapprochons de ce type la *Tarentaise* (Savoie), la race de *Mézenc* (Cévennes), la *Parthenaise* (Poitou), etc.

Les races *blondes* comprennent plusieurs variétés exploitées en Suisse sous les noms de : *Bernoise*, en voie de disparition ; *Fribourgeoise*, noire et blanche, à ossature très développée, convenant pour la production du lait, de la viande et du travail ; *Simmenthal*, blanche et rouge, améliorée par la sélection. Cette dernière semble prévaloir comme race laitière, de trait et d'engraissement ; sa viande n'est pas de première qualité.

La Franche-Comté a fourni plusieurs races analogues aux précédentes : la *Fémeline*, blond clair, est bonne laitière et améliorée surtout pour la production de la viande ; la *Comtoise*, blanc et jaune rougeâtre, à squelette plus grossier, est davantage une race de trait ; son lait, très riche en extrait sec, est précieux en vue de la fabrication du gruyère ; la *Montbéliarde*, obtenue par sélection de la précédente, offre un squelette plus fin ; le pelage est pie-rouge. Cette dernière est en voie d'extension dans l'Est de la France.

QUESTIONNAIRE

390. Quel est le régime du veau de boucherie? du veau d'élevage?
des jeunes bovidés? — 391. Qu'appelle-t-on rumination? — Qu'est-ce
que la météorisation? — 392. A quels signes reconnaît-on l'âge des
bovidés? — 393. Qu'entendez-vous par précocité? — 394. Citez quelques maladies des bovidés. — 395. Parlez du bœuf comme animal de
trait. — 396. Comment s'obtient l'engraissement? — 397. Qu'appelle-
t-on maniement? Citez les principaux. — 398. Que savez-vous de
la sécrétion du lait. — Comment s'effectue la traite? — 399. Quels
sont les caractères d'une bonne vache laitière? — 400. A quoi recon-
naissez-vous une bonne beurrière? — 401. Parlez de la nourriture des
vaches laitières. — 402. De quels éléments se compose le lait? —
403. Comment s'effectue l'écrémage du lait? — 404. Décrivez la fabrication du beurre. — 405. Comment fabrique-t-on le fromage frais?
le fromage affiné? le fromage pressé ou cuit? — Qu'est-ce que la
présure? — 406, 407, 408. Citez les principales races de bovidés utilisées pour la production de la viande; du travail; du lait.

LECTURES

Le barattage du beurre.

C'est une tradition dans les laiteries qu'il n'y a rien de plus
capricieux que l'opération de barattage. L'âge de la crème, sa
nature, la forme de la baratte, le niveau auquel on la remplit,
la température surtout, celle de l'extérieur comme celle de la
crème, y jouent un rôle quelquefois tellement actif que l'extraction du beurre devient tout à coup impossible.

Quand l'opération marche bien, on voit, au bout d'un quart
d'heure ou vingt minutes, le lait devenir comme granuleux et
se remplir d'une infinité de petites masses, à peine visibles à
l'œil nu : c'est la matière grasse qui commence à s'agglomérer.
A partir de ce moment, la séparation du beurre se précipite
et quelques minutes, deux ou trois, suffisent à la terminer.

Les petits granules se pressent en masses de la grosseur d'une
tête d'épingle, puis d'un pois; puis, presque subitement, en deux
ou trois paquets volumineux nageant au milieu d'un liquide
encore très blanc et appelé lait de beurre. En continuant à battre
plus longtemps, on ne retire rien de plus de ce lait de beurre,
et on risque de rendre visqueux et gluant le beurre obtenu. Il
faut arrêter l'opération.

Le beurre qu'on retire de la baratte n'est pas compact et em-
porte avec lui une assez notable quantité de lait de beurre. Dans
les pratiques actuellement en usage dans le nord de l'Europe,
où existe un des centres de production beurrière les plus importants du monde entier, il n'est jamais mis au contact avec
les mains ni avec l'eau; il est pétri, malaxé, comprimé jusqu'à
ce qu'il ne cède plus rien, salé ensuite et empaqueté pour être
expédié.

En Hollande, et surtout en France, les beurres les plus fins s'obtiennent en faisant écouler de la baratte le lait de beurre au moment où les globules butyreux ont la grosseur d'une tête d'épingle; et on lave à grande eau le beurre dans la baratte elle-même, jusqu'au moment où le liquide sort à peu près limpide. On enlève alors les mottes de beurre, on les laisse se raffermir dans l'eau fraîche et, après un pétrissage exécuté généralement à la main, on leur donne la forme commerciale différente d'un lieu à l'autre.

Duclaux,
(*Chimie biologique*, p. 674 et 676.)

La propreté dans les manipulations du lait.

Le lait est un liquide complexe, riche en matières fermentescibles; il est éminemment altérable.

Ses altérations les plus graves et les plus communes lui viennent de l'envahissement de microbes auxquels il sert d'excellent milieu de culture et qui s'y multiplient abondamment.

Pour combattre efficacement ces altérations du lait, il faut s'attaquer aux causes, c'est-à-dire détruire les ferments. Pour cela, on fera nettoyer le pis des bêtes laitières, les mains des garçons et des filles de ferme avant la traite.

Une propreté extrême est de rigueur. Il faut ne se servir que de vases émaillés, les soumettre à l'ébouillantage prolongé, désinfecter soigneusement la laiterie par des projections d'eau bouillante, la laver avec des substances antiseptiques et y produire des fumigations sulfureuses.

Nulle industrie agricole ne réclame une pareille propreté que la manipulation du lait et de ses dérivés.

Cornevin,
(*Traité de zootechnie générale*, p. 1000.)

CHAPITRE III

Les Ovidés.

§ 1er

ÉLEVAGE ET EXPLOITATION DU MOUTON

409. L'élevage du mouton. — L'état de gestation chez les brebis a une durée d'environ cinq mois. Pendant ce temps, les brebis reçoivent une nourriture abondante et riche; il faut leur éviter les fatigues et la moindre bousculade.

L'agnelage peut avoir lieu au printemps, pendant l'été, ou en hiver. L'agnelage d'été est préférable, car, à cette époque, les mères trouvent, dans les pâturages ou les pacages, les éléments de toute la nourriture qui leur est utile.

Il arrive assez fréquemment qu'une brebis donne naissance à deux agneaux ; il ne faut lui en laisser allaiter qu'un seul : il est préférable d'obtenir un bon animal que deux mauvais. On peut, d'ailleurs, allaiter l'autre avec du lait de vache, au moyen d'un biberon.

L'allaitement des agneaux doit être réglé. Il faut loger les jeunes à part et ne les réunir aux mères qu'aux heures des repas, soit ordinairement quatre fois par jour.

Le sevrage, qui a lieu vers le troisième mois, se fait graduellement comme nous l'avons déjà expliqué pour les bovidés et les équidés. On supprime progressivement les tétées et on les remplace par des aliments concentrés, tels que le son humecté d'eau, les farines, etc., auxquels on associe du bon foin composé d'herbes tendres (regain de prairies artificielles). La relation nutritive de la ration journalière varie avec l'âge, de 1/4 à 1/2.

A partir du sevrage, l'agneau prend le nom d'*agneau gris*. On pratique à ce moment la castration des mâles. Quand les agneaux atteignent l'âge d'un an, on les appelle des *antenais;* vers 18 mois, les brebis peuvent être fécondées. Les ovidés sont adultes, suivant leur précocité, de 2 ans 1/2 à 3 ans 1/2.

410. Nourriture du mouton. — Le mouton est un ruminant ; sa bouche diffère de celle d'un bovidé en ce qu'elle ne porte pas de mufle ; la lèvre supérieure est mobile et divisée par un sillon médian. Comme chez les bovidés, la mâchoire inférieure est garnie de huit incisives ; à la mâchoire supérieure, les dents sont remplacées par un bourrelet cartilagineux.

Avec ses lèvres mobiles et sa tête terminée en pointe, le mouton trouve sa nourriture dans les champs en apparence les plus pauvres et les plus dénudés ; rien n'échappe à sa dent. Il recueille sa nourriture dans les pâturages où les bovidés ne trouvent plus d'aliments.

Pendant la belle saison, le mouton doit surtout être alimenté au pâturage ; on le conduit dans les jachères ou les landes, dans les terres où les récoltes viennent d'être enlevées, le long des chemins, etc. On établit, dans l'exploitation, des pâturages qui lui sont particulièrement destinés, et dans la composition desquels entrent des légumineuses, la lupuline, quelquefois le trèfle blanc, etc. Il faut bien surveiller le troupeau quand on le conduit dans ces pâturages artificiels, car le mouton, comme le bœuf, est sujet à la *météorisation* (301). On évite souvent cet accident, en servant au mouton, le matin au râtelier, une ration sèche avant le départ pour le pacage.

Le mouton ne réussit pas dans les endroits humides et marécageux ; les pâturages qu'on lui destine doivent donc être établis dans des terres très saines.

En hiver, on donne au mouton des betteraves, des carottes, etc., mélangées à des balles et fermentées. On alterne ces matières aqueuses avec des aliments secs : foin, paille hachée, et on complète la ration par des aliments concentrés : son, farines, etc.

Si l'animal est à l'engrais, il faut le nourrir à satiété avec des aliments à la fois riches et digestibles.

411. Le troupeau. — On appelle *troupeau* l'ensemble des béliers, moutons, brebis et agneaux entretenus dans une exploitation. Il est placé sous la direction d'un berger, aidé de chiens de berger et d'une ou plusieurs chèvres destinés à faciliter la conduite des ovins.

L'exploitation rationnelle d'un troupeau montre qu'il y a avantage à n'entretenir que des animaux en voie de croissance. La quantité de laine produite annuellement est peu diminuée, surtout avec des animaux précoces ; en outre, la plus-value acquise s'ajoute à la production (laine, jeunes, etc.).

Dans les troupeaux bien exploités, les mères ne sont soumises qu'à deux agnelages successifs, puis on les prépare pour la boucherie. A ce moment, elles ont à peu près trois ans ; elles sont encore jeunes et d'un engraissement facile ; en outre, elles quittent l'exploitation dès qu'elles atteignent leur maximum de valeur.

Le troupeau se compose donc des éléments suivants : 1° les agneaux ; 2° les moutons (mâles émasculés), que l'on vend dès qu'ils sont bons pour la boucherie ; 3° les mères antenaises ; 4° les mères qui sont à leur deuxième agnelage ; 5° et enfin, les mères réformées qui sont à l'engraissement.

Il faut, avant tout, que le nombre des mères soit suffisant pour renouveler le troupeau. Si ce nombre devenait insuffisant, on conserverait les mères une année de plus dans le troupeau ; leur nombre se trouverait ainsi augmenté dans la proportion de deux à trois.

La bergerie est divisée en plusieurs compartiments qui reçoivent les diverses catégories du troupeau : agneaux, antenais, mères, etc.

On laisse quelquefois séjourner les litières plusieurs mois sous les moutons ; dans ce cas, comme l'épaisseur de la litière augmente constamment, on adopte des râteliers mobiles qui s'élèvent à volonté.

412. Age et précocité. — La détermination de l'âge chez les moutons n'a qu'une faible importance, vu le temps assez court pendant lequel on les conserve dans l'exploitation.

Les incisives caduques sont petites et forment à leur base un collet étroit qui se dégage de la gencive indistinctement pour toutes les dents, vers l'âge de huit mois. L'éruption des dents remplaçantes est fortement influencée par une alimentation intensive ; l'espèce ovine devient facilement précoce.

Nous résumons ci-dessous les différences obtenues dans l'apparition des dents remplaçantes :

ÉRUPTION DES DENTS REMPLAÇANTES	PINCES	1res Mitoyennes	2es Mitoyennes	COINS
Age moyen..............	15 à 16 m.	21 à 24 m.	30 à 36 m.	42 m.
Avec la précocité........	12 à 16 m.	16 à 20 m.	20 à 27 m.	26 à 36 m.

413. Maladies des ovidés. — Dans les pays marécageux ou seulement humides, le mouton est exposé à contracter la *cachexie aqueuse*, qui est causée par le développement de vers parasites (douve ou distome) dans les canaux du foie. Le traitement en est assez difficile ; la maladie résultant de l'influence du milieu, il faudrait transporter le troupeau en pays sain.

La *clavelée* est une maladie contagieuse spéciale au mouton. Elle se manifeste par l'apparition, dans les régions dépourvues de laine, de boutons ronds qui crèvent et laissent échapper un liquide jaunâtre, le *claveau*. La clavelisation est l'inoculation du troupeau par un virus atténué provenant du claveau.

Le *piétin*, dû à l'inflammation de la partie interne des onglons, est une maladie contagieuse ; on la traite par l'application, sur les ulcérations, de solutions concentrées d'antiseptiques, comme le sulfate de fer ou la teinture d'iode.

Il faut sacrifier pour la boucherie les moutons atteints de *tournis*, maladie parasitaire due à la présence d'un ver dans le cerveau.

414. La chèvre (*fig.* 175). — La chèvre est utilisée à peu près uniquement pour son lait. Ses petits, qu'on appelle *chevreaux*, sont recherchés pour la boucherie.

Fig. 175. — La chèvre.

La quantité de lait que peut produire la chèvre, comparée à son poids, est bien plus considérable que celle qui est fournie par la vache.

La chèvre vit de peu ; elle tire profit des aliments les plus grossiers, feuilles d'arbres, etc., et les transforme en lait. Elle est capable d'aller chercher sa nourriture sur les rochers les plus escarpés, là où les autres animaux ne peuvent trouver à vivre.

Elle rend de grands services aux ménages pauvres, car elle coûte peu à nourrir et elle donne relativement beaucoup de produit.

§ II

DIVERSES PRODUCTIONS DU MOUTON

415. Production de la viande. — Le mouton est producteur de viande et de laine à la fois. Dans certains pays, les brebis sont exploitées pour la production de leur lait ; le fromage de *Roquefort* est fabriqué avec le lait des brebis du Larzac (Aveyron). A Roquefort, on estime qu'une brebis produit, en moyenne, 60 litres de lait par an, avec lesquels on obtient 13 kilogrammes de fromage.

Le mouton fournit à la boucherie diverses catégories de

viande. Au premier rang, viennent le *gigot* (cuisse) et le *filet*; puis l'*épaule*. Les morceaux de moindre valeur sont : les *côtes*, le *cou*, etc., qui servent pour le ragoût (*fig.* 176).

Au point de vue de la boucherie, les membres doivent être écartés, tout en occupant une position verticale; dans

Fig. 176. — Catégories de viande du mouton.
1re *Catégorie*. — 1. Carré. — 2. Gigot. — 2e *Catégorie*. — 3. Épaule. — 4. Tête. — 3e *Catégorie*. — 5. Collet. — 6. Poitrine.

ce cas, les gigots (cuisses) sont épais et volumineux; la région lombaire (filet) est large. La tête doit être petite, les membres courts, fins, ce qui indique un squelette peu développé.

Certaines races ovines ont été sélectionnées en vue de leur aptitude à l'engraissement et à la précocité; dans ce but on a surtout fait appel aux races anglaises (Dishley, Southdown), qui se distinguent par le développement de leurs masses musculaires, la réduction de leur squelette et aussi la finesse de leur chair.

On pratique souvent l'engraissement sur les agneaux mâles castrés pour les livrer à la boucherie vers l'âge de 7 à 8 mois.

Bien que le poids de ces animaux reste inférieur à celui d'un mouton adulte, le prix de vente total est aussi élevé en raison de la préférence dont jouissent ces animaux sur le marché, grâce à la qualité exceptionnelle de leur viande.

416. Production de la laine. — La laine, dont l'ensemble constitue la *toison* du mouton, est une production pileuse, de même ordre que celle du corps des autres animaux. On trouve même, en certains points de la toison (tête, pattes, base des cuisses), quelques poils rigides, courts, analogues à ceux du cheval ou du bœuf, que l'on appelle *jarres*; quand des jarres se trouvent dans la toison, elles la déprécient. La matière sébacée, sécrétée en grande quantité par la peau du mouton, et qui sert à lubrifier chaque brin de laine, se mélange à la poussière et constitue le *suint*.

Le brin de laine est toujours plus ou moins ondulé, quelquefois spiralé ou frisé; il doit être long, fin, élastique, résistant et doux au toucher.

Toutes les parties de la toison ne donnent pas de la laine

Fig. 177. — La toison du mouton.
1. Laine de qualité supérieure. — 2. Laine de qualité ordinaire. — 3. Laine de qualité inférieure.

de même qualité; elle peut se distinguer en trois catégories (*fig.* 177). Quand on examine la toison d'un mouton, il faut surtout porter l'attention sur les régions qui correspondent à la troisième catégorie; si l'on ne trouve pas de jarre (ou très peu) dans ces régions, on peut être sûr qu'il n'y en a pas dans les autres.

Chaque année, dans la belle saison (en juin généralement), on enlève la toison des moutons : c'est l'opération de la *tonte*. Il est d'usage, dans certains endroits, de laver la laine sur le dos du mouton avant la tonte : on obtient alors de la *laine lavée*. Cette pratique tend à diminuer, elle présente l'inconvénient de coïncider souvent avec l'agnelage d'été; en outre, les industriels préfèrent aujourd'hui les *laines en suint* (non lavées). Des eaux de lavage on extrait des sels potassiques vendus comme engrais.

Un mouton adulte peut donner une toison de 4 à 5 kilogrammes de laine en suint ; si cette toison est lavée, elle perd de 35 à 45 p. 100 de son poids. Le prix des laines a subi une baisse en raison de la concurrence des pays étrangers, Australie, Argentine.

Il existe en France des races de moutons à laine fine, comme les mérinos ; à l'état de pureté, cette race n'était pas précoce, fournissait une chair médiocre et son rendement à la boucherie était faible en raison du grand développement de son squelette. Par sélection et croisement, on l'a beaucoup améliorée en vue de ses aptitudes à la boucherie.

§ III

QUELQUES RACES DE MOUTONS

417. Races d'origine anglaise. — Les animaux de la *race dishley* (*fig.* 178) ont le squelette fort et les membres longs ; leur toison, dite *ouverte*, est formée de mèches pendantes, peu serrées, à laine ondulée, grossière. Cette race, robuste, s'accommode des climats humides ; elle craint davantage la chaleur et la sécheresse. Les moutons

Fig. 178. — Race dishley.

dishley sont d'une grande précocité et d'un engraissement facile ; ils donnent à la boucherie un rendement élevé, mais une viande médiocre.

La *race southdown* (*fig.* 179), de petite taille, à masses musculaires bien développées, se distingue par son engraissement facile et rapide, son rendement élevé, sa chair tendre et savoureuse ; toutes ces

Fig. 179. — Race southdown.

qualités en font une race exceptionnelle pour la boucherie. Mais elle fournit une laine courte, sèche, de peu de valeur.

Ces deux races sont exploitées en France, à l'état pur ou par voie de croisement.

418. Races françaises. — Les moutons *mérinos* (*fig.* 180) ont un squelette fort; ils sont rustiques, mais craignent l'humidité. On les exploite surtout dans les régions saines et calcaires (Bourgogne, Champagne, Soissonnais, etc.). Leur toison, dite *fermée*, est remarquable par son poids et sa qualité; la laine est fine et frisée. La chair de ces animaux a une saveur accentuée, sauf lorsqu'on les tue jeunes. Autrefois, la peau portait

Fig. 180. — Bélier mérinos.

des plis que l'on conservait dans la pensée d'augmenter la surface de la toison; on les a fait disparaître par la sélection, en même temps qu'on a amélioré leur aptitude à la boucherie par le croisement (*dishley-mérinos*).

La *race berrichonne* (*fig.* 181) est très rustique, elle résiste à la chaleur et à l'humidité. La tête et les pattes de ces animaux sont dépourvues de laine. C'est une race de boucherie fournissant une chair délicate, tendre et savoureuse.

Très voisine de la race berrichonne, se montre la variété *solognote*, qui donne une

Fig. 181. — Race berrichonne.

chair de bonne qualité, mais une laine médiocre.

Enfin, la *race charmoise*, qui a pris naissance dans le département de Loir-et-Cher, est remarquable comme bête de boucherie. De petite taille, à squelette très fin, elle a des masses musculaires bien développées et se montre d'une grande précocité. Sa laine est longue, faiblement ondulée et grossière.

409. Parlez de l'élevage du mouton; de la nourriture des mères brebis. — 410. Quel est le régime du mouton en été? en hiver? à l'engrais? — 411. De quels éléments est formé un troupeau? — 412. Peut-on réaliser la précocité avec l'espèce ovine? — 413. Citez quelques maladies des moutons. — 414. Pourquoi exploite-t-on la chèvre? — 415. Quelles sont les diverses productions que donne le mouton? Énumérez les diverses catégories de viande. — 416. Qu'appelle-t-on toison? laine lavée? laine en suint? — 417-418. Quelles sont les principales races ovines exploitées en France.

LECTURE

Nourriture des moutons à la bergerie.

Les moutons doivent recevoir tout ce qu'ils se montrent capables de consommer; on n'est sûr qu'ils sont assez nourris que quand ils font de petits restes.

Les crèches doivent être nettoyées avec soin après chaque repas. La malpropreté fait perdre une partie des aliments et diminue l'appétit des animaux. Les moutons y sont encore plus sensibles que les autres; ils se dégoûtent facilement et refusent avec persistance les aliments dont le goût ne leur plaît pas ou est même seulement nouveau pour eux. Aussi convient-il de prendre des précautions pour les habituer insensiblement aux aliments nouveaux. On y arrive en mélangeant ceux-ci avec ceux qu'ils doivent remplacer, en proportion d'abord petite, puis progressivement de plus en plus forte, jusqu'à substitution complète.

La ration est divisée en trois repas au moins. Le matin, on donne les aliments humides et une portion de fourrages grossiers; le tantôt, les aliments concentrés; le soir, le reste des fourrages grossiers.

Dans le cas où le pâturage fournit la partie principale de la ration, l'alimentation à la bergerie ne comporte qu'une distribution d'aliments grossiers, le matin et le soir, soit de paille d'avoine, soit de paille de féverole ou de pois, etc.

La quantité d'eau à mettre par tête à la disposition des moutons, pour la boisson, varie suivant le poids des animaux et le degré d'humidité des aliments. Elle ne peut être déterminée que par le tâtonnement. Ils n'en prennent d'ailleurs qu'à leur soif. Cette eau est mise dans de grands vases peu profonds, en fonte autant que possible, sur l'aire de chacun des compartiments de la bergerie, à la disposition des bêtes, afin qu'elles puissent s'y désaltérer à volonté.

Il doit y avoir aussi à leur disposition une pierre plus ou moins volumineuse de sel gemme qu'elles puissent lécher quand cela leur convient. Le mieux est de la placer dans une sorte de petite hotte à jour, suspendue à la muraille. On observe facilement que les moutons, à certains jours, se montrent très friands de ce sel, tandis qu'ils n'y touchent point à certains autres. Cela dépend principalement de la composition de leur ration. On a donc tort de faire entrer systématiquement une certaine dose de sel dans celle-ci. Il est de beaucoup préférable de s'en rapporter à leur instinct.

A. SANSON.

(*Traité de zootechnie*, t. V, p. 248.)

CHAPITRE IV

Le porc, la basse-cour, le rucher. Police sanitaire et vices rédhibitoires.

§ Ier

LE PORC

419. Elevage du porc. — Il faut choisir, pour la reproduction, les animaux les mieux conformés au point de vue de la production de la viande : corps allongé, large, se rapprochant de la forme d'un cylindre, membres petits, tête petite, cou peu développé, poils fins et non grossiers (*fig.* 182).

Fig. 182. — Le porc.

La femelle du porc s'appelle *truie*; le mâle porte le nom de *verrat*. La durée de la gestation chez les truies est de quatre mois environ. Pendant la gestation, la femelle doit être logée spacieusement et bien nourrie; il faut lui donner une bonne litière chaque jour, afin qu'elle puisse se reposer à son aise.

Le nombre des mamelles chez les truies est variable; huit, dix... Si la mère donne naissance à un nombre de petits supérieur à celui de ses mamelles, il faut détruire ceux qui sont en trop.

Les jeunes, qu'on appelle *gorets* ou *porcelets*, vivent avec la mère et la tètent à volonté. Il faut donner à la truie une nourriture abondante et concentrée, pour lui permettre d'allaiter convenablement tous ses petits. Sa ration peut se composer de petit-lait ou d'eau de ménage, que l'on associe au son, à la farine d'orge, au maïs concassé, etc. Le local où vivent ces animaux doit être suffisamment aéré et proprement tenu, frais en été et chaud en hiver, car les jeunes porcs sont très sensibles aux influences de la température.

Dès la troisième semaine, on donne aux porcelets du caillé (lait écrémé), du petit-lait ; puis, plus tard, des bouillies de farine d'orge. On prépare ainsi le sevrage qui doit se faire peu à peu, de façon à être terminé à la sixième semaine.

L'élevage du porc se poursuit quelquefois au pâturage ou dans la forêt. Il donne alors des sujets rustiques, mais il est lent et peu lucratif.

420. Engraissement du porc. — L'engraissement du porc est surtout avantageux auprès des laiteries ou des fromageries, afin d'utiliser le petit-lait. Entretenu exclusivement à la porcherie, il est nourri, de 5 à 8 mois, avec les résidus, eaux de cuisine, petit-lait, auxquels on ajoute un peu de son. On alterne ces aliments aqueux avec des bouillies un peu épaisses de pommes de terre cuites et de son.

Quand on juge que la période de développement est terminée, que l'animal est suffisamment *gros*, on l'engraisse. Comme il est très vorace, on met à profit cette aptitude naturelle pour lui faire absorber, à satiété, tous les aliments qui ne lui inspirent pas de dégoût. Les pommes de terre cuites, le petit-lait, qui étaient donnés séparément dans le jeune âge, doivent toujours être associés. On y joint des farines de grain et du son, délayés dans les eaux de vaisselle et de laiterie. Le porc qui est nourri de farineux (orge, maïs, pommes de terre) produit un lard plus ferme.

Pendant l'engraissement du porc, on excite son appétit en variant son alimentation. L'auge où on lui dépose sa nourriture doit être bien nettoyée après chaque repas et la porcherie régulièrement tenue en état de propreté.

Contrairement à la réputation qu'on lui a faite, le porc est naturellement propre ; en été, il craint beaucoup la chaleur ; il est utile de disposer, à proximité de son logement, un bassin à fond plat où il peut se baigner.

421. Production et utilisation de la viande. — Le porc est exploité uniquement pour sa chair. Pendant sa vie, qui est de courte durée, il transforme en viande et en graisse et met en valeur des aliments sans emploi, des déchets de toutes sortes.

Toutes les parties de son corps sont utilisées. La graisse que l'on trouve dans l'intérieur de son corps donne le *saindoux*; celle qui est déposée sous sa peau constitue le *lard*. Avec son sang, on fait le boudin. Ses intestins, ses viscères nous servent d'aliments. Les poils qui recouvrent son corps, les soies, sont utilisés pour faire des pinceaux.

La viande de porc est souvent salée ou fumée pour être utilisée à la longue, suivant les besoins du ménage.

422. Maladies du porc. — Les principales maladies qui atteignent le porc sont la *ladrerie* et la *trichinose*. Toutes deux sont dues à des vers parasites qui vivent dans la chair du porc. Elles peuvent ainsi se communiquer à l'homme, ce qui les rend particulièrement dangereuses. La *ladrerie* produit des petits vers qui, introduits dans l'intestin de l'homme, s'y développent et donnent par transformation le *ver solitaire* ou *ténia*. La *trichinose* n'a jamais été observée en France, mais elle est assez commune en Allemagne et en Amérique. On se préserve de ces maladies en soumettant la viande de porc à une cuisson très complète.

423. Quelques races de porcs. — Les races exploitées en France se distinguent suivant leur taille, la lon-

Fig. 183.
Race craonnaise.

Fig. 184.
Race du Périgord.

Fig. 185.
Race anglaise.

gueur du corps, la dimension de la tête et la direction des oreilles. La race celtique a donné naissance aux races *Craonnaise* (*fig.* 183), exploitée dans le Maine, *Normande*, *Alsacienne*, *Vosgienne*. La tête est forte, les oreilles longues, cassées et tombantes; le corps ample donne une chair abondante, peu de graisse et un lard ferme.

Les races *Limousine* ou du Périgord (*fig.* 184), de *Bresse*, de *Lorraine*, du *Bourbonnais*, etc., se distinguent des précédentes : la peau est souvent pigmentée de taches noires ou grises, la tête volumineuse, les oreilles étroites, allongées horizontalement en avant ; le corps plus ramassé ; la chair, à saveur accentuée, est plus abondante que la graisse.

Les *races anglaises* (*fig.* 185) (Yorkshire, Berkshire) sont d'un engraissement et d'une précocité remarquables, mais ils ont une aptitude excessive à élaborer du saindoux. Ces races ont le corps peu allongé, le dos large, les pattes si courtes que le ventre traîne sur le sol ; le groin est épais, les oreilles courtes, aiguës et dressées, dégageant totalement l'œil.

§ II

POLICE SANITAIRE ET VICES RÉDHIBITOIRES

424. Maladies contagieuses. — Les maladies *contagieuses* sont causées par des microbes ; elles peuvent se transmettre d'un animal à l'autre. La loi du 21 juin 1898, article 29, fixe ainsi la liste des maladies réputées contagieuses : la *rage* pour toutes les espèces ; la *peste bovine* dans toutes les espèces de ruminants ; la *morve* et le *farcin*, la *dourine*, spéciale aux espèces chevaline, asine et leurs croisements ; la *fièvre aphteuse* commune aux espèces bovine, ovine, caprine et porcine ; la *péripneumonie contagieuse*, le *charbon emphysémateux* ou *symptomatique* et la *tuberculose* dans l'espèce bovine ; la *fièvre charbonneuse* ou *sang de rate* dans les espèces chevaline, bovine, ovine et caprine ; la *clavelée* et la *gale* pour les espèces ovine et caprine ; le *rouget* et la *pneumo-entérite infectieuse*, dans l'espèce porcine.

Conformément à la loi, tout propriétaire d'un animal atteint ou simplement soupçonné d'être atteint d'une maladie contagieuse doit en faire immédiatement la déclaration au maire de la commune où se trouve cet animal ; celui-ci doit être isolé de tous les autres animaux qui pourraient contracter la maladie.

Dans le cas de *rage*, de *morve*, de *farcin*, de *tuberculose*, de *péripneumonie contagieuse*, les animaux doivent être *abattus* sur l'ordre du maire ou du préfet. Mais, après destruction des parties atteintes, la chair peut être livrée à la consommation, pour les deux dernières maladies, en vertu d'une autorisation spéciale du maire, délivrée sur l'avis conforme d'un vétérinaire sanitaire.

425. Vente des animaux malades. Indemnités et pénalités. — Sont interdites, l'exposition, la vente ou la mise en vente des animaux atteints ou soupçonnés d'être atteints de maladie contagieuse. Si la vente a eu lieu, elle est nulle de plein droit, même si le vendeur a ignoré la maladie.

Une *indemnité*, qui varie du *tiers* à la *totalité* de la valeur de l'animal, peut être allouée au propriétaire des animaux abattus pour cause de *tuberculose*, de *péripneumonie contagieuse* ou de *peste bovine*.

Les saisies de viandes opérées pour cause de tuberculose donnent droit, de la part du propriétaire, à une demande d'indemnité réglée par la loi du 30 mai 1899 et fixée ainsi par les règlements sur la police sanitaire : 1° pour la tuberculose généralisée, un *tiers* de la valeur qu'avait l'animal avant l'abattage; 2° trois quarts de la même valeur si la maladie est localisée; 3° la totalité de la valeur, si l'animal abattu par mesure administrative et présumé tuberculeux est reconnu non atteint.

Aucune indemnité ne peut excéder 200 francs pour le tiers de la valeur, et 450 francs pour les trois quarts. Dans tous les cas, le prix retiré des dépouilles et de la viande vendue par le propriétaire, sous le contrôle du maire, sera déduit du montant de l'indemnité prévue.

La non-déclaration d'une maladie contagieuse est punie d'un emprisonnement de six jours à deux mois et d'une amende de 16 à 400 francs; la mise en vente d'animaux atteints de ces maladies entraîne un emprisonnement de 6 mois à 3 ans et une amende de 100 à 2000 francs.

426. Vices rédhibitoires. — Certaines maladies manifestent leurs effets sur les animaux domestiques par des accès intermittents; d'autres peuvent être masquées. L'acheteur, de bonne foi, peut ainsi être trompé; c'est en vue de le protéger que la loi du 2 août 1884 reconnaît les *vices rédhibitoires*. Ce sont, pour le *cheval*, l'*âne* et le *mulet* : l'emphysème pulmonaire, le cornage chronique, le tic proprement dit, avec ou sans usure des dents, les boiteries intermittentes, la fluxion périodique des yeux; pour l'*espèce porcine*, la ladrerie.

Tout acheteur d'un animal atteint d'une de ces maladies,
— s'il n'a pas signé toute décharge de garantie au vendeur,
— peut forcer celui-ci à reprendre l'animal et à en rembourser le prix d'achat et les frais occasionnés, ou à réduire
ce prix par arbitrage. Toutefois la réclamation doit être faite
par l'acheteur dans un délai de neuf jours pour tous les vices
énumérés plus haut, excepté la fluxion périodique pour
laquelle le délai est de 30 jours. Aucune action en garantie
n'est admise pour un animal dont le prix est inférieur à
100 francs ; la réclamation doit être adressée au juge de paix
du lieu où se trouve l'animal.

Toutes ces mesures légales sont de nature, comme on le
voit, à apporter un peu de sécurité dans les transactions
relatives à l'exploitation des animaux domestiques.

§ III

LA BASSE-COUR

427. Exploitation des animaux de basse-cour.
— La basse-cour est le complément indispensable de toute
exploitation. Ses produits interviennent pour une large part
dans l'alimentation du personnel ; par leur vente sur le
marché, ils sont en outre une source de profits qu'on aurait
tort de négliger.

Mais, pour rester lucratif, l'élevage de ces animaux doit
être raisonné ; il ne faut pas les laisser errer dans la cour de
ferme ou même dans les champs du voisinage où ils causent
des dégâts bien plus élevés que les profits qu'on en tire. Ils
ne doivent pas davantage séjourner sur les fumiers qu'ils
déprécient, ni avoir accès auprès des autres animaux domestiques qu'ils troublent et dont ils salissent les aliments.
Enfin, les oiseaux de basse-cour, laissés en liberté, boivent
les eaux sales, le purin, ce qui donne un goût détestable à
la chair et aux œufs. Ainsi se trouve favorisée la propagation
des épidémies ou maladies contagieuses qui bien souvent
déciment les basses-cours.

Il ne faut donc pas confondre la basse-cour avec la cour
de la ferme ; chaque espèce doit avoir une installation distincte, spécialement aménagée pour ses besoins.

Les animaux de basse-cour comprennent des *oiseaux :*

poule, canard, oie, dindon, pintade, pigeon, et un *mammi-fère*, le lapin.

428. Les poules. — On élève les poules pour leurs œufs et pour leur chair. Leur nourriture, peu coûteuse, se compose surtout de grains de déchet, de son et de farines.

Les poules doivent être parquées dans un enclos spécial, entouré d'un treillage métallique qu'elles ne peuvent franchir, où on leur distribue la nourriture à heure fixe. Cet emplacement doit être planté d'arbres qui donnent de l'ombre, et engazonné; dans l'herbe, les poules trouvent des insectes; elles ont aussi à leur disposition des petits cailloux (sable ou calcaire) qui jouent un certain rôle dans leur nutrition. Les aliments et surtout les grains, avalés par la poule, arrivent à peu près tels quels au *gésier* ou estomac (*fig.* 186), qui est constitué par des muscles puissants. Ces muscles se contractent; les aliments sont ainsi brassés au contact des cailloux, puis broyés, triturés et rendus digestibles.

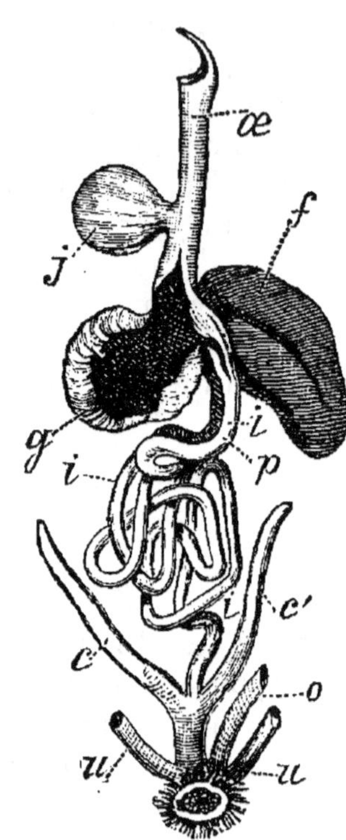

Fig. 186. — Organes intérieurs de la poule; *œ*, œsophage, *j*, jabot; *g*, gésier; *f*, foie; *i*, intestins.

Le poulailler doit être tenu très proprement; il faut passer les murs à la chaux pour détruire la vermine, et enlever fréquemment les excréments qui, en fermentant, gêneraient la volaille.

Certains fermiers possèdent des *poulaillers roulants*, que l'on conduit dans les champs aussitôt les moissons enlevées. Les poules profitent des grains tombés sur le sol et détruisent les insectes.

Une bonne poule pondeuse fournit 120 à 150 œufs par an; mais ce nombre varie avec les races et aussi avec la nourriture. La poule couve elle-même ses œufs; l'incubation dure 21 jours; une poule peut couver 10 à 12 œufs qui doivent être frais. La réussite est souvent plus régulière avec les *couveuses artificielles* (*fig.* 187), dans lesquelles les œufs sont soumis à une température constante (40° environ). La conduite des couveuses exige des soins assez minu-

Fig. 187. — Couveuse artificielle.

tieux, mais ces instruments permettent d'obtenir des poussins en toute saison.

Les volailles destinées à la vente sont engraissées ; on leur donne à discrétion des grains (orge, sarrasin, maïs), des farines, des pommes de terre cuites et de l'herbe hachée (salade, ortie, etc.).

Pour achever leur engraissement, on les met dans des

Fig. 188. — Races de poules.

cages étroites ou *épinettes*, qui les privent de tout mouvement, ou bien on les *gave* en leur faisant absorber de force une nourriture concentrée, façonnée en boulettes ou pâtons. Les volailles grasses se nomment *chapons* et *poulardes*.

L'engraissement se pratique dès l'âge de quatre mois pour les races très précoces (Houdan, Dorking), de sept mois seulement pour les plus tardives.

Les poules doivent toujours avoir à leur disposition de l'eau pure pour boisson.

Les meilleures races de poules sont : *Crèvecœur*, *Bresse*, *Houdan* (*fig.* 188), *Le Mans*, *La Flèche*, parmi les races françaises ; les races étrangères, *Dorking*, *Cochinchinoise*, *Padoue*, etc., d'un engraissement rapide, ont la chair grossière.

429. Canard, oie, dinde. — Tous les autres oiseaux de basse-cour sont élevés pour leur chair, leurs œufs et leurs plumes ; les *œufs* sont moins bons que ceux de poule ; la cane peut donner 50 à 60 œufs ; l'oie et la dinde 15 à 20 seulement. La plume de l'oie est très appréciée ; le *duvet* est recueilli trois ou quatre fois par an, au moment des mues, où la plume se détache naturellement. L'oie subit le *gavage*, son foie devient alors volumineux et sert à fabriquer les pâtés de foie gras.

Les pigeons vivent par couples ; une femelle fait chaque année 10 pontes de deux œufs chacune, desquelles il résulte environ six paires de jeunes.

L'incubation dure 28 jours pour les œufs de canard, 28 à 30 jours pour ceux d'oie et de dinde, 17 jours seulement pour les œufs de pigeon.

Citons comme variétés les *canards* de Rouen, de Pékin, d'Inde ou de Barbarie ; l'*oie* de Toulouse est la plus renommée. Les *pigeons* se divisent en races comestibles et pigeons voyageurs ou messagers.

430. Le lapin. — Les *clapiers* ou cabanes à lapins doivent être tenus avec une grande propreté. Pour éviter toute perte de nourriture, on dispose des petites auges pour recevoir les graines, les farines, les liquides, et des petits râteliers pour le foin et l'herbe, car le lapin ne consomme plus sa nourriture quand il a passé dessus.

Il faut éviter de lui donner de l'herbe mouillée ; elle peut occasionner l'hydropisie, maladie qui le fait périr rapidement.

Le lapin se reproduit très vite ; une femelle peut donner par an 6 à 7 portées de chacune 5 à 10 petits. Les jeunes ou lapereaux tètent pendant un mois ; ensuite ils consomment de l'herbe.

Par ordre de grosseur, signalons parmi les très nombreuses variétés : Géant des Flandres, bélier, normand, argenté, angora, russe, de garenne. Les petites races sont plus fécondes que les grandes. On utilise la chair du lapin, les poils et les peaux.

§ IV

NOTIONS D'APICULTURE

431. Les abeilles. — Les abeilles sont des insectes hyménoptères qui vivent en colonie et qui sont exploités pour la production du miel et de la cire.

Dans une *colonie* d'abeilles, on trouve trois sortes d'individus (*fig.* 189) :

1° La *mère*, ou *reine*, a les ailes courtes et le corps plus

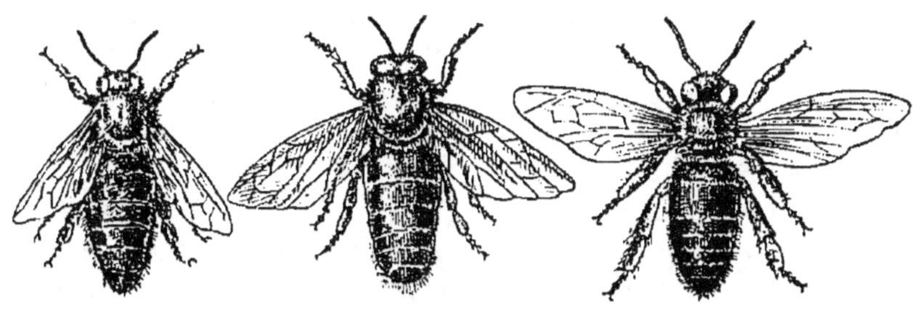

Fig. 189. — Les trois sortes d'abeilles.

allongé que les ouvrières; son seul rôle est de pondre pendant la belle saison; elle vit pendant quatre ou cinq ans; il n'y a qu'une seule reine par colonie;

2° Les *mâles* ou *faux bourdons* ont le corps gros et court et ne portent pas d'aiguillon; ils n'accomplissent aucun travail et vivent en parasites des produits recueillis par les autres individus; ils forment environ la vingtième partie de la population ; .

3° Les *ouvrières*, plus petites que les précédents, portent un aiguillon : elles construisent les cellules, nourrissent les jeunes larves et récoltent le miel et la cire; elles ne vivent pas plus de trente-cinq jours en été.

432. L'abeille ouvrière. — En été, les œufs, ou *cou-*

vain déposé par la reine dans les cellules (*fig.* 191), éclosent au bout de quatre jours et donnent naissance à des larves qui se transforment bientôt en nymphes ; vingt-deux jours environ plus tard, apparaissent les insectes parfaits.

Après avoir travaillé pendant ses premiers jours dans l'intérieur de la ruche, l'abeille ouvrière va recueillir au dehors les éléments du miel et de la cire.

Elle puise, au moyen de sa trompe, les principes sucrés des nectaires des fleurs, les emmagasine dans la première dilatation de son estomac (jabot) et les rapporte à la ruche. Elle peut se nourrir de ces principes sucrés et les assimiler ; une partie est ensuite sécrétée sous la forme d'une matière grasse, la *cire*, qui se présente en lamelles entre les articles de son abdomen.

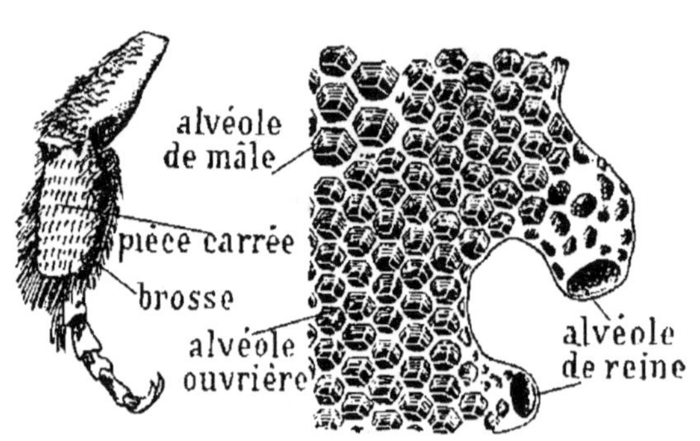

Fig. 190. — Patte postérieure de l'abeille ouvrière.

Fig. 191. — Rayon de miel montrant les trois sortes de cellules.

Les pattes postérieures de l'abeille (*fig.* 190) ont une conformation spéciale, bien adaptée aux besoins ; un article, de forme *carrée*, permet de disposer régulièrement la cire dans la construction des cellules ; cet article est creusé d'une *cavité* ou corbeille et porte sur la face externe des poils ou *brosse*, servant pour recueillir et déposer le pollen ; deux autres articles font entre eux l'office de *pince*.

433. La ruche. — La condition indispensable pour avoir beaucoup de miel est d'avoir des *colonies populeuses* (80 000 à 100 000 ouvrières).

On employait autrefois les *ruches à panier* ou *à capot*, construites en paille ou en osier ; elles sont dites *fixes*, leurs dimensions ne pouvant être modifiées.

Elles présentent de graves inconvénients :

Pendant la belle saison, quand la récolte du miel est abondante, la reine pond jusqu'à 3 000 œufs par jour ; la ruche devient bientôt trop étroite et une partie des abeilles, formant un *essaim*, sont obligées de quitter la colonie ; ce phénomène est connu sous le nom d'*essaimage*. De plus, pour effectuer la récolte du miel dans les ruches fixes, il faut transvaser les abeilles ou les asphyxier momentanément avec de la fumée.

On préfère aujourd'hui les *ruches à cadres mobiles*. Ces ruches se composent de caisses en bois, à double paroi, pouvant contenir jusqu'à 30 *cadres* sur lesquels les abeilles construisent leurs cellules; on garnit même les cadres de *cire gaufrée* en vue d'accroître la production du miel, car l'abeille fabrique 6 kilogrammes de miel avec les matériaux qui lui sont nécessaires à produire 1 kilogramme de cire.

Une ruche à cadres peut contenir jusqu'à 100 000 abeilles. Le volume des ruches peut s'accroître à volonté au moyen de *hausses*; dans les *ruches verticales* (système Dadant-Blatt) la hausse se pose au-dessus, tandis qu'on la place à un bout, dans la *ruche horizontale* (système Layens). Quand la récolte est abondante, l'apiculteur peut enlever un cadre couvert de rayons remplis de miel et le remplacer par un cadre vide.

A la veille de l'hiver, on rétrécit le volume de la ruche par une cloison pleine, afin que les abeilles ne souffrent pas du froid ; on laisse suffisamment de miel pour nourrir la colonie pendant l'hiver.

Le rucher se dispose généralement à l'exposition du sud, dans un endroit abrité du vent et dans une région où il existe des plantes mellifères.

434. Récolte du miel et de la cire. — La récolte du miel a lieu à partir du mois de juin. Pour extraire le miel des rayons, on *désopercule*, c'est-à-dire qu'on enlève, à l'aide d'un couteau à lame flexible, les couvercles ou opercules des cellules, puis on place les rayons ainsi préparés sur les cadres d'un appareil appelé *mello-extracteur*, que l'on fait tourner rapidement; la force centrifuge chasse le miel des cellules contre la paroi de l'appareil, on le recueille ensuite par une ouverture placée à la base.

Quand le miel est extrait des rayons, il reste la *cire*. Pour l'obtenir à peu près pure, on la liquéfie en plaçant les rayons dans l'eau bouillante. On passe le liquide dans une toile pour enlever les impuretés; lorsque le liquide se refroidit, la cire se solidifie à sa surface.

Une grande ruche à rayons mobiles peut fournir 20 à 25 kilogrammes de miel par an; le rendement, en très bonne année, dépasse 50 kilogrammes par ruche.

435. Ennemis et maladies des abeilles. — Certains insectes s'attaquent aux abeilles ou au miel ; ce sont : la *gallérie* ou *teigne de la cire*, dont la chenille creuse des galeries dans les gâteaux et peut détruire les colonies faibles ; on fait la chasse aux papillons comme pour les pyrales (**343**) ; le *sphinx tête de mort*, gros papillon qui pénètre dans les ruches et se nourrit de miel ; le *philante apivore* qui s'attaque aux abeilles et les tue.

Plusieurs maladies sont à signaler : la *dysenterie* est causée par un miel inférieur, par un sirop impur ou par l'humidité ; la *constipation* se constate au printemps à la suite d'un abaissement brusque de température, et lorsque le miel est de mauvaise qualité ; la *loque* ou *pourriture du couvain* est contagieuse et difficile à faire disparaître ; il faut éloigner les ruches atteintes et essayer les pulvérisations de sulfure de carbone.

QUESTIONNAIRE

419. Parlez de l'élevage du porc. — 420. Comment nourrit-on le porc ? — Comment l'engraisse-t-on ? — 421. Quelle est la fonction économique du porc ? — 422. Citez quelques maladies du porc. — Montrez comment elles sont dangereuses pour l'homme. — 423. Comparez les diverses races de porcs exploitées en France. — 424. Quelles sont les maladies qui, d'après la loi, sont réputées contagieuses ? Que doit faire le propriétaire d'un animal qui en est atteint ? — Que peuvent ordonner les autorités ? — 425. Peut-on mettre en vente des animaux atteints de maladies contagieuses ? — 426. Enumérez les vices rédhibitoires, et dites quels droits la loi confère à l'acheteur. — 427. Indiquez l'inconvénient de l'élevage des oiseaux de basse-cour en liberté. — 428. Comment exploite-t-on les poules ? — Qu'appelle-t-on incubation, — couveuses artificielles, — gavage ? — 429. Parlez de l'élevage du canard, de l'oie, du pigeon. — 430. Comment élève-t-on le lapin ? — 431. De quels individus se compose une colonie d'abeilles ? — 432. Quel est le rôle des ouvrières ? — 433. Qu'appelle-t-on essaimage ? — Comparez les ruches fixes et les ruches mobiles. — 434. Comment récolte-t-on le miel ? — la cire ? — 435. Quels sont les ennemis et les maladies des abeilles ?

———

LECTURE

La viande de boucherie.

La *chair des animaux*, ou viande, est l'aliment le plus nourrissant. Les viandes qui tiennent le premier rang comme pouvoir nourrissant sont : le bœuf et le mouton.

On mange à peu près toutes les parties des animaux : la cervelle, la langue, le foie, les rognons; mais aucune de ces parties, comme valeur nutritive et comme facilité digestive, ne vaut la chair musculaire ou viande proprement dite.

Le veau et l'agneau sont des viandes d'autant moins nourrissantes qu'elles proviennent de plus jeunes animaux.

La chair du porc est assez nourrissante; mais, comme elle est toujours très grasse, elle est lourde ou difficile à digérer pour quelques estomacs. Lorsqu'elle est salée, elle est d'une digestion plus facile. Elle se prête alors à toutes les préparations de la charcuterie, et, notamment, à la fabrication des jambons. Mais la charcuterie, comme toutes les salaisons, est assez irritante et constitue une nourriture de qualité médiocre dont il ne faut pas abuser. On peut faire une exception pour la viande de porc cuite avec des légumes, comme dans la soupe aux choux.

La viande du cheval est très saine et très nourrissante; mais elle est un peu dure et son goût se rapproche beaucoup plus de celui du gibier (sanglier, cerf, chevreuil) que de celui du bœuf et du mouton.

Dr Hector GEORGE.
(Leçons élémentaires d'hygiène, p. 3.)

RÉSUMÉ DE LA ZOOTECHNIE SPÉCIALE

CHAPITRE PREMIER

§ Ier. Les poulains nourris au maximum et entretenus à l'air libre sont soumis à un travail gradué, à partir de dix-huit mois; le cheval est surtout un moteur qui se déplace à des allures plus ou moins rapides.

§ II. Pour déterminer la valeur d'un cheval, il faut procéder à un examen minutieux de ses caractères extérieurs qui porte successivement sur les membres (aplombs et tares), sur la tête (œil, oreille), le corps (poitrine, ventre). L'âge du cheval est indiqué par l'état de ses dents incisives. La robe du cheval reçoit certaines dénominations utilisées en vue d'établir son signalement. Le cheval est sujet à un grand nombre de maladies ou vices, dont quelques-uns, dits rédhibitoires, exposent à un recours contre le vendeur.

§ III. Les principales races de chevaux sont : la race arabe et ses dérivées qu'on utilise pour la selle; la race percheronne, comme trait léger; la race boulonnaise, comme animal de gros trait.

CHAPITRE II

§ Ier. Le veau est nourri à destination de la boucherie ou comme animal d'élevage. Les bovidés sont des ruminants, à estomac multiple, exposés à la météorisation. L'âge des bovidés se détermine d'après les caractères des incisives et des cornes;

il sert à apprécier la précocité ou aptitude de l'animal à un développement hâtif. Les bovidés craignent un certain nombre de maladies dont la plus grave est la tuberculose.

§ II. Les bovidés travaillent au joug ou au collier; ils sont lents mais forts. On engraisse les bovidés à l'herbage ou à l'étable par des rations riches et abondantes. On juge de l'état d'engraissement en explorant les maniements : cordon, abord, grasset, cœur, côte, etc. Le corps de l'animal fournit trois catégories de viande, la meilleure étant située à la partie postérieure et supérieure.

§ III. Le lait est sécrété par les glandes mammaires. Pour juger une bonne vache laitière, il faut examiner : le pis, les veines, l'écusson, la peau, la conformation générale du corps; une bonne beurrière se reconnaît à ses sécrétions sébacées actives, aux poils, aux muqueuses. Les vaches laitières exigent un régime aqueux fourni en été par le pâturage et le fourrage vert, en hiver par les racines fermentées, les buvées, additionnées d'aliments concentrés.

§ IV. Le lait renferme de la matière azotée ou caséine, de la matière grasse, du sucre de lait et des matières minérales. La crème se sépare du lait spontanément, avec ou sans refroidissement ou par la force centrifuge; le barattage de la crème fermentée donne le beurre, qui est délaité puis malaxé. Le fromage est gras, demi-gras ou maigre; on le consomme frais, affiné, pressé ou cuit; les résidus servent à l'alimentation des veaux et des porcs.

§ V. Les principales races de bovidés sont : les races Durham, charolaise ou nivernaise, limousine et Salers exploitées pour la boucherie et le travail; les races hollandaise, flamande, normande, bretonne, excellentes pour la production du lait et du beurre; les races mixtes, suisses brunes (Schwitz) et suisses blondes (fribourgeoise, montbéliarde).

Chapitre III

§ Ier. Les agneaux sont sevrés vers l'âge de trois mois; on les désigne sous les noms d'agneaux gris, d'antenais, de moutons adultes, suivant leur âge. La conformation de leur tête et de leurs mâchoires s'adapte merveilleusement au régime du pâturage; ils craignent la météorisation. Le troupeau est la réunion des mères, des antenais, des agneaux, etc., entretenus dans une même bergerie. Celle-ci, aérée, se divise en compartiments au moyen des râteliers mobiles. Les moutons sont facilement soumis au régime de la précocité.

La chèvre est la vache du pauvre; elle donne son lait et ses chevreaux; sa nourriture coûte peu, mais elle broute toutes les pousses et cause quelques dégâts.

§ II. Le mouton est un producteur de viande et de laine; chaque année, on procède à la tonte pour recueillir sa toison, en suint ou lavée à dos.

§ III. Les principales races de moutons sont : les dishley et les southdown, races anglaises de boucherie; la race mérinos et ses métis, à laine fine, la race berrichonne et la solognote, la petite race de la Charmoise, excellente pour la boucherie.

Chapitre IV

§ Ier. Le porc, exploité uniquement pour sa chair, s'engraisse à la porcherie à partir de 5 à 8 mois, en lui donnant des farineux : pommes de terre, son, farines, et des résidus, eaux de vaisselle et surtout petit-lait. C'est un merveilleux utilisateur des déchets. Il est sujet à quelques maladies, dont les plus graves sont la ladrerie et la trichinose.

§ II. Plusieurs maladies sont réputées contagieuses d'après la loi ; les propriétaires des animaux atteints sont obligés à la déclaration et parfois à l'abattage ; la vente est interdite ; pour certaines maladies, une indemnité est allouée au propriétaire. La loi fixe également les vices rédhibitoires pour les espèces chevaline et porcine.

§ III. Les animaux de basse-cour doivent être parqués dans un coin de la cour ou du verger. Les poussins s'obtiennent parfois au moyen de couveuses artificielles ; les poules, chapons ou poulardes s'engraissent à l'épinette ou par le gavage. Les races de Crèvecœur, de Houdan, de Bresse, de la Flèche et du Mans sont les plus répandues. Le canard, l'oie, la dinde et le pigeon s'exploitent pour leurs œufs, pour leurs plumes et surtout pour leur chair. Les lapins se multiplient rapidement.

§ IV. Dans une colonie d'abeilles, on distingue : la reine, les faux bourdons et les ouvrières ; celles-ci commandent, assurent le travail et la police de la ruche. Les ruches sont fixes ou mobiles, au moyen de cadres et de hausses. La récolte du miel se fait à l'extracteur ; il faut laisser dans la ruche la provision de miel nécessaire pour l'hiver. Les abeilles ont plusieurs ennemis ou maladies.

ÉCONOMIE RURALE

Généralités.

436. But de l'économie rurale. — La production végétale et la zootechnie recherchent les moyens propres à obtenir des récoltes abondantes et à mettre celles-ci en valeur par l'intermédiaire des machines animales.

Mais il ne convient pas de produire, au hasard, des végétaux ou des animaux; il faut que les diverses branches de l'industrie agricole présentent entre elles une corrélation étroite, afin de procurer le maximum de *bénéfice*.

L'*économie rurale* a pour objet l'étude de la meilleure organisation d'une entreprise agricole, en vue d'en tirer le plus grand *profit* possible. Or, la réalisation de ce profit est sous la dépendance de plusieurs facteurs essentiels parmi lesquels on peut citer : 1° Le choix du *mode d'exploitation du sol* et du système de culture; 2° le contrôle rigoureux, par la *comptabilité agricole*, des opérations entreprises; 3° la mise en œuvre intelligente des bienfaits de l'*association*.

Cette étude se divise donc en trois chapitres : 1° l'exploitation du sol; 2° la comptabilité agricole; 3° l'association en agriculture.

CHAPITRE PREMIER

L'exploitation du sol.

§ Ier

MODES D'EXPLOITATION

437. Divers modes de faire-valoir. — Le sol est exploité suivant trois modes principaux : le *faire-valoir direct*, le *métayage* et le *fermage*.

Si le propriétaire exploite lui-même son domaine, il est libre d'y apporter toutes les améliorations qu'il croit nécessaires; il peut facilement réaliser la culture intensive. Le faire-valoir direct domine dans la petite propriété. Le propriétaire peut, dans certains cas, employer des auxiliaires, appelés *maîtres-valets* ou *régisseurs*, à la surveillance du personnel et à la direction de l'exploitation. Ces aides, rétribués à forfait, reçoivent parfois aussi une part des produits ou des bénéfices.

Dans le *métayage*, le propriétaire exploite indirectement; il fournit les capitaux en totalité ou en partie et dirige l'exploitation. Le *métayer* fournit son travail et celui de sa famille; il se charge de toute la main-d'œuvre et reçoit, en échange, une part des produits, généralement la moitié. Le propriétaire a le complément comme loyer de sa terre et de ses capitaux.

Le métayer devient l'associé du propriétaire; il diffère du maître-valet en ce qu'il est rétribué uniquement en nature, dans un rapport étroit avec la production du domaine.

Le *fermier* dirige la culture à sa guise, sous réserve de l'observation des conditions inscrites dans un contrat appelé *bail*, qu'il a rédigé d'accord avec le propriétaire. Il possède seul le capital d'exploitation et dispose de tous les produits, moyennant le paiement annuel, en un ou deux termes, d'une somme convenue pour prix du *fermage*.

Voici comment se répartit, en France, l'exploitation du sol entre les trois modes étudiés :

MODE D'EXPLOITATION	NOMBRE d'exploitants	NOMBRE p. 100	Surface exploitée en hectares	ÉTENDUE p. 100
Faire valoir direct..	4 200 000	74,63	18 324 000	52,78
Fermage..........	1 078 000	19,16	12 628 000	36,37
Métayage.........	349 000	6,21	3 767 000	10,85
Totaux......	5 627 000	100 »	34 719 000	100 »

438. Rédaction du bail. — Pour éviter toute contestation entre les contractants, le bail doit être rédigé d'une façon claire et précise. Il doit indiquer notamment le prix, la durée, les clauses culturales et fixer les indemnités dues pour rupture du contrat.

La durée du bail est très variable; les baux à long terme sont avantageux pour les deux parties; ils permettent au fermier d'exécuter certaines améliorations dont il profite, en même temps que la valeur du domaine s'en trouve augmentée. La durée moyenne est de neuf ans.

Le propriétaire s'engage à livrer le sol et les bâtiments en bon état, et à exécuter les grosses réparations lorsqu'elles deviennent nécessaires. De son côté, le fermier prend à sa charge les menues réparations, l'entretien des chemins, des haies ou clôtures; il doit cultiver *en bon père de famille*, c'est-à-dire entretenir le domaine en bon état de soins et de fertilité.

Si des améliorations importantes (construction de bâtiments, drainages, irrigations, chaulage ou marnage) doivent être faites pendant la durée du bail, aux frais communs des deux parties, il est bon d'en fixer les conditions ; on adopte souvent des *combinaisons* (*fermage progressif, clause de lord Kames*) qui sauvegardent les intérêts réciproques des contractants.

Le bail est fait oralement ou par écrit; il doit toujours être enregistré dans un délai de trois mois à partir de la signature ou de l'entrée en jouissance. Les frais se calculent pour toute la durée du bail à raison de $0^{fr},20$ p. 100 de la somme totale à payer ; ils sont habituellement dus par le fermier.

Sont exemptes de la déclaration les locations verbales dont le prix annuel n'excède pas 100 francs.

Les conditions du métayage sont habituellement réglées par un contrat analogue au bail à ferme ; les conditions dans lesquelles doivent s'exécuter les améliorations y sont stipulées avec soin ; faute de cette précaution, le métayage pourrait être une entrave à la réalisation des progrès agricoles.

§ II

FACTEURS DE LA PRODUCTION AGRICOLE

439. Conditions générales à envisager. — La mise en exploitation d'un domaine, qu'elle ait lieu directement ou indirectement, exige des capitaux disponibles pour l'achat des machines agricoles, des engrais, des semences, des animaux domestiques, des aliments, du mobilier, ainsi que pour le paiement du personnel et des charges, impôts ou frais généraux.

L'ensemble de ces sommes indispensables constitue le *capital d'exploitation;* il doit toujours être en rapport avec l'importance du domaine, sa situation, les débouchés, etc.

L'étendue et l'éloignement des diverses parcelles d'une exploitation, l'importance et la distribution des bâtiments de ferme, sont autant de facteurs qui influent sur le choix des productions agricoles. On ne saurait faire avantageusement de l'élevage, si l'on ne dispose de prés et d'herbages, ainsi que des locaux suffisants pour loger les animaux.

Le choix des cultures à entreprendre est guidé par les conditions naturelles de sol et de climat ; il varie avec les cours des différents produits agricoles, la proximité des usines ou des centres de consommation, la facilité des transports, etc. Un bon agriculteur doit toujours se tenir prêt en vue des transformations qui seraient dictées par les besoins du moment : variation des prix, concurrence, pénurie de récolte, ouverture de nouveaux débouchés, droits protecteurs, etc. S'il doit éviter de se livrer à l'exploitation d'un produit dont la vente serait difficile, il doit, en outre, choisir, parmi tous ceux dont l'écoulement est assuré, ceux qui donnent le plus de *bénéfice*.

440. Agents de la production. — En agriculture, la création d'un *produit* ou *richesse* exige l'intervention de trois facteurs : la *terre*, le *capital* et le *travail*.

L'exploitation d'un domaine par fermage nous fera comprendre aisément le concours apporté par ces trois agents essentiels. Le *propriétaire* fournit la *terre* ou *capital foncier* ; le *fermier* apporte le *capital d'exploitation* (**438**) nécessaire à la mise en œuvre du domaine ; enfin, les ouvriers, par leur *travail*, contribuent à la production agricole.

Aussi, dans ce cas, il y a répartition de la production entre les divers agents ; le propriétaire touche un *revenu* ou *fermage* ; les ouvriers reçoivent un *salaire* pour prix de leur travail ; le fermier, qui dirige l'exploitation à ses risques et périls, conserve le supplément de la valeur des produits. Sur cette part, il prélève les sommes nécessaires à acquitter les impôts et prestations, les frais généraux ou accessoires, l'assurance, l'entretien des machines, le renouvellement du bétail, le paiement des engrais, des semences, etc. La part qui reste au cultivateur, après qu'il s'est libéré des multiples charges énumérées ci-dessus, constitue le *bénéfice* ou *profit*.

Dans l'exploitation directe, le petit propriétaire représente à lui seul les trois agents de production, car il possède à la fois la *terre* et le *capital d'exploitation* et il fournit le *travail* indispensable à leur mise en valeur.

La valeur de la terre peut s'accroître grâce aux *améliorations agricoles* : drainages, irrigations, amendements, chemins, clôtures, bâtiments. Le prix de *fermage* varie encore pour d'autres raisons. De leur côté, les *salaires* sont en hausse continuelle. Le cultivateur doit donc faire intervenir avec soin ces diverses considérations dans le choix des productions auxquelles il veut se livrer.

441. Détermination du bénéfice. Prix de revient. — Comment le cultivateur peut-il savoir si une culture lui donne plus de bénéfice qu'une autre culture?

Supposons qu'il puisse totaliser tous les frais qu'il a faits pour produire 30 hectolitres de blé sur un hectare de terre (loyer et préparation de la terre, semailles, moisson, travaux de battage, entretien et amortissement des machines et des animaux de trait); il est clair qu'en divisant le total de ces frais par le nombre d'hectolitres récoltés, il obtiendra le *prix de revient* d'un hectolitre de grain; c'est-à-dire qu'il saura combien un hectolitre de blé lui a coûté à produire.

Si chaque hectolitre de blé lui revient à 12 francs et s'il vend cet hectolitre de blé 18 francs, il réalise un *bénéfice* de 6 francs. Soit, par hectare (pour l'exemple que nous avons donné), $6 \times 30 = 180$ francs.

Le calcul ci-dessus pourra être répété pour la culture de l'avoine, pour celle des betteraves à sucre, de la vigne, etc., et le cultivateur pourra voir quelles sont celles de ces cultures qui lui donnent *le plus de bénéfice* à l'hectare.

Malheureusement, la détermination du *prix de revient* **exact** d'un produit est *impossible* en agriculture. On n'obtient qu'un prix de revient *approché*. Mais l'approximation est assez près de la réalité pour que l'on puisse en tirer de précieux enseignements.

§ III

LA RICHESSE AGRICOLE DE LA FRANCE

442. Répartition du territoire agricole. — La superficie totale de la France est voisine de 53 millions d'hectares; elle se répartit comme suit :

Territoire agricole...................	44,4	
Terres incultes, landes, marécages...	6,2	52,9
Agglomérations, cours d'eau.........	2,3	

Les 44 millions d'hectares consacrés à l'agriculture se divisent ainsi :

	Millions d'hectares	P. 100 du territoire cultivé
Céréales.	14	32
Racines et tubercules	2,4	5
Prairies artificielles.	2,8	6
— naturelles	7,5	17,5
Vigne.	1,7	3,8
Cultures industrielles	0,2	0,5
Jachère nue ou verte	6,4	13,8
Forêts	9,4	21,4

Sur les 14 millions d'hectares de céréales, le blé occupe à lui seul 6,7 et l'avoine 3,8 : soit ensemble 10,5 millions d'hectares. La production totale du blé pour la France est passée de 70 millions d'hectolitres en 1840 à 115 millions pendant la dernière période décennale, accusant ainsi un rendement de 17 hectolitres 22 par hectare. Le rendement comparé atteint 27 à 28 hectolitres à l'hectare en Angleterre; 22 à 30 en Hollande; 20 à 24 en Suède et en Belgique; 18^{hl},5 en Allemagne; il tombe de 12 à 15 hectolitres en Autriche et de 7 à 8 hectolitres en Russie; il est de 12^{hl},1 aux États-Unis.

443. Production animale. — Nous résumons dans le tableau ci-dessous les existants en animaux domestiques, en 1882, en 1897 et en 1906, d'après la statistique agricole :

ESPÈCES	1882	1897	1906
Chevaux	2 837 952	2 899 131	3 165 025
Mulets	250 673	205 715	195 297
Anes	395 833	361 414	351 856
Bovins	12 966 934	13 486 519	13 968 014
Ovins	23 809 433	21 445 113	17 461 397
Porcs	7 146 996	6 262 764	7 049 012
Chèvres	1 851 134	1 495 756	1 456 866

La seule comparaison de ces chiffres montre : 1° que le nombre des chevaux entretenus dans les exploitations agricoles s'accroît sans cesse, avec le nombre des machines agricoles employées; 2° que l'exploitation des bovidés est l'objet d'une industrie sans cesse plus importante; 3° que la population ovine est en voie de diminution très nette, les autres espèces animales ne subissant que de faibles fluctuations.

L'effectif des troupeaux a diminué pour deux raisons : en premier lieu, la suppression de la jachère nue a rendu difficile l'entretien des moutons par la vaine pâture; en outre, on engraisse les animaux beaucoup plus jeunes qu'autrefois. Supposons que tous les moutons soient livrés à la Boucherie avant l'âge de 4 ans; il s'ensuit que, chaque année, 1/4 au moins de l'effectif est disponible pour la vente, tandis qu'il n'y en avait que 1/5, 1/6, 1/7, etc., quand les animaux ne quittaient l'exploitation qu'à l'âge de 5, 6 ou 7 ans.

444. Commerce des produits agricoles. — Au total, la production végétale annuelle atteint, pour la France, au chiffre de 11 milliards de francs, et la production animale (y compris le lait, la laine et les produits de la basse-cour), à 7 milliards de francs. Ces produits sont consommés sur place ou livrés au commerce; l'excès sur les besoins de la consommation nationale forme la quantité disponible pour l'*exportation*; au contraire, si un produit n'existe pas en quantité suffisante sur le marché, il est demandé aux nations étrangères par l'*importation*.

L'Algérie et la Tunisie envoient en France différents produits; à l'égard des pays étrangers, l'échange de chaque produit est réglé par les *systèmes douaniers* et les *traités de commerce*, de manière à protéger notre production nationale. Nos principales importations consistent en produits et dépouilles d'animaux, farineux alimentaires, fruits et graines oléagineuses; nous exportons principalement des boissons. A elles seules, la viande de boucherie et les dépouilles animales interviennent pour un demi-milliard de francs chaque année dans nos importations.

QUESTIONNAIRE

436. Montrez le but de l'économie rurale. — 437. Quels sont les divers modes d'exploitation du sol ? — 438. Comment rédige-t-on un bail ? — 439. Quelles sont les conditions générales qui règlent le choix des cultures? — 440. Citez les principaux facteurs de la production. — Qu'appelle-t-on rente ? — salaire ? — bénéfice ou profit ? — 441. Comment détermine-t-on la valeur d'une opération agricole ? — 442. Quelle est la répartition de la surface cultivée en France, entre les diverses productions agricoles? — 443. Montrez les modifications intervenues dans la production animale. — 444. Que savez-vous du

commerce des produits agricoles? — de l'exportation et de l'importation? — Qu'appelle-t-on système douanier? — traité de commerce?

LECTURES

MODÈLE D'UN BAIL A FERME :

Entre les soussignés M....., demeurant à...... profession de....., et N....., demeurant à....., profession de....., il a été convenu ce qui suit :

M. M..... loue à M. N....., qui accepte, pour un bail de six ou neuf ans, à la volonté du preneur :

1º 19ha,45 de terres labourables, lieu dit X....., commune de....., tenant d'un long à....., etc.

2º 3ha,80 de pré, situés lieu dit....., etc.

Ce bail est fait aux conditions suivantes :

1º Le preneur s'engage à payer au bailleur chaque année la somme de 600 francs en deux paiements égaux, effectués l'un au 1er mars, l'autre au 15 novembre.

2º Il s'engage, en outre, à payer les impôts fonciers desdites terres, et à ne pas sous-louer ces terres à d'autres personnes.

3º Le preneur s'engage à ne pas défricher de prairies naturelles et à laisser, à sa sortie, une surface de prairies artificielles égale à celle qui existait au moment de son entrée, soit x hectares.

4º ..... etc., etc.

Fait en double, à ....., le quinze mars mil neuf cent.....

(*Signature du bailleur.*)   (*Signature du preneur.*)

MODÈLE D'UN CONTRAT DE MÉTAYAGE :

Entre les soussignés A..... et B....., il a été convenu ce qui suit :

M. A..... donne à M. B....., à titre de bail à colonie partiaire, ou franche moitié, pour ..... années, à partir du 1er novembre mil neuf cent....., le domaine de....., situé commune de..... et contenant environ vingt-six hectares, sans exception ni réserve.

Ce bail est consenti aux conditions suivantes :

1º Le preneur transportera au domicile sus-indiqué du bailleur la moitié franche et entière des grains, vins, cidres, fruits, volaille et, en général, de tous les fruits, tant naturels qu'industriels.

2º Il y aura sur la ferme telles quantités et espèces d'animaux qu'il plaira au bailleur, et les pièces de terre seront ensemencées et cultivées dans l'ordre et avec les espèces de grains qu'il désignera, sans qu'il y ait plus d'un tiers des terres ensemencées en céréales d'hiver, ni plus d'un tiers en orge ou en avoine de printemps; il pourra être semé des prairies artificielles dans les terres consacrées aux orges et aux avoines de printemps, le supplément étant réservé aux jachères, aux betteraves, carottes ou pommes de terre, et aux fourrages verts, tels que seigle, vesceron, pois, maïs.

3º Il sera mis sur le lieu autant d'engrais étrangers qu'il conviendra au bailleur; tous ces engrais seront transportés et étendus par le preneur, et payés par moitié par lui et le bailleur.

4° Le preneur reconnaît avoir trouvé les barrières du lieu en bon état; il sera tenu de les entretenir avec le bois fourni par le bailleur.

5° Par dérogation aux usages, le bailleur s'engage à n'exiger, outre la moitié des jeunes oies, que six poulets chaque année.

6° Pour tout ce qui n'est pas prévu dans le présent sous-seing, les parties déclarent vouloir se conformer aux usages ruraux du canton de.....

Fait double, le....., à.....

CHAPITRE II

Comptabilité agricole.

§ Ier

PRINCIPES GÉNÉRAUX DE LA COMPTABILITÉ

445. Avantages de la comptabilité agricole. — Le cultivateur doit pouvoir calculer le prix de revient (440) des produits qu'il obtient, en vue de déterminer le bénéfice que procure chacun d'eux. Il est impossible de le faire, si l'on ne dispose pas, à tout instant, des éléments d'une comptabilité rigoureuse.

En outre, la comptabilité agricole permet de se rendre compte de la situation exacte d'une exploitation par le grand nombre de renseignements qu'elle fournit : récoltes en magasin, travaux exécutés, achat de denrées, ventes, etc.

Elle indique aussi le meilleur emploi des différents capitaux et montre dans quelle mesure peuvent être entreprises les améliorations coûteuses.

Mais, les résultats d'une seule année ne sauraient constituer un guide sûr; ils peuvent être faussés par des circonstances fortuites ou des conditions climatériques exceptionnelles. Ce n'est qu'après un certain nombre d'années qu'il est avantageux d'en tirer profit, en vue de modifier les assolements, de réduire ou d'abandonner une culture ou une spéculation animale au profit d'une autre, capable d'accroître les bénéfices.

446. Inventaire. — Chaque année, à date fixe, le cultivateur fait son *inventaire*, c'est-à-dire le relevé exact de ce qu'il possède et de ce qu'il doit. Par différence, il connaît son avoir réel. Il suffit ensuite de comparer entre eux les inventaires de plusieurs années successives pour voir si l'exploitation est en gain ou en perte, et établir quelle en est l'importance.

On peut choisir, pour procéder à l'inventaire, une date quelconque ; c'est au 1er juin, quand toutes les semailles de printemps sont achevées, avant de procéder aux premières récoltes, qu'il reste le moins de marchandises en magasin ; par contre, la saison d'hiver (1er janvier, par exemple) laisse plus de temps disponible. L'évaluation des récoltes en magasin n'est d'ailleurs pas un obstacle insurmontable ; elle permet de régler le bon établissement des rations, et d'effectuer les ventes au moment propice.

L'inventaire comprend une estimation, au cours du marché, de tous les *animaux* de l'exploitation, des *instruments* de culture, en tenant compte de leur amortissement ; du *mobilier* de ménage, d'écurie, du grenier, de la cave, etc. ; des *denrées en magasin*, grains, pailles, fourrages, et enfin de l'*argent* en caisse ou des valeurs à recouvrer et à payer.

L'inventaire fournit au total ce que nous avons désigné sous le nom de *capital d'exploitation*. Voici l'exemple d'une page du livre d'inventaires :

Folio   INVENTAIRE

N° d'ordre	DÉSIGNATION DES OBJETS	ÉVALUATIONS parti- culières		TOTAUX	
		Fr.	c.	Fr.	c.
	Écurie.				
1	Cheval (Mousse), 12 ans...	250	»		
2	Jument, 8 ans..................	700	»	1 950	»
3	— (Cocotte), 5 ans..........	1 000	»		
	Vacherie.				
4	Vache (Durham), 3 ans...........	400	»		
5	— (Brunette), 4 ans et demi....	525	»		
6	— (Paquerette), 5 ans	500	»	1 975	»
7	Taureau (Cartouche), 3 ans........	550	»		
	Instruments de culture.				
80	1 chariot.....................	300	»		
81	1 voiture ordinaire...............	225	»	1 125	»
82	1 faucheuse Johnston.............	600	»		
	Mobilier de ménage.				
	Etc.......................	»	»	»	»

447. Notes journalières. — L'inventaire étant établi avec soin, le cultivateur doit avoir un *carnet de poche* ou un *agenda* sur lequel il note jour par jour tout ce qui se passe dans la ferme. Il y inscrit avec soin les recettes ou les dépenses, le travail des ouvriers, celui des animaux et des machines, le temps employé sur chaque pièce ou parcelle de terre, la cause des interruptions de travail, les quantités d'engrais et de semence employées, la manière dont on les a répandus sur le sol et enfouis, les pesées du bétail, les rations qui lui sont servies, etc.

En un mot, le carnet de notes journalières est un résumé de toutes les opérations d'une exploitation ; il peut être tenu facilement au moyen de cadres ou tableaux préparés à l'avance, où il suffit d'inscrire quelques chiffres ; mais il est utile d'y joindre les observations ou renseignements intéressants.

A lui seul, le carnet de notes journalières renferme tous les éléments d'une comptabilité ; il devrait suffire pour justifier la différence constatée entre deux inventaires. Toutefois, il serait difficile de rechercher des renseignements et de comparer diverses opérations. Aussi, il est à conseiller de reporter les notes du carnet journalier sur des registres ou livres spéciaux dits *livres auxiliaires*.

§ II

LES LIVRES AUXILIAIRES

448. Livre de caisse. — Toutes les sommes reçues ou déboursées par le cultivateur sont inscrites sur le *Livre de Caisse* ; il traduit donc des opérations fermes et doit être tenu avec précision. En faisant, à un moment quelconque, la différence entre les recettes et les dépenses, on doit retrouver une somme égale à celle qui est en caisse.

Il est inutile de faire figurer au Livre de Caisse le détail des menues dépenses relatives au ménage, par exemple ; il est plus simple de faire tenir un compte spécial de ces menues dépenses qui sont reportées ensuite en bloc, par semaine, par quinzaine ou même par mois. Il en sera de même des recettes journalières de minime importance, provenant de la laiterie (lait, beurre, crème), de la basse-cour (œufs, poulets, lapins), etc.

On peut disposer le Livre de Caisse de la manière suivante :

DATES	DÉSIGNATION DES RECETTES OU DES DÉPENSES	RECETTES	DÉPENSES
1er mai.	En caisse de ce jour.	250 »	» »
— —	Reçu du boucher pour un veau..	75 25	» »
3 —	Payé au charron.............	» »	18 »
Etc.			

449. Livre des consommations. — Sur ce livre
sont reportées les consommations des animaux de la ferme ;
une seule page suffit pour un mois, mais on distingue autant de comptes qu'il y a d'espèces d'animaux : écurie,
vacherie, bergerie, porcherie, basse-cour. On totalise les
diverses consommations à la fin de chaque mois, puis, au
moyen d'un bordereau récapitulatif, on réunit entre elles
les consommations des diverses espèces animales.

Ce total général doit correspondre exactement aux sorties du
livre de magasin (à part les ventes), dont nous allons parler.

C'est au moyen du livre des consommations que le cultivateur pourra comparer entre elles les diverses rations
données aux animaux domestiques à différentes époques de
l'année. Le calcul de leur effet nutritif et de leur prix de
revient fera ressortir quelles sont celles qui ont fourni le
meilleur résultat économique.

Voici un modèle d'une page du livre des consommations :

1º Ecurie.   MOIS DE

DATES	NATURE DES CONSOMMATIONS					OBSERVA- TIONS
	Paille consommée	Paille litière	Foin	Avoine	Son	
Juin 1er...........						
— 2...........						
— 3...........						
— 4...........						
....						

450. Livre de magasin. — Chaque denrée récoltée,
qui séjourne dans les magasins, possède un compte parti-

culier sur lequel on inscrit les entrées et les sorties. Ce livre n'enregistre que les *quantités* existantes et non leur valeur en numéraire; toute marchandise achetée, son, tourteaux, engrais, figure donc à la fois au livre de caisse pour la somme qu'elle coûte, et au livre de magasin pour le mouvement de denrée qu'elle comporte. Il en est de même des ventes : blé, avoine, pailles, etc.

Avec un livre de magasin bien tenu, le cultivateur peut, à un moment donné, savoir ce qui lui reste de tel produit dans ses granges, ses greniers, etc. Il n'a qu'à faire la différence entre les entrées et les sorties du compte de ce produit.

Le livre de magasin se tient comme suit :

ENTRÉE   MAGASIN. — PAILLE.   SORTIE

DATE	CAUSE DE L'ENTRÉE	QUAN-TITÉ	DATE	CAUSE DE LA SORTIE	QUAN-TITÉ
		Kil.			Kil.
Août 1er	En magasin......	9 805	Août 4	Provision d'étable....	1 860
— 16	Battu à la machine.	12 000	— 7	— de bergerie.	1 100
— 17	d°	14 300	— 20	Vente à Dumont....	3 000
	Totaux....			Totaux....	

451. Livre des cultures. — Le livre des cultures est celui sur lequel on inscrit les travaux de toutes sortes exécutés sur l'exploitation pour le compte de chaque production végétale; on mentionne le nombre d'heures de travail des hommes ou des animaux.

Voici un modèle d'une page du livre des cultures :

CULTURES. — BLÉ, 19 .

DATES	DÉSIGNATION des TRAVAUX	HEURES de TRAVAIL			OBSERVA-TIONS.
		Chevaux.	Employés.	Journaliers.	
Mars 20.	Epandage, nitrate et hersage.	25	25	»	
— 25.	Roulage....................	10	5	»	
Mai 31.	Travaux du mois (échardonnage, etc.)............	»	»	117	
Juillet 31.	Moisson	80	178	»	
Août 31.	—	25	97	»	
Etc.	Battage..................	»	»	»	
	Etc				

Les travaux, inscrits jour par jour sur l'agenda, sont relevés à la fin du mois au compte de la culture à laquelle ils étaient destinés. A la fin de l'année, on récapitule chaque compte et on peut déterminer le *prix de revient* des matières produites.

En comparant ensuite le prix de revient (441) au prix de vente, il devient possible d'évaluer le bénéfice ou la perte résultant de chaque culture.

452. Comptabilité en partie double. — Dans les grandes exploitations, on utilise parfois une méthode analogue à celle du commerce et appelée comptabilité en partie double. Mais, en agriculture, où beaucoup d'opérations sont fictives, une telle comptabilité ne peut être qu'approximative ; étant donné que sa tenue exige beaucoup de temps et des connaissances spéciales, nous estimons qu'on peut s'en tenir, dans la plupart des petites exploitations, à la méthode simple que nous venons d'exposer.

Sans doute, nous avons omis bien des points de détail ; c'est ainsi que le livre des cultures devrait, pour être exact, prendre en charge une part des frais généraux : impôts, assurance, etc. Mais, avec un peu d'habitude, le cultivateur trouvera, dans son livre de caisse, tous les chiffres utiles pour dresser le compte de ses charges annuelles, le compte du personnel, des domestiques, etc. Par une répartition en fin d'année, il pourra affecter à chaque compte particulier la part à peu près exacte qui lui revient.

Pour des raisons analogues, il ne faut faire intervenir les évaluations en argent des diverses productions que dans les cas de vente et d'achat, où la transformation est réelle. Dans tous les autres cas, il suffit d'être renseigné sur les quantités. Ainsi comprise, la comptabilité, tout en restant facile à tenir, assure l'ordre dans la distribution des consommations, elle oblige le cultivateur à réfléchir sur la marche de son exploitation ; elle le contraint à une surveillance active à l'intérieur et à l'extérieur. Son utilité est incontestable.

445. Montrez les avantages de la comptabilité agricole. — 446. Qu'appelle-t-on inventaire ? — Comment l'établit-on ? — 447. En quoi consiste la tenue du carnet de notes journalières ? — 448. Parlez du livre de caisse. — 449. Quel est le rôle du livre des consommations ? — 450. Comment se tient le livre de magasin ? — 451. Que savez-vous

du livre des cultures? définissez le prix de revient. — 452. La comptabilité en partie double est-elle facile à appliquer aux opérations d'une exploitation agricole?

LECTURE

La Comptabilité en partie double.

Dans les comptes en partie double du commerce et de la banque, les éléments du débit et du crédit de chaque compte s'établissent avec la dernière rigueur, parce qu'ils résultent de faits précis et distincts. En matière de comptabilité agricole les comptes par débits et par crédits sont un tissu de fictions, de suppositions et d'hypothèses. Les opérations de l'agriculture sont en effet tout ce qu'il y a de plus complexe, elles s'enchevêtrent les unes dans les autres, sans qu'il soit possible de les délimiter et de les circonscrire, même avec le secours de la science la plus étendue.

Il n'y a pas une seule transformation, celle de tel fourrage en lait et en viande, celle du fumier en blé et en racines, dont tous les termes soient définis. A côté des éléments qui peuvent être pesés, mesurés ou analysés, il y en a toujours d'autres qui ne le sont pas et ne peuvent pas l'être. Les quantités sont de celles qu'on attribue, mais non de celles qu'on constate.

Pour les valeurs, c'est bien autre chose. La plupart des matières premières que transforme l'agriculture n'ont pas de cours régulier sur le marché. Il y en a même qui n'ont cours sur aucun marché, parce qu'on ne les y vend pas et qu'elles ne peuvent pas s'y vendre. Quand on ajoute à toutes ces impossibilités celles qui résultent de l'attribution nécessairement arbitraire, puisqu'il n'y a aucune règle pour l'établir, des dépenses générales ou indistinctes, loyer, main-d'œuvre, frais généraux, etc., au débit des divers comptes qui sont censés en avoir profité, on reconnaît bien vite, avec un grain de bonne foi, que la constitution d'un compte de production agricole sous la double forme du débit et du crédit est un problème à un nombre infini d'inconnues.

Sans doute on tranche ces difficultés, faute de pouvoir les résoudre. Mais les comptes ne sont plus alors l'expression des faits : ils sont simplement la résultante des procédés de comptabilité.

P. C. Dubost.
(*Dictionnaire d'Agriculture*, de Barral et Sagnier,
tome II, page 350.)

CHAPITRE III

L'association en agriculture.

GÉNÉRALITÉS

453. Diverses formes de l'association. — Dès que la concurrence des pays neufs s'est fait sentir sur notre marché national, grâce à l'amélioration des moyens de transport, les agriculteurs ont cherché à rendre plus féconde leur profession en mettant en œuvre l'esprit de progrès, grâce à l'association.

Il faut d'abord définir les deux termes société et association, trop souvent confondus dans le langage courant. La *société* est caractérisée par son but lucratif; elle a en vue la réalisation de bénéfices qui sont ensuite partagés entre les adhérents. Au contraire, l'*association* est un groupement de personnes qui mettent en commun leurs connaissances et leur activité en vue de l'intérêt général des membres; sociétés et associations n'ont pas le même régime légal.

Pourtant, certains groupements, comme les sociétés coopératives et les sociétés mutuelles de crédit, réalisent et distribuent des bénéfices. Mais la répartition est toujours limitée, dans ce cas, à un tant pour cent du capital apporté; elle ne constitue pas un dividende, mais une simple rémunération prévue et déterminée.

D'autre part, des associations se forment dans l'intérêt personnel de leurs membres, comme les mutuelles d'assurances ou de secours. Il suffit que les avantages procurés aux adhérents ne se présentent pas sous la forme d'un partage de bénéfices pour que le groupement reste une association et non une société. Ainsi les Caisses mutuelles d'assurance, qui poursuivent la réalisation d'économies en vue de réduire les primes, sont des associations.

Pour en faciliter l'étude, nous rangerons les diverses associations agricoles en trois catégories : 1° les syndicats agricoles et leurs unions ; nous y joindrons les coopératives et les associations syndicales; 2° les caisses de crédit mutuel; 3° les caisses d'assurance et de prévoyance.

§ Ier

LES SYNDICATS AGRICOLES ET LEURS UNIONS

454. Comices et sociétés d'agriculture. — C'est
la plus ancienne forme de groupement entre agriculteurs ;
la première société de ce genre fut créée en 1756. Toutes
celles qui existaient à la Révolution ayant été dissoutes en
1793, elles réapparurent en 1796. Leur régime légal est
mal défini ; elles subissent le droit commun sur les associations, conformément à la loi de 1901.

Les comices ont pour objet l'étude des meilleurs procédés
de culture, l'encouragement à leur emploi, l'attribution
de récompenses, l'organisation de concours et expositions
d'animaux, de produits et d'instruments. Plus généralement ils poursuivent la vulgarisation des progrès en agriculture par des réunions, des conférences, des publica-
tions, etc.

Leurs efforts ont été utiles et bienfaisants ; mais, pour les
rendre plus efficaces, il convenait de les compléter par la
mise en pratique des principes qu'ils vulgarisent. Ce fut
l'œuvre des syndicats agricoles.

455. Les syndicats agricoles. — Les syndicats
agricoles sont constitués d'après la loi du 21 mars 1884, qui
leur a fait une situation privilégiée, tant au point de vue
des formalités constitutives qu'à celui de leur capacité juri-
dique très étendue.

Pour former un syndicat, il faut un groupe d'au moins
sept personnes qui établissent les statuts sur papier libre.
Ces statuts sont déposés à la mairie, en double exemplaire,
ainsi que la liste des membres du bureau ; le maire en
donne récépissé.

Les syndicats possèdent la personnalité civile ; ils peuvent
être propriétaires ; ils se font représenter dans leurs actes,
conformément aux statuts, par la Chambre syndicale, le
bureau, le président ou l'assemblée générale.

Ces associations se caractérisent surtout par leur sens
pratique. Elles servent d'intermédiaire désintéressé pour
l'*achat* des matières premières et des objets utiles à l'agriculture : engrais, tourteaux, graines, machines, etc. ; elles
assurent avec soin le *contrôle* de la bonne qualité des pro-

duits livrés, en les faisant *analyser* par les stations agronomiques ; elles s'occupent de la *vente collective* des produits agricoles : blés, vins, lait, fruits, légumes.

Les syndicats dont le rayon territorial est peu étendu peuvent avoir des *machines agricoles*, batteuses, semoirs, trieurs, etc., qu'ils prêtent aux adhérents moyennant une très faible rétribution destinée à l'entretien et à l'amortissement.

Les *syndicats d'élevage* portent plus spécialement leur activité vers l'amélioration du bétail ; certains groupements s'occupent du placement des ouvriers agricoles, conformément à la loi du 14 mars 1904.

En résumé, les syndicats agricoles procurent aux petits agriculteurs des avantages considérables ; il en existe en France un très grand nombre.

456. Les associations syndicales. Les coopératives. — Les *associations syndicales* sont créées par des propriétaires, conformément à la loi du 21 juin 1865, modifiée par celles du 22 décembre 1888 et du 13 novembre 1902, librement ou sous la contrainte administrative.

Elles ont pour objet d'exécuter des travaux d'intérêt collectif, dessèchement de marais, endiguement d'une rivière, drainage, irrigation, échanges ou réunion de parcelles, création de chemins, défense contre le phylloxera, les inondations, travaux qui tous donnent une plus-value aux terrains compris dans leur périmètre.

La défense contre la grèle et la gelée, qui se rapproche des institutions précédentes, n'est pas régie par les mêmes lois ; elle tombe jusqu'ici sous le droit commun.

Les *sociétés coopératives* ont en vue la réalisation et le partage de bénéfices entre les associés, par la vente, la transformation ou la consommation en commun de produits agricoles : vins, lait, blé ou farine, fruits, etc.

D'après la loi du 15 avril 1905, les sociétés coopératives de consommation qui ne distribuent des produits qu'à leurs seuls associés, sont exemptées de la patente.

457. Union de syndicats ou fédérations. — Ces groupements, très importants pour la plupart, se forment et fonctionnent de la même façon que les syndicats qui en sont les unités constitutives. Ils augmentent ainsi la puissance des associations adhérentes et ont plus d'autorité pour la défense des intérêts généraux qui leur sont confiés.

Les unions de syndicats sont régies par l'article 5 de la loi du 21 mars 1884 qui les autorise, mais en même temps leur refuse la personnalité civile.

Leur rôle d'intermédiaire désintéressé consiste à provoquer des marchés avantageux pour les membres des syndicats adhérents, à étudier les moyens de lutter contre la hausse, les trusts, l'accaparement, etc. Elles servent de centres d'information et de propagande, donnent des avis, des conseils ou des renseignements gratuits sur toutes les questions qui peuvent intéresser les agriculteurs.

§ II

LE CRÉDIT AGRICOLE

458. But du Crédit agricole. — L'institution du crédit agricole en France est récente ; elle s'appuie sur la loi du 21 mars 1884, concernant les syndicats, et celle du 5 novembre 1894 qui la fait bénéficier de grandes facilités de constitution et d'exemptions fiscales importantes. La loi du 1er avril 1899 prévoit en outre l'institution de caisses régionales destinées à recevoir les avances gratuites de l'Etat et à en faire bénéficier les caisses locales, sous des conditions déterminées.

Dans leur ensemble, les caisses de crédit agricole ont pour but de réunir, sous forme de *parts* ou *actions* productives d'intérêts, les capitaux disponibles de leurs adhérents; le montant est versé en totalité ou en partie pour servir de fonds de garantie. Ces capitaux, transmis à la caisse régionale, permettent de recevoir des avances gratuites de l'Etat (loi de 1899). Les fonds ainsi mis à la disposition des caisses sont ensuite prêtés à court terme aux seuls adhérents, porteurs de parts, sous les conditions prévues aux statuts et à un taux avantageux.

Il existe deux catégories de caisses : les *caisses locales* et les *caisses régionales*.

459. Caisses locales. — Pour profiter des privilèges que confère la loi de 1894, les membres de cette association, au nombre de sept au moins, doivent faire partie d'un syndicat ou d'une caisse d'assurance mutuelle agricole (460); à défaut, ils constituent la caisse sous la forme d'un syndicat. Chaque adhérent souscrit au moins une part du capital social, dont le montant est fixé aux statuts. Ces statuts, élaborés comme pour le syndicat, sont déposés en double exemplaire sur papier libre, au greffe de la justice de paix du canton du siège social, avec la liste des administrateurs et des membres adhérents.

Le capital social, formé de la réunion de toutes les parts souscrites, n'est pas remboursable; mais en réalité les parts peuvent être cédées à de nouveaux souscripteurs.

La caisse locale, au moyen de son capital social, souscrit des parts à la caisse régionale qui lui avance ensuite les fonds dont elle aura besoin. Dès lors, la caisse locale devient une véritable banque agricole; elle consent à ses membres des prêts pour une durée de 3 ou 6 mois, avec renouvellement jusqu'à un an; elle escompte les effets de ses adhérents, effectue les paiements et recouvrements, reçoit des dépôts en compte courant, etc.

Pour obtenir un prêt, l'agriculteur adresse au président de la caisse une demande fixant la somme, la durée de l'emprunt, son objet, ainsi que les garanties offertes. La demande est examinée par le Conseil d'administration qui la refuse ou l'accepte avec ou sans caution, c'est-à-dire avec la signature d'une ou plusieurs autres personnes qui garantissent le remboursement de la somme prêtée.

460. Caisses régionales. — Elles doivent se conformer, pour leur constitution, à la loi du 5 novembre 1894; elles n'ont pas pour objet les opérations directes avec les agriculteurs, mais avec les caisses locales de crédit, et aussi, depuis la loi du 29 décembre 1906, avec les sociétés coopératives.

Leurs affaires sont les suivantes : escompte des effets souscrits par les membres des caisses locales et endossés par ces sociétés, avances, pour constitution du fonds de roulement, émission de bons, acceptation de dépôts en comptes courants, etc.

Les caisses régionales ont seules le droit de bénéficier de l'avance de 40 millions et de la redevance annuelle mises à la disposition du gouvernement par la Banque de France, pour renouvellement de son privilège. Elles peuvent obtenir de l'Etat des avances dont le montant est égal au maximum au quadruple du capital versé en espèces. Ces avances, faites pour une durée de cinq ans, sont renouvelables.

§ III

CAISSES D'ASSURANCE ET DE PRÉVOYANCE

461. Utilité de l'assurance mutuelle pour l'agriculteur. — L'agriculteur est exposé à des risques nombreux : incendie, mortalité exceptionnelle de ses bestiaux, accidents, gelée, grêle, etc. Pour se soustraire aux dangers que lui font courir tous ces fléaux, il doit *s'assurer*, c'est-à-dire payer une redevance annuelle moyennant laquelle il reçoit, en cas de sinistre, une indemnité dont l'importance est fixée par son contrat ou police d'assurance.

A l'origine, des *compagnies* ou *sociétés anonymes* se sont fondées en vue de parer aux risques énumérés plus haut; après avoir réuni un capital de garantie par la création d'actions, elles consentent l'assurance à des conditions telles qu'il en résulte en fin d'année un bénéfice réparti sous forme de dividende entre les actionnaires. Il s'est formé ensuite des *sociétés mutuelles*, un peu moins coûteuses.

La loi du 4 juillet 1900 a permis la formation de *caisses d'assurances mutuelles agricoles* à des conditions particulièrement avantageuses. Elle les exonère de tout droit de timbre et d'enregistrement, lorsqu'elles sont gérées et administrées gratuitement, ce qui correspond à une économie de 12 à 15 p. 100 des primes payées. Ces associations peuvent se constituer comme les syndicats, conformément au régime de faveur de la loi de 1884; l'État encourage leur développement par l'attribution de subventions. Aussi, depuis 1900, il existe de nombreuses sociétés mutuelles agricoles qui garantissent surtout la *mortalité du bétail* ou l'*incendie;* parfois ces groupements du premier degré se réunissent à leur tour en une association plus vaste et plus puissante, du deuxième degré, qu'on nomme *caisse de réassurance.*

462. Assurance contre la mortalité du bétail. — Elle est surtout efficace dans les caisses ayant un rayon territorial étroit, la commune par exemple. Les associés se connaissent, se surveillent et se contrôlent mutuellement sans aucuns frais, sans déplacement ou perte de temps. Chaque adhérent (il en faut au moins sept) verse une *prime* annuelle calculée d'après la valeur totale des animaux qu'il assure; cette prime est *fixe* dans certaines sociétés, *variable* dans d'autres, avec le taux des pertes de chaque année. Dans le premier cas, l'assuré, en cas de sinistre, reçoit une *indemnité* proportionnelle à la perte subie et dont le quantum est fixé par les statuts; dans le second cas, il ne touche qu'un *secours* dont l'importance varie avec les ressources de la caisse.

Il peut survenir à des petites mutuelles des pertes exceptionnelles au début de leur fonctionnement, alors qu'elles n'ont pu encore constituer un fonds de réserve suffisant; elles seraient alors anéanties si elles ne recouraient au système de la *réassurance* en se groupant avec d'autres sociétés.

Moyennant le prélèvement d'une certaine part sur ses primes annuelles, chaque caisse locale réassurée reçoit, en cas de sinistres nombreux, une part contributive de la caisse de réassurance dans le paiement des indemnités. Ce système égalise les risques et donne à l'institution une base plus stable qui en assure le succès.

463. Assurance contre l'incendie. — Les sinistres sont moins nombreux dans cette branche que lorsqu'il s'agit de la mortalité du bétail, mais ils présentent une importance plus considérable. Le fonds de garantie doit donc être plus élevé. Aussi, l'assurance contre le risque de l'incendie a d'abord été faite exclusivement par les Compagnies dont les principales sont syndiquées entre elles; elles présentent l'inconvénient d'être coûteuses. Plus récemment créées, les *sociétés mutuelles* sont régies par la loi de 1867; au lieu de réunir un capital social, elles passent leurs risques à des réassureurs.

Depuis la loi du 4 juillet 1900, il s'est fondé des *associations mutuelles agricoles*, bénéficiant d'un régime de faveur. Toutes les primes des assurés sont groupées et servent, après remboursement des sinistres, à constituer un *fonds de réserve;* celui-ci forme le capital de garantie et son revenu annuel permet de diminuer les primes des assurés.

Mais, dans ce cas, la réassurance est indispensable entre des associations assez nombreuses pour arriver à régulariser autant que possible les chances de sinistres.

Avec un rayon étendu, et de nombreux adhérents, les caisses mutuelles d'assurances agricoles présentent des garanties suffisantes; elles sont surtout avantageuses par la réduction importante des primes dont elles pourront faire profiter leurs membres dans l'avenir.

464. Assurances diverses. — L'assurance contre la

grêle a été maintes fois tentée, sans beaucoup de succès. La grêle tombe presque toujours dans les mêmes régions; comme le nombre des assurés est restreint aux seuls propriétaires menacés, il en résulte que les primes demandées sont très élevées; le plus souvent, ces caisses n'allouent aux sinistrés que des secours proportionnels à leurs ressources, et toutes les fois que les dommages sont considérables, l'indemnité diminue. C'est pourtant une mesure de prévoyance de se garantir contre un tel risque.

D'autres assurances, d'ordre plus général, comme celles contre les *accidents* et les *maladies*, peuvent aussi rendre de grands services aux agriculteurs. Ces garanties sont offertes par des sociétés de secours mutuels, ou des compagnies commerciales. Le petit cultivateur peut toujours y recourir avantageusement.

465. Institutions de prévoyance. — Il existe d'autres institutions dont le fonctionnement n'est pas encore assez connu des agriculteurs. La *Caisse des retraites pour la vieillesse* permet à chacun de se constituer une rente dont il jouit à un âge déterminé. Il suffit, pour effectuer les versements, de s'adresser au percepteur de sa résidence; plus on commence jeune à effectuer les dépôts, plus la rente accumulée est élevée (elle ne peut excéder 1 200 francs), ou bien le versement annuel est plus faible pour une rente donnée.

Le capital ainsi versé est dit *aliéné* lorsqu'il est abandonné au profit de la Caisse des retraites, à la mort du bénéficiaire, ou *réservé* s'il fait retour aux héritiers du déposant à la mort de celui-ci. La rente est plus élevée dans le premier cas. La Caisse des retraites effectue également le service de *rentes viagères*, proportionnelles au montant du dépôt.

Tout le monde connaît le fonctionnement des *caisses d'épargne* et en apprécie les grandes facilités. Rappelons que, si les particuliers ne peuvent effectuer des dépôts au delà de 1 500 francs, les sociétés mutuelles sont autorisées à y placer leur fonds de réserve jusqu'à concurrence de 15 000 francs.

466. L'agriculteur doit être prudent et prévoyant. — Nous venons d'étudier les nombreuses institutions mises à la disposition de l'agriculteur. Sans doute, la généralisation de leur mise en œuvre est coûteuse; on a pu objecter, non sans raison, que les multiples cotisations versées absorbent une part des bénéfices de l'exploitation. C'est exact.

Mais il ne faut pas oublier que la profession d'agriculteur est exposée à de nombreux aléas qui peuvent ruiner parfois l'homme animé des meilleures intentions. Au contraire, l'inscription au budget, sous la rubrique : frais généraux, d'une somme déterminée, procure une sécurité beaucoup plus grande qui donne au travailleur des champs la tranquillité d'esprit et contribue à son bonheur.

Avec de l'ordre, de l'économie, l'amour de sa profession, le cultivateur peut vivre heureux au milieu des siens. Grâce aux progrès incessants mis à sa disposition par la science, l'agriculture n'est plus un simple métier manuel comme elle l'était autrefois ; elle exige des connaissances étendues, une direction intelligente. Si on songe d'autre part que les machines agricoles ont allégé considérablement l'exécution des travaux des champs, et que l'habitant des campagnes vit en relations continuelles avec les centres intellectuels, grâce aux voies de communication rapides, chemins de fer, télégraphe, téléphone, on est amené à comprendre pourquoi l'industrie agricole restera toujours en honneur. Plus que toute autre elle assure une vie libre et indépendante.

QUESTIONNAIRE

453. Définissez et comparez la société et l'association. — 454. Quel est l'objet des comices agricoles ? — 455. Qu'appelle-t-on syndicat agricole? — Comment peut-on le constituer? — 456. Que savez-vous des associations syndicales ? — des sociétés coopératives? — 457. En quoi consistent les Unions ou Fédérations ? — 458. Quel est le rôle du Crédit agricole? — 459-460. Comment se constitue et fonctionne une caisse locale? — une caisse régionale? — 461. L'agriculteur doit-il s'assurer? — contre quels risques? — 462, 463, 464. Parlez du fonctionnement de l'assurance contre la mortalité du bétail; — contre l'incendie, contre la grêle, la maladie, les accidents. — 465. Citez quelques institutions de prévoyance. — 466. Montrez les avantages de la vie à la campagne.

LECTURES

Les Sociétés d'assurances mutuelles agricoles.

Ce sont les sociétés contre la *mortalité du bétail* qui dominent dans nos campagnes, parce que, d'une part, elles répondent à des besoins mieux compris, et que, d'autre part, leur organisation est plus facile. Au 1er juin 1908, elles groupaient 398 375 membres avec un capital assuré de 429 209 667 francs.

Le montant des indemnités payées aux sinistrés s'est élevé, pour la période 1901-1907, à 8 049 654f,55 dépassant de prés de 300 000 francs le produit de leurs cotisations qui a représenté 7 739 536f,58. Sur les 7 241 sociétés existantes, 2 731 sont placées sous le régime de la réassurance, ou assurance au 2e degré.

L'assurance mutuelle agricole contre les *risques de l'incendie* date de 1901. Il n'y en avait qu'une seule en 1901 ; on en comptait 27 en 1903, 273 en 1905, 740 en 1906, 1 208 en 1907 et, au 1er juin 1908, leur nombre s'élève à 1 442, avec un effectif de 31 064 membres et 24 941 expectants, un capital assuré de 277 556 706 francs et un capital à assurer de 311 401 981 francs.

Les mutuelles-incendie, en raison de la nature et de la gravité des risques qu'elles se proposent d'assurer, doivent aussi être réassurées à des caisses départementales ou régionales. Ces institutions existent déjà dans 14 départements.

(Extrait du rapport de M. le Ministre de l'Agriculture à M. le Président de la République. — *Journal officiel* du 21 juillet 1908.)

Le cultivateur doit être prudent.

La *prudence* et une certaine *modération dans les désirs* sont des qualités très importantes pour l'homme qui veut s'occuper de la culture de la terre.

Dans cette carrière, les succès prompts sont fort rares ; mais aussi il n'est certainement aucune carrière industrielle qui offre à celui qui s'y livre avec les conditions désirables, plus de certitude de profits modérés et d'une honnête aisance, dans un avenir plus ou moins éloigné.

Pour le propriétaire qui consacre ses loisirs à améliorer la culture de son domaine, il n'est aucune occupation qui lui présente avec plus de certitude l'accroissement de sa fortune s'il sait régler ses dépenses de manière à ne pas compromettre à l'avance des bénéfices qui se feront peut-être attendre.

Il faut abandonner au hasard le moins possible, marcher à pas lents dans les innovations, en s'appuyant sans cesse sur l'expérience acquise, et toujours être disposé à rectifier ses idées d'après les nombreuses observations qui se présenteront.

MATHIEU DE DOMBASLE.

(*Traité d'agriculture*, tome Ier, page 219.)

RÉSUMÉ DE L'ÉCONOMIE RURALE

CHAPITRE PREMIER

§ Ier. Les modes d'exploitation du sol sont : le faire-valoir direct, le fermage et le métayage. Le bail passé entre le fermier et le propriétaire et le contrat de métayage signé entre le métayer et le propriétaire doivent être rédigés de façon à faciliter les améliorations foncières ou culturales.

§ II. Le cultivateur doit posséder un capital d'exploitation qu'il met en œuvre de manière à gagner le plus d'argent possible. La production agricole se répartit entre le salaire de l'ouvrier, la rente du sol et la part de l'exploitant qui, après déduction des impôts et des frais généraux, constitue le bénéfice.

§ III. La France est un pays agricole à ressources variées. La production végétale et animale est en voie d'accroissement, grâce au perfectionnement incessant des procédés de culture; pourtant nous importons encore certains produits, notamment des animaux de boucherie.

Chapitre II

§ Ier. La comptabilité agricole est très utile : elle indique la situation exacte d'une exploitation, permet de calculer le prix de revient et par suite le bénéfice résultant de chaque culture. La comptabilité se base sur l'inventaire ou point de repère et sur les nombreuses notes journalières portées d'abord sur un carnet ou agenda, puis transcrites sur les livres auxiliaires.

§ II. Le livre de caisse enregistre la comptabilité espèces; tandis que les livres des consommations, de magasin se bornent à enregistrer les quantités par entrée et sortie. Le livre des cultures sert surtout en vue de l'évaluation des prix de revient des récoltes. La comptabilité en partie double, plus compliquée, est réservée aux grandes exploitations.

Chapitre III

§ Ier. L'association en agriculture a fait des progrès considérables; elle se manifeste sur tous les points de la France par la création de comices, de syndicats agricoles ayant en vue les achats et les ventes en commun, d'associations syndicales diverses, de sociétés coopératives. Groupées entre elles, ces sociétés forment des unions ou fédérations.

§ II. Le crédit agricole a pour but de mettre à la disposition de l'agriculteur, en vue des améliorations utiles, des capitaux à un taux avantageux. La caisse locale consent directement les prêts aux sociétaires et trouve des fonds auprès de la caisse régionale à laquelle elle est affiliée.

§ III. L'agriculteur doit s'assurer contre les nombreux risques qui le menacent; il peut le faire soit auprès des sociétés ou compagnies anonymes ou mutuelles, soit auprès des associations mutuelles agricoles fondées sous un régime de faveur (loi de 1900). Elles assurent contre la mortalité du bétail, l'incendie, la grêle, les accidents, etc. L'agriculteur doit savoir tirer profit des institutions de prévoyance, telles que la Caisse de retraites pour la vieillesse et la Caisse d'épargne. La vie à la campagne s'en trouve de beaucoup améliorée dans ses conditions matérielles, intellectuelles et sociales.

TABLE DES MATIÈRES

PRODUCTION VÉGÉTALE
AGRICULTURE GÉNÉRALE

PREMIÈRE PARTIE

Étude de la plante.

DEUXIÈME PARTIE

L'atelier du cultivateur (atmosphère et sol).

CHAPITRE Ier. — L'atmosphère.

CHAPITRE II. — Origine et formation des terres.

CHAPITRE III. — Etude physique des terres.

CHAPITRE IV. — Etude chimique des terres.

TROISIÈME PARTIE

Mise en production du sol.

CHAPITRE Ier. — Le fumier.

AGRICULTURE SPÉCIALE

PREMIÈRE PARTIE

Les machines agricoles.

Chapitre Ier. — Notions générales sur les machines agricoles.

Chapitre II. — Machines servant aux semences, aux engrais et à l'entretien des récoltes.

Chapitre III. — Machines servant aux récoltes, à leur transport et à leur préparation.

DEUXIÈME PARTIE

Cultures spéciales.

Chapitre Ier. — Les céréales.

TROISIÈME PARTIE

Horticulture et cultures arbustives fruitières.

PRODUCTION ANIMALE

PREMIÈRE PARTIE

Zootechnie générale.

Chapitre Ier. — Production et hygiène du bétail.

Chapitre II. — Alimentation des animaux.

DEUXIÈME PARTIE

Zootechnie spéciale.

Chapitre Ier. — Les équidés.

Chapitre II. — Les bovidés.

CHAPITRE III. — Les ovidés.

CHAPITRE IV. — Le porc; la basse-cour; le rucher; police sanitaire et vices rédhibitoires.

ÉCONOMIE RURALE

CHAPITRE Ier. — L'exploitation du sol.

CHAPITRE II. — Comptabilité agricole.

CHAPITRE III. — L'association en agriculture.

SAINT-CLOUD. — IMPRIMERIE BELIN FRÈRES.

* 9 7 8 2 0 1 9 9 9 0 8 3 1 *